JN271408

ヒートアイランドの事典

—仕組みを知り,対策を図る—

日本ヒートアイランド学会 [編集]

朝倉書店

序

　大都市におけるヒートアイランド現象の実態と今後の予測が，新聞の一面にカラーの図で掲載されたのは皆さんの記憶に新しいかと思います．2004年，ヒートアイランド対策大綱が閣議決定され，具体的なヒートアイランド対策が動き出しました．そして，その後大綱の見直しが行われ，国から地方自治体，そしてNPO活動や関連企業において，ヒートアイランド対策の実行が求められているところです．

　日本ヒートアイランド学会は，設立趣旨にありますように，学会の発足当時からヒートアイランド現象に関する学術研究はもちろんのこと，もう1つの大きな趣旨に，学会の社会貢献としてヒートアイランド対策の実行をサポートしていくことがあります．そのため，会員も研究者だけでなく，国や地方自治体の職員，会社員，そして市民から構成されており，非常に広範囲な活動領域を含んでいます．異分野の人のコミュニケーションをスムースに展開するためには，ヒートアイランドに関連する用語や対策技術などについてお互いのコンセンサスを得るために役立つ事典をつくりたいということが，常に話題になっていました．

　またヒートアイランド対策は，国レベルでは，環境省や国土交通省が音頭を取られていますが，地方自治体ではヒートアイランド対策の動きは見えにくいのが現状です．しかし，具体的には，屋上緑化，壁面緑化，道路緑化など都市・建築緑化手法や遮熱性塗料や遮熱性舗装，保水性舗装など，ヒートアイランド緩和に役立つ手法が普及し始めています．これらの作業の中で，ヒートアイランド緩和効果を最大限に引き出せる具体的な方法等については是非議論してほしいと思います．また，ヒートアイランドの対策の現場でもヒートアイランドに対する理解が望まれます．

　このような背景のもとに本事典の出版作業が始まりました．もちろん学術的にもきちんと整理し，また，対策を実行しようとする行政の部局などの方々にも具体例を示しながらご理解いただけるよう留意したつもりです．

　初代齋藤武雄会長の後を受けて，筆者が会長に就任した2009年に「ヒートアイ

ランド対策ハンドブック（仮称）出版準備会」を開催したときから活動が始まりました．その活動を受けて，
1. 執筆は学会の理事・アカデミック会員が中心に担当し，できるだけ早く出版する．
2. 学会編として出版するので，編集幹事が徹底的に査読を行う．

ということを基本として，ハンドブックの構成，項目等が議論されました．その過程でいろいろな切り口が提案され，ヒートアイランド対策の幅の広さをあらためて痛感しました．2010年には準備会の役割も終えて，「ヒートアイランドの事典」編集委員会が発足し，具体的な作業を開始しました．

読者対象は，研究者，行政，NPO，企業，市民などで，文系の人でも理解できること．そして，日本ヒートアイランド学会編集として出版し，執筆者の原稿は委員会で徹底的に査読を行うことなどを再度確認しました．

本事典は大きく3章で構成されています．
第1章：ヒートアイランド現象に関する基本事項（1項目2ページ）
第2章：ヒートアイランド対策を，① 対策の原理・原則，② その規範や対策の概要，③ 対策の効果，④ 事例（施工法等）等について記述（1項目4〜6ページ）
第3章：ヒートアイランド対策への取組み事例（1事例4ページ）

これらの大方針に沿ってテーマおよび執筆者を決定しました．また，執筆者が多分野にわたるため，執筆要項の作成とともに編集幹事により数例の見本原稿も作成し，統一感をもった記述をはかることにつとめました．

本事典によって，ヒートアイランド現象の仕組みを正確にご理解いただき，また住宅やビルだけでなく街や，都市レベルでの具体的なヒートアイランド対策も知っていただき，ヒートアイランド現象の緩和に向けていささかでも寄与できることを強く願っております．

最後に，執筆者，編集幹事，そして編集委員の方々には深く感謝申し上げます．また困難な編集・実務作業に積極的に関与していただいた朝倉書店編集部にも心から御礼申し上げます．

2015年5月

編集委員長（元学会会長）梅干野　晁

〈編集委員長〉
梅干野　晃（ほやの　あきら）　放送大学教授，東京工業大学名誉教授

〈編集幹事〉（五十音順）
日下　博幸（くさか　ひろゆき）　筑波大学計算科学研究センター，准教授
中大窪千晶（なかおおくぼ　ちあき）　佐賀大学工学系研究科，准教授
平野　聡（ひらの　さとし）　産業技術総合研究所省エネルギー研究部門，グループリーダー
藤田　茂（ふじた　しげる）　（有）緑花技研，代表
桝元　慶子（ますもと　けいこ）　大阪市立環境科学研究所都市環境担当，課長
與語　基宏（よご　もとひろ）　（非営利）ウェザーフロンティア東海，副理事長

〈編集委員〉（五十音順）

浅輪　貴史	東京工業大学	西岡　真稔	大阪市立大学
足永　靖信	国土技術政策総合研究所	西村　伸也	大阪市立大学
親川　昭彦	太陽工業（株）	堀越　哲美	愛知産業大学
齋藤　武雄	東北大学名誉教授	森山　正和	摂南大学
酒井　敏	京都大学	八木麻未子	
佐藤　公敏	学都仙台コンソーシアム	山田　昇	長岡技術科学大学
中尾　正喜	大阪市立大学	吉田　篤正	大阪府立大学

〈執筆者〉（五十音順）

青柳　曉典	気象庁気象研究所	日下　博幸	筑波大学
赤川　宏幸	（株）大林組	媚山　政良	室蘭工業大学名誉教授
秋篠周太郎	東洋グリーン（株）	近藤　裕昭	産業技術総合研究所
浅井　重範	打ち水大作戦本部，日本水フォーラム	酒井　敏	京都大学
浅輪　貴史	東京工業大学	榊原　保志	信州大学
足永　靖信	国土技術政策総合研究所	佐藤　信孝	（株）日本設計
石田　鈴子	（株）いけうち	清水　敬示	微気候デザイン研究所
植栗　健	関西電力（株）	髙島　工	産業技術総合研究所
宇野　勇治	愛知産業大学	髙橋　慎一	日比谷総合設備（株）
大橋　唯太	岡山理科大学	田中　稲子	横浜国立大学
兼子　朋也	関東学院大学	中尾　正喜	大阪市立大学
木虎　久隆	関西電力（株）	中大窪千晶	佐賀大学

執 筆 者

中嶋　浩三	早稲田大学理工学研究所
長野　和雄	京都府立大学
中村　勉	中村勉総合計画事務所
鍋島美奈子	大阪市立大学
成田　健一	日本工業大学
西岡　真稔	大阪市立大学
西村　伸也	大阪市立大学
沼田　英治	京都大学
橋田　祥子	明星大学
橋本　剛	筑波大学
平野　聡	産業技術総合研究所
Craig Farnham	大阪市立大学
藤田　茂	(有)緑花技研
藤部　文昭	首都大学東京
星　秋夫	桐蔭横浜大学
梅干野　晃	放送大学
堀越　哲美	愛知産業大学
桝元　慶子	大阪市立環境科学研究所
三木　勝夫	三木コーティング・デザイン事務所
三毛　正仁	(株)総合設備コンサルタント
水野　毅男	(株)いけうち
水野　稔	大阪大学名誉教授
持田　灯	東北大学
森山　正和	摂南大学
山田　宏之	大阪府立大学
與語　基宏	(非営利)ウエザーフロンティア東海
吉田　篤正	大阪府立大学
吉野　正敏	筑波大学名誉教授
吉広　孝行	矢崎エナジーシステム(株)
渡邊　慎一	大同大学

目　次

1. ヒートアイランド現象の基礎

1.1　ヒートアイランド現象とは（世話役：日下博幸）
- A. ヒートアイランド現象の定義　　　　　　　　　　　　　（日下博幸）　2
  ―熱の島，ヒートアイランド―
- B. 都市の1日の気温変動　　　　　　　　　　　　　　　　（大橋唯太）　4
  ―熱帯夜とは―
- C. ヒートアイランドの生態系への影響　　　　　　　　　　（沼田英治）　6
  ―都市生態系はどう変化するか―
- D. 都市の規模とヒートアイランド現象　　　　　　　　　　（森山正和）　8
  ―大都市と小都市ではこんなに違う―
- E. 都市の地域性とヒートアイランド　　　　　　　　　　　（榊原保志）　10
  ―熱帯，温帯，亜寒帯での違い―
- F. 地球温暖化とヒートアイランド　　　　　　　　　　　　（酒井　敏）　12
  ―暑くなるワケもいろいろ―
- G. ヒートアイランド研究の歴史　　　　　　　　　　　　　（吉野正敏）　14
  ―いつから知られ，いつ頃から研究されたのか―
- コラム：放射とは　　　　　　　　　　　　　　　　　　　　（酒井　敏）　16
  ―目に見えない熱源もある―

1.2　ヒートアイランド現象はなぜ起こるのか（世話役：梅干野晁）
- A. 太陽放射の熱収支　　　　　　　　　　　　　　　　　　（梅干野晁）　18
  ―地上に降りそそぐ太陽のエネルギー―
- B. ヒートアイランドの形成要因　　　　　　　　　　　　　（梅干野晁）　20
  ―都市が暑くなる要因は―
- C. 家庭から出る排熱　　　　　　　　　　　　　　　　　（鍋島美奈子）　22
  ―家庭から出る熱のゆくえ―
- D. 業務用建物から出る排熱　　　　　　　　　　　　　　　（中尾正喜）　24
  ―オフィスからもいろいろな熱が出る―
- E. 産業・交通から出る排熱　　　　　　　　　　　　　　　（中尾正喜）　26
  ―工場や自動車から出る排熱の特徴―

1.3 ヒートアイランド現象が私達の生活にもたらす影響（世話役：日下博幸）

- A. 人体の熱収支 　　　　　　　　　　　　　　　　　　　　　　（星　秋夫）　30
  　—からだに入ってくる熱，出ていく熱—
- B. 暑熱環境がもたらす健康障害 　　　　　　　　　　　　　　　（星　秋夫）　32
  　—熱中症とは何か—
- C. 気流・放射と快適性 　　　　　　　　　　　　　　　　　　　（堀越哲美）　34
  　—屋外では風と放射が効く—
- D. 大気汚染とヒートアイランド 　　　　　　　　　　　　　　　（近藤裕昭）　36
  　—ヒートアイランドは大気汚染を強めるか—
- E. ヒートアイランドと風 　　　　　　　　　　　　　　　　　　（日下博幸）　38
  　—都市が風を変える—
- F. ヒートアイランドと都市降水 　　　　　　　　　　　　　　　（藤部文昭）　40
  　—ヒートアイランドは降水に影響するか—
- G. 冬季と夏季のヒートアイランド現象 　　　　　　　　　　　　（青栁曉典）　42
  　—季節で異なるヒートアイランド—
- コラム：大都市でクマゼミが増える理由 　　　　　　　　　　　　（沼田英治）　44
  　—セミにもヒートアイランドの影響—

1.4 ヒートアイランド現象の計測方法（世話役：奥語基宏）

- A. 気温と湿度の測定方法 　　　　　　　　　　　　　　　　　　（酒井　敏）　46
  　—身近でありふれているけど意外に難しい—
- B. 気温の測定 　　　　　　　　　　　　　　　　　　　　　　　（奥語基宏）　48
  　—様々な温度計とその測り方—
- C. 湿度の測定 　　　　　　　　　　　　　　　　　　　　　　　（奥語基宏）　50
  　—様々な湿度計とその測り方—
- D. 風向・風速の測定 　　　　　　　　　　　　　　　　　　　　（奥語基宏）　52
  　—風の測り方—
- E. 日射量の測定 　　　　　　　　　　　　　　　　　　　　　　（奥語基宏）　54
  　—いろいろな日射とその測り方—
- F. 表面温度と熱流の測定 　　　　　　　　　　　　　　　　　　（吉田篤正）　56
  　—地表面の熱収支を知る—
- G. 都市気象の計測方法（水平分布） 　　　　　　　　　　　　　（鍋島美奈子）58
  　—街の中をくわしく測る—
- H. 都市気象の計測方法（鉛直分布） 　　　　　　　　　　　　　（奥語基宏）　60
  　—上空と地表は大きく異なる—
- I. 顕熱フラックス 　　　　　　　　　　　　　　　　　（吉田篤正・橋田祥子）62
  　—地表面温度と気温の差による熱輸送—
- J. 潜熱フラックス 　　　　　　　　　　　　　　　　　（吉田篤正・橋田祥子）64
  　—地表面からの水の蒸発による熱輸送—
- K. 日本の地上気象観測 　　　　　　　　　　　　　　　　　　　（藤部文昭）　66
  　—気象観測はどのようになされているか—

1.5　数値解析によるヒートアイランド現象の予測 (世話役：梅干野　晃)

- A. ヒートアイランドの予測技術（メソスケール） (足永靖信) 70
  ―都市スケールの熱環境の予測評価―
- B. ヒートアイランドの予測技術（ミクロスケール） (浅輪貴史) 72
  ―街の中の熱環境―
- C. 建築物のヒートアイランド対策評価ツール (持田　灯) 74
  ―CASBEE-HI について―

1.6　国・地方自治体によるヒートアイランド対策の指針 (世話役：桝元慶子)

- A. 日本におけるヒートアイランド対策の動向 (足永靖信) 78
  ―国が進めている対策―
- B. 地方自治体におけるヒートアイランド対策の動向 (桝元慶子) 80
  ―都市や生活を変えるための施策―
- C. 地方自治体におけるヒートアイランド対策の推進体制 (桝元慶子) 82
  ―施策を進めていくための組織―

2. ヒートアイランド対策

2.1　対策原理の基礎 (世話役：平野　聡)

- A. 蒸　発 (西岡真稔) 86
  ―水の蒸発で冷やす―
- B. 蒸　散 (藤田　茂) 88
  ―植物は人工エネルギーを必要としない揚水ポンプ―
- C. 日射遮へい (梅干野　晃) 90
  ―直射だけでなく反射日射，再放射まで遮る―
- D. 風 (堀越哲美) 92
  ―街や建物を流れる風―
- E. 再生可能エネルギー (平野　聡) 94
  ―太陽，地球が日々再生するエネルギー―
- F. ヒートポンプ (西村伸也) 96
  ―熱を振り分ける―
- コラム：空気線図を読む (西岡真稔) 98
  ―空気中の水蒸気と気温―

2.2　緑化による緩和 (世話役：梅干野　晃・藤田　茂)

- A. 都市緑化 (藤田　茂・梅干野　晃) 100
  ―植物・緑地はなぜヒートアイランド対策に有効なのか―

- B. 里　山　　　　　　　　　　　　　　　　　　　　　　　（成田健一）　104
  　　―斜面冷気流で熱帯夜知らず―
- C. 大規模緑地　　　　　　　　　　　　　　　　　　　　　（成田健一）　106
  　　―都市のオアシス―
- D. 大規模公園　　　　　　　　　　　　　　　　　　　　　（成田健一）　108
  　　―夜間，冷気がにじみ出す―
- E. 街路樹　　　　　　　　　　　　　　　　　（藤田　茂・梅干野　晃）　110
  　　―街路樹で道路に日陰を作る―
- F. 屋上緑化　　　　　　　　　　　　　　　　（藤田　茂・梅干野　晃）　116
  　　―屋上を快適な生活空間に―
- G. 壁面緑化　　　　　　　　　　　　　　　　（藤田　茂・梅干野　晃）　122
  　　―緑で建物をやさしくつつむ―
- H. 校庭の芝生化　　　　　　　　　　　　　　（藤田　茂・秋篠周太郎）　128
  　　―飛び跳ね，転げまわれる緑の校庭―
- I. 駐車場緑化　　　　　　　　　　　　　　　（藤田　茂・山田宏之）　132
  　　―アスファルトを緑へ―
- コラム：大きな樹冠の木陰はなぜ涼しいか　　　　　　　　（梅干野　晃）　138
  　　―周囲の表面温度に注目―

2.3　自然を活かした都市計画，建築による緩和（パッシブな利用）
　　　　　　　　　　　　　　　　　　　　　　　　　　（世話役：堀越哲美）
- A. 風の道計画　　　　　　　　　　　　　　　　　　　　　（橋本　剛）　140
  　　―風の道で街を冷やす―
- B. 通風計画　　　　　　　　　　　　　　　　　　　　　　（渡邊慎一）　146
  　　―室内に風を取り込む―
- C. 水面がもつ都市気候を緩和する効果　　　　　　　　　　（堀越哲美）　152
  　　―水面で昼の街を冷やす―
- D. 自然エネルギー利用建築　　　　　　　　　　　　　　　（田中稲子）　158
  　　―太陽と風に呼応する建物とライフスタイル―
- E. クールチューブ・地下ピット　　　　　　　　　　　　　（佐藤信孝）　164
  　　―冷えた外気を導入する―
- F. ヴァナキュラー建築　　　　　　　　　　　（宇野勇治・兼子朋也）　170
  　　―伝統的な建築の知恵―
- G. クールルーフ　　　　　　　　　　　　　　　　　　　　（長野和雄）　176
  　　―涼しさを呼ぶ屋根―
- コラム：橋の上で夜，涼しいのはなぜか　　　　　　　　　（堀越哲美）　182
  　　―体感温度を決める要素に着目―

2.4 自然を活かした設備機器による緩和（アクティブな利用）（世話役：平野　聡）

- A. 太陽光発電　　　　　　　　　　　　　　　　　　　　　　（髙島　工）184
  ―自然エネルギーを電気にかえる―
- B. 太陽熱給湯・冷暖房　　　　　　　　　　　　　　　　　　（吉広孝行）190
  ―太陽の熱から作るお湯で一石二鳥―
- C. 空気熱源ヒートポンプ　　　　　　　　　　　　　　　　　（西村伸也）196
  ―太陽の熱を適所に振り分け利用―
- D. 大地熱源ヒートポンプ　　　　　　　　　　　　　　　　　（平野　聡）202
  ―地中の土や水，地表の水の熱をアクティブに活用―
- E. 河川水熱源ヒートポンプ　　　　　　　　　　　　　　　　（木虎久隆）208
  ―河川の熱で効率的に冷暖房―
- F. 雪氷冷熱エネルギーの活用　　　　　　　　　　　　　　　（媚山政良）214
  ―冬の雪氷で夏を冷やす―

2.5 排熱削減による緩和（世話役：中尾正喜）

- A. 省エネルギー機器による排熱の削減　　　　　　　　　　　（中尾正喜）222
  ―省エネタイプは排熱も少ない―
- B. 水の蒸発冷却による空調排熱の削減　　　　　　　　　　　（髙橋慎一）228
  ―水の蒸発冷却で効率を上げる―
- C. 地域熱供給の導入効果　　　　　　　　　　　　　　　　　（中嶋浩三）234
  ―ネットワークで考える―
- D. 下水による熱交換　　　　　　　　　　　　　　　　　　　（三毛正仁）240
  ―足元を流れる枯渇しないエネルギー―
- E. 産業排熱，都市排熱の有効利用　　　　　　　　　　　　　（西村伸也）246
  ―産業/都市排熱をリサイクル活用―

2.6 蒸発冷却による緩和（世話役：中尾正喜）

- A. 保水性舗装　　　　　　　　　　　　　　　　　　　　　　（西岡真稔）254
  ―保水して温度を下げる―
- B. ミスト蒸発冷却　　　　　　　　（Craig Farnham・水野毅男・石田鈴子）258
  ―ミストで涼しい生活空間を創る―
- C. 散　水　　　　　　　　　　　　　　　　　　　　　　　　（鍋島美奈子）264
  ―打ち水で効果的に涼しくするには―
- コラム：打ち水大作戦　　　　　　　　　　　　　　　　　　（浅井重範）270
  ―日本の伝統を活かす―

2.7 日射遮へい・反射による緩和（世話役：梅干野　晁）

- A. 建築における日射遮へいのいろいろ　　　　　　　　　　　（梅干野　晁）272
  ―建築の形からブラインドまで―

B. 高日射反射率塗料による反射 　　　　　　　　　　　（三木勝夫）278
　　　─白くないのに高反射─
コラム：フラクタル日除け 　　　　　　　　　　　　　　（酒井　敏）284
　　　─植物の構造を模した日除け─

3. ヒートアイランド対策への取組み事例（世話役：中大窪千晶）

A. ヒートアイランド対策大綱の見直しと対応 　　　　　（中大窪千晶）286
　　　─ヒートアイランド現象の緩和策と対応策─
B. 東京都のヒートアイランド対策 　　　　　　　　　　（中大窪千晶）290
　　　─大都市がすすめる施策は─
C. 大阪ヒートアイランド対策技術コンソーシアム（大阪HITEC）（水野　稔）294
　　　─産学官協働で対策をひろげる─
D. 大阪中之島eco2（エコスクエア）連絡協議会 　　（桝元慶子・植栗　健）298
　　　─まちづくりを民間主体のグループで─
E. なんばパークス 　　　　　　　　　　　　　　　　　（赤川宏幸）302
　　　─商業施設における立体緑化─
F. 大手町・丸の内・有楽町地区 　　　　　　　　　　　（中大窪千晶）306
　　　─環境に配慮した街区計画─
G. 大東文化大学板橋キャンパス 　　　　　　　　（中村　勉・中大窪千晶）310
　　　─自然な空気・熱の流れを重視した「環境キャンパス」─
H. 宮崎台「桜坂」 　　　　　　　　　　　　　　（中大窪千晶・清水敬示）314
　　　─既存の自然環境を活かした住宅地─
I. 市民参加による打ち水大作戦 　　　　　　　　（浅井重範・中大窪千晶）318
　　　─ソーシャルアクションが生まれる─

索　　引　　　　　　　　　　　　　　　　　　　　　　　　　　　323

1. ヒートアイランド現象の基礎

1.1 ヒートアイランド現象とは

A. ヒートアイランド現象の定義
B. 都市の1日の気温変動
C. ヒートアイランドの生態系への影響
D. 都市の規模とヒートアイランド現象
E. 都市の地域性とヒートアイランド
F. 地球温暖化とヒートアイランド
G. ヒートアイランド研究の歴史
コラム：放射とは

ヒートアイランド現象の定義 1.1A

熱の島，ヒートアイランド

1. ヒートアイランドの定義

都市が発展すると，都市内の気温はその周囲の気温よりも高くなる．風の弱い晴天日に，海や山から離れている内陸の平野部で都市とその周辺部（郊外）の地上気温の分布を描くと，都市中心部ほど気温が高くなり，等温線の形状（図1）は地図上の島の等高線のようになる．この等温線の形状から，この現象はヒートアイランド（HI）現象と呼ばれるようになった（1.1G 参照）．

2. ヒートアイランドの形状

風がない場合，HI の中心（高温域）は都市中心部に現れるが，風がある場合，気温分布は全体的に風下側にシフトする．風がある程度以上強い気象条件下では，HI は認められなくなる．

HI は地上付近で顕著に認められ，上空にいくほど徐々に不明瞭になっていく．HI が見られる厚さは，中小都市で数十 m，大都市で数百 m 程度であり，その上部には，都市の気温が郊外の気温より低くなる層が見られることがある．都心の気温がより低くなるこの現象は，クロスオーバー現象と呼ばれている．

HI は，気象学・気候学的には都市規模の現象であり，メソスケール（より正確にはメソガンマスケール）の大気現象とみなされている．もちろん，気象条件によっては，郊外にある集落や住宅団地の気温が周囲より高くなることもあるので，住宅団地規模（マイクロスケール）の HI も存在する．都市内の気温は一様ではなく，ある場所の気温が周囲に比べて局所的に高くなることもある．東京都市圏内の新宿・池袋などの副都心や，ある都市の中の住宅団地などがこれに相当する．このような局所的な高温域を HI 現象とみなすかヒートスポット現象とみなすかは，研究分野や個々の研究者の見解によって異なる．

3. ヒートアイランドの見方

地上気温の観測値は，その測器の設置環境に強く影響を受ける．HI を記述する際には，その気温がどのような意味をもつか，認識しておく必要がある．

気象学・気候学などの理学系分野では，一般的に，測定環境ができるだけ同じデータを用いて，HI を記述する．この場合，都市の気温は，自動車の排熱や建物などの局所的な影響を直接的に受けず，風通しがよく，1日を通して日陰にならない，ある程度の広さをもつ芝地上で観測された気温を用いて議論される．ここで観測される気温は都市全体の影響を受けた気温になる．したがって，都市と郊外の気温差で定義される HI 強度は，都市全体の影響による気温差となる．一方で，工学分野などでは，都市街区内の道路上の気温こそが都市の気温であると考え，そのような場所で観測された気温を用いて HI を議論することもある．この場合，HI 強度には，都市全体の影響とその観測環境の局所的な影響の両方による気温差となる．都市の気温といった場合，ある程度の空間代表性をもち，大気境界層を代表するような気温を指しているのか，街区内のあるスポット的な気温を指しているのか認識した上で解析・議論することが大

事である.

4. ヒートアイランドの強さ

　HIの規模や強さは，日変化・季節変化する．HIは，1日のうちで夜間に最も明瞭となる（1.1B参照）．また，季節的には暖候期よりも寒候期により明瞭となる（1.3G参照）．

　HIの強さは，その都市が置かれている環境にも依存すると考えられている．一般的には，夜間のHIの場合は，夜間の安定成層が強く発達する地域（例えば，内陸都市）ほど強くなると考えられている．このような見方をすると，HI強度は高緯度ほど強く，低緯度ほど弱くなると推測されるが，観測事実はこれとは異なる（1.1E）．高緯度や低緯度での観測研究例はまだ少なく，さらなる研究が望まれる．

　日中の場合は，都市気温に対する一般風や局地風による冷気移流の影響が大きなため，これらの影響をあまり受けない地域の方が強くなると考えられる．

　HIの規模や強さは，都市化とともに拡大していく（1.1D参照）．気象庁によると，観測所の半径7km以内の都市化率と過去100年当りの気温上昇率には正の相関があり，都市化率90%，60%，30%，5%程度の都市における気温上昇率は，それぞれ，3℃，2.5℃，2℃，1.5℃前後である．

　気象庁が都市化の影響が比較的小さいとみなしている日本の中小都市15地点における1898～2013年までの気温上昇率は，100年当り約1.14℃である．日本の気温上昇に対する地球規模の気候変動（地球温暖化）の影響はおおよそこの程度であり，実際の都市の気温上昇とこの差が都市化の影響（観測環境の局所的な変化等の影響も含む）と考えられている．ただし，中小都市15地点の気温上昇に対するHIの影響はまったくないとはいえないため，その定量

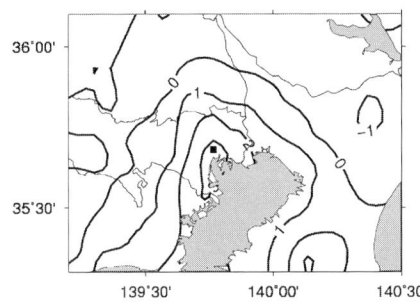

図1　ヒートアイランド現象の例（冬季晴天日午前6時の15日間平均値）
太実線は等温線，細実線は県境，黒点は東京管区気象台の位置を意味する．

な評価が望まれている．

　なお，HI現象と地球温暖化のメカニズムの違いなどについては，1.1Fを参照していただきたい．

5. ヒートアイランドの要因

　HIの要因論には，力学的要因論と熱的要因論の2つの要因論がある．力学的要因論とは，建物が存在することによって機械的な乱流が強まり，接地逆転層の形成が阻害され，都市の夜間の地上気温が郊外よりも高くなるという考え方である．熱的要因論は地面からの加熱によって都市の気温が郊外よりも高くなるという考え方である．熱的要因論は，さらに細かく分類されることもある（1.2B参照）．いずれも，HIの要因の1つと考えられているが，定量的な評価については十分なコンセンサスは得られていない．

☞ 更に知りたい人へ
1) 神田　学編：都市の気象と気候，気象研究ノート，224号，日本気象学会，302p, 2012
2) 藤部文昭：都市の気候変動と異常気象―猛暑と大雨をめぐって―（気象学の新潮流），朝倉書店，176p, 2012

都市の1日の気温変動

熱帯夜とは

1.1B

1. 都市における気温の日変化

自然状態の平坦な地表面と異なり，都市は建築物の稠密化が大きな特徴といえる．このような土地の改変は，地表面の構成物質と幾何形態を同時に変えることになる．実際，自然状態の地表面を代表する土壌の体積熱容量が（乾燥していれば）約 $1\mathrm{MJ/m^3 \cdot K}$ に対して，建築物を主構成するコンクリートは約 $2\mathrm{MJ/m^3 \cdot K}$ と，都市の存在が地物自体の熱容量を大きくしているとわかる．さらに，稠密した建築物群は地表面から上空への赤外放射を吸収すると同時に，建築物からもまた地表面に向かって赤外放射を行う．これらの作用は，郊外だと日没後に速やかに地上の気温を低下させていくのに対し，都市では気温がなかなか下がらない現象を示すことになる．これが夜間のHIを顕在化させている．また，日中に比べると量的には小さいが，人工排熱の放出も都市における夜間の気温を上昇させる要因になる．

上述の特徴から，都市と郊外それぞれでみられる地上気温の日変化パターンは図1に示すようになり，とくに夜間の気温に大きな差が長く生じる．都市で観測される地上気温の日較差も，周辺郊外に比べて小さい様子がわかる．また，日中の最高気温の出現時刻は，都市が郊外よりもやや遅れる．日没以降，気温は急激に低下するのが一般的だが，都市では線形的に低下していくことで郊外との気温差が拡大する．都市規模にも依存するが，冬季であれば都市の夜間最低気温が郊外よりも $5{}^\circ\mathrm{C}$ 以上高い状態は珍しくない．

2. 熱帯夜の地域性

(1) 定義と経年変化　熱帯夜とは，地上気温が $25{}^\circ\mathrm{C}$ を下回らない夜のことを指すが，統計解析の都合上，日最低気温が $25{}^\circ\mathrm{C}$ 以上の日を熱帯夜の日とみなす場合も多い．以降では，後者の統計による結果に基づいて説明していく．熱帯夜の日数を調べることで暑い夜の発生頻度がわかるが，例えば東京では，20世紀前半には年間10日前後で1か月にも満たなかった熱帯夜日数も，21世紀には当たり前のように1か月

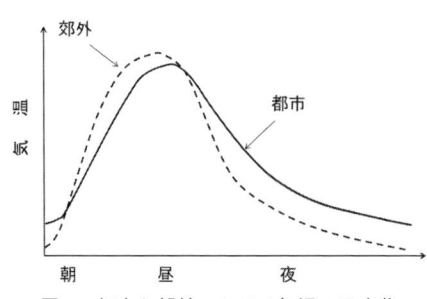

図1　都市と郊外における気温の日変化

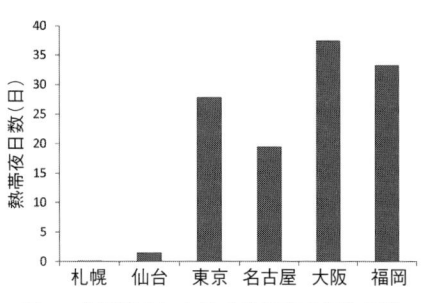

図2　主要都市における熱帯夜の平均日数
（1981～2010年）

図3 沿岸部と内陸部の熱帯夜日数の違い(2007年8月の近畿西部,中国,四国,九州北部を例に)

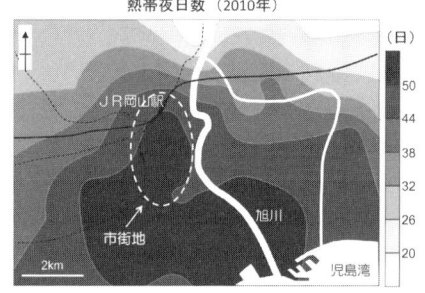

図4 岡山市で観測された2010年における熱帯夜日数の水平分布(立正大学・重田祥範によって調査,作成された図)

を超えるようになり,2010年に過去最多の56日を記録した.1931〜2010年の熱帯夜日数増加のトレンドとして,東京で+3.8日/10年,名古屋で+3.7日/10年,福岡では+4.8日/10年という数字が気象庁によって報告されている.このように,夏の夜の気候は昔と比べて明らかに違ってきている.

(2)日本スケールでみた熱帯夜 まず,日本列島の広い範囲で熱帯夜の発生状況を確認してみる.日本の主要6都市の気象台で観測された過去30年間(1981〜2010年)の熱帯夜の平均日数を,図2に示す.ここでは,期間中に観測データの統計的切断が認められなかった都市のみを選んでいる.北海道や東北地方といった北日本では熱帯夜日数が極端に少なく,日本の南西地方へ向かうにつれて日数が増加する傾向が認められる.大阪と福岡では30年間の平均値でみても年間で1か月を超える多さであり,梅雨明け直後の北太平洋高気圧の勢力下ではほぼ毎日が熱帯夜になっているといっても過言ではない.

(3)地域スケールでみた熱帯夜 次に,地域にしぼって熱帯夜の発生を確認してみる.図3には,西日本の気象庁アメダスで観測された2007年8月の熱帯夜日数の分布を示してある.先述の大阪や福岡を含む西日本の大都市に加えて,沿岸部でも熱帯夜日数の多い観測点が目立っている.これは後述するように,大都市ではHI現象の影響が,一方の沿岸部では熱容量の大きな海(水の体積熱容量は約$4 MJ/m^3・K$)に隣接することが,夜間気温の低下しにくい理由として考えられる.

(4)都市スケールでみた熱帯夜 さらにスケールを小さく,都市単体にしぼって熱帯夜の発生を確認してみる.図4は,その一例として岡山市で2010年に観測された熱帯夜日数の空間分布を示している.この年は全国的に記録的な猛暑となり,市街地中心部では梅雨明け直後から熱帯夜が連日のように出現し,9月上旬までほぼ毎日続いた.重要な点は都市から周辺郊外までの熱帯夜日数の面的な広がりであり,このとき観測された熱帯夜の最多日数は56日,最少日数は16日で,地点によって40日もの大きな開きがみられた.前述のように夜間はHI現象の出現が顕著化することで,熱帯夜日数も都市と郊外で明らかに異なってくる.市街地中心部で最多日数に近い記録を示しているが,一方でその南部の湾や海に近い地域でも同様に熱帯夜の日数は極端に多い.これは地域スケールの熱帯夜でも述べたように,都市と同様に自然地よりも熱容量の大きな水域の影響を受けて,夜間の気温が低下しにくいためと考えられる.

ヒートアイランドの生態系への影響

都市生態系はどう変化するか

1. 都市生態系とは

生態系とは[1]、ある地域に棲むすべての生物とその地域内の非生物的環境をひとまとめにしてとらえたものであり、生産者(光合成によって有機物を生産する緑色植物)、消費者(生産者や他の消費者を食べて有機物を得る動物)、分解者(死んだ生物などの有機物を分解する菌類やバクテリア)、および非生物的環境から構成される.

消費者はさらに一次消費者(草食動物)、二次消費者(肉食動物)などに分けられる. 生物は非生物的環境の影響を受けるだけではなく、逆に非生物的環境に影響を与えている. ヒトは消費者として生態系の一員である. 生態系の中では、物質循環やエネルギーの流れが絶えず起こっており、安定した系として存在する. また、生産者、消費者、分解者の中に種多様性が存在することが、全体の生産量を増加させたり、環境の変動に対して系を安定化させたりしている.

都市では、自然環境にヒトが大きく手を加えたため、元の自然生態系の構造は失われているが、そこにはやはり生態系が存在しており、都市生態系と呼ばれる. 都市生態系ではその地域の手つかずの自然状態に比べて、生物の種数が著しく減少することで多様性が失われ、生態系の構造が単純になっていることが多い. さらに、都市では一般に生産者が減少しており、外部で生産された有機物が食料などの形で大量に流入している. そして、現存量が著しく大きい消費者であるヒトがそれを消費し、多くが二酸化炭素の形で大気中に放出されるが、ゴミなどに含まれる有機物は完全に無機物に分解されずに河川や海洋に流出する. このように物質循環やエネルギーの流れも都市生態系に特有のものになっている.

2. 温暖化が生態系に及ぼす影響

温度は、生態系を構成する非生物的環境の中でも大きな影響力をもつので、温暖化が生態系に及ぼす効果は大きい. しかし、縄文時代など現在よりも温暖であった時期は過去にもあったので、現在の温暖な状態そのものが生態系の維持にとって致命的であるわけではない. 重要なのは温暖化の進む速度である. 現在、地球規模の温暖化によって過去にみられなかった速さで地球上の温度が上昇しつつある.

温暖化が生態系を構成する個々の生物に及ぼす影響は様々である. なぜなら、温度に対する反応も移動能力も生物によって異なるからである. 例えば、幼虫が植物の葉を食べる昆虫は、その植物が開葉する時期に成虫となって羽化し産卵する. しかし、温度が植物と昆虫の成長に与える影響は同じではないため、温度が上昇したときには植物の開葉と昆虫の羽化時期がずれてしまう可能性がある. そうなると、もはやその昆虫は子孫を残すことができない[2]. また、生物ごとに生存や活動に適切な温度の範囲が決まっているので、温暖化に伴って移動能力の高い昆虫はより冷涼な地域へと分布を変化させるが、移動能力の低い植物は昆虫と同じ速さで分布を変化させることはできない. そのため、昆虫の移動先では餌がないことになる. このような関係は植物の開花時期と花を受粉させる昆虫の出現時期

の間でも，あるいは相互作用のある動物どうしの間でも起こりうる．このように，急速な温暖化は生態系の均衡を崩してしまう可能性が高い．

3. ヒートアイランドと生態系

都市では，HIによって，他の地域よりもさらに著しい速さで温暖化が進行している．HIが生物相に与える影響の代表的な例は，低温耐性が低い，越冬のための休眠をもたないなどの理由で温帯地域に定着できなかった生物が，温暖化に伴って温帯の都市部に定着することである（図1）．例えば亜熱帯起源で長期間にわたる低温に弱いタイリクヒメハナカメムシは，2000年頃には，関東平野では海岸沿いと東京を中心とする都市部に分布を拡大していた．この分布は冬日（最低気温が0℃を切る日）が50日以内になるところにほぼ一致する．

温暖化に伴って温帯の都市に亜熱帯あるいは熱帯の生物が侵入する可能性が高い．都市は周囲の都市化していない地域より温暖な状態にある上に，空港や港があることが多く，人や物の出入りが激しいため，離れた地域の生物が突発的に侵入する確率が非常に高い．例えば，熱帯，亜熱帯地域から病原生物が侵入する心配は大きい．そのような場合，生物が連続的に徐々に分布を変化させた場合とは異なり，元の生態系で相互作用のあった他の生物（捕食者や寄生者）は同時に侵入しないために，移入生物が爆発的に増殖する可能性がある．

しかし，温暖化は，土着の生物がより温暖な地域に棲む近縁な生物に置き換わるという単純な結果だけをもたらすわけではない．都市生態系は自然生態系と比較すると種多様性が低く構造が単純なために，いったん侵入が起こると生態系の構造そのものが大きく変化してしまう可能性がある．一方で，都市生態系は構造が単純であるとは

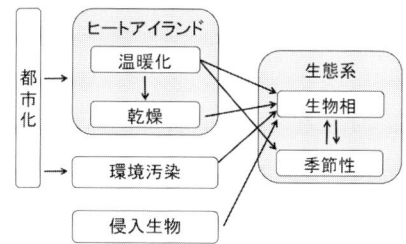

図1　ヒートアイランドの生態系への影響

いえ，ある程度多数の生物から構成されているので，特定の生物の侵入，大発生あるいは絶滅が生態系全体に及ぼす効果は容易に予想できない．したがって，HIがこれから都市生態系にどのような影響を及ぼすのかを予測することはきわめて難しい．それどころか，既に起こった都市生態系の変化のいずれがHIによるものなのかを明らかにすることすら容易ではない．

1990年代のニューヨークでは都市化に伴って土中の菌類や微小な節足動物が著しく減少していたが，HIによる温度上昇と，外来種のミミズの異常繁殖によって，生態系における有機物の分解や窒素循環の機能が補われていた．都市ではHI以外に水，空気，土壌の汚染なども同時に起こっているので，個別の事象のどれがHIと直接の因果関係があるのかを知ることは難しい．HIの生態系への影響を明らかにするためには，過去に起こった様々な現象の相関関係のデータを蓄積して，因果関係を推定するばかりではなく，温暖化や乾燥が個別の生物や実験生態系に及ぼす影響を明らかにする実証的研究を積み重ねることが必要である．

☞ 更に知りたい人へ

1) 日本生態学会編：生態学入門第2版，東京化学同人，2012
2) 桐谷圭治，湯川淳一編：地球温暖化と昆虫，全国農村教育協会，2010

都市の規模とヒートアイランド現象

大都市と小都市とではこんなに違う

1.1D

1. 最大気温差とは

HI現象は人口規模が大きいほど顕著であると考えられてきた. T. R. オークは「境界層の気候」(1978)という本の中で, HIの大きさ(強さ)を都市中心部付近に生ずる気温の最大値(ピーク値)と都市周辺部の自然地域における平均的な気温レベルとの差で表し, これを最大気温差と呼んでいる[1]. そして人口と最大気温差との関係をヨーロッパとアメリカの諸都市についてグラフにプロットして作成したのが図1である[2]. 横軸の人口は対数で示されており, 福岡義隆による日本のデータも載せている. 人口規模が大きくなれば最大気温差も大きくなる傾向が示されている. 都市面積が大きいほど人口も多いと考えられるので, 一般に規模の大きな都市ほどHIの気温上昇効果も大きいと考えてよいであろう.

2. 最大気温差は求まるか

地表面に影響された風や温度の高さ方向の厚さを大気境界層という言葉で表し, その特性が強く現れる地表付近の気層を接地層と呼んでいる. このような温度の高い空気の層は, 都市の面積や凹凸, 表面温度などの都市的な特徴が大きいほど厚くなる. これには2つの特徴がある. 1つは都市の縁(へり)では急激な変化があり, これはいわゆるエッジ効果と呼ばれる. 一方, 都市内部では地表面の特性に大きな変化がなければ気温の変化は緩やかになる. しかし, 規模の大きな都市は中小都市に同じ条件で比較するならば, 都市の境界層の厚さは大きくなり地表付近の気温も都市的な特徴を

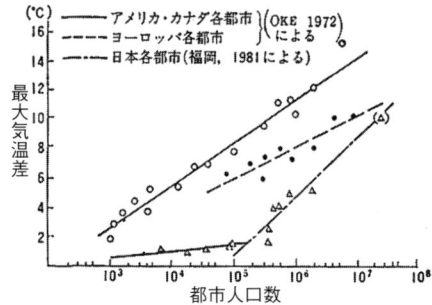

図1 都市内外の最大気温差と人口との関係
(福岡, 1983)

受けてより高くなる.

この項のはじめに, T. R. オークのHIの定義を引用して最大温度差を説明した. しかし, ここにも次のような問題がある.

(1) 都市中心部付近で都市化の影響を受けて最も気温の高い場所の特定は難しい. 都市を代表する気温と, 日射により表面温度が上昇して空気が淀んで換気の少ない局所的な空間の高い気温とでは評価の意味が異なる. 注意深く観測値を吟味する必要がある.

(2) 都市周辺部の自然地域は一般に河川や海や湖などの水面であったり, 山や谷間などの地形が複雑な自然地域であったりする. その都市の周辺を代表する自然地域の気温の定義は難しい.

このようにHIの影響の大きさの評価は単純ではない. しかし, 一般論としては(前提条件などが変わらなければ), 都市の規模が大きくなるほどHI現象の特徴も顕著になっていくと言うことはできる.

図2 都市ヒートアイランド対策の概念

建物スケールの対策
1. 地表被覆物の変更:建物・舗装と緑・水辺の適切な割合と配置,環境に配慮した舗装
2. 人為的排熱の抑制:建物の省エネルギー,排熱の適切な放出位置,自動車対策
3. 風通し:地域循環風系(海陸風,山谷風など)の活用,風通しに配慮した都市環境計画

3. 都市規模に応じた対策

以上の議論から,都市が広がって規模が大きくなり,HIの現象も顕著である場合,その影響を減じるHI対策とは,都市規模との関係からどのようなものが考えられるであろうか.それは図2のように考えることができる[3].図2の説明には建物スケールにおける対策をまとめている.図2において,①は建物スケールの対策を徹底して行い,都市の表面温度を下げ,同時に人工排熱を少なくして温度境界層の厚さを小さくする対策である.②はグリーンベルトなどで都市を分断し,大都市を小さな都市に分けてしまうことであり,③は少し極端ではあるが,地表面は自然地域として残し,人は高層建物に居住し都市を高層建物に集約する考え方である.

今までにも最適な都市規模を社会経済的に研究した例はある.しかし,HI現象の観点より見ると地球上の地理的位置や周囲の地形,植生,気候などとの関係で都市規模の評価は異なるものであり,同時にかなりの自由度もある.

4. ヒートアイランド対策としての「エコシティ」と「コンパクトシティ」

地球温暖化対策が現代社会の喫緊の課題とされた1990年頃,自然地域を侵食して拡大を続ける都市の現実から,都市の将来ビジョンとして「エコシティ」という概念が研究され始めた.エコシティの概念は,都市と自然との共生,持続可能社会における都市のあり方を指し示したものである.その後,その具体的な都市政策として「コンパクトシティ」という概念が注目を浴びてきた[5].コンパクトシティの概念は,現実的には人口の減少に対応して都市居住の集約化を図るものであるが,同時に,自然環境の保全,人為的活動による環境への影響を軽減しようとするものでもある[4,5].都市化エリアを縮小することは最大気温差(HI強度)を弱めることにつながる.

☞ 更に知りたい人へ

1) T. R. オーク著,斎藤直輝,新田 尚訳:境界層の気候,朝倉書店,1981
2) 吉野正敏:新版 小気候,地人書館,69,1986
3) 森山正和編:ヒートアイランドの対策と技術,学芸出版社,2004
4) G. B. ダンツィク,T. L. サアティ著,森口繁一監訳,奥平耕造ほか訳:コンパクト・シティ,日科技連出版社,1974
5) 海道清信:コンパクトシティ―持続可能な社会の都市像を求めて,学芸出版,2001

都市の地域性とヒートアイランド

熱帯，温帯，亜寒帯での違い

HIは都市が位置する気候帯・緯度によって影響を受けることが考えられるが，HI調査の多くが中緯度の都市で行われており，高緯度や低緯度の都市のケースはよくわかっていない．ここでは，中緯度の都市のHIとの比較において，高緯度や低緯度の都市のHIを研究する意義や研究例を紹介する．

1. 世界の気候区分

最も代表的な気候区分はケッペンの気候区分である．樹木の生育する樹木気候と生育できない無樹木気候の地域に大別する．この樹木気候地域を熱帯気候，温帯気候，亜寒帯（冷帯）気候に分けると以下のようになる．

① 熱帯気候：最寒月の月平均気温 18 ℃以上
② 温帯気候：同 18 ℃未満，−3 ℃以上
③ 亜寒帯気候：同 −3 ℃未満，最暖月の月平均気温 10 ℃以上

人工熱の発生量を考えると，冷帯気候の都市は暖房用の熱エネルギーを多く必要とする．一方，熱帯気候の都市は1年中暑いので，潜在的空調機利用期間が長い．経済的な問題のためにエアコンの使用を控えているが，同地域の生活水準が向上すれば，当然空調機器使用量が増加することが考えられる．また，郊外では仕事がないため，郊外から都市への人口流入が増加している．そのため，熱帯・亜熱帯の都市は現在急成長しているところが多く，世界の主要都市では開発途上国といえども高層ビルができつつあり，都市形態も先進国と差異がなく

図1　建築中の高層ビル（カンボジア・プノンペン，2012年3月20日）

なってきている（図1）．

緯度の違いは太陽高度の差異による放射量の違いをもたらし，大略として気候帯を作り出す．

高緯度地域の特徴では，夏季には日照時間が相対的に長く，冬季は逆に短いことが挙げられる．長い日照時間のある夏季においても太陽高度が低いため，水平面より垂直面の方が日射を多く受ける．冬季は日照時間は短く日射が弱いので，気温の日較差は小さい．

低緯度地域では，日射量の年変化は相対的に小さい．南中高度が真上になることもあり，日射量は強い．夏季と冬季の区分はなく，モンスーンの影響で乾季と雨季に季節の区分がされる．雨季にはスコールと呼ばれる短時間の豪雨に見舞われることがある．HIはこれにより一時的に解消される．中緯度はその中間である．

2. 熱帯・温帯・亜寒帯の都市ヒートアイランド

将来HIによる問題が顕在化するところ

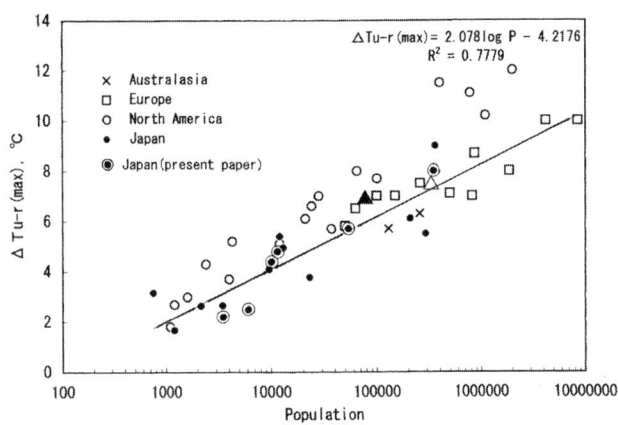

図2 都市規模（人口）とヒートアイランド強度の関係[2]
△ 那覇市[5], ▲ フィンランド，ユバスキラ市[4]

は熱帯や亜熱帯のようなもともと暑い地域である．経済成長率も高く，生活水準が向上すれば多くの人がエアコンを利用するようになる．日中より夜間の気温は低いが，エアコンなしには眠りにくい．エアコンの使用により室外機から熱を放出させ，その結果，HIがますます発達することになる．

中緯度の都市では，都市規模（人口）と年間最大HI強度には対数比例の関係がある[1]．年間最大HI強度とは理想的な気象条件下の観測結果であり，日本の諸都市においても，同様な結果が認められている[2]．Jauregui[3]は熱帯のHI強度の最大値は同じ都市規模の温帯都市で観測されたものと比べ，一般に小さいと述べている．しかし，彼のデータは月平均値であり，都市と郊外の既存の自動気象観測所で得られた気温から算出したHI強度であるのに対し，Oke[1]やSakakibara et al.[2]のHI強度は，年間数多く実施された移動観測の結果に基づいて算出したものである．このためJauregui[3]の熱帯のHI強度は過小評価されたと考えてもおかしくない．図2に示した○印は人口約30万人の亜熱帯都市である那覇市の最大HI強度である．この値は移動観測の結果から，都市と郊外の最適な場所を特定し，そこに自動気温観測装置を設置して算出したものである[4]．さらに図2の▲印は，辻[5]が亜寒帯のフィンランドの都市ユバスキラ（北緯62°12″，東経5°43″）で移動観測を52回実施した気温分布の結果から算出した年間最大HIである．

図からわかるように，これまで報告されていた熱帯のHI強度の最大値は同じ都市規模の温帯都市で観測されたものと比べ一般に小さいということは見出せず，亜寒帯の都市でも明らかな違いはない．

☞ 更に知りたい人へ

1) Oke TR：*Atmospheric Environment*, **7**, 769-779, 1973
2) Sakakibara Y, Matsui E：*Geographical Review of Japan*, **78**(12), 812-824, 2005
3) Jauregui E：*World Climate Programme*, Publication No.652, World Meteorological Organization: Geneva, 26-45, 1986.
4) 榊原保志：日本地理学会発表要旨集，**76**, 63, 2009
5) 辻 忠恭：東京学芸大学環境教育実践施設研究報告環境教育研究，**10**, 23-30, 2000

地球温暖化とヒートアイランド

1.1F

暑くなるワケもいろいろ

1. 地球温暖化

　地球は太陽から熱を受け取り、それと同じ量の赤外線を宇宙空間に放出する（図1）。この熱量は約170PWで、人間が放出する熱量の約1万倍である。その大きな熱の流れのバランスで決まる温度が放射平衡温度で、約255K（−18℃）である。これは、「宇宙から見た地球の温度」で、実際の地上気温は、地球大気が赤外線に対して不透明なために30℃ほど高くなっている。これがいわゆる温室効果であり、この効果が少し強くなって地上気温が上がる問題が「地球温暖化」問題である。

　この温暖化の原因とされる二酸化炭素は、大気中に炭素量換算で750GT（GT＝10^9トン）ほどあり、海や生物圏との間で毎年200GTほどのやりとりがある。すなわち、二酸化炭素の大気中での平均滞留時間は3〜4年ほどとかなり短く、長い地球の歴史の中では、現在は大気中の二酸化炭素量が非常に少ない時代である。

　これに対して、人間が排出する二酸化炭素量は数GT/年ほどで、大気中の二酸化炭素の増加量は、その半分ほどである。つまり、大気中の二酸化炭素の変化は人間活動だけで決まるものではなく、人類が誕生する以前からある自然のプロセスの変動によっても起こりうるものである。

　この二酸化炭素を代表とする温室効果物質による地球温暖化は、地球から宇宙に熱を放出する赤外線放射過程で起こる現象で、厚さ10kmの大気全層の特性によるグローバルな現象である。

2. 都市のヒートアイランド

　これに対して、HIは、地球表面のごく一部の「都市」が周囲に比べて温度が高くなる現象である。大気現象としても大気境界層と呼ばれる地上から約1kmの比較的薄い層（図2）で起こるローカルな現象で、人間が都市を作ったことによる直接的な影響である。

　熱エネルギーの流れで考えると、地球温暖化が太陽から受け取ったエネルギーを赤外線で宇宙空間に返す過程で起こるのに対し、HIは地表で受け取った太陽エネルギー（＋人工排熱）を、大気境界層を通してその上の自由大気に伝達する過程で起こる。

　この地表面付近のバランスを図3に示す。太陽から地表面に到達する光の熱量の一部は直接地表面で反射（短波放射）され、残りは吸収されて表面温度が上がると同時に蓄熱される。温度の上がった表面からは、輻射（長波放射）や熱伝達（顕熱輸送）、さらに蒸発熱（潜熱輸送）によって、熱が大気に運ばれる。

　この地表面付近の状況は、昼と夜とで大きく異なる。夜は日射がないため、熱の流れ自体があまりなく、また大気境界層も安定成層して熱を運びにくい状況にある（図2

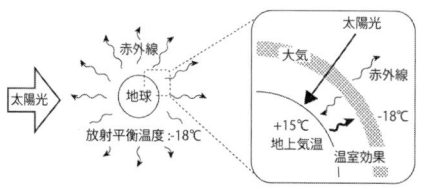

図1　放射平衡温度と温室効果

1.1F 地球温暖化とヒートアイランド　13

の夜間の温度を上げることになる．

　これに対して，昼間は太陽の日射によって強い対流が起こり，大気境界層内がきわめて一様に均一化する．したがって，地上 1.5 m 付近の気温でみる限り，都市と郊外の気温差はほとんどなく，気温では HI にならない．昼間の HI の特徴は都市の「地表面温度」が非常に高い（図 4）ことで，地表面温度の HI が出現する．地表面温度が高いと，そこからの放射熱が強くなり，気温は高くなくても暑く感じる．（1.1 コラム：放射の項を参照）

3. 数 mm の境界層が表面温度を決める

　昼間に都市表面が高温になってしまう理由は，図 3 の伝熱，蒸発ともに強烈な太陽エネルギーを運びきれないからであるが，上で述べたように昼間の大気境界層の輸送効率は強い対流により都市，郊外を問わずきわめてよい．この熱伝達のボトルネックは，太陽光を吸収した地表面または物体表面直上の数 mm の分子境界層にある．

　上記の大気境界層を含め，一般に「大気」と呼ばれるところの熱や水蒸気の輸送を担うのは「乱流拡散」である．しかし，物体の直上の数 mm は，大気の流れが「乱流」にならず，基本的に分子レベルの熱伝導，および物質拡散に頼らざるをえない．この乱流拡散と分子拡散では，効率が桁違いに違うため，物体表面のごく薄い分子境界層の厚さが全体の効率を決めることになる．

　その分子境界層の厚さは表面の大きさの 1/2 乗に比例し，大きな面ほど厚くなる．郊外の地表面を覆う植物の葉っぱの大きさに比べて，車の大きさは数十倍ある．それに伴い，分子境界層の厚さは車の表面の方が数倍厚く，熱伝達率は数分の 1 である．これが都市表面が熱くなる理由である．（2.7 コラム参照）

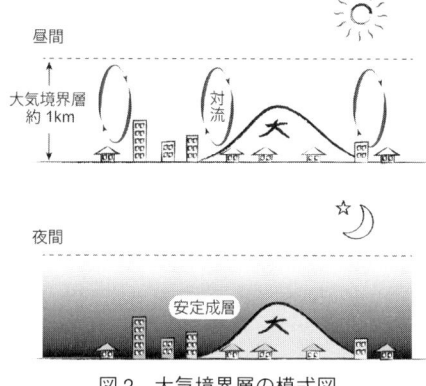

図 2　大気境界層の模式図

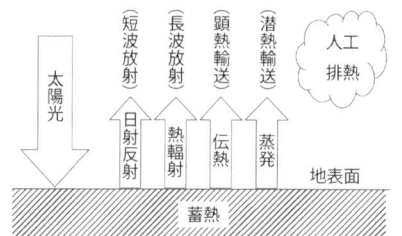

図 3　地表面での熱の流れ

図 4　昼間の都市部の地表面温度

下）ため，基本的に，昼の間に地面または建物に蓄えられた熱と，人工排熱が都市部

ヒートアイランド研究の歴史

1.1G

いつから知られ，いつ頃から研究されたのか

1. ヒートアイランドの形成

古代から現代に至る歴史時代，HI が形成されたことの指標となる現象が，いくつかある．都市に関する社会学・工学・地理学・歴史学はもちろん，医学・環境学など生活者の立場からの研究がこの指標を解明してきている．

① 人口：考古時代以来の都市人口について，考古学者・歴史学者による推定値がある．人口と HI 強度との現代都市における統計的な関係を参考にして，各時代の HI 強度を推定できる．

② 人口密度：現代の都市では人口の絶対値よりも，人口を都市面積で割った人口密度のほうが HI 強度のよりよい指標だという研究もある．

③ 都市内外の建造物密集度：木造小住宅（長屋）の密集，狭い路地による天空率の減少など，建物の集合による地表面熱収支の変化は大きいので重要な指標である．

④ 都市火災：都市人口・建造物の集中により出火件数は増加し，大火の発生・延焼は多くなる．逆に都市大火の発生頻度はこれらの集積の指標で，これがさらに HI 形成の指標になる．

⑤ 疫病発生・衛生環境悪化：下水処理・汚物ゴミ処理などが十分行われず伝染病対策も不十分であった時代，伝染病・疫病などの発生回数は人口集中・大気汚染の指標であり，HI の指標である．

⑥ 馬車交通：ヨーロッパでは馬車がまき上げるほこりによる大気汚染・環境悪化が大きかった．

2. 日本都市ヒートアイランドの歴史

日本では仁徳天皇（5世紀）の政治に HI 形成を推定させる「記紀」の記述がある．「記紀」が書かれた時代（8世紀初頭）に，煙の排出状況が人間活動の環境アセスメントに役立つことが理解されていたといえる．

藤原京（694 遷都）では人口集中・建物群の集中などが明瞭になったので，HI の形成は確実である．平城京（710）・平安京（794）はそれぞれ人口約 10 万人と推定されているので HI 強度 0.5°C 以下が認められたと推定される．

中世以降，日本の都市は活動を高めた．臨時に流入する人口を含めてきわめて大きな値で，HI 形成を強めたであろう．伊勢の例では全体では 100 以上の世古（せこ）と呼ばれる細い路地，山田で 600 以上，宇治では 300 以上の住居地域があった．これだけの都市構造（天空率・地表面粗度など）・都市内活動（エネルギー排出など）は HI 形成を進めた．

3. 都市の発達とヒートアイランド研究の歴史

ヨーロッパでは温度計の発明以降，都市内外の気温差の測定が行われ，とくに定時観測を行う観測所網が国家事業として設立され，国際的にも組織化されて，しだいに都市内外の気温差が確認されるようになった．研究面では，例えば世界の気温分布図（等温線図）を描く場合，局地的な影響を補正しなければ使えない．そのために都市内外の温度差を統計的に導き出した．これは 18～19 世紀のことで，当時は都市温度とい

都市発達の時代区分	世紀	時代区分	研究・技術の対象	対象となった要素または因子	都市温度・ヒートアイランドの認識の時代的発展
古代都市	紀元前	I	都市内の気候環境 都市立地の気候条件	風・日射・雨・雪など	都市立地の気候条件と都市内の気候環境への人間活動の影響
	紀元後……				都市内の建造物の集合による温度環境変化
中世都市	11	都市気候学前史時代			
	12				
	13	II	都市内の環境悪化 都市立地の気候条件	大火・伝染病など	古代都市と同じだがそれらがしだいに深刻化する(都市温度の明らかな形成)
	14				
	15				
	16				
	17				大火・伝染病の発生はヒートアイランド形成の指標
	18	III		大気汚染環境衛生など	
	19				
近代都市	20	都市気候学歴史時代 I	都市温度・都市霧などの存在	ほとんどの気候要素	1. 都市温度(市内が郊外より高温)の観測値による確認
		II	都市部における水平分布		2. 気圧配置別・天候別に把握
					3. 3次元でヒートアイランド確認
		III	総観気候学的	とくにヒートアイランド	1. 都市問題として把握
		IV	大規模な数値実験, 野外における観測		2. 都市内の異常高温対策・軽減策
					3. 都市計画・建設計画への積極的提言・貢献

図1 都市の発展と都市温度(ヒートアイランド強度), その認識・研究の発展の時代区分[4]

った. ハウォード(Luke Howard)の「ロンドンの気候」(*Climate of London*, 1833)はその好例である.

また, ロンドンなどの大都会の都市内部では郊外に比較して霜が降りにくい, 積雪が少ないなどの現象の研究が18～19世紀には報告された. ウィーンでは1920年代, 自動車を使って気温分布の観測を行い, HIをとらえた. この方法はすぐに日本で取り入れられ, HIの観測・研究は20世紀前半には活発に行われた.

このような都市気候の研究の歴史は図1にまとめられる. 古代都市・中世都市・近代都市の各時代, HIの認識は発展した.

☞ 更に知りたい人へ
1) 吉野正敏:新版小気候, 地人書館, 11-12, 17-19, 57-83, 1986
2) Yoshino M : Climate in a Small Area, University of Tokyo Press, 23-26, 80-119, 1975
3) 吉野正敏, 山下脩二編:都市環境学事典, 朝倉書店, 1-435, 1998
4) 吉野正敏:日本ヒートアイランド学会誌, **3**, 5-16, 2008

コラム：放射とは

目に見えない熱源もある

1. 放射法則

すべての物体は，その温度に応じて，その表面からある種の「光」を出す．そして，その光の強さは絶対温度 T の4乗に比例して強くなり，その波長は T に反比例して短くなる．これは物理学の法則（プランクの法則）である（図1）．

この法則に従って，我々自身も体温がある限り光っている（図1の人体のグラフ）．

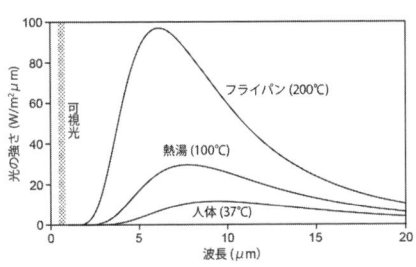

図1　物体の温度と放射密度

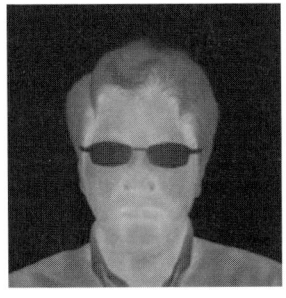

図2　サーモカメラで見た人の顔
これは反射光ではなく，人体から出る光を検知している．眼鏡が黒いのはサングラスではなく，レンズの温度が顔よりも低いからである．

ただし，その光は波長約 $60\,\mu m$ の目に見えない赤外線である．この光が見えるカメラで見ると，真っ暗闇でも人の顔が写る（図2）．

太陽の表面は約 $6,000\,K$ で，人の顔の20倍程度温度が高いので，それが出す光の波長は人間が出す赤外線の約1/20で，単位面積当りの光の強さは16万倍である．その中心波長帯の光がいわゆる「可視光」である．

2. 身のまわりの光

我々の身のまわりでは，様々な光が一様に存在するのではなく，おおざっぱにいって，2種類の光に分類され，それぞれ特徴的なピーク波長がある（図3）．1つは，太陽からくる光で，これは中心波長約 $0.5\,\mu m$ で $6,000\,K$ のプランク分布に従う光である．もう1つは，地球上の物体（大気や地表）が出す赤外線で，放射平衡温度の $255\,K$ から地表面温度の約 $300\,K$ 程度のプランク分布に近い光である．この赤外線は，太陽からくる光に含まれる近赤外線と区別して熱赤外線とも呼ばれる．これらの2種類の光を，気象学の用語ではそれぞれ「短波放射」，「長波放射」と呼ぶ．

熱赤外線は目に見えないので，なかなか認識できないが，熱量としては大気からの長波放射だけで，太陽からくる熱量と同程度の量がある．

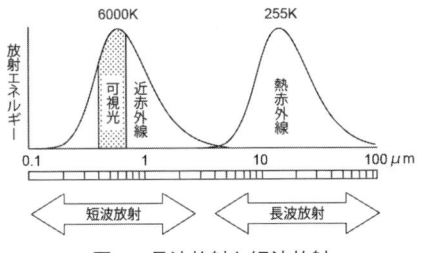

図3　長波放射と短波放射
横軸が対数であることに注意．

1. ヒートアイランド現象の基礎

1.2 ヒートアイランド現象はなぜ起こるのか

 A. 太陽放射の熱収支
 B. ヒートアイランドの形成要因
 C. 家庭から出る排熱
 D. 業務用建物から出る排熱
 E. 産業・交通から出る排熱

太陽放射の熱収支

地上に降りそそぐ太陽のエネルギー

1.2A

1. 太陽放射とは

太陽から放射される電磁波のことを太陽放射,あるいは日射と呼ぶ.大気上端における放射強度,つまり,太陽放射に対して垂直な面に入射する太陽エネルギーを太陽定数と呼び,その値は $1,366 W/m^2$ である.

図1は,電磁波の波長ごとの大気外と地上における太陽放射の強度を示したものである.大気外の太陽放射は,約 $5,800 K$ の黒体放射に相当し,放射強度のピークは,約 $0.5 \mu m$ となる.太陽放射は,大気中を通過する過程で,大気中の気体分子やエアロゾルなどにより反射,吸収される.とくに,O_2 や H_2O,O_3 などの気体分子は,特定の波長の電磁波を吸収する.地上に到達した太陽放射は,緯度や季節などにもよるが,日本近辺における夏季の正午では約 $1,000 W/m^2$ まで減衰される.

地表面に到達する太陽放射は,表1に示すように電磁波の波長ごとに,紫外線,可視光線,赤外線域に分けられる.人間には,可視光線のみが目で見ることができる.

波長の短い紫外線(UV-C や UV-B)は大気に反射,吸収されるため,ほとんど地上には到達しない.そのため,地表面での太陽放射は,波長 $0.3 \mu m$ 以上の電磁波となり,太陽放射の全エネルギー量の約95%は,$2.4 \mu m$ までに含まれている.

地上に到達する太陽放射のエネルギーの内訳は,表1に示すとおりであり,太陽放射の約5割は,人は見ることができない.太陽放射の全波長におけるエネルギーを跳ね返す割合を表す値は日射反射率と呼ばれ,人間の目が感じることのできる視感反

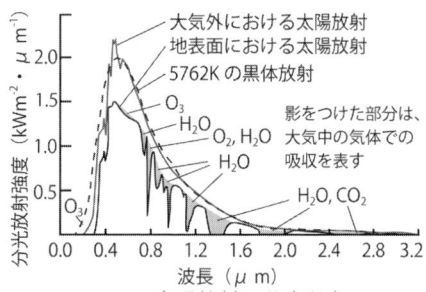

図1 太陽放射の分光分布

表1 太陽放射の波長ごとの特徴

	波長 (μm)	全太陽エネルギーに占める割合(%)	備考
紫外線	0.32〜0.38	7	UV-A:約6% UV-B:0.2%
可視光線	0.38〜0.78	47	波長の短い順に 紫,青,緑,黄,赤
赤外線	0.78〜	46	

射率とは異なる.遮熱性塗料や遮熱性舗装(p.254, 278 を参照)などの建材は,赤外線の反射率を上げることで,建材の色を大きく変更することなく材料が吸収する放射エネルギーを削減することを可能にしている.

2. 直達日射・天空日射・大気放射

大気外から入ってきた太陽放射は,そのまま大気中を通過して地上に到達する直達日射と,大気中の気体やエアロゾルなどに散乱されて地上に降り注ぐ天空日射となって地表面に到達する.また,太陽放射は大

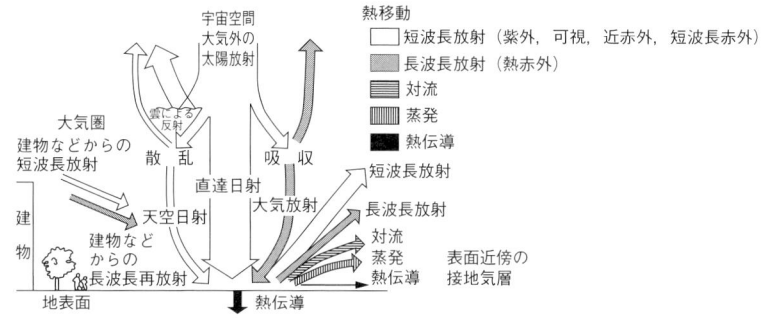

図2 太陽放射の熱収支（例：地表面）

気の水蒸気やエアロゾルなどによって吸収される．その結果，その温度に応じた電磁波が放射される．地上に向けたこの放射のことを大気放射と呼ぶ．大気放射は，波長が10μm前後の熱赤外線（長波長放射）であり，人間は見ることはできない．

地物から放出される長波長放射と大気放射の差を有効放射（もしくは夜間放射，実効放射）と呼ぶ．地表面の温度は通常，大気の温度よりも高いため，熱が大気側へ伝わる（上向き放射）．その大きさは，年平均で約100W/m²である．このため，夜間よく晴れていると，この有効放射により朝方に地表面の温度が降下し，霧が発生する（放射霧）．

3. 太陽放射の熱収支

図2は，大気を通過した太陽放射の収支を，地表面を例に示したものである．また，式(1)は，表面の熱収支式である．

$$G = (1-r)(S_d + S_{sky} + S_r) + R_s + R_{sky} - R_{gr} - H - L \quad (1)$$

ここに，G：地中への熱伝導量，r：日射反射率，S_d：直達日射量，S_{sky}：天空日射量，S_r：反射日射量，R_s：周囲からの長波長放射量，R_{sky}：大気放射量，R_{gr}：地表面からの長波長放射量，H：顕熱輸送量，L：潜熱輸送量．

地表面に入射した日射（直達日射と天空日射）は，地表面の日射反射率に従い反射され，残りは吸収される．周囲の地物も同様に太陽放射を反射するため，周囲の地物から反射した日射が地表面に吸収される．

一方，絶対零度以外の温度をもつ物体は必ず電磁波を放射する．常温の場合は，波長10μm前後に放射強度のピークをもつ長波長放射となり，放射率と表面温度にみあって放出される．一方，大気放射に加え，周辺地物から同様に長波長放射が放射され地表面に到達する．

同時に，地表面に吸収された放射エネルギーは，熱となる．その熱は，表面近傍の空気との間の対流により，顕熱として熱のやり取りが行われる．また，地表面に水分が含まれている場合には，湿度と風速等との関係から水分が蒸発し，潜熱として熱が奪われる．それ以外の熱は地中の熱伝導率や容積比熱などの熱物性値にみあって地中へ伝わる．

この熱収支の結果，式(1)により地面の表面温度が決まる．

☞ 更に知りたい人へ

1) 日本太陽エネルギー学会編：新太陽エネルギー利用ハンドブック，日本太陽エネルギー学会，13-45，2008
2) 近藤純正：地表面に近い大気の科学第2版，東京大学出版会，31-81，2000

ヒートアイランドの形成要因

1.2B

都市が暑くなる要因は

HI現象の主要な形成要因としては，①土地被覆の改変，②膨大なエネルギー消費，③大気の汚染があげられる．以下，それらについて証明する．

1. 土地被覆の改変

(1) 建築が密集し，高層建築が増えることによって地表面の凹凸が複雑になり，日射の吸収率が大きくなる（アルベドが小さくなる）．

(2) 地表面の凹凸が大きくなると，地面や壁面から天空の見える割合が減るため，大気放射冷却が阻害される．

(3) 街の中や風速が平均的に減衰し，街の換気機能が低下する．障害物のない畑地に比べ，平屋の建物が立ち並ぶ郊外地，さらには高層建築が密集する市街地ほど風速の減衰が著しく，市街地特有の風として市街地風と呼ばれている．とくに両側を高い建物で連続的に囲まれた道路空間（ストリートキャニオンと呼ばれている）のように閉鎖的な空間では，風の弱い日には熱や汚染物質の拡散能力が低下し，極度に居住環境が悪化する危険性もある．一方，これとは逆に，局所的に強風の現れるところもある．例えば高層建築の周辺，とくにジェット気流となるピロティや建物の側面では強風域が生ずる．

(4) 緑地や裸地などの保水面が減少することによって雨水の保水能力が低下するとともに，蒸発潜熱による冷却作用が小さくなり大気を直接暖める顕熱量が増大する．

(5) アスファルト舗装面やコンクリート造建物が地面を覆うことによってこれらに日中吸収された日射熱が蓄熱される．

(1)～(5)のように地表面を構成している材料や地表面の形状が変化することで，そこに特有の気候が形成されることになる．すなわち，街の中の気温は高くなる．

2. 膨大なエネルギー消費による大気への排熱

住宅や業務用ビルなどの冷暖房，照明や自動車などの交通，さらには工場での生産工程などによる人工排熱が大気へ放熱され，大気を暖める．次の項目以下で詳述する．

3. 大気の汚染

大気汚染によってスモッグが形成され，これが温室のガラスと同様の働きをする．地面から放射される赤外線が宇宙空間へ放射されず，大気中に吸収されるため，気温が上昇する．いわゆる「温室効果」が生じる．すなわち，大気汚染によるHI現象は，夜間に顕在化する．日中については，大気汚染によって大気中における太陽放射の吸収量が増えるため，地上に到着する太陽放射量は減少し，地表面温度上昇がむしろ抑えられることになる．

大気中の二酸化炭素やメタンガスなどのガスは太陽からの熱を地球に封じ込め，地表を暖める働きがある．これらのガスを温室効果ガスという．産業革命以降，温室効果ガスの大気中の濃度が人間活動により上昇し，「温室効果」が加速されている．

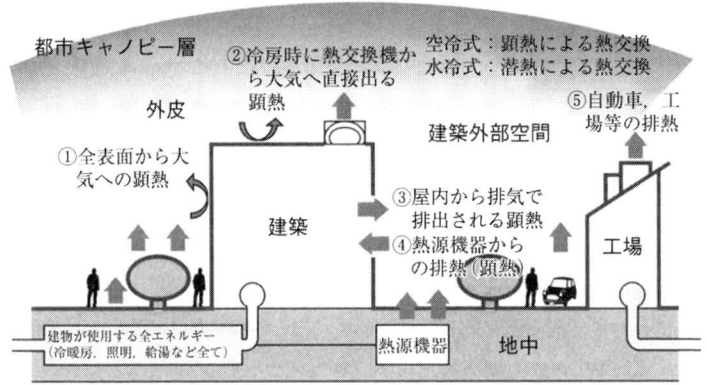

図1 ヒートアイランド現象の形成要因（街の中の気温を高める要因）

4. 街の中での大気顕熱負荷

ここで，夏季に建物の室内で冷房が行われているときを考えてみる．

大気顕熱負荷となる要素をあげたものが図1である．すなわち，大気への顕熱負荷は次のようになる．① 全表面からの顕熱，② 冷房時に室外機から大気へ直接出る顕熱，③ 屋内から換気で放出される顕熱，④ 熱源機器からの排熱，⑤ 自動車等の排熱．

（1）地面や壁面，窓ガラスそして屋根など建築外部空間を構成する全表面からの顕熱は，日中，日射が当たって表面温度が上昇すると，周囲の気温を上昇させる．しかし，冷房した建築のガラス窓面や壁面は，冷房の設定温度が低いほど表面温度は下がる．日射が当たらない面では，表面温度は日中は外気温より低いので，これらの面では外気は冷やされることになる．

（2）熱交換機から大気に出る顕熱は，熱交換機が顕熱（空冷）式か潜熱（水冷）式かで大きく異なる．潜熱式のクーリングタワーでは，水の蒸発潜熱で熱交換を行っているため，直接大気を暖める顕熱は少ない．また，海水や河川水，または下水処理水を利用した熱交換システムを導入することに

よって，大気への顕熱負荷を減らすことができる．

（3）屋内から換気で放出される顕熱は，冷房すればするほど HI を抑制することになる．

このように必ずしも建築で冷房をしていることが直接大気を暖めることにはならない．すなわち，個々の HI 対策も総合的に評価しないと大きな誤りを犯すこととなる．また，コンピュータ，家電機器，冷房に必要な投入エネルギーを同時に議論しなければならないことがわかる．この投入エネルギーは，個々の建築外部空間における大気への顕熱負荷とはならなくても，エネルギーがつくられるところでは，二酸化炭素の発生や，原子炉発電等，地球環境問題と深く関わっている．例えば，地域冷暖房についても，同様の視点から議論する必要があり，都市・建築のエネルギー施設やエネルギーの流れを正しく理解しなければならない．

☞ 更に知りたい人へ

1) 梅干野晃：都市・建築の環境とエネルギー，放送大学教育振興会，2014

家庭から出る排熱

家庭から出る熱のゆくえ

1.2C

1. 電気, ガス, 灯油は使えば熱になる

表1と図1に示すように, 冷暖房や給湯, 調理, 照明などの用途で消費されたエネルギー, つまり電気やガス, 灯油はすべて熱となって, 大気や下水に放出される. 電気やガス, 灯油が消費されるときに出る顕熱は, 電気1kWh当り3.6MJ (2次エネルギー基準), 都市ガス1Nm³当り40.5MJ, 灯油1kg当り43.5MJ (どちらも低位発熱量基準) である.

2. 大気に放出される熱

表1の(1)～(5)のうち都市部で大気中に放出される顕熱が都市部の気温上昇の要

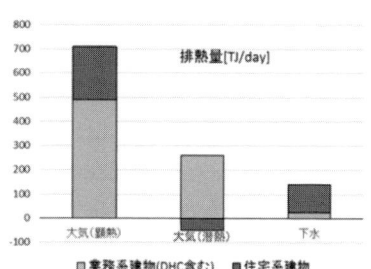

図2 東京23区内建物からの夏季排熱量[1]

因となっている. 図1に示すように, 顕熱排熱には太陽や人体を起源とする自然由来の熱と, エネルギー消費に伴う熱がある.

図2に東京都23区の建物を対象に試算

表1 家庭から出る排熱のいき先

	家庭から出る排熱	主な放熱先と放熱形態
(1)	暖房によって室内に供給された熱	換気や熱貫流によって外壁から大気へ顕熱放散
(2)	冷房によって室内から除去された熱	エアコン室外機から大気へ顕熱放散
(3)	浴室や洗面所, 台所で使用した湯	排水溝から下水へ温排水として放熱
(4)	厨房内で発生する調理時の熱	換気扇から大気へ顕熱放散
(5)	照明他, 電化製品の電力消費によって出た熱	冷房時にはエアコン室外機から大気へ顕熱放散 それ以外の時期も, 最終的には大気へ顕熱放散

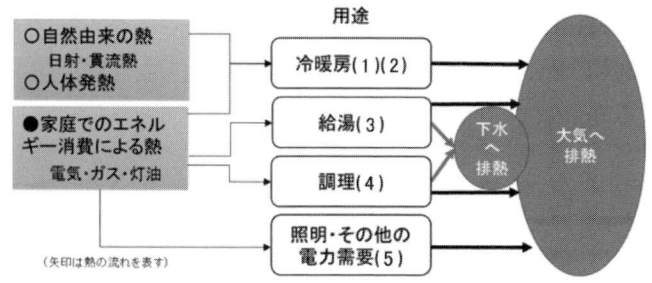

図1 家庭から放出される顕熱の流れ

1.2C 家庭から出る排熱　23

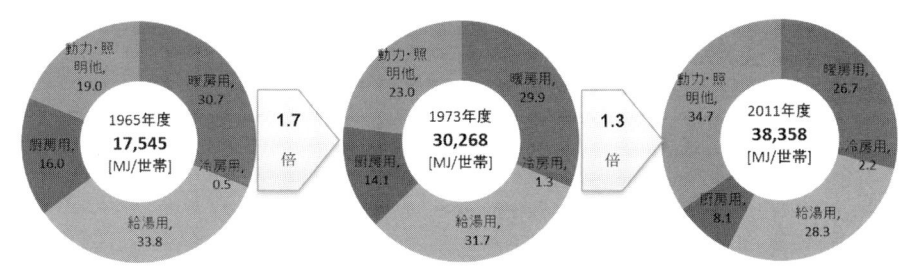

図3　家庭用年間のエネルギー消費量の推移[2]

された夏季の排熱量を示す．住宅系建物より業務系建物からの顕熱排熱の方が圧倒的に大きいが，住宅系建物からも 220TJ/日の顕熱排熱が大気に放出されている．また，業務系建物では，大気への排熱のうち約 1/3 は潜熱（水蒸気）で出しているが，住宅系では潜熱での放出はマイナスの値になっており，外気から水蒸気を取り込む方が多いことがわかる．業務系建物では冷却塔を用いて室内の熱を潜熱で放出する場合もあるが，住宅系建物で使われている冷房装置はほとんどが空冷式エアコンディショナ（以下，エアコンとする）である．冷房時には室内の熱をエアコンの室外機から大気に顕熱として捨てるため，HI 現象を助長する要因の1つとなっている．

冷房排熱の対策として，水噴霧装置を使って室外機から出る顕熱を潜熱化する技術が製品化されており，既存のエアコン室外機に取り付けることも可能である．また，空冷式エアコンを地下水など空気以外の媒体に放熱する方式のエアコンに変更すると，大気への顕熱排熱を削減することができる．

図3に 1965～2011 年までの家庭用の年間エネルギー消費量の推移を示す．世帯当りのエネルギー消費量が年々増大し，とくに動力・照明他の用途と冷房用途は比率も増加傾向にある．建物内で使用される電気製品の増加や多様化で電力消費量が増えていることを示している．これらの電力消費は室内で熱となり，冷房用電力消費の増大にもつながるため，省エネタイプの電気製品を選ぶことが夏季の顕熱排熱を抑制する手段の1つとなる．

3. 下水に放出される熱

風呂やシャワーで使うお湯は，ガスや灯油，電気で作られる．現状では家庭で消費されるエネルギーの約 28% に及び，空調用（暖房＋冷房）に匹敵する大きさである．浴室内に湯として供給された熱のうち6割程度は浴室で湯が冷めるときに顕熱や潜熱として大気に放出され，3～4割程度の熱は下水に流れる．下水に流れたものは，下水処理場に運ばれ結果的に一部は処理場付近，さらには処理水が流入する海域へ放熱することになるが，都市部への熱の還流は考えなくてもよい．

いずれの用途であっても，家庭で消費したエネルギーは必ず熱となるので，エネルギー消費を減らすことが HI 対策につながる．さらに，大気への顕熱排熱を抑制することができるような空調設備や給湯設備を選ぶことが重要である．

☞ 更に知りたい人へ
1)「平成 15 年度　都市における人工排熱抑制によるヒートアイランド対策調査報告書」，環境省ウェブサイトに掲載
2)「エネルギー白書 2013」，資源エネルギー庁ウェブサイトに掲載

業務用建物から出る排熱

オフィスからもいろいろな熱が出る

1.2D

1. 業務用建物のエネルギーフロー

業務用建物も住宅同様，電気，ガス，石油をエネルギー源として取り込み，建物内部で消費し，最終的に熱として環境に排出される．一方，建物には日射や外気から外壁や窓を通して熱の流入があり，換気やすきま風による熱の流入もある．

建物に取り入れられた電力，ガス，石油は照明器具，OA機器，空調機器，エレベータなどの動力機器などで消費され，環境へ排出される．空調機器は外気へ熱を放散するが，給湯機器は蒸発などで大気へ排出されるものを除くと下水へ排出される．

業務用建物は商業，事務所，遊興娯楽，宿泊，文教施設，学校，病院，庁舎建築など多岐にわたっており，その排熱特性も異なる．排熱特性を把握するためには，エネルギー消費実態とエネルギーフロー図を作成する必要がある[1]．既に調査が実施されている建物用途別の年間消費熱量原単位[1,2]，およびその他の電力消費量（表1[1]）から対象建物の排熱量（潜熱，顕熱，水系への排熱）を求めることができる．

空調排熱に関しては，空調熱源方式により排熱量が異なるため，各熱源機器の成績係数（COP）[1]を用いて，熱消費量から排熱量を算出する．したがって，都市規模でマクロな人工排熱を算出するためには，建物用途別の空調熱源機器の構成比を考慮せねばならない．水冷冷凍機や吸収式冷凍機は冷却塔を使用するため，そのほとんどを潜熱で排出でき，大気顕熱負荷が全排熱の1割程度である．これに対し，空冷冷凍機は全排熱が大気の顕熱負荷となる．

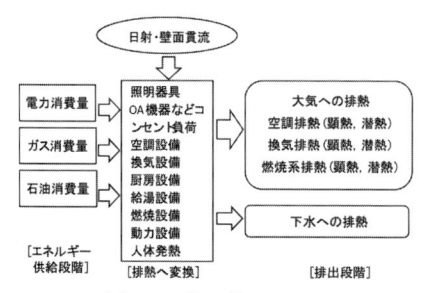

さらに，冷凍機から排出される排熱のうち，建物内部の照明，コンセントなどのエネルギー消費による排熱と，建物外壁の熱貫流や換気による排熱との比率にも配慮する必要がある．

2. 排熱の大きさの例

文献4）において，エネルギー消費実態調査を行った事務所建物，商業建物，ホテ

表1　建物用途別熱消費量原単位

建物用途	冷熱消費（MJ/m²年)	暖房消費（MJ/m²年)	給湯消費（MJ/m²年)	厨房エネルギー（MJ/m²年)	その他電力（kWh/m²年)
戸建住宅	11.3	95.2	157.5	35.7	94.1
集合住宅	13.3	58.4	219.3	51.6	119.9
商業	363.7	93.6	175.6	—	1279.7
事務所	185.9	60.3	85.7	—	430.9
遊興娯楽	383.7	214	23.5	—	393.1
宿泊	646	444.6	349.7	—	502.9
文教施設	213.3	119.4	21.7	—	307.2
学校	23.2	28.6	27.3	—	84.2
大病院	347.7	323.4	199.8	—	501.8
医療厚生	378.3	403.7	23	—	576.7
庁舎建築	58.5	22.1	13.6	—	311

図1　エネルギーフロー

表2　建物用途別冷熱熱源機器構成比

建物用途	冷熱熱源機器構成比（COP）		
	水冷冷凍機 (3.3)	空冷冷凍機・エアコン (2.8)	吸収式冷凍機 (1.2)
戸建住宅	0	1	0
集合住宅	0	1	0
商業	0.639	0.129	0.232
事務所	0.366	0.306	0.328
遊興娯楽	0.192	0.25	0.558
宿泊	0.207	0.133	0.66
文教施設	0.192	0.25	0.558
学校	0.048	0.395	0.557
大病院	0.245	0.288	0.467
医療厚生	0.245	0.288	0.467
庁舎建築	0.672	0.111	0.188

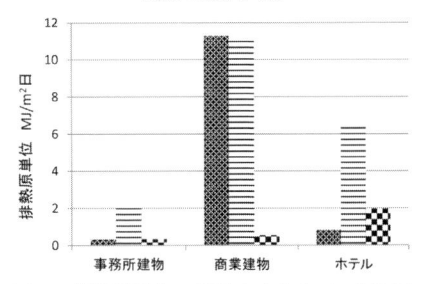

図2　業務用建物の排熱の大きさ（日積算量）

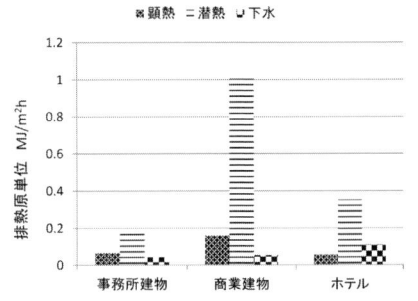

図3　業務用建物の排熱の大きさ（1日の時間最大量）

ルの排熱原単位の例（日変動）が示されている．図2は事務所建物，商業建物，ホテルの大気への排熱（顕熱，潜熱，下水排熱）の日積算量を，図3は日最大値を示したものである．

事例の建物は5万m^2以上の大規模建物であり，事務所建物は水冷チラー方式，商業建物は水冷チラーとガス吸収式の併用，ホテルは水冷チラーと蒸気吸収式の併用である．3建物とも冷却塔を用いた水冷式の熱源機器を採用しており，潜熱排熱が日平均，最大値とも大きい．

事務所建物，商業建物の排熱は朝7時から夕方6時頃までほぼ一定の排熱であり，夜間の排熱はほとんどない．これに対し，ホテルでは1日中営業しているため，昼夜とも排熱があり，夜間でも最大値の6割程度である．もちろん，中小規模建物で採用されることの多い空冷ヒートポンプチラーやビル用マルチエアコンなどの空冷熱源設備の場合には熱源設備からの排熱はすべて顕熱となる．

人工排熱の原因となるエネルギー消費は気温の影響を受ける．都市の気温が上昇することにより夏季の冷房エネルギー消費は増加する．逆に冬季の暖房用エネルギー消費は減少する．業務用建物における気温と電力消費量，都市ガス消費量，油消費量との関係が環境省の報告書[3]に詳述されているので，参照されたい．

☞ 更に知りたい人へ

1) 下田吉之ほか：大阪府におけるエネルギーフローの推定と評価：都市における物質・エネルギー代謝と建築の位置づけ　その2，日本建築学会計画系論文集 (555), 99-106, 2002
2) 都市環境エネルギー協会：地域冷暖房技術手引書〔改訂第4版〕, 2013
3) 環境省：ヒートアイランド現象による環境影響に関する調査検討業務報告書, 平成17年
3) 東京都：都における温室効果ガス排出量総合調査（2000年度実績, 2002年度調査), 平成15年
4) 国土交通省・環境省：都市における人工排熱抑制によるヒートアイランド対策調査報告書, 平成16年

産業・交通から出る排熱

工場や自動車から出る熱の特徴

1.2E

　都市内の産業部門・交通部門において，電気，化石燃料（ガス，石油等）が供給されている．これらは動力源や熱源として活用され，最終的には環境（気圏（大気），水圏（河川水，海水等），地圏（地下水等））に排出される（図1）．このうち大気への排出が問題とされる．都市内で水圏へ排出した熱が大気に流れ，都市に還流する可能性があるが，大気に比べて水の容積比熱が3,450倍であるため，同じ体積とすれば排熱による温度上昇は1/3,450となるため，配慮しない場合が多い．

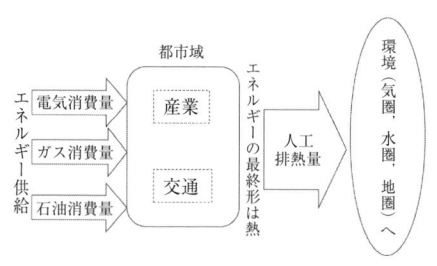

図1　産業・交通による排熱

1. 産業・交通による排熱

　都市内には製造業の工場のほか，清掃工場，火力発電所など燃焼施設があり，この排熱方式により，大気への排熱量が無視できないものとなる．

　（1）工場排熱　　燃料の燃焼による排熱は放熱位置により地上と煙突がある．電力は動力機械，炉などで消費される場合，顕熱で大気に排出されるが，ヒートポンプで消費される場合は冷却塔を使用すると排熱の約9割が潜熱となり，1割が大気の温度を上昇させる原因（顕熱）となる．

　（2）交通排熱　　主たるものは自動車の燃料消費に伴う排熱である．自動車の冷房に伴う排熱は室内から除去した熱に冷房用コンプレッサの動力を加えたものである．周辺へ排出する熱は動力用に消費する燃料の燃焼熱となる（図2）．

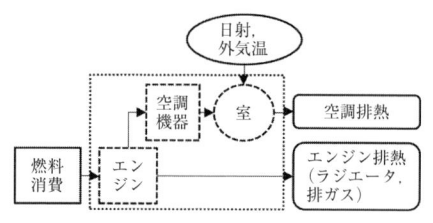

図2　自動車の排熱

　（3）清掃工場排熱　　ゴミ焼却熱の大半が蒸気ボイラにより水蒸気を生成するのに使われる．水蒸気は工場内や隣接する施設で利用されるが，一般には一部にすぎない．余った水蒸気はゴミ発電用に使用されることが多い（図3）．しかし，その発電効率は20%程度であり，残りの80%程度は復水器を通して環境に放散している．復水器排熱は河川水などの利用が可能な工場を除き，工場屋上に設けられた空冷復水器を通して大気に放散される．

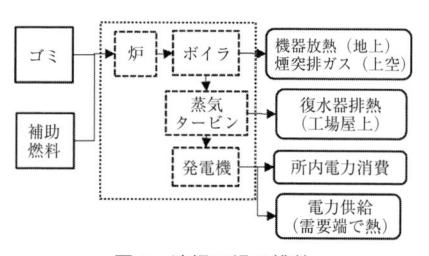

図3　清掃工場の排熱

(4) 火力発電所排熱　火力発電所は蒸気タービン復水器からの排熱処理方法により，次のように分類される（図4）．

① 水冷復水器：海水や河川水に排熱する．大規模な発電所は臨海部に設けられており，海水へ放熱している．

② 湿式冷却塔：水の蒸発作用を利用した復水器方式であり，排熱の約9割が潜熱化される．

③ 空冷復水器：内陸部に立地する場合，環境アセスメントなどの理由により海水利用ができない場合，湿式冷却塔の補給水を使用しない場合，空冷の復水器が使用される．この場合全復水器排熱が大気顕熱負荷となる．

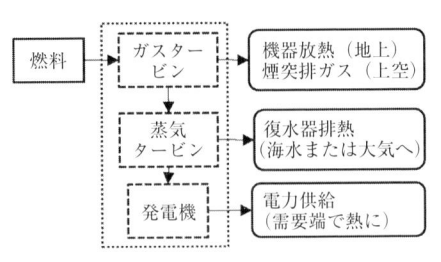

図4　発電所の排熱

2. 産業・交通排熱の特徴

都市における人工排熱の実態調査[1]が国土交通省・環境省により実施されたことがあり，東京23区の夏季を例として，建物，交通，事業所など都市内の排熱源からの排出量の計算手法と排出される熱量の実態を明らかにしている．また，足永ら[2]は東京23区の人工排熱の排出特性の総量と地区別類型を示し，総量に関しては昼間（7～18時）の全排熱量（全熱）のうち，顕熱分が道路交通58％，建物33％，工場6％となることを，夜間（0～6時，19～23時）については全排熱量（全熱）のうち，顕熱分が道路交通38％，建物57％，工場4％となることを示している．これより，東京23区においては，道路交通，建物の顕熱排熱対策が重要であるといえる．一方，照井，鳴海ら[3]は京阪神地域における人工排熱総量を明らかにしており，引用して図5に示す．臨海部に工業地帯があるため，工場（産業）の排熱（全熱）が大阪府で府全体の排熱（全熱）の55％，兵庫県で県全体の排熱（全熱）の70％を占めており，東京23区の調査（図6）から類推して，そのほとんどが顕熱であることを仮定すると，工場における対策の重要性が理解されよう．

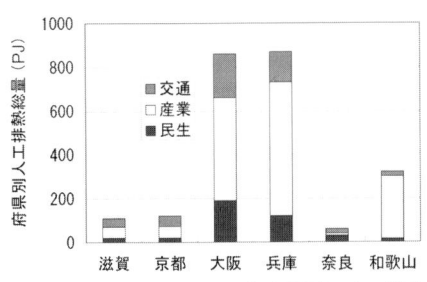

図5　京阪神地域における各府県別の人工排熱総量（部門別年間排熱総量）[3]

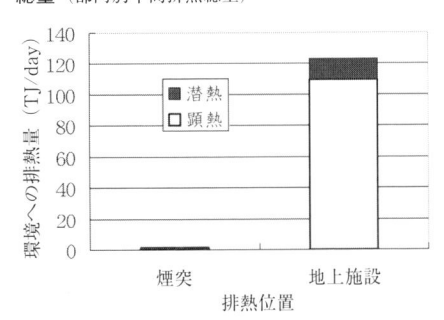

図6　工場からの環境への排熱量（清掃工場を除く，東京23区の年平均値，文献1）の調査値よりグラフ作成）

☞ 更に知りたい人へ

1) 国土交通省・環境省：平成15年度「都市における人工排熱抑制によるヒートアイランド対策調査」報告書，平成16（2004）年3月
2) 足永靖信ほか：空気調和・衛生工学会論文集，**92**，121-130，2004
3) 鳴海大典ほか：環境技術，**35**(7)，485-490，2006

1. ヒートアイランド現象の基礎

1.3 ヒートアイランド現象が私達の生活にもたらす影響

- A. 人体の熱収支
- B. 暑熱環境がもたらす健康障害
- C. 気流・放射と快適性
- D. 大気汚染とヒートアイランド
- E. ヒートアイランドと風
- F. ヒートアイランドと都市降水
- G. 冬季と夏季のヒートアイランド現象

コラム：大都市でクマゼミが増える理由

人体の熱収支

からだに入ってくる熱，出ていく熱

1.3A

1. 熱の移動

ヒトの身体は通常，産熱（熱産生）と放熱（熱放散）のバランスによって核心温度が36〜37℃の狭い範囲に調節されている．核心温度が一定に調節されるには，産生された熱と吸収された熱に等しい熱が体外へ放熱されなければならない．このような熱の出入りを熱収支あるいは熱出納という．

熱の移動は伝導，対流，放射，蒸発によって行われることは周知の事実である．人体では，産生された熱は伝導と対流によって体表面に運ばれ，体外へと熱が放散される．これを熱損失という．熱損失は一般的に，以下のように分類されている．

2. 熱損失

① 非蒸発性熱損失

放射：体表面からの放射熱量は，放射面積と皮膚温度，周囲壁温度の差に比例する．安静時において，放射の熱損失量は全体の1/2以上を占める．

伝導・対流：体表面には空気の動きのない層があり，境界層という．境界層の熱移動は伝導によって行われ，境界層を超えると対流へと変わる．このような熱損失量は無風下では，皮膚面積と皮膚温度，環境温度の差に比例する．安静時における熱損失量の約25％を占める．また，椅子など直接人体に接触する個体へも熱伝導により熱移動する．しかし，椅子などの熱伝導率は低いため，個体への熱伝導は無視できるとされている．

② 蒸発性熱損失

呼吸に伴う熱放散：呼吸に伴う気道からの熱損失は約14％である．

不感蒸泄：皮膚からの不感蒸泄による熱損失は約7％である．身体活動量の増加や環境温度が上昇してくると発汗が始まる．汗1gが蒸発するとき，580カロリーの気化熱を周囲から奪うことができることから，発汗による熱損失量は大きい．

図1に環境温度と熱損失量の割合の関係を示した．放射，伝導・対流は皮膚温度と環境温度の差に左右される．環境温度が29℃になると発汗が始まり，蒸発性熱放散が増加してくる．また，環境温度が36℃以上になると熱損失の手段は発汗による蒸発

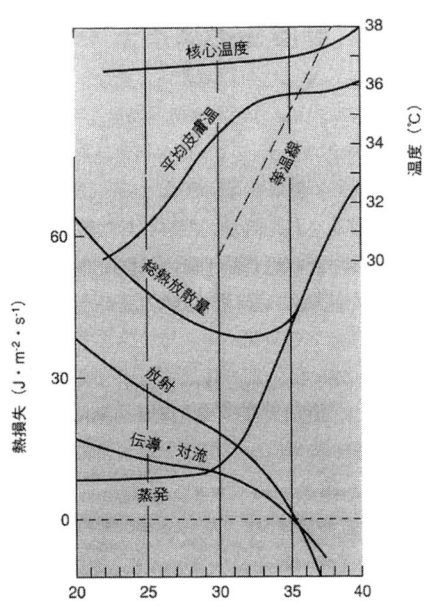

図1 各環境温度と熱損失の割合[1]
(Ashoff, 1960)

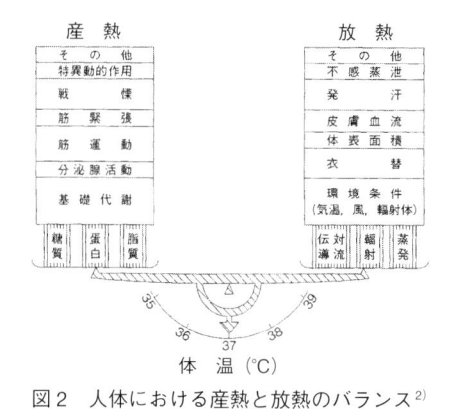

図2 人体における産熱と放熱のバランス[2]

性熱損失のみとなることがうかがえる．

3. 熱産生と熱損失のバランス

人体における熱産生と熱損失のバランスを図2に示した．基礎代謝や筋肉運動等により熱産生されるが，その2/3は筋肉によるものである．筋収縮では炭水化物，蛋白質，脂肪由来によるATPの化学的なエネルギーが収縮という力学的エネルギーに変換され，その際，熱も同時に発生する．筋肉のエネルギー効率は，約20％程度であり，残りの80％が熱となる．

ヒトの体温は人体と環境間の熱収支によって決定され，熱産生よりも熱放散が大きくなると低体温へ傾き，寒さを感じる．これに対し，熱放散よりも熱産生が大きくなると高体温となり，暑さを感じることになる．それゆえ，体内で産熱される熱量と放散される熱量が一定に保たれる必要がある．

熱産生と熱放散のバランスは以下の式で表すことができる．

$$\pm S = M - E \pm (R \pm C)$$

ここで，M：産熱量（O_2消費量から求める），E：蒸発による熱放散量（体重減少量から求める），R：放射による熱交換，C：伝導・対流による熱交換，S：蓄熱量すなわち産熱と放熱がバランスしきれなかった量である．このように熱産生と熱放散のバランスを維持する生体の調節機能が体温調節である．

発汗等によって熱放散が昂進してくるが，大量の発汗により身体から水分や塩分（Naなど）が失われ，熱放散ができなくなってくる．その結果，体温が著しく上昇してくる．このような体温調節機能のバランスが破綻した状態を熱中症という．

4. 熱放散に及ぼす要因

熱放散に及ぼす要因は気温，放射温度，湿度，気流の環境要因の他に代謝量，着衣量等の影響することが知られている．ヒトの身体は活動量が増えれば増えるほど，消費する熱エネルギーが大きくなる．この発生熱量を代謝量といい，METsという単位で表される．椅子に腰掛けた状態の単位体表面積当りの人間の代謝量（$=58.2 W/m^2$）を1 METsとし，運動によるエネルギー消費量が安静時の何倍に当たるかを示す．

適度な熱放出は着衣によっても調節されている．衣服をたくさん着込めば着込むほど服と服の間の空気の層が増え，断熱性が高くなる．衣服の断熱性はClo（1 Clo＝気温21℃，相対湿度50％，気流0.1 m/sの条件で，椅子に座り安静な状態で快適と感じる衣服）で表される．

熱収支に影響を及ぼす要因を考慮した体感指標として，室内環境ではET（有効温度）やCET（修正有効温度），SET*（標準有効温度），PMV（予測平均温冷感）が利用されている．高温環境を評価する温熱指標として，わが国においては，労働や運動時の熱中症の予防対策にWBGT（湿球黒球温度）が広く用いられている．

☞ 更に知りたい人へ

1) 入來正躬：体温生理学テキスト，文光堂，55，2003
2) 森本武利監：高温環境とスポーツ・運動，篠原出版新社，8，2007

暑熱環境がもたらす健康障害

熱中症とは何か

1. 暑熱環境による生体反応

1.3Aで述べたように，ヒトの身体は通常，産熱（熱産生）と放熱（熱放散）のバランスによって核心温度が36〜37℃の狭い範囲に調節されている．高温環境への曝露や身体労作によって熱産生され，体温が上昇する．極度な体温上昇を抑えるため，体温調節反応により熱放散が始まる．体温が上昇してくると，自律神経を介して末梢血管が拡張し，皮膚血流量が増加してくる．その結果，皮膚温が上昇し，外気への熱伝導・対流により空気中へ熱を放散する．もう1つは，発汗による体温調節である．汗が蒸発するときに熱を奪う働き（気化熱）を利用する．汗1gが蒸発するとき，580カロリーの気化熱を周囲から奪うことができる．

外部環境温度が体温より高くなると，空気中への熱放散が難しくなり，体温調節は発汗に頼ることになる．しかし，高湿度環境下，あるいは激しい身体労作時には，大量に発汗するものの流れ落ちるばかりでほとんど蒸発しなくなり，熱放散ができなくなってくる．そして，大量の発汗によって身体から水分や塩分（Naなど）が失われ，体温が著しく上昇してくる．このような体温調節機能のバランスの破綻した状態を熱中症（heat disorders）という．

2. 熱中症の病態

熱中症の発症しやすい条件として，高気温，高湿度，無風，日射等の気象要因が挙げられる．さらに，熱中症を発症しやすいハイリスク群として，高齢者や子ども，肥満の人，心臓疾患や高血圧などで投薬している人や飲酒，脱水状態にある人等々様々な身体的要因も挙げられている．

熱中症発症に及ぼす気象要因の寄与率は日常生活時ではきわめて高いが，労働時，運動時には気象要因の寄与率が低下することが明らかになっている．これは身体的要因の寄与率が高くなってくるためである．

熱中症はその病態によって以下の4つに分類される．

表1 日本医学会による熱中症の用語（2008年7月28日）

項目		備考
熱中症		暑熱障害による症状の総称
（軽症）	熱失神	皮膚血管の拡張により血圧が低下し，脳血流が減少して起こる一過性の意識消失
	【同】熱虚脱	
	熱けいれん	低Na血症による筋肉のけいれんが起こった状態
（中等症）	熱疲労	大量の汗により脱水状態となり，全身倦怠感，脱力，めまい，頭痛，吐気，下痢などの症状が出現する状態
（重症）	熱射病	体温上昇のため中枢神経機能が異常をきたした状態
	日射病	上記の中で太陽光が原因で起こるもの

表2 日本生気象学会・日常生活における熱中症予防指針[1]

温度基準 (WBGT)	注意すべき 生活活動の目安	注意事項
危険 (31℃以上)	すべての生活活動で起こる危険性	高齢者においては安静状態でも発生する危険性が大きい．外出はなるべく避け，涼しい室内に移動する．
厳重警戒 (28〜31℃)		外出時は炎天下を避け，室内では室温の上昇に注意する．
警戒 (25〜28℃)	中等度以上の生活活動で起こる危険性	運動や激しい作業をする際は定期的に十分に休息を取り入れる．
注意 (25℃未満)	強い生活活動で起こる危険性	一般に危険性は少ないが，激しい運動や重労働時には発生する危険性がある．

① 熱失神（heat collapse, heat syncope）
② 熱疲労（heat exhaustion）
③ 熱けいれん（heat cramps）
④ 熱射病（heat stroke）

なお，わが国においては，熱中症の定義があいまいなまま用いられ，混乱を招いていたが，2008年に日本医学会により表1のように用語が定義され，現在に至っている．

3. 温熱指標（WBGT）

熱中症発症の主たる原因はやはり高温環境である．高温環境を表す指標には様々なものがあるが，WBGT（湿球黒球温度）は気温，湿度，気流（風），放射熱（直射日光）を考慮していることから，熱中症の発生と関連性が高く，熱中症の指標として広く用いられている．

WBGT は以下の式で計算される．

$$屋外：WBGT = 0.7 Twb + 0.2 Tg + 0.1 Tdb$$

$$屋内：WBGT = 0.7 Twb + 0.3 Tg$$

ここに，Twb：湿球温度，Tg：黒球温度，Tdb：乾球温度である．

熱中症の発症は，このような環境要因の他に，運動や労作などの活動要因や体調，水分・塩分の補給状態等の身体的要因など様々な要因によって影響される．したがって，労働時やスポーツ活動時には，これらの要因を考慮し，気温や湿度等の気象条件を測定（その場の環境条件を実測する）して熱中症の発生を予防するための判定基準が用いられている．

日常生活の場で発生する熱中症を予防するため，2008年に日本生気象学会により「日常生活における熱中症予防指針」が公表された．日常生活における熱中症予防指針は表2に示したように，その温度基準を「危険」（WBGT：31℃以上），「厳重警戒」（28〜31℃），「警戒」（25〜28℃），「注意」（25℃未満）の4段階に区分し，生活活動水準を「軽い」，「中等度」，「強い」の3つに分類して各温度基準域での注意すべき生活活動の目安を示している．さらに各温度基準域における注意事項が示されている．この他，注意すべき生活活動強度の目安，水分・塩分補給の目安，とくに注意を要する事項が詳細に示されている．

☞ 更に知りたい人へ

1) 日本生気象学会熱中症予防委員会：日常生活における熱中症予防指針 ver 3，日生気誌，**50**，49-59，2013
2) 環境省：熱中症環境保健マニュアル，2014

気流・放射と快適性

屋外では風と放射が効く

1.3C

1. 風と放射による人体への影響の表現

屋外における人間への風と日射および周囲地物からの熱放射は時々刻々変化する．そこで，風および熱放射の人間への影響を人体の熱収支に基づいて考える．

人体が熱平衡にあるときの熱収支式は，式（1）のように表せる．

$$M = C + R + E \tag{1}$$

ここに，M：代謝量（W/m^2），C：対流熱交換量（W/m^2），R：放射熱交換量（W/m^2），E：蒸発放熱量（W/m^2）．

この中で，風に関する熱交換量は，対流Cであり，式（2）で与えられる．

$$C = h_c(t_s - t_a)f_{cnv}F_{cle} = h_c(t_{cl} - t_a)f_{cnv} \tag{2}$$

ここに，h_c：人体の対流熱伝達率（W/m^2・K），t_s：人体平均皮膚温（℃），t_{cl}：着衣平均表面温（℃），t_a：気温（℃），f_{cnv}：対流有効面積率（－），F_{cle}：着衣の有効伝熱効率（－）．人体の対流熱伝達率は，自然対流の場合には着衣温と気温との温度差$(t_{cl} - t_a)^{0.25}$に比例し，風などの強制対流の場合には風速のベキ乗に比例する．屋外の場合には，米田らのサーマルマネキンを用いた提案がある[1]．これを図1に示す．

熱放射による放射熱交換量Rは，以下の式（3）で与えられる．

$$R = h_r(t_s - t_r)f_{eff}F_{cle} = h_r(t_{cl} - t_r)f_{eff} \tag{3}$$

ここに，t_r：平均放射温度（℃）で，人体に対して周囲から入射し吸収される熱放射の総量に相当する熱放射が射出する均一な温度をもつ面に囲まれていると仮定した，その表面温度である．

$$t_r = \sum_{i=1}^{n} \varphi_{s-i} t_i + \frac{I_h}{h_r f_{eff}} \tag{4}$$

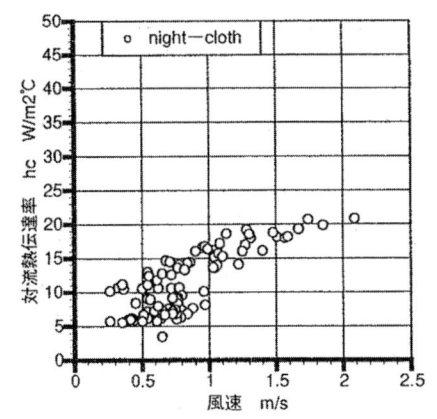

図1 サーマルマネキンを用いた実験で求めた屋外における人体の対流熱伝達率[1]
（左：夜間，右：日中，このときの着衣は，トランクス・ズボン・スタンドカラーシャツである）

ここに，h_r：人体の放射熱伝達率（W/m^2・K），t_s：人体平均皮膚温（℃），t_r：平均放射温度（℃），f_{eff}：人体の有効放射面積率（－），φ_{s-i}：人体と面iとの間の形態係数（－），t_i：面iの表面温度（℃），I_h：人体へ吸収される日射量および長波長放射量（W/m^2）．ここで，I_hの要素は次式と図2に示すとおりである．

$$I_h = I_d + I_s + I_r + Q_a + Q_r \tag{5}$$

ここに，I_d：直達日射（W/m^2），I_s：天空日射（W/m^2），I_r：反射日射（W/m^2），Q_a：大気放射（W/m^2），Q_r：反射長波長放射（W/m^2）．

2. 風と放射の体感効果

対流と放射による放熱量を求める．

$$C + R = h_c(t_s - t_a)f_{cnv}F_{cle} + h_r(t_s - t_r)f_{eff}F_{cle}$$

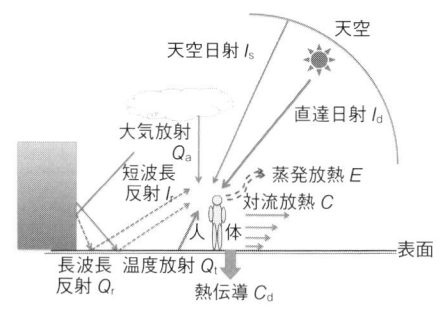

図2 屋外における人体の放射熱収支と各放受熱経路

$$= (h_c f_{cnv} + h_r f_{eff})(t_s - t_o) F_{cle} \quad (6)$$

$$t_o = \frac{h_c f_{cnv} t_a + h_r f_{eff} t_r}{h_c f_{cnv} + h_r f_{eff}} \quad (7)$$

t_o を作用温度と呼ぶ.

これを変形すると,以下のようになる.

$$t_o = t_a + \frac{h_r f_{eff}(t_r - t_a)}{h_c f_{cnv} + h_r f_{eff}} \quad (8)$$

ここで右辺第2項の分子は有効放射場と呼ばれ,$ERF(\text{W/m}^2)$ と表記する.

式(5)の右辺の各放射量は,有効放射場 ERF の成分として考えられるので,それぞれ ERF_{sd}, ERF_{ss}, ERF_{sr}, ERF_{la}, ERF_{lr} と表記すると,次式を得る.

$$t_o = t_a + \frac{ERF_t + ERF_{sd} + ERF_{ss} + ERF_{sr} + ERF_{la} + ERF_{lr}}{h_c f_{cnv} + h_r f_{eff}} \quad (9)$$

この風速と熱放射の影響を表す体感温度 t_o を屋外作用温度 OTn と称する.これは,気温に対して,直達日射,天空日射,反射日射,大気放射,反射長波長放射により引き起こされる温度換算された人体への負荷として表現される.これには風速の影響が対流熱伝達率として組み込まれている.

3. 屋外作用温度と生理心理反応:対流と放射の複合影響

都市におけるキャニオン空間とオープン

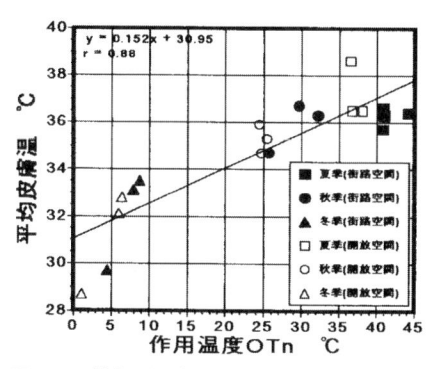

図3 屋外作用温度 OTn と人体平均皮膚温との関係

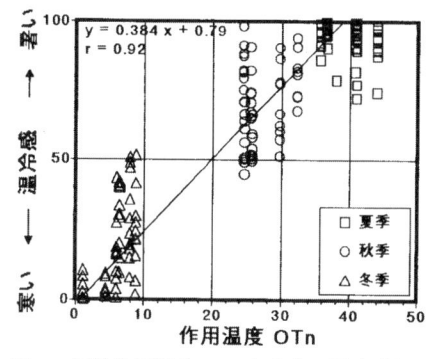

図4 屋外作用温度 OTn と人体の温冷感との関係

空間において,四季にわたり屋外作用温度 OTn を求め,被験者による生理心理反応を計測した.OTn と平均皮膚温との関係を図3に示すように強い相関を示した.OTn と温冷感との関係を図4に示す.これも強い相関を示した.したがって,屋外作用温度 OTn は,人体への影響を表現できると考えられる.

☞ 更に知りたい人へ

1) 米田喜正ほか:日本建築学会東海支部研究報告集,**40**,489-492,2002

大気汚染とヒートアイランド

1.3D

ヒートアイランドは大気汚染を強めるか

1. 大気汚染のメカニズム

大気汚染とは有害な化学物質が大気中に放出され，それが暴露されることにより健康，生活環境，生態系などに被害が及ぼされることをいう．人に対する発癌性まで考えると，化学物質の有害性はまだ完全に理解されているわけではない．大気汚染の原因物質として主なものには環境基準が定められており，一般環境において環境基準が満たされるように関係者が努力をする必要がある（環境基本法第十六条）．

煙突から大気汚染物質が出てきた場合にどのように拡散し，それが環境濃度とどのような関係があるかについては一定の法則がある．大気汚染物質が大気中で化学変化しないとすると，環境濃度に大きく影響するのは大気安定度と風速の2つである．大気安定度は大気中の風速と日射量・放射収

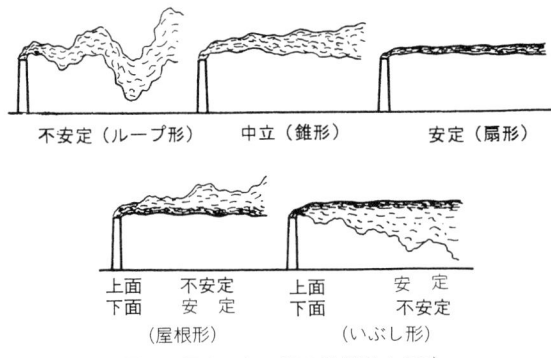

図1 煙突からの煙の特徴的な形[1]

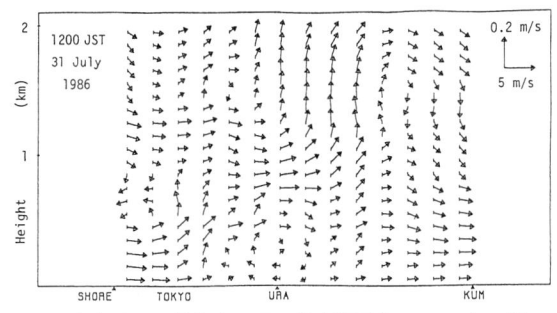

図2 東京湾から熊谷市に至る鉛直断面上で1986年7月31日にとらえられた風の流れ[2]

支量の関係により決められる指標で，これにより煙の広がり方が大きく異なると考える．実際には煙の広がり方はこれらの量に対し，連続的に変化するが，通常は6～7階級に分類し，各階級の中で煙の広がり方は一定と便宜的に考える．日中，風が弱く，日射が強いときには煙は鉛直方向に広がりやすい．また夜間風が弱く，空が晴れている地表付近では鉛直方向に煙は広がりにくい（図1）．

風速が強ければ，1秒間に煙が注入される空気の体積が大きく濃度は低くなるのに対し，風が弱い場合にはその逆で濃度が高くなる．

日本のように，海岸線に都市や工場地帯が存在する場合，大気汚染は海陸風という海岸付近に存在する日変化する特徴的な風系の影響を受ける．また都市の存在自体が海風の進入に影響を与えるため，大気汚染との関係はやや複雑になる．図2は夏季の関東南部で起きる大規模海風進入直前の東京から熊谷に至る風の断面図である．

この図は昼の12時の図であるが，海風が東京から浦和にかけて都市域の上空を先に進み，地上付近では東京へ向かう反流が海風の進入を押しとどめている様子がわかる．このように海風の進入が押しとどめられた内陸側では汚染物質がたまりやすく，また気温の上昇も著しくなる．

一方，冬季の東京周辺では海風前線が東京都内付近にとどまることが多く，このような場合にも大気汚染が起きやすくなる（図3）．

このように都市の存在は海風の進入に影響を与え，結果的に大気汚染に影響を与える．

2. 大気汚染と気温

気温が直接影響を与える可能性のある大気汚染の例として，化学反応定数に温度依存性のある光化学大気汚染（光化学オキシダントによる）と浮遊粒子状物質による大気汚染がある．光化学大気汚染と気温には正の相関があるという報告と相関が見られないという報告があり，はっきりしていない．光化学大気汚染にも関与する揮発性炭化水素（VOC）は植物体からも出されるが，植物活性も気温と関係があり，まだ解明されていないことが多い．浮遊粒子状物質の成分である中で揮発性の高い硝酸イオン，塩素イオン，アンモニウムイオン等は気温や湿度の影響を受けやすく，都市域と郊外では出現状況が異なるとも考えられている（都市域の方が高温のためガス状になっている）．いずれにしてもまだ明確にはなっていない問題である．

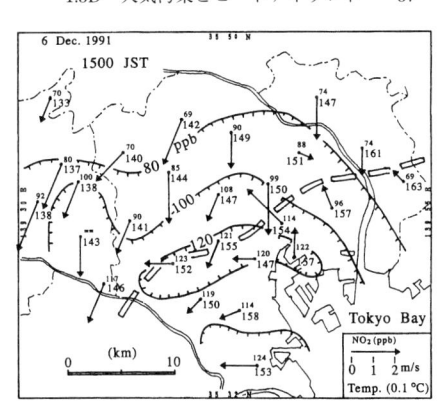

図3 1991年12月6日15時における東京都区部の風向・風速，気温（0.1℃単位）と二酸化窒素濃度（ppb）分布
図中の白抜きの破線（□□□）が海風前線の位置[3]

☞ 更に知りたい人へ

1) F. パスキル，F. B. スミス（横山長之訳）：大気拡散，近代科学社，488 p, 1995
2) Yoshikado H, Kondo H：*Boundary-Layer Meteorology*, **48**, 389-407, 1989
3) Yoshikado H, Tsuchida M：*J. Appl. Meteorol.*, **35**, 1804-1813, 1996

ヒートアイランドと風

都市が風を変える

1.3E

1. 風によるヒートアイランドの変形

　風がない場合，HIの中心（高温域）は都市中心部に現れるが，風がある場合，気温分布は全体的に風下側にシフトする．風がある程度以上強い気象条件下では，HIは認められなくなる．例えば関東平野の場合，風が弱い夜間の気温分布は東京都心に高温の中心部が現れるが，日中の高温の中心部は海風の影響により，もっと内陸部に出現する．

2. ヒートアイランド循環

　水平方向に温度差があると，それに伴い気圧差が生じ，その結果として冷たい方から暖かい方に風が吹く．身近な例として，日中，海から陸に向かって吹く海風があげられる．HIができているとき，理論的には，HI循環と呼ばれる海風循環や谷風循環のような流れ場ができる．

　HI循環は，理論的には日中に強く夜間に弱まる．HI強度（都市と郊外の温度差）は夜間に大きく日中に小さいのにもかかわらず，HI循環はなぜそうならないのか不思議に思う読者のために，少しだけ補足説明しよう．HI循環を駆動させる水平方向の（地上における）気圧差は，地上気温の差で決まるのではなく，地上から上空までの温度差の積分値によって決まる．都市と郊外の温度差が存在する層の厚さは日中の方が厚くなるため，HI循環も理論的には日中に強くなるのである．

　日本の場合，都市と郊外の気圧差に比べて海と陸の気圧差や平地と山地の気圧差の方がずっと大きなため，HI循環が直接観測されることはほとんどない．

　ただし，雲の観測や数値実験を通じて間接的にその存在は確認されている．図1は，夏季の晴れた日における関東地方の雲画像である．この図のA-A'は海風前線による雲列で，このことはA-A'の北側にはこの時間まだ海風が到達していないことを意味している．Bとその周囲を見ると南北に延びる雲列がいくつかあることがわかる．これらは，鉄道の沿線上にある．一方で，雲列の隣接する田園地帯には雲はない．この観測事実は，HI循環に伴う上昇気流が沿線上の雲の形成に，下降気流がその周辺の雲の抑制に寄与していることを示唆しており，過去の数値実験研究でも確かめられている．

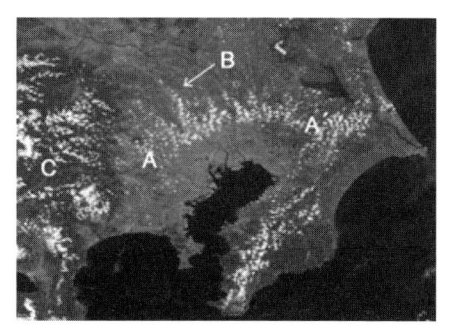

図1　夏の晴天日の雲画像
2011年7月11日．宇宙航空研究開発機構（JAXA）提供

3. 都市による海風の変形

　日本の平野では，HI循環は海風によっておおい隠されてしまうことが多いが，海風

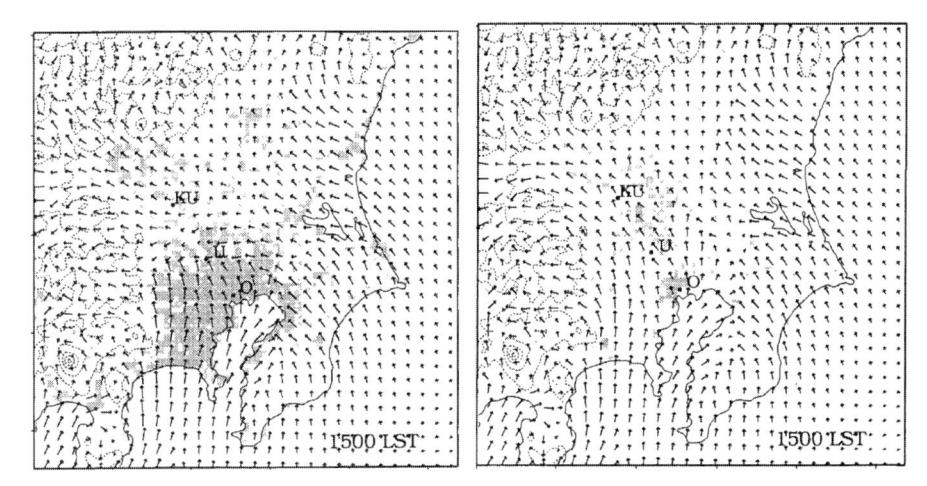

図2　過去85年間の都市化に伴う海風の変化
図はそれぞれ1985年（左図）と1900年（右図）の土地利用を用いた場合の夏季晴天日の海風シミュレーションの結果．時刻は午後3時，高度は125m．（Kusaka *et al.*：*J. Meteor. Soc. Japan*, 2000より）

前線の強化や遅れ，さらには風向の変化という形で風に対する都市の効果が認められることがある．図2は，首都圏が海風に及ぼす影響を調べたコンピュータシミュレーションの結果である．図はそれぞれ1985年と1900年の土地利用を用いた場合の結果である．この2つの図は，都市圏の拡大が東京湾と相模湾からの海風前線を強化させていること，鹿島灘からの海風の風向を変化させていることを示唆している．このほかにも，新宿や池袋といった副都心の高層ビル街も局所的に海風前線の遅れや変形を生み出しているという報告もある．

4. 汐留ウォール効果

都市と海風の関係というと，品川の高層ビル群が冷たい海風をせき止めているといういわゆる「東京（汐留）ウォール効果」が一時期社会的にも話題になった．風に対する障害物の影響範囲は，一般的にはその高さのおよそ10～20倍程度までだということが古くから知られている．そのため，汐留ビル群の影響範囲はかなり限定的であり，東京のHIに対してどの程度影響を与えているか疑問をもっている研究者もいる．今後のさらなる研究が望まれる．

5. ビル風

都市化は，都市街区内の局所的な風に対しても大きな影響を与えている．大きな建物が立つと，風に対して大きな抵抗が生まれる．そのため，都市全体の平均風速は弱くなる．しかしながら，あくまで平均であって，ビル風（建物間を吹く強風）のように場所によっては強くなることもある．また，建物が存在することにより後流（ウエイク），よどみ，剥離なども生成される．建物ができることにより，街区内の風は非常に複雑となる．

☞ 更に知りたい人へ

1) 藤部文昭：都市の気候変動と異常気象—猛暑と大雨をめぐって—（気象学の新潮流），朝倉書店，176p，2012

ヒートアイランドと都市降水

1.3F

ヒートアイランドは降水に影響するか

1. 都市が降水に与える影響についての見方

　都市で降水が多いのではないかという見方は，古くからあった．そのメカニズムとしては，① 大気汚染に伴う凝結核の増加，② HI の熱的効果，③ 建物による障壁効果などが考えられてきた．

　20世紀半ばまでは，①が比較的重視されていたようである．①は主として霧や層状性の降水の増加に関わるとされる．①が重視された背景として，以前は都市の大気汚染がひどく，霧の発生も多いという事実があった．しかし，凝結核の増加によって雲粒が増えても，かえって小さい雲粒が多すぎて雨粒ができにくく，降水を減少させる可能性があることがわかっており，凝結核と降水との関係は単純ではない．現在では都市の乾燥が進み（次節参照），霧はむしろ少なくなっている．

　一方，②は対流性の降水の増幅に関わるとされる（次節参照）．1970年代にアメリカのセントルイスで行われた観測プロジェクト「メトロメックス」では，夏の午後を中心として，降水量や雷の発生数が都市域の東～北東側で多い傾向が認められた（図1）．東～北東とは，この地域の積雲の移動方向であり，都市の上空を通る際に発達を促された雲が，都市を過ぎたところで最盛期になるものと解釈される．その後，雷探知レーダを使った研究などにより，アメリカの他の都市でも同様の特徴が見出された．東京周辺でも，暖候期の昼間の積雲量が市街地で多い傾向が，気象衛星データを使った統計的研究によって確認されている．また，

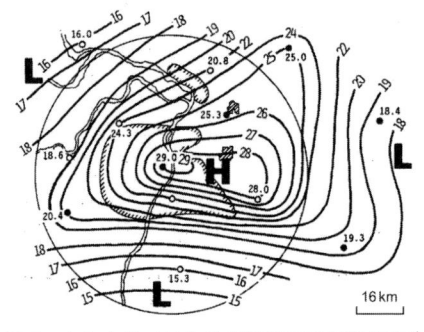

図1　セントルイスとその周辺の雷日数分布[1]
1973～1975年6～8月の総日数．斜線で囲んだ範囲が都市域で，黒丸は雷の自動観測点，白丸は一般の観測点を表す．H, L はそれぞれ雷日数が多い地域と少ない地域を表す．

明治時代からの100年以上のデータや，アメダスによる空間的に密なデータを使った解析により，暖候期の午後に東京都心の短時間降水が多い傾向が検出されている．

　③は，都市の建物群が障壁になり，弱められた風が上昇気流を伴って降水の増加を促すという考え方である．東京では23区西部で強い短時間降水が多い傾向があり，その一因として新宿などの高層ビルの影響を指摘する見方がある．しかし，③の定量的な評価はまだこれからの課題である．

　①～③のどれが重要であるにせよ，日本の降水は台風や梅雨前線の影響を受けるため，都市による変化を見出すことは簡単ではない．この点，事実確認が追いつかないまま「HI の進行によってゲリラ豪雨が激増……」という誇大なイメージが先行しがちであることに注意すべきであろう．また，

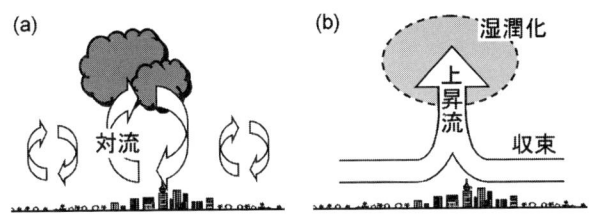

図2　ヒートアイランドが雲の発生・発達を促すメカニズム

強い降水の増加傾向は都市だけでなく，地球規模でみられる（例えばIPCCの第5次評価報告書）．都市の降水の長期変化を論ずる際には，都市の影響と地球規模の変化の両方に目配りした議論が求められる．

2. ヒートアイランドによる降水増幅のメカニズム

都市では相対湿度の低下が目立つ．1931年以降の資料によると，東京・名古屋などの大都市では相対湿度の低下率が100年当り15％を超える[2]．これは主に，気温の上昇に伴って飽和水蒸気量が増すためであり，水蒸気量自体はあまり変化していない．とくに，夏の日中は蒸発が盛んな郊外に比べ，都市の水蒸気量自体は小さい傾向がある．にもかかわらず都市で対流性の雲や降水が増えるとすれば，雲を発達させる何らかの作用が働いているはずである．

図2は，HIによる力学的な作用として考えられるものを示す．まず，(a)都市は地表からの加熱が強いため大気中の対流が郊外よりも高くまで起きる（いいかえると，混合層がより高くなる）．これによって，地上の空気を上空へもち上げる作用が郊外よりも強く働き，積雲ができやすくなる．また，(b) HIが作り出す局地循環に伴い，都市の上空に上昇流ができ，これが下層の水蒸気を汲み上げて積雲の発生・発達を促す．

図2は，どちらも（とくに(a)は）暖候期の日中を想定している．暖候期の日中は都市による大気の加熱効果（顕熱フラックスの増加）が際立つ時間帯であり，雲や降水の形成に対する影響も強いと予想されるからである．このことは，東京の都心で暖候期の午後に降水が増幅される傾向（前節）と整合する．しかし，図2のメカニズムはまだ推測による部分が多く，さらなる確認が求められる．

3. 都市の降水変化のシミュレーション

近年は高解像度（水平分解能1～数km）の数値モデルを使った都市大気のシミュレーションにより，都市が降水に与える影響の研究が行われている．数値モデルでは，都市のない仮想的な状態（都市を草地などに置き換えた場合）を設定し，都市を組み入れた場合と計算結果を比べることによって，都市の存在による気象変化を評価することができる．しかし，計算結果は事例によって異なり，都市の影響が強く現れる場合がある一方，都市があることによってかえって降水が弱まる場合もあって，少ない数の事例だけから一般的な結論を導くのは難しい．そこで，多くの事例を対象にした計算結果を統計的に処理して都市の効果を評価する試みも行われている．

☞ 更に知りたい人へ
1) Changnon SA Jr. ed.：*Meteorol. Monogr.*, **40**, 181p, 1981
2) 気象庁：ヒートアイランド監視報告（平成25年），65p, 2014

冬季と夏季のヒートアイランド現象

季節で異なるヒートアイランド

1.3G

1. 冬季のヒートアイランド

HI現象は，元来，冬季明け方に顕著に発生するものと認識されてきた．これは，日本の人口集中域である関東・中部・近畿において冬の晴天率が大きく，夜間の放射冷却による接地逆転層が形成されやすいためである．地表面の放射収支・熱収支変化の影響がその薄い接地逆転層内に限定されるので，日中に比して夜間，とくに明け方に都市化による気温上昇を引き起こしやすい．

図1は，関東甲信地方にある気象庁の地域気象観測システム（いわゆるアメダス）で得られた1976～2006年冬季の気温上昇傾向を時刻別に抽出したものである．観測所周辺の都市化などの影響によって，冬季はとくに明け方の気温上昇傾向が強かったことがわかる．ただし，この気温上昇傾向には，もっと大きなスケールでの地球温暖化の影響（北半球陸上の平均ではおおむね1℃/30年と見積もられている）も含まれていることに注意が必要である．

都市化に伴う地上気温上昇としてみたときのHI現象の要因として，人工排熱の増加，植生の減少（潜熱としてのエネルギー放出の減少，顕熱による大気加熱の増加），建物の高層化による夜間放射冷却の抑制といったことが考えられる．図2は，この30年間で都市化の顕著だった地域における地上気温の上昇傾向について，これらの要因がどの程度寄与していたのかを数値シミュレーションから求めたものである．夜間の気温上昇量が大きいこと，排熱の増加による大気の直接的な加熱と建物の高層化による放射環境の変化が，地上気温上昇の主要因であることを示唆している．

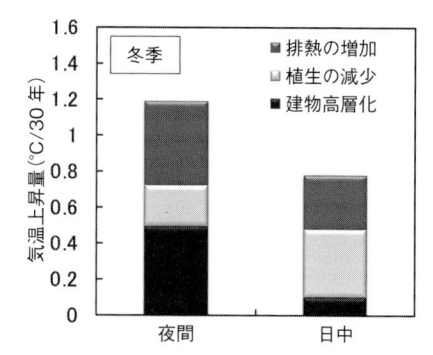

図2 シミュレーションで推定された要因別気温上昇量（冬季）

2. 夏季のヒートアイランド

近年，熱中症による救急搬送者数の増加に伴って，夏季日中の暑熱環境の悪化に関心が寄せられている．日中の最高気温が40℃近くまで上がるのはフェーン現象などの特殊な気象条件下であろうと考えられるが，地球温暖化や都市のHI現象なども，そのベースラインを底上げする要因として注

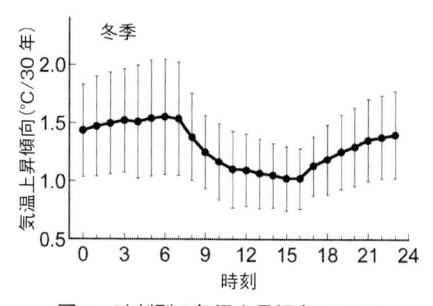

図1 時刻別の気温上昇傾向（冬季）

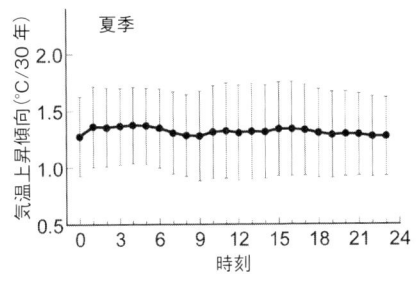

図3 時刻別の気温上昇傾向（夏季）

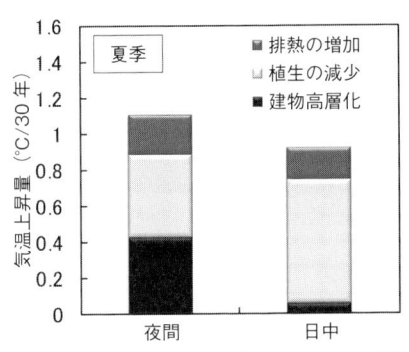

図4 シミュレーションで推定された要因別気温上昇量（夏季）

多いため，単位排熱量当りの地上気温上昇量が小さくなることによると考えられる．

3. どちらの対策が必要か

冬季のHI現象は，主に最低気温の上昇に寄与し，その気候的な影響は，冬日・真冬日の減少という統計値として顕在化する．都市域における夜間の気温上昇では，感染症を媒介する生物の越冬などに注目されることはあるが，人間生活においてはエネルギー消費の面で歓迎されることもある．このため，冬季のHI現象を解消するための対策にまで議論が及ぶことは少ない．

他方，夏季のHI現象の場合，最低気温の上昇は熱帯夜日数の増加をもたらし，快眠を妨げ，産業生産性の低下につながるとの危惧が聞かれる．また，日中の気温上昇は真夏日や猛暑日の増加に寄与し，晴天日の暑熱環境をさらに悪化させ，熱中症患者の増加が心配される．このように，夏季のHI現象は人間生活に歓迎されない影響がほとんどである．

以上の議論から，対策を急ぐべきは夏季のHI現象，ということになるだろう．

そのうち日中における気温上昇の要因は，植生減少の影響すなわち太陽放射のエネルギーを潜熱で解放するための水分量の欠如であるから，それを補うような取組みが有効と考えられる．夜間の気温上昇の一因には，建物の高層化が挙げられる．しかし，建物が林立する景観というのは，ある意味，都市であることそのものでもある．都市のあり方まで総合的に勘案した対策の策定が必要であろう．

☞ 更に知りたい人へ
1) 日下博幸：学んでみると気候学はおもしろい，ベレ出版，98-107，2013
2) 甲斐憲次：二つの温暖化―地球温暖化とヒートアイランド―，成山堂書店，135-137，2012

目されるようになった．

図3によれば，1976～2006年で夏季の平均気温は1日を通しておおむね1.3℃程度上昇したことがわかる．そして，冬季に比べ，夏季は日中の平均気温の上昇傾向が強いという特徴が伺える．気温上昇の要因分析に関するシミュレーション（図4）によれば，植生減少の影響が非常に大きいという結果が得られている．熱収支の観点から，草木が枯れて田園地帯も乾燥する冬季に比べ緑豊かな夏季の方が，舗装され年中乾燥している都市域とのコントラストが強くなること，そして，その影響が日中に出やすくなることは想像に難くない．人工排熱増加の影響が冬に比べて小さいのは，そもそも夏の方が排熱量が小さいことに加え，夏は大気境界層が厚く温められるべき大気の量が

コラム：大都市でクマゼミが増える理由

セミにもヒートアイランドの影響

```
        ヒートアイランド
    温暖化  →  乾燥
       ↓          ↓
  孵化時期の前進  土壌硬度の上昇
       ↓          ↓
  クマゼミの生存率上昇  他のセミの生存率低下
              ↓
       クマゼミの著しい増加
```

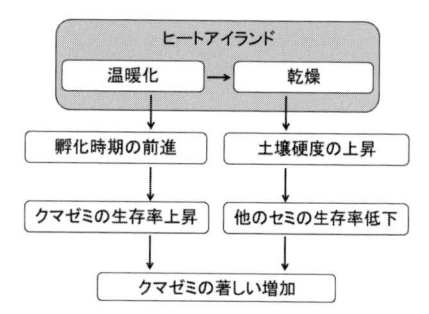

図1　ヒートアイランドとクマゼミ増加の関係

大都市では，多くの生物を見かけなくなっているが，セミは大都市でもたくさん見られる．しかし，その多様性は失われている．大阪では，かつてアブラゼミが最も多く生息しており，ニイニイゼミやツクツクボウシも珍しくなかったが，クマゼミは少なかった．しかし，これらの種の割合は過去40～50年の間に大きく変化し，現在の大阪市内ではクマゼミが圧倒的に多く，アブラゼミがそれに次ぎ，ニイニイゼミとツクツクボウシはほとんど見られない．この傾向は西日本の都市部に共通である．

大都市におけるクマゼミ増加の原因として，HIの影響で冬季の低温が緩和された結果，寒さに弱い南方系のクマゼミの越冬中の死亡率が下がったと想像することができる．幼虫は地中で過ごすので，過酷な低温にさらされるのは夏に枯枝に産まれ翌年まで地上に存在する卵である．しかし，クマゼミの卵を，標高が高く冬季の気温が大阪市よりも約2℃低い地点においても，翌年には大阪市と変わりなく孵化した．したがって，実際には，冬季の温暖化によってクマゼミの生存率が上昇したのではない．

セミの幼虫は雨の日に孵化することが安全に地中にたどりつくために重要である．地面が乾いていて硬いと，幼虫はなかなか土の中にもぐることができず，アリに捕食されたり，乾燥によって死亡するからである．したがって雨の多い時期に合わせて孵化できるように卵の中の胚が発育すること

が望ましい．クマゼミ胚の発育に関するデータと大阪の過去の気温から，かつては梅雨が終わってから孵化していたと推定された．しかし，HIによる温暖化によって孵化する時期が早くなり，現在では梅雨の間に孵化できるようになった．これによってクマゼミの生存率が上昇したと考えられる（図1左）．

大阪市周辺での抜け殻調査では，クマゼミの抜け殻だけが見つかる地点の土壌は硬く，多様なセミが生息する地点では，土壌が軟らかい傾向がみられた．都市部ではHIによる乾燥が顕著であり，土は硬くなりやすい．そこでセミの1齢幼虫の土にもぐる速度を比較した．その結果，クマゼミの1齢幼虫は他のセミよりも，より硬い土にも迅速にもぐることができた．したがって，地面が硬くなったためにクマゼミ以外のセミの生存に不利になったことがわかる（図1右）．

以上の結果から，HIによる温暖化や土壌硬度の上昇によって大都市がクマゼミに有利な環境になったことが近年のクマゼミの著しい増加をもたらしたと考えられる[1]．

☞ 更に知りたい人へ

1) 森山　実，沼田英治：日本ヒートアイランド学会誌, **6**, 6-11, 2011

1. ヒートアイランド現象の基礎

1.4 ヒートアイランド現象の計測方法

- A. 気温と湿度の測定方法
- B. 気温の測定
- C. 湿度の測定
- D. 風向・風速の測定
- E. 日射量の測定
- F. 表面温度と熱流の測定
- G. 都市気象の計測方法―水平分布―
- H. 都市気象の計測方法―鉛直分布―
- I. 顕熱フラックス
- J. 潜熱フラックス
- K. 日本の地上気象観測

気温と湿度の測定方法

身近でありふれているけど意外に難しい

1.4A

1. 同じ気温でも室内と野外は大違い

　気温と湿度は気象要素の中でも，最も身近で誰でも知っている基本的な要素である．温湿度計は，ホームセンターに行けば，1,000円程度で手に入るので，都市の観測は簡単にできると思うかもしれない．しかし，ホームセンターで手に入る温湿度計は基本的に室内用である．野外の温度湿度を正確に測ることは，室内に比べて格段に難しい．

2. 精度と分解能

　室内と野外の違いの前に，測定器の基本的性質について押さえておこう．

　安価なデジタル温湿度計でも，測定値は$0.1℃$，1%の単位まで表示されている．だから，この温湿度計は温度$0.1℃$，湿度1%の精度があると思ったら大間違いである．取扱い説明書をよく読んでほしい．仕様の精度の欄には，温度は$±1〜±2℃$，湿度は$±5〜±8\%$と書いてあるのが普通である．実際，同じ温度計を同じ所に置いておいてもかなり異なる値を表示する．

　表示の最小単位は分解能で，一般に精度はそれより大きな値になる．通常絶対的な温度の値として$0.1℃$の桁は信頼できない．では，$0.1℃$の桁はまったく意味がないかというと，そうでもない．1つの温度計で測った値の「差」は信頼できる場合が多い（保証の限りではないが）．

　これに対して湿度に関しては，1%の桁は本当に信用できない場合が多い．湿度は温度に比べて正確な測定が非常に難しい量である．

3. 時定数

　さらに，どんな測定でも注意しなければならないのがセンサの時定数である．時定数とは，温度計の温度が測定物の温度になじむ時間で，具体的にはセンサの示す値と本来示すべき値の誤差がe^{-1}（約37%）になる時間である．この誤差が10%以下になるには，時定数の約2倍の時間がかかる．

　そもそも，気温とは「空気の温度」である．空気の熱容量は小さく，また熱伝導率も小さい．一方，その温度を測定するセンサは一般に金属などの固体で，体積当りの熱容量は空気に比べて桁違いに大きいため，時定数はかなり大きな値になる．とくに，センサが表示部などのケースの中に入ったタイプの温度計の場合には，時定数は10分単位になることが多く，その分，測定値は遅れて表示（記録）されることになる．

　屋外では通常の日変化でも$2〜3℃/$時間程度の変化があるため，10分の遅れは$0.5℃$程度の誤差をもたらす．したがって，時定数は十分短い必要がある．ところが，時定数が短く反応が早いということは，別の問題を引き起こす．野外の気温は，短時間に非常に激しく変化している．図1は夏の気温の一例であるが，$1〜2$分の周期で$±1℃$程度の変動を常にしており，大きいときには2分間で$4℃$近くも変動している．つまり，ほんの少し測定時間が違うだけで，測定値にこれだけの差が出るということである．たとえ10分とか1時間おきの平均的なデータがほしい場合でも，短い測定間隔でたくさんデータを取って平均操作をしなければ正確な値は得られない．

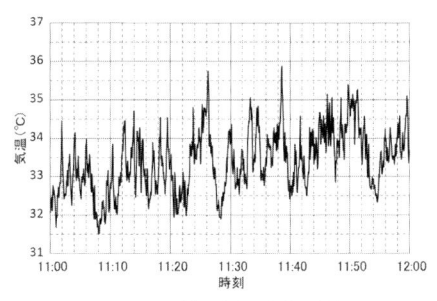

図1 野外の気温変化の例

4. 強制通風筒

熱容量の大きなセンサを使って，時定数を小さくする最も確実な方法は，強制通風筒を使うことである．これはファンを使って強制的に筒の中に空気を送り込み，大量の空気とセンサを接触させることで，空気の熱をセンサに伝えやすくするものである．正確かつ信頼性，耐久性の高いセンサはどうしても熱容量が大きくなってしまうため，そのようなセンサを使う場合には，このような強制通風筒は必須となる．

5. 自然通風筒

強制通風筒のファンを回すにはかなり電力が必要なので，野外で電池駆動の測定装置を使う場合には，どうしても自然通風に頼らざるをえない．自然通風筒の最も大きな目的は直射日光や，地面からの照返しなどの「放射」を避けることなので，ラディエーションシールドとも呼ばれる．

自然通風ではセンサと大気との間の熱伝達率が小さく，たとえ1mWの熱流入でも1°Cオーダーの誤差を生じるので，直射日光だけでなく，0.1mW程度の熱をもたらすあらゆる誤差要因を取り除かなければならない．

まず重要なのは，センサ部の大きさを極力小さくすることで熱容量を小さくし，かつ空気との熱伝達率を大きくすることである．

次に重要なのは，センサ自体の反射率を高くすることである．直射日光は遮っても通常シールド内は散乱光でかなり明るく，それだけでかなりの誤差を生じる．そこで，センサを白く塗装したりアルミ箔を張るとかなりの効果がある（ちなみにステンレスの反射率は60%程度と，それほど高くない）．シールドの内側を黒く塗装して散乱光を抑えることも効果がある．

さらに，センサに接続するケーブルや保護管を通した熱流も大きな誤差要因である．また，センサを小型化すると自己発熱も無視できないので，計測回路にも注意が必要になる．すなわち，シールドやセンサ単体の特性だけでなく，その組み合わせ方や取付け方法などを含めたシステム全体に細心の注意が必要になる．

6. 屋外の湿度

通常「湿度」と呼ばれるのは「相対湿度」である．その基準となる飽和水蒸気量は10°C温度が上がると2倍近くになり，1°Cの温度差で数%の違いを生じる．したがって，センサを気温と正確に同じ温度にしておかなければ，正確な測定はできない．一般に湿度センサは温度センサよりかなり大きいので，屋外でそれを実現するのは，強制通風筒を使わない限りかなり困難である．センサ自体の誤差が大きいことも考えると，屋外での湿度の測定は気温よりはるかに難しい．

気温の測定

様々な温度計とその測り方

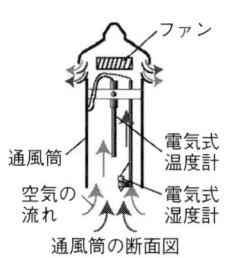

1.4B

1. 気温の定義と単位

　気温は大気の温度で，人の日常活動に深く関わり，生物の生育にも直接関係し，気象，気候，環境の重要な指標となっている．気温の測定は温度計により，一般にはセルシウス（C：摂氏）度単位を用い，1気圧のときの氷の融点を0°C，水の沸点を100°Cと決める．

2. 気温の測定の設置環境

　地表付近の気温は日射や地表放射に左右され，地表の状況や周囲の構造物，排熱源，植生と空気の流れの影響を強く受ける．

　気温は高さとともに変化するので，比較（時間的・空間的）のためには気温測定の高さを一定にすることが好ましく，気象庁では感温部（通風筒の場合は通風筒の下部）を地表から1.5mの高さに設置することを標準としている．

　気温の測定には，その地域（周辺）の代表性が求められるので，設置に際しては以下を考慮する必要がある．
・最寄りの建物や樹木からその高さの3倍程度の距離を置いて設置する．
・人工の熱源から十分に離す．
・雨や雪などおよび日射と放射を遮蔽する．
・温度計を通風筒（図1）に格納して計測することが望ましい．

図1　通風筒による観測（気象庁ウェブサイト）

3. 温度計

　温度計には，温度によって液体や金属が膨張や収縮することを利用したものと，物質の電気抵抗が変化することを利用したものなどがある．前者には水銀温度計などがあり，後者には白金抵抗温度計などがある．これらは，測定しようとする空気や物体に感部を直接触れて熱平衡状態にして温度を測定するものである．

　（1）水銀温度計　ガラス管の中に細い管を入れ，それに水銀などを入れ，温度による液体の体積変化を細管の中の液柱の長さの変化で読み取るものである．水銀温度計はその都度の読み取りが必要である．

　水銀温度計の1つにアスマン通風乾湿計（1.4C参照）がある．ガラス製の乾球温度計および湿球温度計（測定時には球部に巻きつけてあるガーゼを湿らせる）に日射などを避ける保護構造とファンによる一定の通風速度（3m/s以上）をもっている．強制通風されることにより，一般には気温および相対湿度測定の基準ともされている．湿度の測定は，乾・湿球温度の読み取りと換算表などにより求める．（時定数（応答速度）は一般には3分ほどである）

　（2）白金抵抗温度計　金属の電気抵抗が温度変化とともに変化することを利用して，その抵抗値を測定して温度を求める．使用するには白金が最適とされている．精

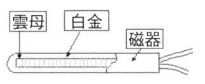

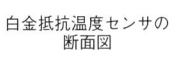

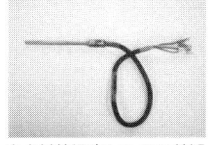

図2 白金抵抗温度計（気象庁ウェブサイト）

度や取扱いに良く，データの転送，表示・収録に便利で，幅広く使われている．気象庁では，温度計検定の基準器として使用している．感温部は保護管に入れられ，保護管の太さにより時定数が一般には約20～120秒となる（図2）．

(3) その他の温度計　サーミスタ，熱電対，超音波風速温度計なども研究ではよく使われる．それぞれの特徴（表1）をかんがみて選択することが望ましい．

(4) 使用上の注意点　温度計の使用（気温の測定）にあたってはその目的と測定環境に対応し，測定精度，測定器の時定数と器差の確認（他の温度計との比較など）は必ず必要である．とくに，時定数の短い（高感度な）白金抵抗温度計の場合は，日射や地表面の影響，風の微妙な変化でも気温が短時間でかなり大きく変化するときがあるので，一定時間の通風や瞬間値だけではなく，何回かの平均値で比較する必要がある．気象庁では，常時通風と日射の遮へいなどによって測定値の安定性と空間的代表性を確保している．

表1　温度計の種類と特徴など（日本建築学会環境工学委員会より）

種類	使用温度範囲	特徴
水銀封入ガラス温度計	$-50 \sim 650\,^\circ\mathrm{C}$	比較的制度が良い 安定した測定が可能 経年劣化が少ない 破損しやすい 変動の測定は不可 自動測定は不可
白銀測温抵抗体	$-200 \sim 850\,^\circ\mathrm{C}$	最も安定で，標準用．使用温度範囲広い 連続測定可能
サーミスタ測温体	$-50 \sim 350\,^\circ\mathrm{C}$	センサが小さく，応答速度が速い 安価 安定性と耐久性がやや低い 連続測定可能
熱電対	$-27 \sim 1820\,^\circ\mathrm{C}$ 各種熱電対の仕様範囲の最小値～最大値を表示している．1種類の熱電対でこの範囲を測定できるわけではない．	安価，均質 連続測定可，基準温度が必要
超音波		高価 高頻度の測定可能

☞ 更に知りたい人へ

1) 気象庁：気象観測の手引き，1998
2) 近藤純正：地上気象観測，天気，**59**，165-170，2012

湿度の測定

1.4C

様々な湿度計とその測り方

1. 湿度の定義と単位

　湿度は，大気中の水蒸気の量やその割合で，大気の乾燥・湿潤の度合を示し，気温と同様に人の生活（環境・衛生）や植物の生長，火災予防などにも関係が深い．

　大気中の水蒸気は，地球表面（主に海や湖沼・河川）の水が蒸発したもので，雲や降水現象となるなど水の状態（水蒸気・水・氷）の変化により，潜熱のかたちで大気の熱輸送にも関わっている．赤外線の吸収や放射により大気の放射量の変動にも影響を与えている．都市の環境にも重要な役割をもっている．

　水蒸気量・湿度を示す量には，蒸気圧（水蒸気圧，hPa），露点温度（℃），相対湿度（％），絶対湿度（g/m^3）などがある．

　蒸気圧は空気中の水蒸気の分圧で，温度により可能な最大量が決まっており，それを飽和蒸気圧という．蒸気圧は気温と相対湿度を観測して求めるか，露点温度から求める．露点温度は，水蒸気が飽和状態に達すると凝結を始め結露するので，このときの温度をいう．

　絶対湿度は単位体積に含まれる水蒸気の質量で，一般には使用されないが，相対湿度を求める基準となる．

　相対湿度は，そのときの蒸気圧（水蒸気量）とその気温における飽和蒸気圧（飽和水蒸気量）の比を百分率で表したもので，一般に湿度という場合はこれをいう（図1）．

　p.98のコラムに空気線図を示す．同図より，気温，湿球温度，相対湿度，絶対湿度および露点のうち，2つの値がわかれば他の3つの値を読み取ることができる．

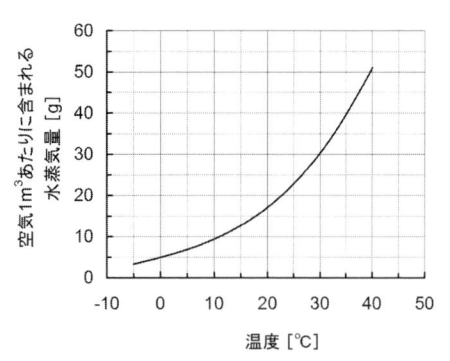

図1　温度と飽和水蒸気量

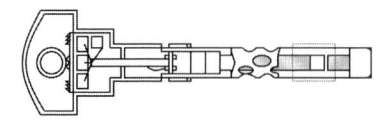

図2　塩化リチウム露点計

2. 湿度計（相対湿度の測定）

　湿度計には，① 空気が冷えて水蒸気が凝結する温度（露点温度）を測定し，気温と露点温度から計算で湿度を求める方式，② 水銀温度計の感部を湿らせて水が蒸発するときの温度（湿球温度）とそのときの気温（乾球温度）から湿度を計算で求める方式，③ 湿度の変化に応じて形状などが変化する物質を使い湿度を求める方式がある．

　（1）露点式湿度計　　塩類などの飽和水溶液の水蒸気圧と周囲の空気の蒸気圧とが等しくなる温度と空気の露点温度との間に一定の関係があることを利用して露点温度を直接測定する．一般には，溶液として塩化リチウムが用いられ，塩化リチウム露点

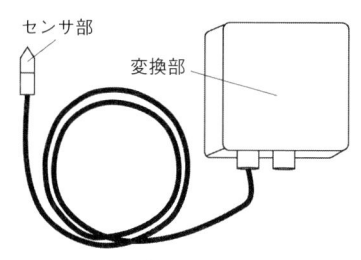

図3 電気式湿度計の外観

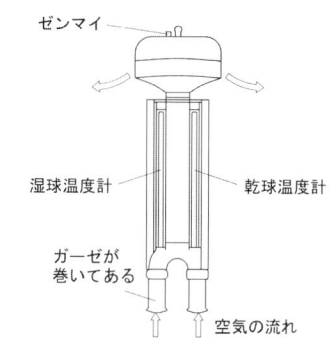

図4 アスマン通風乾湿計

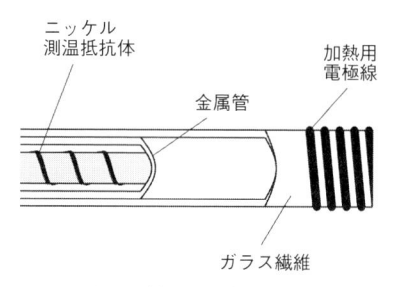

図5 乾湿計の部分拡大

計と呼ばれている．この露点計は連続記録が得られ，自動観測に適している（図2）．

(2) 電気式湿度計　高分子化合物や多孔質のセラミックは気孔でもって，水蒸気量によって水分子を吸脱着する．水分子の吸脱着による誘電率または抵抗の変化を静電容量または抵抗の変化として検出し，湿度に置き換えて測定する．小型で連続的な測定ができ，自動観測に適している（図3）．

(3) 乾湿計（乾球湿球温度計，アスマン通風乾湿計（図4））　同じ規格の水銀温度計を隣り合わせて取りつけ，一方は通常の気温観測（乾球）で，もう一方は球部を湿らせたガーゼでくるみ（湿球），両方の温度計の温度を測定する．

湿球では水分の蒸発で気化熱が奪われ，湿球温度が下がるが，乾燥しているほど蒸発が盛んで，湿球温度はより多く下がる．乾球と湿球の温度差から経験式を用いて蒸気圧や湿度，露天温度を求めることができる．蒸発は気圧にも影響されるので，高精度に測定するには，同時に気圧の観測も必要となる（図5）．

☞ 更に知りたい人へ

1) 気象庁：気象観測の手引き, 1998

風向・風速の測定

風の測り方

1.4D

1. 風向・風速の定義と単位

風は，気圧の分布や温度の分布と密接に関連しており，局地的な気象・気候から大規模な大気の運動（循環）にも関わっている．台風や発達した低気圧，雷雨や前線に伴う強風や突風による重大な災害も発生している．

風の観測は，生活環境の維持・向上，災害の軽減，建築物の設計などに幅広く利用されている．

風は大気の流れで，気圧の高い方から低い方へ移動する．風向と風速によってベクトルで表す．

風向は風の吹いてくる方向で，真北を基準に全周を時計まわりに16または36に等角度で分割し，16方位または36方位で表す（図1）．

風速は単位時間に大気が移動した距離をいい，単位は一般にはm/sで，測定値は通常0.1m/sの位まで表すが，0.2 m/s以下を静穏（calm）という．

風向・風速は絶えず変化しているため，一般的には観測時刻の前10分間の測定値を平均し，その時刻の（平均）風向・風速とする．

瞬間風向・風速とはある時刻における風向・風速で，これは風向風速計感部の応答特性やサンプリング間隔に左右される．気象庁では0.25秒間隔に計測したものを3秒間平均し，これを瞬間値としている．1日の瞬間風速の最大値を日最大瞬間風速という．一方，10分間平均風速の最大値を日最大風速という．最大瞬間風速と平均風速の比を「突風率（ガストファクター）」といい，地上付近では一般には1.5〜2.0程度とされ，都市では高く（都市の構造物などによる平均風速の弱まり方より，最大瞬間風速の弱まりが少ない）なる傾向がある．

2. 風向・風速計

風向・風速の測定には，各種の風向計や風速計，同時に測定する風向風速計がある．測定可能な風速の上限と精度は，様々なものがあり，目的に応じて選択できる．

風車型風向風速計などでは，感部が水平に設置されたときに，全方位の風に対し均等に機能するように設計されている．

（1）矢羽根型風向計　風見鶏のように風が吹く方向に追随する．鉛直に支えた回転軸上に矢羽根とおもりを平衡に取りつけて，おもり側が常に風上を向くようにし，回転軸角度から風向を求める．

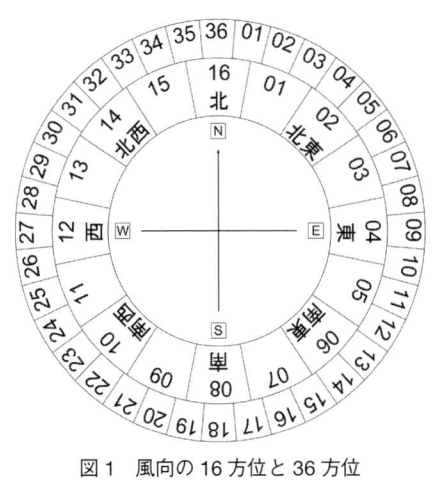

図1　風向の16方位と36方位

1.4D 風向・風速の測定

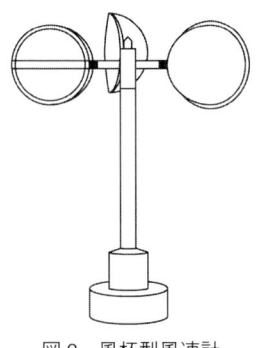

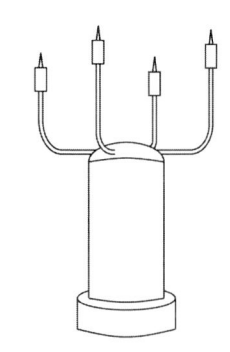

図2 風杯型風速計　　　図3 風車型風向風速計　　　図4 超音波風向風速計

(2) 風杯型風速計　鉛直上の回転軸から等角度に水平にアームを伸ばし，先端に半球形または円錐形のカップ（風杯）3～4個を付けたもの．風向に関係なく，風が風杯に当たると回転し，回転速度（数）が風速にほぼ比例するように設計されている（図2）．

(3) 風車型風向風速計　飛行機のように，胴体の先端に4枚程度のプロペラ（風車）と後部に垂直尾翼を配置し，水平に自由に回転するように支柱に取りつけてある．常に風車が風上を向き，風車の回転数から風速を，胴体の向きから風向を測定し，風向と風速を同時に観測できる（図3）．

(4) 超音波風向風速計　空気中を伝播する音波が風速によって変化することを利用して，風向・風速を測定する可動部のない測定器である．追随の遅れや回り過ぎがなく，毎秒10～20回の測定ができ，微風や乱流の測定に適している（図4）．

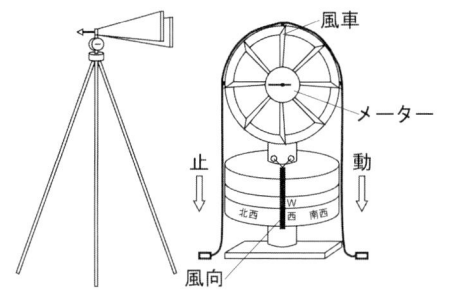

図5 ビラム式風向風速計

(5) ビラム式風向風速計　移動携帯用の風向風速計で，風車型風速計と矢羽根による風向計と三脚の組み合わせによる組立式となっている（図5）．研究では使われないが教育用として使われることもある．

☞ 更に知りたい人へ

1) 気象庁：気象観測の手引き，1998

日射量の測定

いろいろな日射とその測り方

1.4E

1. 日射量の定義と単位

日射とは，太陽放射エネルギー（紫外線から赤外線に至る連続したスペクトル）のうち総エネルギーの約97%を占める短波長域（0.29～3.0μm）のものを指し，大気現象のエネルギー源で，地表の熱収支・水収支や大気大循環などに関連している．また，動植物の生育や人間生活に直接影響を与えている．大気中のチリや二酸化炭素，オゾンなどは日射を減衰させ，日射量の変動は，火山噴火などによる上層大気の混濁や大気汚染，気候変動などと関連している．

日射は，大気中の空気分子，雲などにより吸収，散乱，反射されるが，太陽面から直接地上に到達する日射を直達日射という．散乱や反射した日射および直達日射を合わせて全天日射という．これらの量を，それぞれ直達日射量，全天日射量という（図1）．

直達日射量の観測は日の出から日の入りまでで，全天日射量は日の出前と日の入り後の薄明にもわずかながら観測される．

直達日射は瞬間値および一定時間について瞬間値を積算した積算値を観測するが，全天日射は一般に，積算値のみを観測する．直達日射の瞬間値は，大気の透過率や混濁係数などを求めるために使われる．

日射量の瞬間値は kW/m^2 単位で表し，100分位まで，積算量は MJ/m^2 単位で表し，10分位までの値で示す．

2. 日射計

日射計は，全天日射計と直達日射計とがあり，おおむね感部には熱電堆（熱電対を直列に接続したもの）が用いられている．日射計は，太陽放射を受け取り熱に変換する受光面と熱的基準点との温度差を，熱電対により熱起電力として検出することで日射量を測定する構造になっている．

全天日射計は全天空からの日射量を水平面で測定し，直達日射計は太陽光に直角な面で測定する．

(1) 全天電気式日射計　感部は，風雨などからの保護と風による受光面温度の乱れを防ぐため，ガラスドームで覆われている．ガラスは，日射エネルギーの大部分が含まれる波長約0.3～3.0μmの日射を透過するものが使われている．ほこりや水滴の付着は，出力に大きく影響するため，定期的な点検とガラス面の清掃が必要である（図2）．

(2) 直達電気式日射計　太陽面から直接到達する日射のみを観測するため，感部を常に太陽に正対させる．このため，直達

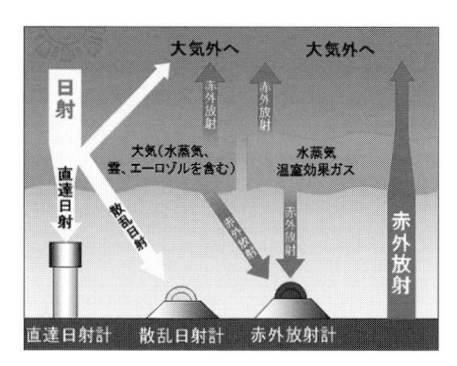

図1　日射・赤外放射の観測（気象庁ウェブサイト）

図2 全天電気式日射計[2]

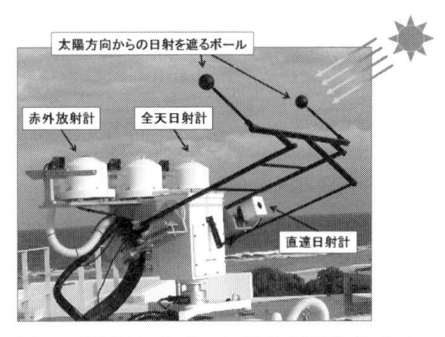

図3 日射と下向き赤外放射の観測（気象庁ウェブサイト[2]）

日射計は通常赤道儀と呼ばれる太陽追尾装置に載せる（図3）．

直達光のみを受光し，受光部の温度と温度基準点の温度との差を熱電堆によって熱起電力に変換し，日射量を求める．

直達日射量の観測成果から大気混濁係数を求める場合は，太陽面およびその周辺に雲や煙霧がなかったときの連続した記録の中から安定している箇所を捜し，そのときの値を採用する．

3. 日射量の観測例（図4）

図4は，全天日射量の年平均値および5年移動平均値の経年変化（国内5地点平均）で，1990年頃から2000年代初めにかけて急激に増加し，その後は大きな変化は見られない（国内5地点は札幌，つくば，福岡，石垣島，南鳥島）．

4. 使用上の注意点

日射計は，経年劣化すること，ユーザ自身で検定・校正することが難しいことなどのため，定期的に検定を受けることが望ましい．ガラスをふくなどのメンテナンスも重要である．設置においては遮へい物による陰ができないように注意すること．

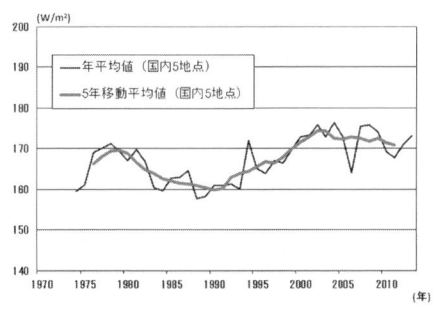

図4 全天日射量の経年変化（気象庁ウェブサイト[3]）

☞ 更に知りたい人へ
1) 気象庁：気象観測の手引き，1998
2) http://www.jma-net.go.jp/kousou/obs_third_div/radiation/solar.html 観測結果
3) http://www.jma.go.jp/jma/menu/menureport.html 各種データ・資料

表面温度と熱流の測定

地表面の熱収支を知る

1.4F

1. 表面温度測定の意義

物体表面の温度（表面温度）は周囲流体との対流熱伝達，周囲流体や周囲物体との放射および物体内部との熱伝導によって定まる．このため，表面を介しての熱エネルギーのやりとり，温熱環境を評価するためには，表面温度は欠かせない物理量である．

測定方式は接触式と非接触式に大別される．

2. 接触式温度センサ

接触式では，温度センサと測定対象を十分に接触させて，温度センサの温度と測定対象の温度を一致させることが重要である．屋外測定では日射の影響が大きいため，温度センサの固定方法を適切に選ぶ必要がある．表面温度の時間変化の測定が必要な場合，温度センサの応答時間を考慮しなければならない．接触式としては，熱電対，測温抵抗体，サーミスタ測温体などを挙げることができる．

3. 熱電対

熱電対は，2種類の異なる金属線を先端で接合した温度センサで，両端の温度差に応じて発生する微弱な電圧（熱起電力）を利用している．安価，一定の測定精度が保証，応答性に応じ熱電対の線径選択が可能，小物体や狭い場所の測温が可能である．一方，高精度の測定には制約がある．対象物に導電性がある場合，注意が必要である．寿命および雰囲気による劣化があり，定期的な検定が必要である．測定端でない他端の正確な温度補償が必要である．熱電対を直列接続することで起電力を増幅することが可能であり，熱電堆（サーモパイル）として応用され，日射計の受光素子として広く使われている．熱電対を並列接続することで，測定ポイントの平均温度あるいは2点間の温度差を求めることが可能である．

4. 抵抗温度計

測温抵抗体は，金属材料の温度に対する電気抵抗の変化を利用している．電気抵抗と温度の間の線形性は高い．電気抵抗から温度を求めるため，熱電対のような基準接点や補償導線は不要である．安定度が高く，感度も大きい．自己加熱に注意する必要がある．サーミスタ測温体は，半導体の温度に対する抵抗変化を利用している．抵抗変化と温度の間の線形性は低いが感度は高いので，温度変化があまり大きくなく，精度を要求される測定に向いている．例えば，温冷感との相関が強いといわれている皮膚温の測定に使用されることが多い．

5. 非接触式温度計

非接触式の代表例は（赤外線）放射温度計であって，接触式とは異なりその使用の際には表面温度に影響を与えない．対象物から出ている赤外放射エネルギーを，赤外線検出素子で表面の見かけの温度（放射温度）を検知する．真の表面温度を求めるためには表面の放射率を知っておく必要がある．金属やガラスなど赤外反射率が高い物体では，周囲の物体や天空が映りこむ場合がある．表面温度分布の測定には，放射カメラ（サーモカメラ）を用いることができ

る. 測定原理は放射温度計と同じであるが, 赤外線検出素子が平面的に配列されている. 人工衛星や航空機を使って上空から地表面温度分布を測定することも可能であるが, その間の水蒸気や塵などの影響を補正する必要がある. ヘリコプターを使った地表面温度分布の測定事例を図1に示す.

図1 上空から測定された地表面温度分布[1]
夜間（2006年8月4日）

6. 熱流測定の意義

物体表面での熱流は, 物体を通しての熱移動量を表しており, 単位時間当りに単位面積を流れる熱流束で表される. 熱流の結果として温度変化が生じるので, 熱流がわかればその後の温度変化を予測, 制御することができる. 温度と熱流束の違いは, 温度が熱輸送の「結果」であるのに対し, 熱流束はその「過程」である.

7. 熱流センサ

熱流は, 熱流センサを物体表面に貼り付けるか埋め込むことにより測定される. 熱流センサは, 熱の流れを横切って置かれた板状の熱抵抗の両面に生じる温度差を測定する仕組みである. 測定に際しては, 熱流センサと物体の接触状況, 熱流センサが日射にさらされる場合はセンサ表面の日射特性に注意を払うことが大切である. 装着面はできるだけ平滑にし, 接着には接着剤, ペースト, 薄い両面テープなどを用いてしっかり固定する. この際, 接着部に空気が入ると測定値の誤差やふらつきの原因となる. 貼り付けて使用する場合には, 露出面で伝導, 輻射, 対流のすべてによる熱の移動を熱流束として計測する. したがって, センサ面と周囲の壁面とは熱的な条件を一致させるように同一の仕上げが望まれる. 熱の流れを乱さないためには熱流計の厚さは薄い方が望ましい. 取り付け面に沿って風が吹いている場合, 熱流計の厚さが厚いと風の流れが乱れ, 測定値に影響が出る.

8. 熱流測定の応用

すべての熱流は伝導, 輻射, 対流の3成分からなる. 応用対象によっては3成分すべてを測定する場合もあり, この中の1成分のみということもある. 例えば熱伝導の測定としては壁の中に埋め込む熱流板があげられる. 輻射の熱流測定として挙げられるのは, 太陽放射を測定する日射計がある. 現場での熱流測定の適用例としては, 含水状態の異なる土壌中の熱流測定, 建物壁体の貫流熱量や断熱性能評価, 衣服や皮膚を通しての熱流測定など多岐にわたる. 衣服の保温性（熱抵抗）を調べるためにサーマルマネキンを使用する場合がある. サーマルマネキンとは人体の放熱特性を模擬できる等身大の人体模型で, 全身を複数部位に分割することにより部位ごとに供給される熱流を制御し, 各部位の表面温度を一定に保つことができる. 供給される熱流, 体表面温度と気温の差から体表面での対流熱伝達を評価することが可能である[2].

☞ 更に知りたい人へ
1) 安田龍介ほか：日本ヒートアイランド学会論文集, **9**, 13-22, 2014
2) 樫原健太ほか：日本建築学会近畿支部研究発表会報告集, 環境系, **53**, 129-132, 2013

都市気象の計測方法―水平分布―

1.4G

街の中をくわしく測る

1. 理想は高密度な多地点観測

気温の水平分布を測るための理想的な方法は、多数の定点観測点を設置すること．それでも限界がある．アメダス観測点密度は約20km四方に1点程度である．環境省の平成20年HI現象の観測方法を検討するための調査報告書によると、自治体独自の観測網などを活用しても5〜7km四方に1点程度である．小学校の百葉箱を利用した観測網で約2.5km四方に1点程度の密度になるという．では、よく目にする色の変化で気温分布を表す地図（図1）はどのように作成されているのか．

2. 観測点のない場所は推定する

ある場所の気温を推定したいとき、ある場所のまわりにある複数の定点観測のデータを用いて推定する、つまり補間する必要がある．これを空間補間あるいは内挿補間という．空間補間の代表的な方法として、距離の2乗に反比例する重みをつけた平均値を推定値とする方法（IDW：Inverse Distance Weight）や、2点間のデータの相関関係から距離の関数として相関の強さを表現し、相関が高いほど重みを大きくして平均化する方法（クリギング：kriging）などがある．いずれにしても、元になる定点観測の密度が高ければ推定したデータの信頼性も高くなる．よって図1のような気温分布図を見たときには、鵜呑みにせず以下の点をチェックして、信頼性を判断するとよい．分布図の作成者となる場合も同様に気をつけてほしい点である．

① 元になる定点観測点が何点あるのか

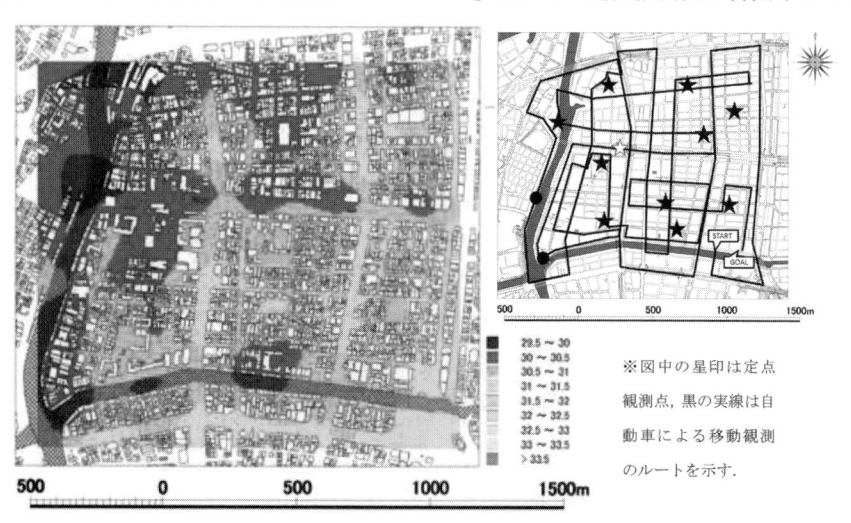

※図中の星印は定点観測点，黒の実線は自動車による移動観測のルートを示す．

図1 クリギング補間による気温の水平分布図（左図）と観測点情報（右図）[1]

(密度がどの程度なのか)
② 定点観測点の密度にばらつきがないか（密な部分と疎な部分がないか）
③ 元になる定点観測データの質にばらつきはないか

ここでいうデータの質とは，計測方法によって変化する質を意味する．つまり，気温の計測方法，例えば百葉箱を使用した観測か，強制通風筒を使用した観測か，自然通風の日射遮へい装置を使用した観測かによって，得られる気温データには差が生じるので，異なる観測方法で得られたデータを混ぜない方がいいということである．

3. 移動観測によって観測点密度を上げる

定点観測点の密度を高めるといっても，それだけ測器を準備しなければならないので，現実には難しい．そこで，車や自転車を用いた移動観測を併用することで，観測密度を高める方法がある（図2）．移動観測で必ず問題になるのは，時間のずれである．ある時刻の水平分布図を作成したいという目的でデータを取得するのなら，同時刻に様々な場所のデータを得なければならないが，実際には移動観測のコースを1周して集めたデータの取得時刻にはずれが生じる．それらを同時刻に観測されたものとして扱うためには時刻補正が必要となる．

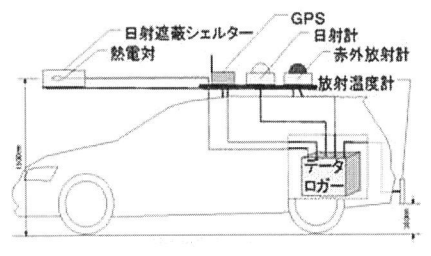

図2 移動観測車の例

時刻補正の方法としては，移動観測を行う地域で定点観測を同時に実施し，移動観測を開始して終了するまで（コースを1周するのにかかる時間）中の変化分を補正する方法が一般的である．ただし，あまり長い時間をかけて移動観測すると補正が難しくなるので，なるべく短い時間で回れるようなコース設定をすることが重要である．日中はとくに温度変化が大きいので，30分～1時間以内で回れるようにする．移動観測により得られた生データに対して時刻補正をしてもなお残る差が場所による違いということになる．

次に，時刻補正をするために設置する定点をどこに置けばいいのかという問題にあたる．移動観測をする場所が都会のアスファルト道路の上であれば，定点も同じようなアスファルト舗装の場所を選ぶのが望ましい．なぜなら，気温の時間変化はその周辺の土地利用や舗装の状態に影響されるからである．

また，センサの時定数にも気をつけたい．移動観測ではできるだけセンサの感部が小さく反応がよいものを選ばなければいけない．例えば，センサの時定数が10秒だとすると，時速40kmで走行する自動車は10秒間に約110m移動しているので，センサが示す値は110m後方からの環境を含めて計測した値ということになり，空間解像度は110mより小さくならない．このずれはできるだけ小さいほうがよいので，極細熱電対など時定数が1秒前後のセンサが望ましい．

☞ 更に知りたい人へ

1) 水野雅士，鍋島美奈子ほか：自動車を用いた移動観測による市街地気温分布調査，日本建築学会環境系論文集，**74**(644)，1179-1185，2009

都市気象の計測方法 — 鉛直分布 —

1.4H

上空と地表は大きく異なる

1. 気象要素の鉛直分布

　大気の最下層が対流圏で，雲や雨などの大気現象を発生させている．とくに地表に接する接地境界層では地表の凹凸や熱の影響が強く，気温や風などの気象要素は空間的に複雑に分布し，常に変動している．平均的な鉛直分布は，気温は上空ほど低くなり風は上空ほど強いが，気温の鉛直分布が大気の安定・不安定を形成し，風の乱れとともに地表の熱の鉛直および水平方向への移動の原因となる．鉛直方向の空気の移動は，大気が安定（上空との気温差が通常より小）だと抑制され，不安定（上空との気温差が通常より大）だと促進されて強い上昇気流を発生させる．気温の逆転層（上空の方が気温が高い）があると，空気は対流せず沈滞する．風は，ときには上空と地表で風速や風向が大きく異なることもあり，とくに都市とその周辺で複雑に変化し，環境に大きな影響を及ぼす．

　HIと都市環境の解明には，気象要素の鉛直分布の解析も重要となっている．

　接地境界層の気象の鉛直観測と解析は，大気汚染がはなはだしかった頃から活発となり，様々な手法が開発された．

　(1) 鉄塔などによる鉛直分布の測定
観測用の高い鉄塔や，東京タワー，スカイツリーなどのTV塔，高圧送電鉄塔などの複数の高度に，温度計や風向風速計を設置した観測が行われている．

　鉄塔での観測は，固定され長期間連続が可能なので，良質なデータが取得される．気温も風も，鉄塔そのものの影響を受けるので，長いアームの先に設置したり温度計

図1　気象研究所気象観測鉄塔（2011年に撤去，気象研究所ウェブサイト[2]）

などのセンサを日射から遮へいし，通風するなどの対策が必要である．

　1975年に建設されたつくば市の気象研究所気象観測鉄塔は高さ213mで，7つの高度で風向風速，気温，湿度の観測が35年間続けられ，2011年に解体された（図1）．

　(2) GPSゾンデ観測　風船にGPS受信アンテナ搭載のラジオゾンデを吊るして放球し，上空の気圧，気温，湿度の観測データとGPS衛星の測位による位置情報を無線で地上にて受信し，上空の風向風速も観測するものである（図2）．

　(3) 係留気球（カイツーン）による観測
　地上にロープ等で固定されたバルーン（気球は飛行船型が風向に対して安定し，浮力もつく）にラジオゾンデなどの観測機器を搭載する．係留ロープに高度別に複数の

1.4H 都市気象の計測方法―鉛直分布― 61

し，気球の軌跡から上空の風向と風速を算出する．1点での経緯儀の観測では，浮力から上昇速度が一定と仮定して高度を求めるが，実際の風は，地形や構造物の影響などで乱流による上昇流や下降流があるので，2点観測により，精度を高める方がよい．

(5) リモートセンシングによる観測

近年は，リモートセンシング技術の急速な発達により，上空の風や気温の分布などを地上から観測する手段が実用化している．

これは設備の規模が比較的大きく，固定的なものが多いが，小型化し可搬型となっているものもあり，目的に応じて選択利用も可能である．ソーダ，ライダ，ウインドプロファイラなどがある．

(6) ウインドプロファイラ　地上から上空にパルス状の電波を発射し，大気の乱れによって散乱され戻ってくる電波を受信・処理することで，上空の風向風速等を測定する（図4）．

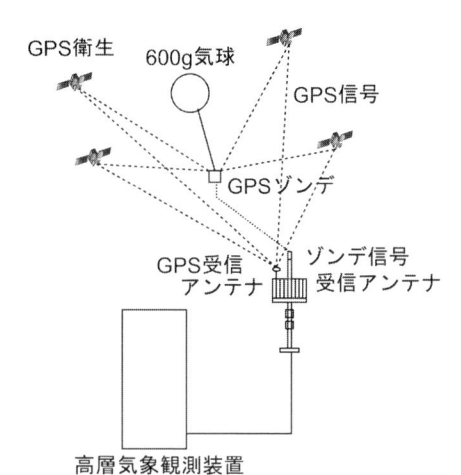

図2　GPSゾンデ観測

観測機器を固定すれば，高度別の同時測定となる．この観測では，上空の風は測定できない（図3）．

(4) パイロットバルーンによる観測

上空の風向と風速のみを測定するもので，測風気球とも呼ばれる小型のゴム製気球にヘリウムガスなどを充填して放球する．気球は浮力で上昇し上空の風に流されるので，それをセオドライト（経緯儀）で追跡

図3　係留気球による観測（(株)気球製作所ウェブサイト[3]）

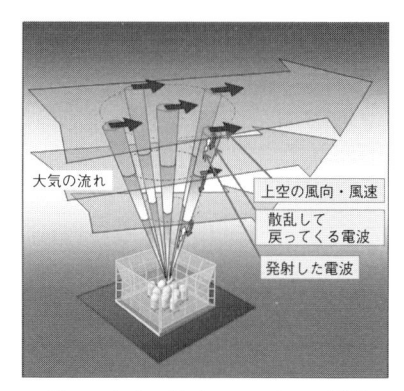

図4　ウインドプロファイラの原理

☞ 更に知りたい人へ
1) 気象庁：気象観測の手引き，1998
2) http://www.mri-jma.go.jp/Facility/tower-sjis.html
3) http://www.weatherballoon.co.jp/pages/japanese/2keiryu.html

顕熱フラックス　　　　　　　　　　　1.4l
地表面温度と気温の差による熱輸送

1. 顕熱輸送と潜熱輸送，単位

　地表面と大気の間の対流による熱輸送には，顕熱輸送と潜熱輸送に大別される．顕熱輸送は，地表面温度と気温の差に基づく熱輸送であり，潜熱輸送は，地表面からの水の蒸発（または凝縮）など相変化を伴う熱輸送である．地表面では，輻射輸送，対流熱輸送（顕熱輸送および潜熱輸送），伝導熱輸送の熱収支を評価することが重要である．

　顕熱輸送量（フラックス）は，単位時間，単位面積当たりに輸送される顕熱流束として定義される．顕熱フラックスの測定方法として，渦相関法，熱収支法（ボーエン比法），傾度法，シンチレーション法を挙げることができる．

2. 渦相関法

　渦相関法は，個々の乱れの渦を追随性の高い測定装置で直接求める方法で，信頼性は高いといわれる．顕熱フラックスは，鉛直方向の風速の変動成分と気温の変動成分の積（共分散）で表される．例えば，鉛直上向きの風速と気温が上昇傾向にある時間帯の場合，暖かい空気が上へ間欠的に運ばれていることを意味する．測定装置としては，通常，超音波風速温度計が用いられ，風速と気温の変動を同時測定する．気象観測に使用されることが多い3杯式風速計と異なり，微風でも測定可能である．測定周波数としては，10Hz程度が採用される．向かい合う超音波送受信器間を超音波パルスが伝播する所要時間を計測し，双方からの伝播時間を比較する．空気に動きがない（無風）状態ではすべての超音波の伝播時間が等しくなる．風が吹くと，風と反対方向に発射された超音波パルスが対面の超音波送受信器に到達する時間に遅れが生じる．それぞれの対の超音波送受信器間での伝播時間の変化をもとに，3方向の風速（水平2方向と鉛直方向）と音速を算出する．音速は気温の関数であり，音速の変動成分から気温の変動成分を求める．音速は湿度の影響も受けるが，その影響は気温に比べると小さいといわれている．風向によっては，超音波送受信器に風が遮られて誤差を生む可能性がある．超音波送受信器間の距離は測定周波数に影響を与える．

3. 熱収支法（ボーエン比法），傾度法

　熱収支法は，地表面でのエネルギー保存則，即ち正味輻射量，顕熱フラックス，潜熱フラックス，地中伝導熱フラックスの収支に基づいている．顕熱フラックスと潜熱フラックスの比がボーエン比として定義される．測定は，正味輻射量は長短波放射計によって，地中伝導熱フラックスは熱流板によって，ボーエン比は異なる2高度の気温と湿度を乾湿計などによって求めるのが一般的である．この方法では，水平方向に均一な場所で時間的な変動が大きくないことを想定していて，移流の大きな場所，土地被覆が一様でない場所への適用は困難である．観測高度の10倍程度以上の測定場所の一様性が必要である．正味輻射量の小さい夜間には測定が正確に行えない場合があるといわれている．

　傾度法は熱収支法と基本的な測定原理は

図1 傾度法による測定風景（クリマテック（株）提供）

図2 レーザ送信側（シンチレーション法）

同じである．測定風景を図1に示す．顕熱フラックスは大気中の温度傾度から求めることができる．熱に関する渦拡散係数が必要であり，大気の安定度により分類されている．一般的に2高度で気温と風速を測定することが求められている．風速や日射が著しく時間変化せず，熱的に中立状態にある場合に適用されるのが最良であるといわれている．気温と風速の測定には高精度が要求され，測定装置間の器差にも注意が必要である．

4．シンチレーション法

シンチレーション法とは，レーザの送信機と受信機がその間に顕熱フラックスに由来する気温（大気密度）の空間変動があれば，大気中の光の屈折とゆらぎ（シンチレーション）を引き起こし，レーザの強度変化が起こり，それを検出演算することで送信機と受信機の間の空間平均の顕熱フラックスを計測する方法である．測定装置の一例（図2）としては，大気中に2本の偏光面の異なったレーザ光を照射し，受信機側で各々のレーザ光の強度変調を計算した後，その共分散などから顕熱フラックスを求めている．

この方法の特徴として，レーザの送受信機間の空間平均された顕熱フラックスを求めることができることである．渦相関法を適用した超音波風速温度計では点における時間平均の観測であるのに対し，シンチレーション法を適用した測定装置の発信機と受信機間の光路上での空間平均の観測であることから，図3に示すように広いエリアの顕熱フラックス観測が可能なこと，また空間平均であることから時間的な非定常性に関わる問題を気にする必要がないことなどから，空間代表性の強い地表面フラックスの観測が可能な測器として，近年，注目を集めている．

図3 シンチレーション法による測定風景（写真提供：筑波大学 浅沼順氏）

潜熱フラックス

1.4J

地表面からの水の蒸発による熱輸送

1. 単 位

潜熱輸送量（フラックス）は，単位時間，単位面積当たりに輸送される潜熱流束として定義される．潜熱フラックスの測定方法として，渦相関法，熱収支法（ボーエン比法），傾度法を挙げることができる．

2. 渦相関法，熱収支法（ボーエン比法），傾度法

渦相関法は，個々の乱れの渦を追随性の高い測定装置で直接求める方法で，信頼性は高いといわれている．潜熱フラックスは，鉛直方向の風速の変動成分と比湿（湿潤空気（水蒸気を含む空気）の質量に対する水蒸気の質量）の変動成分の積（共分散）で表される．例えば，鉛直上向きの風速と比湿が増加傾向にある時間帯の場合，水蒸気が上へ間欠的に運ばれていることを意味する．測定装置としては，通常，超音波風速温度計および赤外線湿度計が用いられ，風速と比湿の変動を同時測定する．2台の測定装置間の距離は，可能な範囲で小さくする必要がある．測定周波数としては，10 Hz程度が採用される．図1に渦相関法による顕熱および潜熱輸送量の測定風景を示す．

熱収支法（ボーエン比法），傾度法に関しては，「1.4I 顕熱フラックス」に記載されている．傾度法の測定量は，2高度での湿度と風速である．

3. 植物からの蒸散

植物からの蒸散量の測定方法として，チャンバー法，熱収支法，秤量法を挙げることができる．蒸散とは植物体内（主に葉）の水分が空気中に排出されることをいう．蒸散は主に気孔を通じて起こり，植物が自分で調節している点（生理学的要因）が普通の蒸発とは異なる．蒸散に影響を与える環境要因は日射量，葉と大気の飽差（水蒸気圧差），気温，土壌中の水分，二酸化炭素濃度などがある．植物側の要因には，気孔運動，葉の構造，葉の年齢などが考えられ

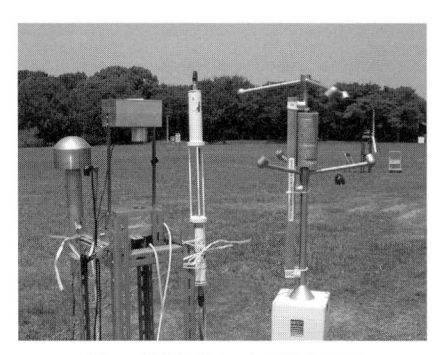

図1　渦相関法による測定風景

図2　拡散型ポロメータによる測定風景

4. チャンバー法

チャンバー法は，箱内の水蒸気収支，二酸化炭素など気体の濃度変化から蒸散量を測定する方法であり，同化箱法，ポロメータ法などがある．同化箱法は，植物あるいは葉を同化箱に入れ，その出入口の水蒸気圧差を測定することによって，蒸散速度を測定する方法である．同化箱を小型化したものが，拡散型ポロメータである（図2）．葉を挟み込んだキュベット内部で蒸散を行わせ，上昇した湿度を打ち消すだけの乾燥空気を送り込み，排出される空気量から気孔の水蒸気拡散抵抗と蒸散量を測定する．ポロメータを用いる場合の注意点としては，キュベットに直射日光から遮へいして測定すること，測定葉に呼気がかかると高二酸化炭素濃度で気孔が閉じるので注意して素早く測定すること，シリカゲルはよく乾燥したものを用い，こまめに交換することを挙げることができる．

5. 熱収支法

樹木が水を根から吸って葉から蒸散するときに生ずる，樹幹を上昇する水の流れを樹液流という．一般に広葉樹では道管，針葉樹では仮道管と呼ばれる細胞を通って樹液が流れる．植物茎内の樹液流量を測定する方法として，ヒートパルス法と茎熱収支法がある．樹液流量の測定で得られる水の動きは幹や枝のため，葉が放出する蒸散量とは厳密には異なるが，一般的には樹液流と蒸散の関係性は強く，蒸散量＝樹液流量と表現される．

ヒートパルス法は樹木幹内に小型のヒータを挿入し，その上下に温度センサを配置して，発生する熱の移動速度をヒータ上方に挿し込んだ温度計で検出する方法である．ヒータによる熱は，幹を伝導する成分と樹液に乗って移流する成分に分かれるが，移流拡散理論に基づいて，温度変化の特徴的な時刻から流速を容易に算出する方法が開発されている．他の蒸散計測と比べて比較的安価で，計測が比較的簡単，また実際に屋外の樹木を長期計測できる点は利点である．

茎熱収支法は，茎に巻きつけたヒータに電流を流し，一定の発熱量の下で，茎を伝導する熱量，外部へ逃げる熱量を計測し，残差として樹液流で運ばれる熱量を求める方法である．ヒートパルス法がヒータを挿した部分の流速を求めるのに対して，茎熱収支法では原理的に断面を通過する水の総量が得られることになる．ただし，茎の上下に伝導する熱量などを求めるのに測定項目が多い．また，茎，枝に対しての測定は確認されているが，太い幹については適用が困難である．

6. 秤量法

秤量法は，測定対象を秤の上に載せ，その重量変化から蒸散量を求める方法である．測定装置はライシメータと呼ばれ，蒸発散量や土壌中の水収支を測定するために金属やコンクリートでつくられた土壌槽である．測定手順としては，測定対象の植物を一定期間生育させ，植物に一定量の灌水を行い，環境条件を測定して一定時間後の重量の減少量から蒸散量を推定する．地表面からの蒸発を防ぐか別途蒸発量を評価する必要がある．重量変化を測定する方式以外に，土壌槽への給排水量を測定する方式，水に浮かべた土壌槽の浮き沈みを利用して測定する方式がある．この方法からは，ある程度の長時間の平均的な蒸散量を推定できる．根を分断するなどの問題を除けば，有用な方法である．

日本の地上気象観測

1.4K

気象観測はどのようになされているか

1. 気象庁の地上気象観測

　気象庁には，地方の中枢官署として5つの管区気象台と沖縄気象台があり，各府県や北海道・沖縄の一部地点には地方気象台がおかれている．これに加え，1990年代まで約90の測候所があったが，そのほとんどは無人化されて「特別地域気象観測所」になった．以下，これらを総称して「地上気象観測所」という．地上気象観測所では，気温や降水量をはじめとする気象要素の観測が行われている．

　気温や降水量の観測は露場という水平な敷地で行われる[1]．日射の照返しや雨滴の跳返りを防ぐため，露場には芝が植えてある．気温の観測には通風筒が使われる．これは光沢のある金属と断熱材で二重の筒を作り，ファンで通風するようにしたものである(図1)．その吸気口の高さは地上1.5mに設定されている．

　一方，風の観測は測風塔に風向風速計を設置して行われる．風速計の高さの目安は地上10mとされているが，近年は地物の影響を避けるためビルの屋上に風速計が取りつけられることもあり，官署によっては地上50mを超える．日照計も日陰にならないよう，しばしば屋上におかれる．気圧計は庁舎の観測室におかれるのが普通である．

2. アメダス

　1970年代にアメダス(地域気象観測システム)が全国展開された．アメダスは地上観測とデータ送信を自動で行うシステムである．降水量については約1,300の観測所があり，うち約840地点では気温・風・日照時間の観測も行っている(2014年12月現在の数値．なお一部の観測所では積雪深も測っている)．

　アメダスの測器は地上気象観測所のものとほぼ同じだが，仕様は若干異なる(応答時間の違いなど)．露場の広さの要件も地上気象観測所ほど厳しくないが，おおむね70m²以上の面積を確保している．また，アメダスの風速計の高さは概して10m以下であり，地上気象観測所に比べて低い傾向がある．さらに，以前はデータの扱いが地上気象観測所と少し違っていた．例えば日最高気温については，地上気象観測所では連続値(実態は10秒ごとに収録される前1分間平均値)の中の最高値を使うのに対し，アメダスでは1時間ごとあるいは10分ごとの観測値の中の最高値が用いられていた．2009年頃からは，地上気象観測所と同じ方式になっている．

　上記は一般のアメダス観測所の話であるが，地上気象観測所もアメダス観測所を兼ねている．そこでは，地上気象観測用の測器がそのまま利用されており，アメダス用の測器が別途あるわけではない．しかし，

図1　通風筒の外観(左)と内部の構造(右)
内部構造の図は「こんにちは！気象庁です！」2004年1月号による．

アメダスの導入当初はデータ処理系統の違いにより，地上気象観測の観測値との間に若干の差が生ずることがあった．また，日最高・最低気温については，前段落で述べた定義の違いのため，2008年頃まで記録が2本立てになっていた．気象庁ホームページに掲載されているのは地上気象観測としての値（すなわち，連続値から求めた最高・最低値）であるが，アメダス資料のCD-ROMにはアメダスの定義による値（1時間あるいは10分ごとの観測値によるもの）が収録されている．

3. データの品質管理と提供

地上気象観測所やアメダスによる観測値は，防災情報等の実況監視用のデータとして利用されるほか，長期保存用のデータとして収録される．その際，品質に関するチェックが行われ，誤りや疑問値と判断されるものについては然るべき処置がなされる．測器の故障だけでなく，人為的障害（例えば野焼き）や動植物による障害，凍結など様々な問題があり，それらに対して地道な対応が行われている．

チェックされたデータは気象庁のホームページで公開されており，ダウンロードすることもできる．また，データを収録したCD-ROMを気象業務支援センターから購入することができる．しかし，20世紀半ば以前のデータの中には，まだ電子化されていないものもある．このため，気象庁や研究機関によってその整備・電子化の活動が行われている．

4. データの長期的均質性

地上気象観測所やアメダス観測所の中には，種々の理由により移転を経験したところがある．このような地点のデータを使う場合には，目的しだいでその均質性に注意する必要がある．気象庁では地上気象観測所の気温の平年値を求めるに当たり，主成分分析を使って地域代表的な気温を推定し，これを基準にして移転前後の値の変化量を見積もることにより，移転前のデータの補正を行っている．湿度・日照時間も同様の方法で，また，風速については簡便な手法により補正を行っている[2,3]．ただし，降水量は変動が大きく，移転による変化の評価が難しいため補正をしていない．

観測方法や観測時刻，測器の種類などの変更がデータの均質性に影響する可能性もある．とくに注意を要するのは，(1) 日最低気温の日界の変更，(2) 日平均気温を求める際の1日の観測回数の変更，(3) 雨量計の種類の変更に伴う観測単位の変更，(4) 風速[4]．データの利用者がこのような事情を認識し，適切な使い方ができるよう，観測に関わる付帯的な情報（メタデータ）の整備・共有が求められる．

5. 気象庁以外の機関による気象観測

気象庁以外に，官庁や自治体，企業などによる気象観測が行われている．これらの観測には検定を受けた測器を使うことになっており，データには相応の信頼性がある．ただ，測器の設置状況や保守管理の状況は様々であり，例えば温度計がビルの屋上に取りつけられているところもある．データの利用目的に応じ，このような事情を考慮した扱いが必要となる．

☞ 更に知りたい人へ

1) 気象庁：気象観測の手引き，1998
2) 若山郁生：2010年平年値の作成方法について，測候時報，**78**，43-56，2011
3) 気象庁：気象観測統計の解説，128p，2013
4) 香川 聖：統計の接続性と測器等の変遷，日本気象総覧下巻（高橋浩一郎監修），東洋経済新報社，1009-1035，1983

1. ヒートアイランド現象の基礎

1.5 数値解析によるヒートアイランド現象の予測

 A. ヒートアイランドの予測技術（メソスケール）
 B. ヒートアイランドの予測技術（ミクロスケール）
 C. 建築物のヒートアイランド対策評価ツール

ヒートアイランドの予測技術（メソスケール） 1.5A

都市スケールの熱環境の予測評価

1. 都市スケールの数値モデル

HI は都市特有の気象，気候現象である．

これまで，HI の現象解明と対策効果の把握を目的として，数百 km 圏域の気象を取り扱うメソスケールモデルに，都市的特徴をいかに反映するかが数値モデルの課題とされ，様々な検討が行われてきた．都市を特徴づける重要な要素として，建物の存在が挙げられる．建物の中は中空となっており壁からの伝熱や窓から差し込む日射など膨大な熱量が流れ込んでいる．流れ込んだ熱を建物の外へ放出する役割を空調システムが担っており，室温が保たれている．これらの伝熱プロセスをどのように適切にモデル化するかが重要視されている[1]．建物を単純なコンクリートの固まりとしてモデル化を進めてしまうと，建物の熱的特性が都市境界層へ正確に反映されない．

図1に都市スケールの数値モデルの概要を示す．ここでは，都市キャノピーモデル（UCSS フレーム）[2] が使用されており，短波長波の多重放射や建材の蓄熱，室内への流入熱および各種排熱など建物群の伝熱過程が組み込まれている．都市空間の幾何形状は，グロス建ぺい率や平均建物高さ等で粗視化されている．そうすることで，都市キャノピー層の大気影響を合理的に予測することができる．

都市キャノピーモデルによる建物群の空気力学的効果や熱湿気の発生量の出力を，メソスケールモデル（例えば LOCALS フレーム）[3] の各種方程式の付加項に直接反映し，メソスケールモデルの出力は都市キャノピーモデルの外界気象条件に使用するこ

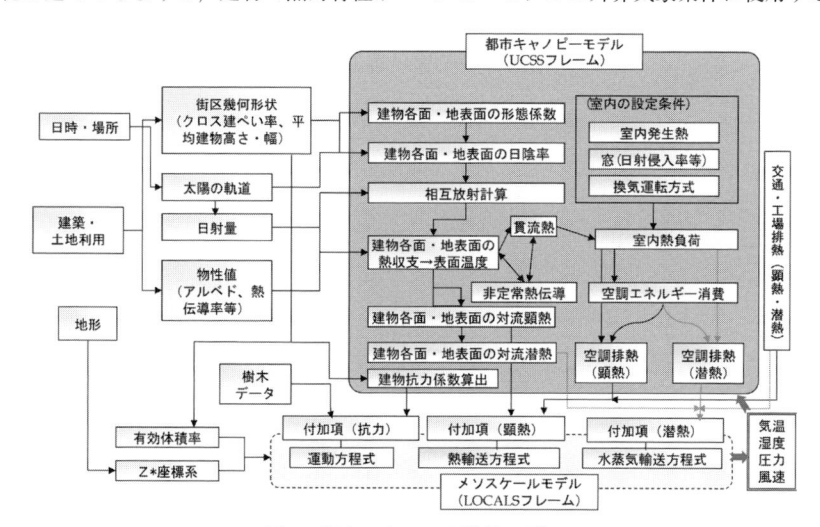

図1 都市スケールの数値モデル

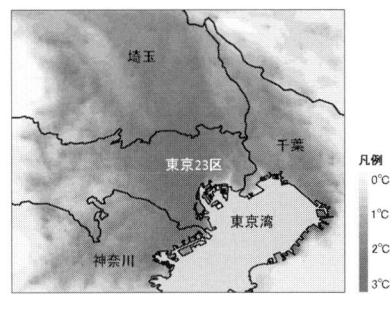

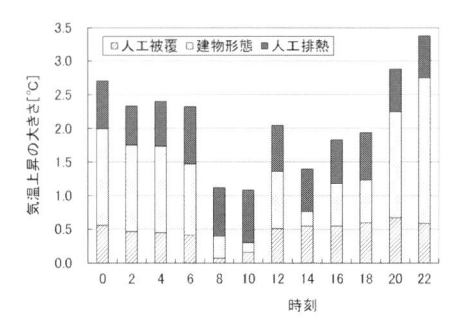

図2　関東地域の都市化による気温上昇およびその要因（環境省）
(左) 都市化による気温上昇（夏季22時），(右) 気温上昇の内訳（千代田区）

とで，両者の連成計算が達成される．

従来は都市空間を他の土地利用と同様に平坦面とみなして，メソスケールモデルにおける地表面の物性パラメータについて，都市域の設定値を付与する方式がとられてきた．都市キャノピーモデルの導入により，HI対策についてより詳しい分析が可能になってきている．

2. 都市の気温上昇の要因に関する計算事例

どのような要因が都市の気温を押し上げているのだろうか．

関東地域を対象として，都市が存在する現状の場合と都市的要素をおおむね取り除いた場合を想定し，同じ気象条件で1日の計算を行う．両者の結果を比較すると，都市化による気温上昇が明らかになる．

図2（左）は都市化による気温上昇について地域分布（夏季22時）を表したものである．この時間帯は東京湾から南風が吹いている．東京23区から埼玉北部にかけては2〜3℃，神奈川，千葉の一部では0.5〜1.5℃の温度上昇がみられる．このように，都市化によって気温が上昇する地域（1℃以上を目安とする）は，数十kmの広範囲に及ぶ．

次に，都市の気温上昇の要因について感度解析を実施した事例を紹介する．気温上昇の要因として，人工被覆，建物形態，人工排熱の3種類を考え，地表面の緑化，建物の低層化，人工排熱ゼロの計算をそれぞれ行い，現状の結果との気温差で評価する．

図2（右）に検討結果の一部を示す．都市化による気温上昇は，千代田区の場合1日を通してみられ，その程度は1〜3℃となっている．建物形態は，夜間において気温影響が顕著である．天空率の減少に伴う放射熱伝達等の変化によるものと考えられる．人工被覆については昼間に気温影響が落ち込む時間帯がみられる．人工排熱量の日変動は大きいものの，気温影響は終日あまり変わらない．

都市の気温上昇は，地域，天候，時間帯などにより多様に変化する．計算事例を蓄積し，適切なHI対策を講じることが重要である．

☞ 更に知りたい人へ

1) Chen F：The integrated WRF-Urban weather and climate modeling system, the third international confrence on Countermeasures to Urban Heat Island, 2014
2) 足永靖信，ヴタンカ：日本建築学会環境系論文集，586号，45-51，2004
3) Mark AM, Ashie Y：*Journal of the Meteorological Society of Japan*, **86**(5), 751-773, 2008

ヒートアイランドの予測技術（ミクロスケール） 1.5B

街の中の熱環境

1. 予測対象

都市の屋外空間において主に人々の活動場所となる建物まわりでは，建物や樹木等が影響し，空間特有の熱環境が形成される．その空間において，対流・放射・伝導・蒸発による熱の移動を数値シミュレーションにより解析することで，人体の熱的快適性に影響を及ぼす気温，湿度，気流，放射を予測することができる．

マクロスケールのHIの予測では，水平方向に広がりがある広域での都市・地域の気象現象を対象とするが，ミクロスケールの予測では，建物まわりに形成される熱環境が対象となるため，建物や樹木等を再現したうえで数十cm～数mのメッシュ（グリッド）サイズにて3次元的に空間を分割し，計算を行うこととなる．計算対象となる領域は，街区のスケールである数十mから数百m程度が一般的である．また，予測評価したい現象（気流，放射等）に合わせて，境界条件，計算モデル，メッシュによる空間の分割法をそれぞれ選択することになる．これらの適切な選択と設定は，精度の高い結果を得るうえで非常に重要である．

2. 予測技術の種類と特徴

表1に代表的な熱環境の予測技術を示す．建物まわりの気流を予測する方法としては，CFD（Computational Fluid Dynamics：数値流体力学）シミュレーションが有効である．実際の屋外の風は時々刻々変化する乱流である．その中で，CFDシミュレーションには大きく分けて，その場の平均風速や風向等の，気流の時間平均的な特性

表1　主な予測技術

評価項目	予測技術	種類・特徴
気流	CFDシミュレーション	RANS：時間平均流 LES：非定常流
表面温度・放射環境	熱収支シミュレーション	放射計算 熱伝導計算
気温・湿度 温熱4要素 熱的快適性	連成シミュレーション手法	上記の計算モデルの組合せ

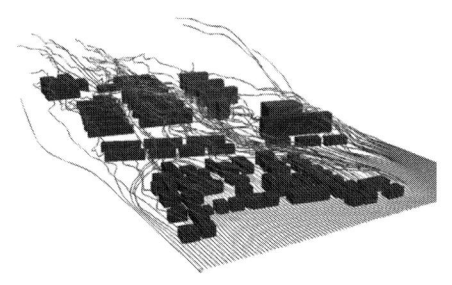

図1　CFDシミュレーションの結果（気流分布を流線で表示）

を解析対象とするRANS（Reynolds Averaged Navier-Stokes equations）モデルと，瞬間的な強風の発生や間欠的な風速の変化といった気流の非定常的な変化を解析対象とするLES（Large Eddy Simulation）モデルが用いられる．LESモデルの方が，より精緻な乱流のモデルといえるが，計算負荷が大きいため実用的には評価対象を平均風速・風向等として，RANSモデルが用いられることが多い．RANSモデルでは，k-εモデルが代表的に用いられる．図1にCFDシミュレーション結果の例を示す．いずれのモデルも，風洞実験などとの比較により，

予測精度が確認されてきている．

熱に関しては，建物や地表面といった屋外空間を構成するすべての面を対象とした熱収支の計算により，表面温度分布を予測するシミュレーションツールも開発されている．屋外空間における表面の熱収支は図2に示すとおりであり，これらが計算項目となっている．表面温度は，熱的に快適で，周辺環境に負荷を与えない空間の設計を考えるうえで重要な要素である．熱収支の計算モデルの中には，短波長・長波長放射の計算や非定常熱伝導計算が組み込まれており，表面温度の時間変化が算出可能である．図3に，緑豊かな戸建て住宅地における表面温度分布の計算結果を示す．夏季における熱環境対策として有効である樹木の日射遮へい効果も計算でき，樹木の日射遮へいによる建物や地面の表面温度の低減効果が結果にも現れている．

人体の熱的快適性に影響を及ぼす温熱4要素である気温，湿度，気流，放射を総合的に予測するシミュレーション手法も開発されている．この手法は，CFDシミュレーションと熱収支シミュレーション（放射計算，非定常熱伝導計算）とを組み合わせることで温熱4要素を予測するもので，連成手法と呼ぶ．計算結果からは，温熱4要素を考慮した熱的快適性の総合指標であるSET*（Standard new Effective Temperature：標準新有効温度）が評価に用いられることが多い．連成を行うことで，表面からの顕熱流量や潜熱流量を気流解析の境界条件として与えることができ，気温や湿度の空間分布を求めることができる．樹木については，蒸散作用の影響を考慮可能な計算モデルが開発されている．この連成手法は，計算が比較的高度であるため，研究レベルで用いられることが現状では一般的である．

3. ツールの実用化に向けた取組み

以上で解説した各種のシミュレーション技術は，以前は高性能のワークステーションが用いられていたが，近年は汎用のパソコンでも計算が可能となってきている．CFDシミュレーションは，市販化されているツールも数多くあるほか，オープンソースのものもあり，大学等の研究機関のみならず，企業等でも使用されることが増えてきている．熱収支シミュレーションに関しても，3次元CADを入出力に用いてツール実用化の取組みが行われている．実際に，都市の再開発における緑化導入の効果の検討などにも用いられてきている．

☞ 更に知りたい人へ

1) 村上周三：CFDによる建築・都市の環境設計工学，東京大学出版会，2000
2) 日本建築学会編：シリーズ地球環境建築・専門編1，地域環境デザインと継承 第2版，彰国社，118-125，2010

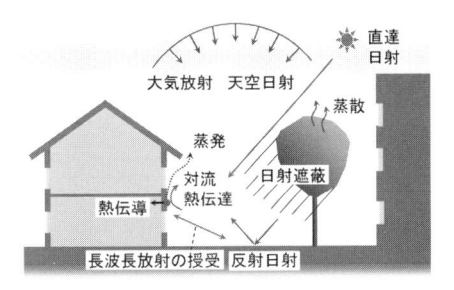

図2 建物まわりの表面の熱収支

図3 熱収支シミュレーションの計算結果
（緑豊かな住宅地の表面温度分布）

建築物のヒートアイランド対策評価ツール　　1.5C
CASBEE-HI について

1. CASBEE と CASBEE-HI

CASBEE-HI[1,2]は日本の建築環境総合性能評価システム CASBEE（Comprehensive Assessment System for Built Environment Efficiency）[3,4]のサブシステムである．CASBEE は，国土交通省住宅局の支援のもとで，産官学共同で開発した建築物の環境性能の総合評価システムであり，建物単体から街区，都市までの様々なスケールでの評価システムが開発され[4]，ファミリーを構成している．

建築物の環境性能の評価システムとしては，1990 年にイギリスで開発された BREE-AM（Building Research Establishment Environmental Assessment Method）[5]，1996 年に米国で開発された LEED（Leadership in Energy and Environment Design）[6]等が名高い．これに遅れて 2002 年に開発された CASBEE の大きな特徴は，環境品質・性能を Q（Quality），環境負荷を L（Loadings）と表し，両者を明確に区別する点にある．そしてその比（Q/L）を環境効率（BEE：Built Environment Efficiency）と定義し，これに基づく評価を行う．この目的のために，図 1 に示すように，多くの評価項目を Q と L に分類，再構成している．CASBEE-HI は，建築設計に関わる HI 対策の効果を定量的に評価し，CASBEE による評価を補完することを目的としており，図 1 の評価項目中の Q3（室外環境（敷地内））と L3（敷地外環境）の中の屋外温熱環境，HI 負荷に関わる部分をより詳細に評価するという位置づけになっている．このような HI 対策に特化した評価ツールは BREEAM や LEED には存在しない．一方，台湾では，EEWH（Ecology, Energy saving, Waste reduction, Health）という環境性能評価システムが開発され，そのサブシステムとして HI 対策の評価のための EEWH-HI が作成されている．この EEWH-HI の作成過程では日本の CASBEE-HI が参考にされたということである．また，HI 対策評価とは少し目的が異なるが，近年，中国において「都市居住区熱環境設計基準」[7]が作成されている．この基準では，屋外の温熱環境の観点から，建物の形状や配置，地表面被覆や外装材，植栽に関する要求水準が示されている．ただし，CASBEE-HI における重要な評価項目の 1 つである人工排熱に関する規定は含まれていない．

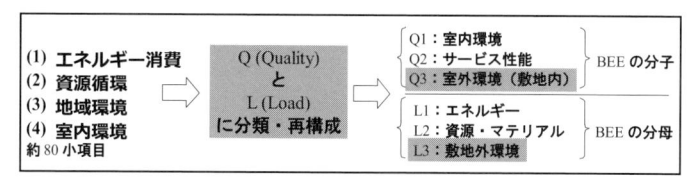

図 1　CASBEE における評価項目 Q（環境品質）と L（環境負荷）による分類・再構成（CASBEE-HI では Q3 と L3 を詳細に評価）

2. CASBEE-HI における環境効率 BEE_{HI}

CASBEE-HI では，都市を個別の建築物の集積としてとらえる．そして，敷地を囲む仮想閉空間を考える（図2）．敷地境界の内部に対しては，建築主や建築家はその力を及ぼしうるので，敷地内の環境の質（以降 Q_{HI} と表記）の最大化のために努力することが可能である．一方，敷地境界の外部は，いわば公的空間であるので，これに対する影響，負荷（以降 L_{HI} と表記）は最小化しなければならない．このような考え方に基づいて CASBEE-HI における環境効率 BEE_{HI} を次式で定義する．

$$BEE_{HI} = Q_{HI}/L_{HI} \tag{1}$$

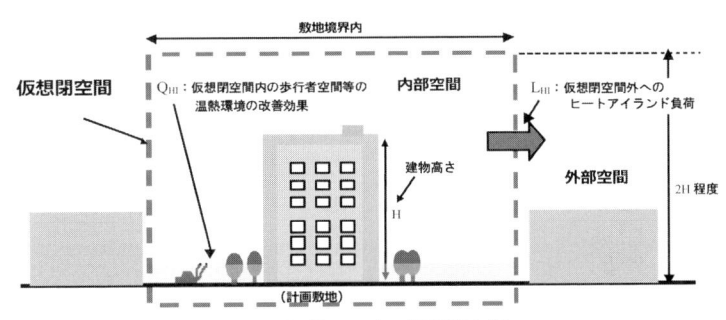

図2 評価のための仮想閉空間

表1 環境評価項目の分類

大項目	中項目	小項目	
1. 風通し	Q_{HI}-1 敷地内の歩行者空間等へ風を導き，暑熱環境を緩和する		
	LR_{HI}-1 風下となる地域への風通しに配慮し，敷地外への熱的な影響を低減する		
2. 日陰	Q_{HI}-2 夏期における日陰を形成し，敷地内歩行者空間等の暑熱環境を緩和する		
3. 外構の地表面被覆	Q_{HI}-3 敷地内に緑地や水面等を確保し，敷地内歩行者空間等の暑熱環境を緩和する		
	LR_{HI}-3 地表面被覆材に配慮し，敷地外への熱的な影響を低減する		
4. 建築外装材料	Q_{HI}-4 建築外装材料等に配慮し，敷地内歩行者空間等の暑熱環境を緩和する	①屋上（人が出入りできる部分）の緑化に努める	
		②外壁面の材料に配慮する ・特に建築物の南側や西側の壁面等の日射の影響が強い部位の緑化等に努める	
	LR_{HI}-4 建築外装材料等に配慮し，敷地外への熱的な影響を低減する	①屋根面の緑化等と高反射材料を選定するように努める	—
			B. 日射反射率の高い屋根材を選定するよう努める
		②外壁面の材料に配慮する	
5. 建築設備からの排熱	Q_{HI}-5 建築設備に伴う排熱の位置等に配慮し，敷地内歩行者空間等の暑熱環境を緩和する		
	LR_{HI}-5 建築設備からの大気への排熱量を低減する	①建築物の外壁・窓等を通しての熱損失の防止及び空気調和設備等に係るエネルギーの効率的利用のための措置を講ずることにより，大気への排熱量を低減する．	
		②建築設備に伴う排熱は，低温排熱にすること等により，気温上昇の抑制に努める	
		③排熱のピークシフトをはかる ・蓄熱システムなどがあるが，全日評価の場合には評価をしない．日中のみを評価する場合に評価する	

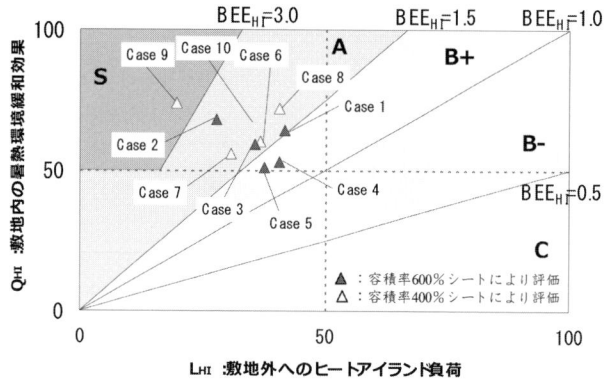

図3 評価結果表示シート

ここでは、L_{HI} は対象領域内の建築物の建設等により、敷地外の、①気温がどれだけ上昇するか、②温熱快適性がどれだけ悪化するかという観点から評価する。一方、Q_{HI} は、人間の存在する地上 2〜3 m の領域の温熱環境の改善効果から評価する。

3. 評価シートの構成

BEE_{HI} を正確に算出するためには、詳細な流体と放射の数値解析を行う必要があるが、あらゆる建物の計画段階において、そのつど数値解析を行うということは困難である。このため、CASBEE-HI では評価シートを用いた評価システムを準備している。表1に評価項目の分類を示す。大項目は、「風通し」、「日陰」、「外構の地表面被覆」、「建築外装材料」、「建築設備からの排熱」の5つからなり、中項目には大項目のそれぞれに対応して、Q_{HI}（敷地内の屋外温熱環境改善効果）、LR_{HI}（敷地外への HI 負荷低減性）が設定されている。また、小項目には建築設計上の配慮事項が設定されている。

評価対象は、敷地の立地条件と法定容積率に応じて9分類され、各分類ごとに各評価項目の重み係数の異なる評価シートが準備されている。この各評価項目の重み係数は、1次元都市キャノピーモデルと3次元流体解析に基づく各環境配慮項目の効果に関する広範な感度解析の結果[1]から定められている。

図3に評価結果の一例を示す。横軸が L_{HI}、縦軸が Q_{HI} であり、各ケースの結果を示すプロットと原点を結んだ直線の傾きが環境効率 BEE_{HI} に相当する。最終的には、この傾きに応じて、S, A, B+, B−, C の5段階の格付けがなされる。

☞ 更に知りたい人へ

1) (財)建築環境・省エネルギー機構：CASBEE-HI 評価マニュアル（2010 年度版），2010
2) 村上周三ほか：日本建築学会技術報告集，247-252, 2006
3) 村上周三ほか：CASBEE 入門―建築物を環境性能で格付けする，日経BP, 2004
4) 伊香賀俊治：空気調和・衛生工学，**87**(5)，9-14, 2013
5) http://www.breeam.org/
6) http://www.usgbc.org/leed
7) The Ministry of Housing and Urban-rural Development of the People's Republic of China : Design standard for thermal environment of urban residential area (JGJ 286), 2014

1. ヒートアイランド現象の基礎

1.6 国・地方自治体によるヒートアイランド対策の指針

A. 日本におけるヒートアイランド対策の動向
B. 地方自治体におけるヒートアイランド対策の動向
C. 地方自治体におけるヒートアイランド対策の推進体制

日本におけるヒートアイランド対策の動向　1.6A

国が進めている対策

1. 国策としてのヒートアイランド対策

HI対策が国策として取り上げられるようになったのは今世紀に入ってからである．表1にHI対策の歩みを示す．

環境省がHI現象を都市の熱大気汚染現象と位置づけたのが2001年である．これにより，HI現象が対策を講じるべき施策の対象として急浮上することになる．

当時の政権では規制緩和政策を進めていた．2002年の規制改革推進3か年計画では，民間開発に優遇措置を講じる一方で，都市のHI現象の解消が明記された．

HI対策には，人工排熱，土地利用，都市形態など様々な要因が関係してくる．1つの省庁では対応しきれないため，政府は関係府省の取組みを整理して，ヒートアイランド対策大綱を2004年に決定した．その後，国交省，環境省からガイドラインがそれぞれ公表されるに至っている．これらのガイドラインは，HI対策を立案する上で基本的な考え方や技術的内容を含んでいる．

それに呼応して，民間の都市開発事業においては，屋上緑化，遮熱塗装，保水性舗装などのHI対策が数多く導入されるようになってきている．また，HI対策の関連調査を通じて，分析手法の学術的進展が見られる．

このように，日本におけるHI対策は着実に進められてきており，先進的な取組みが国際的にも評価されている．「ヒートアイランド」という言葉も今や社会になじんだ感がある．自治体，事業者等によるHI対策の更なる普及が期待される．

2. 適応策としてのヒートアイランド対策

国土交通省は総合技術開発プロジェクト

表1　ヒートアイランド対策の歩み（国）

年	内容
2001年	環境省が都市の熱大気汚染現象の見解公表
2002年	「規制改革推進3か年計画（改定）」閣議決定 →「都市のヒートアイランド現象の解消」が盛り込まれる
2002年	都市再生基本方針（都市再生本部） →都市再生施策の具体的施策例としてヒートアイランド対策を明記
2004年	ヒートアイランド対策大綱の決定（ヒートアイランド対策関係府省連絡会議）
2004年	ヒートアイランド現象緩和のための建築設計ガイドライン（国土交通省）
2005年	ヒートアイランド監視報告（気象庁）　以降，毎年報告
2009年	ヒートアイランド対策ガイドライン（環境省）
2012年	ヒートアイランド対策マニュアル（環境省）
2013年	ヒートアイランド対策ガイドライン改訂版（環境省）
2013年	ヒートアイランド対策大綱（改定）（ヒートアイランド対策推進会議）
2013年	ヒートアイランド緩和に向けた都市づくりガイドライン（国土交通省）

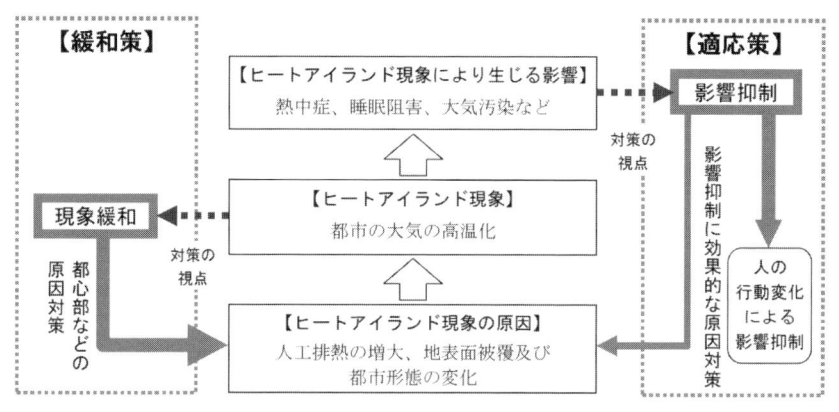

図1 ヒートアイランド現象に対する緩和策・適応策の概念図[2]

「都市空間の熱環境対策技術の開発（2004〜2006）」においてHI対策効果のシミュレーション技術を開発し，緑化・省エネ・風の道等による気温低減効果を定式化した[1]．それによると，様々な対策の組合せにより，0.3～2℃の気温低減が見込まれることがわかった．しかし，そのためにはエネルギー消費を半減し，建物の屋上の50％を緑化するなど，大がかりな対策を講じる必要がある．自治体が直ちに実施するには，ハードルが高いものである．

一方，IPCC第5次報告書（AR5）が公表される中で，政府は適応計画の策定を行っているところである．HI対策についても，地球温暖化現象に対する適応策と同様の考え方が成立する．

図1はHI現象に対する緩和策と適応策の関係を表したものである．ここでの適応策とは，HI緩和策を最大限実施しても当面避けられない影響に備えるための方策を指す．具体的には夏の暑さをしのぐための，すだれ，打ち水などの生活行為や樹木配置によるクールスポットの創出などが挙げられる．

東京の気温はここ100年で約3℃上昇した．この事実は気象庁の観測記録によるものであり，都市の温暖化現象の重要な証拠である．一方，都市の住居者は路上での照り返しやビル周辺の風の澱みなどによって郊外とは異なる温度環境に日々晒されている．3℃の気温上昇について，都市の居住者は，"然もありなん"と受け止めたのではないだろうか．

HI対策を都市の居住者の実感につなげるためには，クールスポットを都市内で面的に配置する必要がある．都市内のみどりをクールスポットとして再評価することで，新たな付加価値を見いだせるに違いない．

☞ 更に知りたい人へ
1) 国土交通省国土技術政策総合研究所：国総研プロジェクト研究報告，第20号，2006
2) 環境省ヒートアイランド対策マニュアル～最新状況と対応策等の対策普及に向けて～
http://www.env.go.jp/air/life/heat_island/manual_01.html

地方自治体におけるヒートアイランド対策の動向　1.6B

都市や生活を変えるための施策

1. 施策決定までの過程

　地方自治体がHI対策を推進するための施策を実施するには，その根拠となる条例や計画，ビジョン，ガイドライン等により，その方針を定めることが欠かせない．

　施策の策定前には，気温の実測や数値解析などによる予測等，研究機関による調査研究が行われ，次に具体的なモデル事業などが実施されることが多い．それらの成果を基礎に，ビジョンや計画，指針を決定する過程をとるのが一般的である．

　国において2004年のヒートアイランド対策大綱策定に向け，2000年頃から国の調査研究が実施されたが，既に大都市では各種調査が始まっていた．

　大阪市では，1991年策定の環境管理計画（EPOC21）に，HI対策の必要性に言及し，土地利用やエネルギー排出量の調査，都心部における気温測定が実施された．東京都では，1992年に緑農地面積との関係，1993年に気温調査が行われ，名古屋市でも1993年から基礎的調査が始まった．

　ただし，具体的な対策を示した計画は，国の大綱の決定以降に策定されたものがほとんどである．

2. 主要自治体の対策推進計画

　政令指定都市など，主な地方自治体のHI対策に関連する計画等を，表1に示す．

　これらの計画の中には，具体的な目標達成時期と目標値が設定されているものがあり，熱帯夜日数や平均気温などの，気温に

表1　HI対策の計画・指針等を策定した自治体

策定時期	自治体名	計画等名称
2003年3月	東京都	ヒートアイランド対策取組方針
2004年6月	大阪府＊1	大阪府ヒートアイランド対策推進計画
2004年，2010年3月改定	愛知県	ヒートアイランド緩和対策マニュアル
2005年，2011年3月改定	大阪市＊2	大阪市ヒートアイランド対策推進計画
2005年	横浜市＊3	横浜市ヒートアイランド対策取組方針
2005年8月	兵庫県＊4	兵庫県ヒートアイランド対策推進計画
2005年11月	千葉市	千葉市ヒートアイランド対策方針
2007年3月	堺市	堺市ヒートアイランド対策指針
2009年3月	埼玉県	埼玉県ヒートアイランド対策ガイドライン

上記計画等において目標が設定されているもの

＊1　大阪府　2025(H37)年度までに，住宅地域における夏の夜間の気温を下げ，夏の熱帯夜数を1998～2002年の5年平均より3割減らす
＊2　大阪市　2020(H32)年度までに，年平均気温及び熱帯夜日数を現状以下にする
＊3　横浜市　2025(H37)年頃までに，熱帯夜日数を現状から1割程度減少させる
＊4　兵庫県　2010(H22)年度まで各種対策導入の目標値を設定

表2 条例や環境基本計画において,ヒートアイランド対策に言及した自治体
（ただし,表1の具体的な HI 対策の計画を策定している自治体を除く）

策定時期	自治体名*	計画等名称
2005 年 3 月改定	札幌市	札幌市環境基本計画
2006 年 3 月	福岡県	福岡県地球温暖化対策推進計画
2006 年 8 月	京都市	京（みやこ）の環境共生推進計画
2006 年 10 月	北九州市	北九州市地球温暖化対策地域推進計画
2007 年 3 月	新潟市	新潟市環境基本計画
2009 年 3 月	浜松市	浜松市地球温暖化対策地域推進計画
2010 年 3 月	相模原市	相模原市環境基本計画
2010 年 10 月改定	京都府	京都府地球温暖化対策条例
2010 年 10 月	川崎市	川崎市地球温暖化対策推進計画
2011 年 2 月	神戸市	神戸市地球温暖化防止実行計画
2011 年 3 月	広島県	第 3 次広島県環境基本計画
2011 年 3 月	仙台市	杜の都環境プラン
2011 年 3 月	さいたま市	さいたま市環境基本計画
2011 年 4 月	熊本市	第 3 次熊本市環境総合計画
2011 年 12 月	名古屋市	第 3 次名古屋市環境基本計画

*上記自治体以外では,神奈川県,札幌市,福岡市で,ヒートアイランド対策に関する調査研究が実施された.

関する指標の数値目標をかかげたもの,屋上緑化面積など対策の普及を目標にしたものなど,計画が示すゴールは自治体によって異なっている.また,風の道ビジョンや,特定の行政区を重点地域としてプロジェクトを実施するなど,地域の特徴を反映させた施策を定めた自治体もある.

　HI 対策を主題とした個別計画でなく,環境基本計画や地球温暖化対策推進計画,緑の基本計画等の中に,HI 対策を位置づけている自治体の計画等策定状況を表2に示す.表1,2に示す自治体の中には,環境基本計画よりも上位に位置する都市計画やマスタープランに,HI 対策への言及がみられるケースもあり,HI 対策は,単に環境行政の中で位置づける問題ではなく,街づくりの観点からも重要視されていることの現れといえる.

温分布などの現状把握ののち,緑化,地表面被覆の改善,人工排熱の削減などの対策を示し,次に,街路や住宅周辺,生活空間における気温や体感温度の低減を目的にした対策の評価,さらに,住民や民間事業者に向けたアクションの誘導といった内容でとりまとめられていることが多い.

　いくつかの自治体では,環境部局だけでなく,街づくりや緑化,道路建設,住宅・公共建築物を担当する部局等が,それぞれ実施する事業の中に HI 対策を位置づけ,組織横断的な連絡会議を設けて,多様な対策を盛り込んでいる.その場合には,多様な対策によって都市気候が改善されたかどうかの検証を,環境部局等による長期的な実態把握で進めることも重要である.地球温暖化対策と重なり合う対策もあり,HI 対策の評価と分けずに扱う傾向もみられる.

3. 対策計画の進行管理

　自治体で定める HI 対策推進計画は,気

地方自治体におけるヒートアイランド対策の推進体制

1.6C

施策を進めていくための組織

1. 組織内各部局との連携

HI現象は，地域における温暖化現象であり，地球温暖化問題とは，気温上昇という現象面の一致だけでなく，エネルギー関連施策もHI対策と重なる．全国の都市のほとんどが，地球環境問題，温暖化対策の担当部署の中に，HI対策の担当者を配置している．

しかし，HI対策が，単にエネルギーや温暖化対策の延長線上ということではなく，緑の創出・保全，水の活用や道路・建築物の改善など，いわゆる環境分野でない部署も含めて，相互に連携している．環境関連計画より上位となるマスタープラン等の中での位置づけはもちろん，各行政部局でそれぞれに作成された事業計画や方針への反映，調整はきわめて重要である．

市民への普及・啓発も，各部局が単独で行うのではなく，地域の自治会組織を把握している区役所等市民窓口や，教育委員会と連携することで，対策が浸透しやすくなる．

これらの要となるのは環境部局であり，新たな関連事業は，計画段階での情報交換を行って，部局間の連携を円滑に進めている．

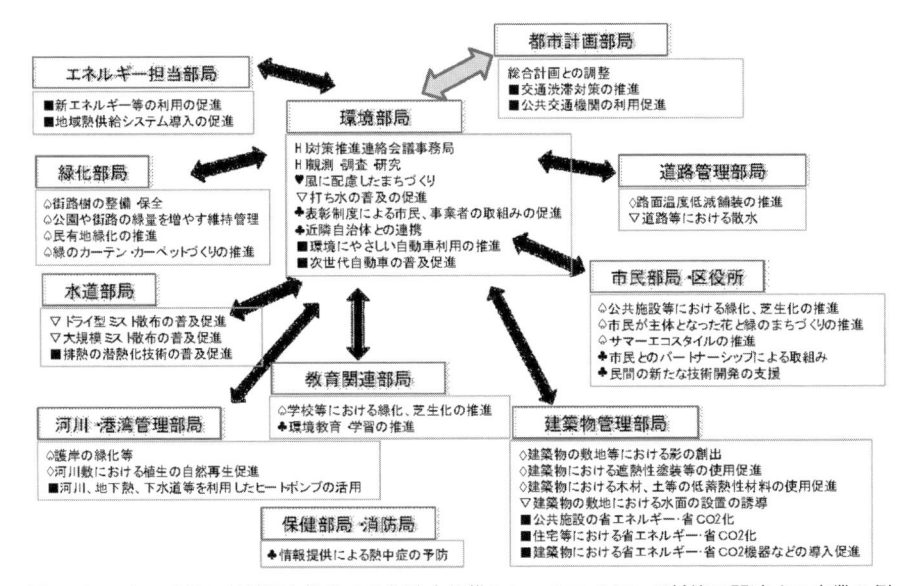

図1 ヒートアイランド対策を推進する行政内組織とヒートアイランド対策に関連する事業の例
図中の記号は，■：人工排熱の低減 ◇：道路や建物等からの放熱の抑制 ♤：緑化の推進 ▽：水の活用 ♥：風の利活用 ♣：市民，事業者，NPO等との協働 にかかる事業を示す．

HI対策を推進する行政内組織とHI対策に関連する事業の例を図1に示す.

2. ヒートアイランド対策推進の道のり

地方自治体におけるHI対策推進へのあゆみとして,大阪市の事例を表1に示した.

1991年策定の環境管理計画（EPOC21）に先立ち,学識経験者による計画策定のための検討会が設置された.この計画の中で,HI現象が都市の新たな環境問題「熱汚染」として位置づけられた.1991年から現状把握のための気温調査が,大学や行政の研究機関によって実施されたが,具体的な対策をたてるための横断的組織「ヒートアイランド対策推進連絡会」が設置されたのは,約10年後の2002年であった.

当初,対策に関連する建物緑化や保水性舗装などは,事業計画が担当部局により個別に進められていたが,連絡会設置により,相互の進捗状況が共有されるようになった.

2005年に創設された重点政策予算枠事業の中に,HI対策モデル事業,学校運動場の芝生化の実施が盛り込まれ,本格的に対策推進の動きが出た.これは,2004年の国の「ヒートアイランド対策大綱」によるところが大きかったといえる.

それ以降,各種モデル事業による対策評価,さらにその評価をベースにした市民や事業者への普及・啓発事業が展開された.しかし,モデル事業実施だけでは,対策の普及が確固たるものにならない.進捗を把握するための気温モニタリングと,施策の進め方,目標などが明記された「ヒートアイランド対策推進計画」の策定が重要であり,各種事業推進のための予算が確保された.また,市民や事業者向けに,対策ガイドや事例集などが発行された.

表1 地方自治体におけるヒートアイランド対策推進へのあゆみ（大阪市の事例,1990～2012年）

1990　1991　1992　1993　1994　1995　1996　1997　1998　1999　2000　2001

計画策定のための学識経験者による検討会
大阪市環境管理計画(EPOC21)(1991)でHI現象をとりあげる。
大阪市環境保健局:中之島周辺での気温調査実施
大阪市環境保健局:大阪市HI対策検討調査報告書(1993)
大阪市立環境科学研究所:HI現象緩和機能の実態調査(1995,1996)
保水性舗装試験実施(1999)
大阪市緑の基本計画(2000)

国連環境開発会議(地球サミット)(1992)
第3回気候変動枠組条約締約国会議
(地球温暖化防止京都会議)(1997)

2002　2003　2004　2005　2006　2007　2008　2009　2010　2011　2012

大阪市HI対策推進連絡会設置(2002)
大阪市HI対策推進計画(2005)
大阪市総合計画(2005)
第II期大阪市環境基本計画(2003)
大阪市HIモニタリング(2005)
大阪市地球温暖化対策地域推進計画(2002)
大阪市屋上緑化容積ボーナス制度(2002)
学校運動場の芝生化事業(2005)
大阪市世論調査「HI対策」について(2009)
大阪市HI対策推進計画 改訂(2011)
おおさか環境ビジョン
新・大阪市環境基本計画1(2011)
「風の道」ビジョンの構築のための調査・研究実施(2008)
「風の道」ビジョンモデル事業実施(2009)
…遮熱性舗装,道路散水,緑化
「風の道」ビジョン[基本方針](2011)
緑のカーテン・カーペットづくり(2009)
既存市設建築物省エネルギー化基本方針(2008)
大阪市建築物環境評価制度「CASBEE 大阪みらい」に改定(2011)
ミスト散布に係る調査研究(2006)
大阪市ドライ型ミスト装置設置補助制度(2010)

「HI対策大綱」(2004)　気象庁「猛暑日」,「熱中症」を気象用語に(2007)
日本HI学会設立(2005)
大阪HI対策技術コンソーシアム設立(2006)

これらの各種事業が進められる一方で，「風の道」による都市部の気温低減など，「街づくり」というマクロな視点での施策は，公共空間を中心とした具体的事業が端緒についたばかりである．

HI対策推進の課題として，自然災害対策や生物多様性の創出など，街づくりの観点で配慮しなければならない事項も加わり，「快適」で「安全」な都市のあり方が，今，問われている．

2. ヒートアイランド対策

2.1 対策原理の基礎

A. 蒸　発
B. 蒸　散
C. 日射遮へい
D. 風
E. 再生可能エネルギー
F. ヒートポンプ
コラム：空気線図を読む

2.1A 蒸　発
水の蒸発で冷やす

1. 拡散による水分移動と蒸発

図1に示すように，蒸発はコップの中の水から，上部の空気へ水分が移動する現象について考えてみよう．このことは，物質の拡散現象として一般化される．拡散は，空間に濃度差があるときに，濃度の高い方から低い方へ物質が移動する現象であり，物質フラックスJは拡散方向の距離dx当りの濃度差dcに比例することが知られており，式(1)として表されるFickの法則と呼ばれている．単位時間に単位面積当りに移動する物質量を物質フラックスという．

$$J = -D(dc/dx) \quad (1)$$

Dは拡散係数である．水蒸気の移動においては，濃度差の代りに水蒸気分圧の差を用いても同様の式になる．図2において，水面からの距離と水蒸気圧の関係を模式的に表す．Fickの法則に従い，水蒸気圧の高い水面から，水蒸気圧の低い上方へ向かって水分が移動する．水面付近には水蒸気圧の急変化が起こる領域が現れることが知られており，この領域を「水蒸気移動のしやすさを規定する仮想膜(境膜[1])」ととらえると，仮想膜の特性値k_wを用いて，水分フラックスは，式(2)で表される(図3)．

$$E = k_w(p_{sat} - p_\infty) \quad (2)$$

ここで，境膜より下の水面近傍では，水と水蒸気が蒸気圧平衡となると仮定して(局所平衡の原理)，飽和水蒸気圧p_{sat}とみなしている．式(2)に現れた特性値k_wは総括物質移動係数または湿気伝達率という．

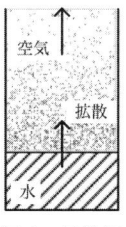

図1　拡散による水面から空気への水分移動

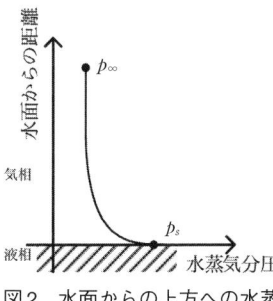

図2　水面からの上方への水蒸気分圧分布

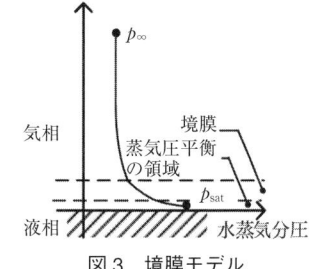

図3　境膜モデル

2. 相変化と顕熱・潜熱

水の蒸発は，液体の水が気体である水蒸気へと相変化する現象である．図4に0℃の水を100℃の水蒸気になるまで加熱する過程を破線①で示す．0℃の水1kgを100℃の水へ加熱するときに要する熱エネルギーは420kJであり，さらに100℃の水蒸気に蒸発させるために2,500kJの熱エネルギーが必要である．蒸発は常温でも起きるので，破線②のような蒸発過程も起こる．

物質に加えられた熱エネルギーは，内部エネルギーとして蓄えられ，これをエンタルピー[2]という．物質に相変化が生じない場合には，エンタルピーの増加は物質の温度上昇として現れるが，相変化が生じる場

合には，物質の温度上昇を伴わずエンタルピーの増加が起こる．エンタルピーのうち，物質の温度上昇を伴うものを顕熱，温度上昇を伴わないものを潜熱と呼ぶ．私達は物質の温度上昇と熱を結びつけてとらえるのが通例であるので，温度上昇を伴わない場合を「潜んだ熱」と呼ぶのである．ただし，蒸発の際に蓄えられた潜熱は水蒸気に潜んでいる熱であるので，水蒸気が水に戻る際に外部に放出されると再び顕熱に戻る．

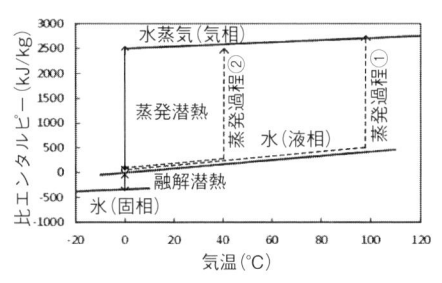

図4 水の3相と比エンタルピー

3. 蒸発のもつヒートアイランド抑制効果

蒸発を伴う水分移動は，相変化を伴う移動現象であるので，水分移動は常に熱移動を伴い，水分移動と熱移動を個別に切り離して取り扱うことはできない．このため，蒸発や凝縮など相変化を伴う移動現象は，物質と熱が同時に移動する現象である．

自然の地表面において，蒸発面の熱収支を模式的に表すと図5であり，熱収支各成分の熱フラックスは式(4)で示すように釣り合っている．

$$R_n = H + lE + G \tag{4}$$

lE は蒸発に伴う潜熱であり，例えば地表面から1時間当り $150 \mathrm{g/m^2}$ の蒸発があると，約 $100 \mathrm{W/m^2}$ の潜熱になる．正味放射 R_n は日射と長波放射からなる放射成分の項であり，晴天日の日中の地表面では，熱の主たる流入源である．R_n の流入に対して，地表面から上方大気へ向かって対流(顕熱) H と潜熱 lE が放散され，また地中に向かう伝導熱 G が生じる．もし地表面が湿潤であり蒸発が盛んであると，R_n の大半が潜熱 lE へ変換され，日射受熱による地表面の温度上昇を抑制するとともに，対流 H を低減する．日の出とともに始まる都市気温の上昇は，この H が大気を加熱することで生じるので，蒸発は気温上昇を抑制する効果を発揮する．これが，蒸発のもつHI現象抑制効果である．潜熱は，水分が凝縮する際に放熱されるが，凝縮するまでの猶予時間の間に，熱を都市から離れた位置まで輸送する役目を果たしている．

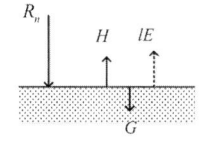

図5 蒸発のある表面の熱収支

正味放射 R_n の流入が無視できるほど小さく，また物体の熱容量が小さければ伝導熱 G も無視できる．その結果，式(5)に示すように，対流 H は大気から表面へ向かう方向となり，潜熱 lE と等しくなる．

$$H + lE = 0 \tag{5}$$

すなわち，蒸発時の相変化に必要な熱エネルギーはすべて，大気から表面への対流 H によって賄われ，大気の冷却効果は最大になる．また，このときの水面温度は湿球温度と呼ばれ，蒸発によって達成しうる最低の温度になる．噴霧された微細な水滴の表面は，式(5)の条件が成立する代表的な事例であり，よって水噴霧は大気を冷却する効果的な手段といえる．ただし，当然ながら大気は水が蒸発可能な湿度条件でなければならない．

☞ 更に知りたい人へ

1) 疋田晴夫：化学工学通論I，朝倉書店，150-153，1982
2) 橋本健治，荻野文丸編：現代化学工業，産業図書，161，2001

蒸　散

2.1B

植物は人工エネルギーを必要としない揚水ポンプ

1. 植物の蒸散

　蒸発は水が水蒸気になる現象で，蒸散は植物が根から吸い上げた水を，葉に開いている気孔から水蒸気として放出することである．植物は，葉の気孔からの蒸散と，気孔でない部分（葉表面のクチクラ層等）からの蒸発があるため，蒸発散とする場合もある．

　蒸発は，水を水蒸気に相変化させることに要するエネルギー（気化熱・蒸発潜熱）を必要とする．植物は蒸発散によって根から水と水に溶けた養分を吸い上げる原動力を得ている．また，この潜熱変換で植物体の温度上昇を制御している．土壌，植物体の水分が少なくなると気孔を閉じて，蒸散を抑制する．植物の蒸発散総量に対する，葉の表面からの水分蒸発量は2～5％，光合成に用いられる水分量は2％以下といわれている．

　水温と同じ水蒸気温度になるための，水の蒸発潜熱は約 2,500 kJ/kg とされている．夏季晴天の1日の芝生の水分蒸発散量は約 4 mm/m^2（＝4 kg/m^2）とされており，潜熱は 10,000 kJ/m^2 ＝ 10 MJ/m^2 となる．東京近辺の夏季晴天日の1日の日射量は約 15 MJ/m^2 といわれており，芝生ではその約 2/3 が潜熱になっている．

2. 植物の蒸散による葉温

　太陽光が当たっている植物の表面（葉）は，気温より高くなっている場合が多い．しかし，植物は太陽に面した隙間のない面1枚で覆われている訳ではない．植物の全葉面積は，投影面積の数倍になる場合が多く，蒸発散面積もその分多くなる．背の高い樹木では蒸散面が複層となるため，蒸散量は芝生等平面より多くなり，潜熱変換量も多くなる．

　(1) 日陰の葉温　　図1の熱画像を見ると，気温 30.2 ℃，陽当り葉面 33.0 ℃，日陰葉面 29.5 ℃ となっている．面積的に多い日陰部分の葉の温度が気温より低いことは，樹木全体での顕熱はマイナスで気温を下げていることになる．つまり，樹木の場合，平面ではなく立体で考える必要がある．

　(2) 植物種の違いによる温度　　薄層緑化に使用されるセダム等 CAM 植物は，夜間に CO_2 を取り込むため，昼間は気孔を閉じて水分蒸散を抑制している．したがって，昼間の葉面温度は他の植物より高くなる．図1と同じ場所，同日時の熱画像では，気温 30.2 ℃，芝生表面 31.6 ℃，セダム表面 36.2～46.0 ℃ となっている．芝生は，全面被覆状態であるが，セダムは全面被覆しておらず，土壌が見える部分は高温となるため場所による差が大きい．セダムが繁っている場所でも，芝生面よりは数 ℃ 高くなっ

図1　2005 年 8 月 30 日 9 時（晴天）の熱画像
（埼玉県越谷市，樹木：カツラ，下：芝生）

ている．セダムは，昼間蒸散を行わないため潜熱変換が行われず，昼間の葉温は高くなる．夜間は植物体では潜熱変換が起こるが，全面被覆状態でない場合が多く芝生より高温となりやすい（図2）．

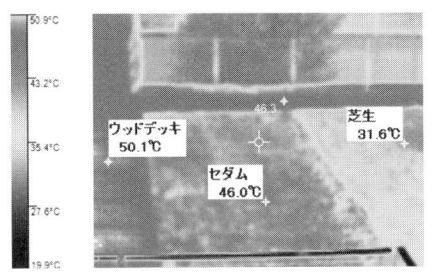

図2　セダム・芝・ウッドデッキの熱画像
(2005年8月30日9時（晴天）の熱画像，埼玉県越谷市)

コケは，根により土壌水分を吸収する能力がないため，葉内，葉の間の水分がなくなると休眠状態に入ってしまい，蒸散による潜熱変換はなくなる．

しかし，コケおよびセダムは，直射光が当たっても45℃を大きく超えることはない．この理由は，体積に比較して表面積が大きな物体は，周囲からの熱放散が大きく温度が上昇しにくいことに起因している．

屋上でのサツマイモの水耕栽培事例では，供給した水量から算出したところ夏季の1日の蒸発散量は芝生の1.5倍に達したとの報告がある．この例では，植物体の高さが屋上のコンクリート面から45cm程度あり，葉も上下に複数層あることから，全体では東京近辺の夏季晴天日の1日の日射量をすべて潜熱として放出していることとなる．

（3）気象要素による葉温　蒸散量の増大が葉温と気温との差の動きに一致せず，風速が増大するときに葉温と気温との差の増大がみられることから，蒸散量が少ないときは顕熱輸送量による熱放散が卓越しているとされている．しかし，潜熱変換量の多少にかかわらず葉温が同じとしても，エネルギー保存の法則からみると，顕熱の発生量は大幅に異なっているはずである．また，図1のように複層の葉をもつ樹木では，陽当り部分と日陰部分で葉温は異なり，日陰部分の葉温は気温より低くなる．

3. 植物体内の水移動

水は，水ポテンシャル（吸引圧・PF）の低い方から高い方へ流れるため，土壌→根→茎（導管）→葉→外気の順に水ポテンシャルが高くなっているときに植物は吸水できる．その吸引圧は，最大 PF 4.2＝水頭160m（永久萎凋点）にもなる．真空で水を吸い上げる力 PF 3.0（水頭 10m）より強く，水の凝集力で保持できる力 PF 4.5〜4.7に近い．すなわち植物は，水を160mの高さまでもち上げる能力をもっていることになる．世界で最も樹高が高い樹木はセンペルセコイアで115mといわれており，現実にこの高さまで水を揚水している．つまり，植物は非常に能力が高く，人工的エネルギーを必要としない揚水ポンプであることになる．

保水性舗装の場合，地下水の上昇はなく給水・散水等の行為が不可欠であるが，植物は自ら地下から水を吸い上げ蒸発散させている．また，緑地では蒸発散利用量を上回った雨水は地下水となり，無降雨時に利用される．

☞ 更に知りたい人へ

1) NPO法人屋上開発研究会監修：新版屋上緑化設計・施工ハンドブック，マルモ出版，2014

日射遮へい

2.1C

直射だけでなく反射日射，再放射まで遮る

1. 日射遮へいの基本的な考え方

日射遮へいというときの日射は，単に直達日射のみならず，天空日射や，それらの地面や周辺地物からの照り返しも対象としてとらえ，徹底的に遮へいする必要がある．また，日射遮へいの原則は，開口部と屋根のいずれにおいても建築の外側で遮ることであり，この場合には大きな日射遮へい効果が期待できる．南庭の落葉樹，外付けルーバー，そしてツタや芝生などの植栽利用もその例である．しかし，ベランダに設けられた日射遮へいのためのテントのように，それ自身が日射を受けて高温になり，そこからの再放射が不快感を招く場合もある．すなわち，熱放射による2次的影響も考慮しなければならない．

さらに，日射が室内に直接入射する開口部と，外表面でいったん吸収された日射熱が熱貫流によって室内に伝わる屋根や外壁の場合とでは対策の方法は異なるが，徹底した日射遮へいを考える上で太陽の位置や日射の分光特性などに関する知識が必須となる．また，わが国では夏とともに冬のことも同時に考えねばならず，冬はできるだけ日射を取り込む工夫を図りたい．

2. 照り返しの防止

日射遮へいの主な対象は，直達日射であるが，天空日射や地面や対向面からの照り返し，すなわち日射（直達日射と天空日射）と周辺地物からの日射の反射，さらに日射を吸収して高温になった地面からの熱放射も徹底的に遮へいすることが大切である．

照り返しを防止する方法は表1に示すように，3つの方法に分けられる．

手法Ⅰ　照り返し面である前庭に入射する日射を大きな樹木を植えたりして遮る．

手法Ⅱ　照り返し面の材料を選択する．すなわち，日射反射率が小さく，かつ，表面温度の上昇が少ない材料，例えば芝生などを植える．

手法Ⅲ　照り返しを受ける面で照り返し

表1　照り返しのコントロール手法

	原　理	手　法	設計資料
手法Ⅰ	照り返し面に入射する日射をコントロールする	・前庭に大きな樹木（落葉樹）を植える ・パーゴラ	・樹木・パーゴラ等の日射遮へい係数 ・季節や時間別の日射量，太陽方位角，高度
手法Ⅱ	照り返し面の材料を選択する（日射反射率，表面温度上昇を考慮）	・芝生など四季によるメタモルフォシスを利用（表面の反射率・含水率の変化） ・散水する	・材料の日射反射率 ・材料の表面温度の日変化 ・散水による反射率の変化
手法Ⅲ	照り返しを受ける面で照り返しをコントロールする	・ルーバー（とくに下からの照り返しに工夫） ・照り返し面との形態係数を考える	・ルーバー等の遮へい効果 ・面と面の形態係数

をコントロールする.

照り返しは前述のように日射の反射と熱放射に分けられるが,前者については照り返し面の日射反射率が,後者については,日射を受けた面が日射熱を吸収して表面温度が上昇する度合を知る必要がある.

日射反射率は漆喰の白壁や施工直後のアルミシート防水表面では90%前後と大きく,レンガ,コンクリートなどの一般材料は10〜50%,樹木の緑葉は10%前後である.多くの材料は完全拡散に近い反射性状を示すが,指向性の強い材料については,グレア防止対策も考慮しておく必要があろう.例えば,水面は入射角が大きくなると反射率が急激に大きくなるため,太陽高度が低い朝,夕の場合,池や湖などの水面でグレアが生じていることは,よく目にすることである.

一方,再放射については,いろいろな地面の表面温度の日変化についての知識を得ておくとよい.都市で見られる主要な地表面である土・芝生・コンクリートについて,表面温度の日変化を季節別に見てみよう.図1は,東京における1年間の屋外実験の結果から,晴天日のみを抽出して材料ごとに(表面温度−気温)の日変化を示したものである.

照り返し面は前庭に限らず,面積は狭くても窓に近いベランダなども照り返し面になる.室内にも日射が入らないようにする

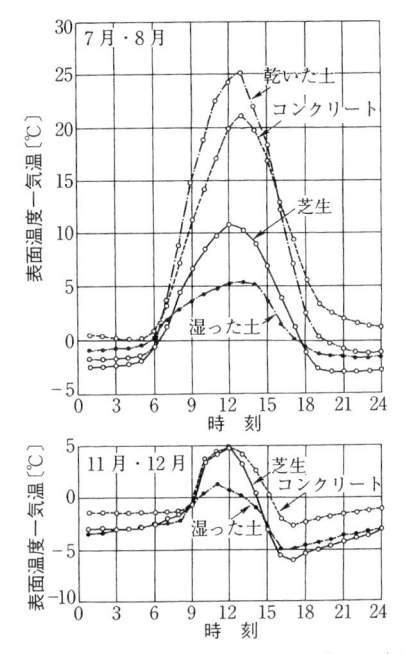

図1 晴天日における地面の表面温度の日変化（東京）

だけでなく,ルーバーをかけたり,ベランダに植栽をしたりして,夏季にはベランダにも日射があたらない工夫をしたい（図2）.

☞ 更に知りたい人へ

1) 梅干野晁:都市・建築の環境とエネルギー,放送大学教育振興会,2014

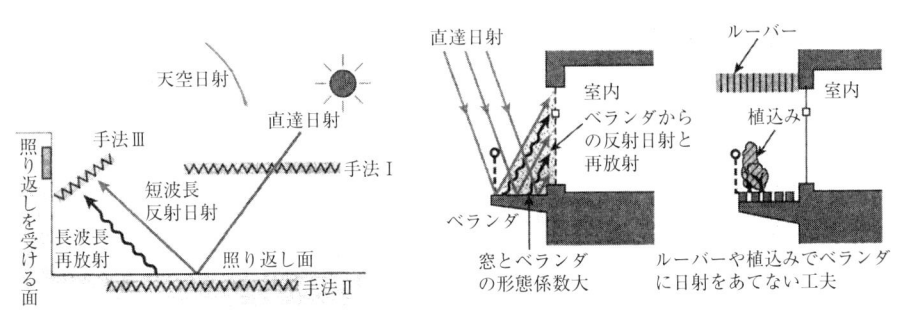

図2 ベランダからの照り返しの防止

風

街や建物を流れる風

2.1D

都市に吹く風には，背景として大気の気圧場があり，一般風として，季節に応じた卓越風が存在する．都市の存在が一般風をどのように変化させるのかが関心事となる．都市の状況から発生する固有の風もある．エネルギー消費等により都心部の気温が上昇し，圧力差により上昇気流が生じ，地表付近は郊外から都心に向かう郊外風が吹き循環流が生じる．結果として都市ドームが形成される．地形や立地によって，盆地形における冷気湖形成，丘陵による山谷風，海岸の海陸風が生じる．さらに，都市内緑地で冷気が生成され，それがにじみ出すことで気流が生まれるなど，微小域での風も存在する．

1. 建物を流れる風

住宅の風通しについては，強い風を防ぐ防風とセットで考える必要があろう．夏季には通風を促進して暑さをしのぎ，冬季には冷たい風を防ぐ方法が考えられてきた．

(1) 住まいの通風　　通風に関わる昭和戦前期の住宅開口状況は，大西ら[1]によれば各方位40%を超えるが，現代の建築家が設計した住宅の調査では20%を切っていた．都市化も含め，開口に対する意識の変化が見出せる．

冬季には，季節風が吹走する．この風から住まいを守るために，宅地防風垣・屋敷林が発達した地域がある（2.3F参照）．防風垣などが窓サッシの気密化で減少傾向にある．

(2) ビル風[2]　　建物が高層化することで立体的な風系が変わる．上空から連続していた空気の流れが高層建築物によって上昇しその一部はせき止められて下降流を生む．建物の角部ではく離が生じて強風となることがある．風速がおおよそ1から2割増加する．これが地上付近ではビル風と認識される．

2. 街を流れる風

(1) 郊外風　　冬季の名古屋における夜間の風向風力分布を図1に示す．HIが発達し，HI強度は約4.5℃で，全体的に風は静穏であった．名古屋港の南側は南寄りの風，北側は北寄りの風が見られ，この付近で収束している様子がうかがえる．郊外風と推察される．

(2) 海陸風　　海風は日射により市街地の地表面温が上昇し，空気が暖められ上昇気流が生じ，それを補うべく海洋上から市

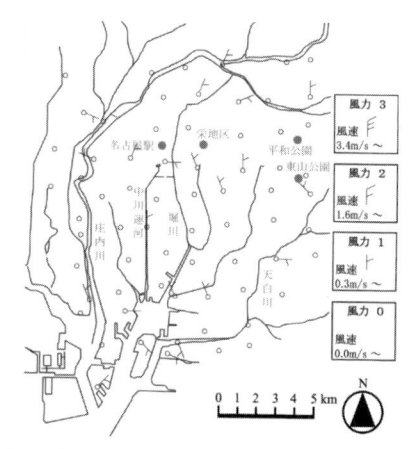

図1　冬季の夜間における名古屋市の風向風力分布[3]

街地へ，冷涼な空気の流入により生じる．海岸と陸地にわたって循環流が形成される．陸風はこの逆で，夜間に生じる．

図2は，名古屋市の都心を流れる中川運河の事例である[4]．河口からの距離が6kmを超えると風速が低下し，それに伴って気温が上昇する．これは名古屋港からの海風が中川運河を遡上しこの地点まで到達していることを示している．運河が風の道として働く機能が発揮されたと考えられる．

(3) 丘陵からの冷気流　緑の繁茂する丘陵地では，日中の樹木による蒸散，夜間の放射冷却などにより樹林地に冷気塊が溜まり，夜間から早朝に丘陵値の斜面や谷筋を流下することがある．図3に名古屋市相生山丘陵の事例を示す．この範囲の気温平均値を0℃として，温度差で気温分布を示す．丘陵西側と北側の谷筋で低温域が見られ，市街地まで広がり，冷気流の流下が示されている．

(4) 都市内小規模緑地からの冷気のにじみ出し　都市内における神社では社叢が繁茂し，境内では周辺市街地より低温となっていることが多い．図4に名古屋市内の神社の事例を示す．各時間帯ともに，神社境内の中心が最も低温である．日中13時では，境内中心から東側市街地方向への気温分布は，平均気温よりも低く，市街地に相対的な冷気が流出している様子を示していると考えられる．

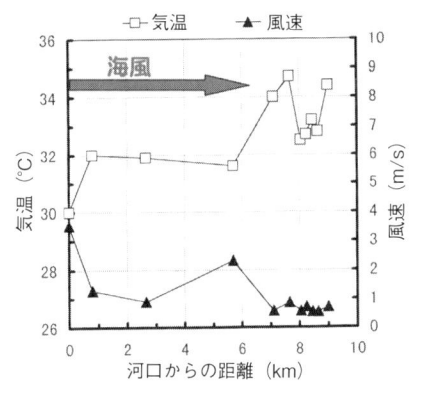

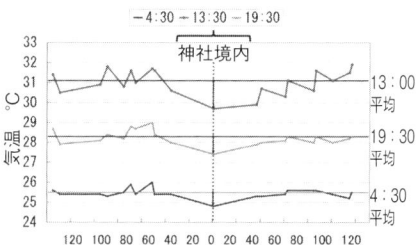

図2　名古屋市の中川運河の河口から上流への気温と風速の分布[4]

図3　名古屋市相生山における夏季早朝の気温分布（●：平均気温より高い，○：平均気温より低い）

図4　名古屋市と新市街地に立地する神社とその周辺の断面気温分布

☞ 更に知りたい人へ
1) 大西一也ほか：人間-生活環境系学会誌人間と生活環境，**12**（1），1-9，2005
2) 日本建築学会：都市の風環境評価と計画―ビル風から適風環境まで，1993
3) 菊池　信，堀越哲美：日本建築学会計画系論文集，**595**，83-89，2005
4) 向井　愛，堀越哲美：日本建築学会計画系論文集，**553**，37-41，2002
5) 八尋太郎ほか：日本建築学会大会学術講演梗概集 D-1，639-640，2003
6) 落合邦彦，堀越哲美：人間-生活環境系シンポジウム報告集，**32**，137-140，2008

再生可能エネルギー

2.1E

太陽，地球が日々再生するエネルギー

1. 再生可能エネルギーとは

　石炭や石油，天然ガスなどの化石燃料は，地質時代に動植物の死骸が100〜1,000万年単位の時間で変成した物とされる．したがって，化石燃料は近現代の短期集中的な使用で賦存量が減少し続けている資産的なエネルギー源である．他方，風や雨は，大気や地表水などが日射熱や地熱で温められ，密度変化や相変化（蒸発）することによって，日々発生する．太陽の寿命は控えめに見積もっても100億年程度になるといわれ，地熱も同程度の期間の放出が期待できる．したがって，風の力や雨水の力（河川の流れ）を自然発生する範囲内で利用する限り，利用と並行して再生され続けるエネルギーとみなすことができる．

　人類が現段階で利用可能な再生可能エネルギー（renewable energy）の源は，(1) 太陽放射（日射），(2) 地球と月の自転，公転運動（起潮力の主たる源），(3) 地球内部の保有熱と発熱（地熱）などである．それらの地上への供給量は図1のように見積もられ[1]，太陽放射がほぼすべてを占めている．

　再生可能エネルギーは，発生源とエネルギー形態，伝達媒体の違いから，表1の6種類に分類されることが多い（これら6種にさらに大気の保有熱や温度差，雪氷の熱を加える場合もある）．

2. 再生可能エネルギーの利用に当たって

　再生可能エネルギーには表1に挙げるような供給量の偏在性，希薄性，不安定性などがあり，利用時の課題の1つになる．例

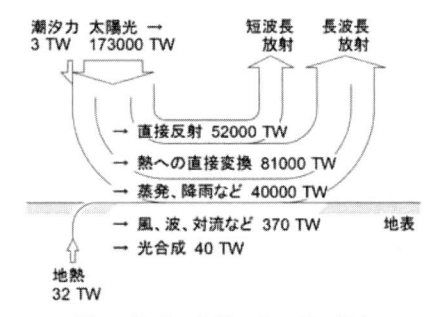

図1　地球の自然エネルギー収支

表1　再生可能エネルギーの種類と供給量の特徴，用途

種類	エネルギー形態	伝達媒体	供給量等の特徴	用途
太陽	電磁波	なし（直接）	大量，分散，不安定	照明，冷暖房・給湯，加熱，発電
風力	運動	大気	大量，分散，不安定	換気，搬送，発電
水力	運動（位置）	河川水	偏在，高密度，安定	搬送，発電
地熱	熱	土，岩石，地下水，地表水	低温：大量，分散，安定 高温：偏在，高密度，安定	冷暖房，冷蔵，給湯，加熱，発電
生物（バイオマス）	化学結合	動植物	貯蔵・輸送容易，量的制約	燃料（厨房，冷暖房・給湯，搬送，発電）
海洋	運動，熱	海水（潮流，波，温度差）	大量，分散，安定	発電
（大気）	熱	大気（空気）	大量，分散，不安定	冷暖房，給湯
（雪氷）	熱	氷，降雪	偏在，高密度，季節変動	冷蔵，冷房

えば，太陽エネルギーをみると，地表では太陽放射を昼間しか受けられないだけでなく，雲に遮られて時間的にも大きく変動する．このため，図2に例示するような日射量の時々刻々の変化，その結果としての日ごと，月ごと，さらには図示していないが年ごとの大きな変動が発生する．また，寒冷地では，日射の受光面が積雪で遮へいされてしまう影響も大きい．

太陽，風力，大気，雪氷エネルギーの利用には，このような供給量の変動への対策，すなわちエネルギー貯蔵技術も重要となる．一方，水力，地熱，生物，海洋エネルギーは，大地や動植物が一種のエネルギー貯蔵作用をもつので，比較的安定したエネルギー源とみなすことができる．

例えば，地球全体で見て地表面には平均して表2のような熱の出入りがある[2,3]．地表の熱平衡は変動の大きい太陽熱等で主として維持されているが，地表面近くの月平均地中温度は，図3に例示するように地下

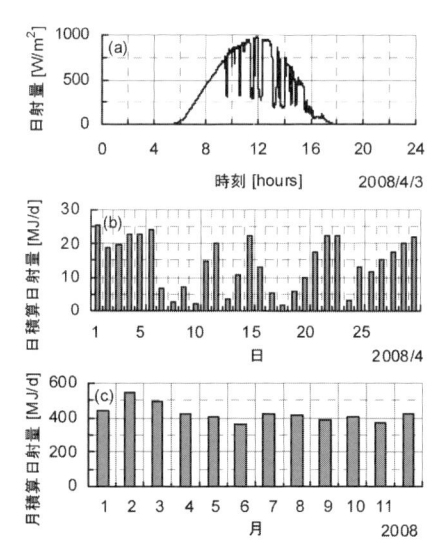

表2　地表面の熱収支（地球規模年平均）

熱の種類	熱量（PW）
雲からの放射	40
地表水の蒸発	−40
直達日射	33
大気への伝導，伝達	−17
大気への放射	−14
宇宙への放射	−11
散乱日射	9
地中からの伝導	0.042

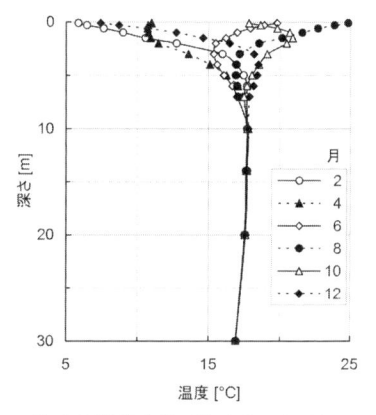

図3　地中の温度変化（茨城県つくば市小野川，2007年）

$10 \sim 15\,\mathrm{m}$ 程度より深い部分では，年間を通して年平均気温程度の一定値となる．

再生可能エネルギーそのものは総じて安全でクリーンなものである．しかし，過度の地下水利用が地盤沈下を招くように，それらを能動的に利用する際には，環境影響を考慮した節度ある利用計画も求められる．

☞ 更に知りたい人へ

1) M. K. ハバート：地球のエネルギー資源，サイエンス，1(3)，39，1971
2) 正野重方：気象学総論，地人書館，47，1958
3) Dickson MH, Fanelli M, 日本地熱学会 IGA 専門部会訳：地熱エネルギー入門，日本地熱学会，3, 4, 9, 2006

図2　日射量の時間変化（茨城県つくば市小野川，方位南，傾斜角45°）
(a) 日射量，(b) 日積算日射量，(c) 月積算日射量

ヒートポンプ

熱を振り分ける

2.1F

1. ヒートポンプの定義と動作原理

　ヒートポンプはその利用目的や熱源，および動作原理により数多くの種類がある．本書の主題である HI に関しても，導入により対策技術として効果を発揮するものもあれば，一方で HI を昂進させると一般に考えられているものもある．よって，まずは本書で対象とする「ヒートポンプ」の定義を述べる．図1にカルノー熱機関と逆カルノー機関におけるエネルギーの流れを示す[1]．熱機関とは，図の (a) に示すように，温度 T_H の高温熱源から熱量 Q_H を取り入れ，温度 T_L の低温熱源へ熱量 Q_L を放出して連続的に作動し，外部へ仕事 L を取り出す装置のことである．一方，同図 (b) に示すように，熱機関を逆に作動させると，低温の熱源から高温の熱源へ熱を移動させることが可能になる．

　この逆カルノー機関のことを広義のヒートポンプという．この場合「ヒートポンプとは何？」と問えば，(1) 低温熱源から熱を奪って冷房を行ったり，食物や水を冷やしたり冷凍する装置，あるいは (2) 高温熱源に熱を与えて暖房を行ったり，いろいろなものを加熱する装置と定義される．なお，冷やす目的で用いる場合を冷凍機，暖める目的で用いる場合をヒートポンプ（狭義）と区別していう場合もある．

　上述のヒートポンプの2つの定義のうち，本書では広義の定義を採用し，「冷凍・空調」に用いる冷凍機を含めて考える．この定義に従えば，ヒートポンプの歴史は製氷に始まる"冷たさ獲得"を目的とした冷蔵・冷房装置の開発から始まったといえる．そこで，冷蔵庫やエアコンなどに応用されている蒸気圧縮式ヒートポンプを例にとり，その動作原理を説明する．図2は圧力 (P)-エンタルピー (h) 線図上に蒸気圧

$$\eta = \frac{L}{Q_H} = 1 - \frac{T_L}{T_H}$$

$$COP_{cool} = \frac{Q_L}{L} = \frac{T_L}{T_H - T_L}$$

$$COP_{hot} = \frac{Q_H}{L} = \frac{T_H}{T_H - T_L}$$

(a) カルノー熱機関　　(b) ヒートポンプ（逆カルノー機関）

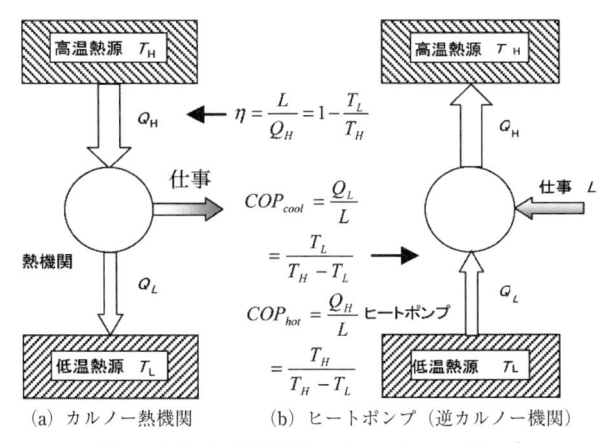

図1　カルノー熱機関とカルノーヒートポンプ

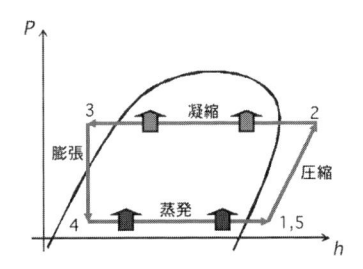

図2 P-h線図上のヒートポンプサイクル

縮式ヒートポンプのサイクルを示したものである．蒸気圧縮式ヒートポンプは，熱輸送媒体として用いる冷媒の相変化（液体⇔気体）を利用して低温熱源から熱を奪い，高温熱源へ熱を放出する．HIと関係の深いエアコンを用いた冷房を例にとると，低圧側が室内であり，室内機に液体として供給された冷媒は室内の空気から熱を得て蒸発（図中 4→5（＝1；圧縮機入口）の蒸発過程）する．このとき，室内空気は熱を奪われるので冷却され，冷房効果が生じる．この効果を持続させるためには蒸発し気体となった冷媒を除去しなければならない．そのために圧縮機（図中 1→2 の圧縮過程）を用いて冷媒を屋外に設置された室外機に送り，高圧・高温になった冷媒を外気により冷却し液に戻す．この際，外気は冷媒の凝縮熱を受け取ることになるので，加熱され高温になる．次いで，図中 3→4 の膨張過程で冷媒液の圧力を低下させ，再び室内に戻す．暖房の場合には，高圧側が室内機，低圧側が室外機として動作するので，室内の空気が加熱されることになる．

2. ヒートポンプの種類

前節に述べたようにヒートポンプは，まず，冷蔵や冷房に使用されたが，その後は暖房や給湯・乾燥などにも使用されるようになり，日常生活においては冷蔵庫，空調機，給湯機，および洗濯機等の数多くの家庭用電化製品に応用されている．しかしながら，ヒートポンプは，家庭用としてばかりでなく，オフィスや商業施設などの業務用や，工場などの産業用としても多く使用されている．

3. ヒートポンプの性能指標

ヒートポンプの性能は，まず，図1（b）に示すように，その冷房能力や暖房能力である単位時間当りの冷却熱量（＝低温熱源からの受熱量）Q_L あるいは加熱量（＝高温熱源への放熱量）Q_H で表される．しかしながら，一般にはどれだけ少ない投入エネルギーで冷房や暖房が行えるかが，経済性や化石燃料の資源保護，また地球温暖化対策（CO_2 排出量削減）の観点から重要視され，成績係数（通称 COP：Coefficient of Performance の略）が使用されている．蒸気圧縮式ヒートポンプの冷房運転を例にとると，圧縮機や室内機および室外機で消費される電力 P（図中では仕事 L）に対する冷却熱量 Q_L の比を示したものであり，"冷房 COP $= Q_L/P$" で与えられる．

上式よりわかるように COP はヒートポンプのエネルギー消費効率を意味している．なお，日本においては，近年，省エネルギーを目的としたトップランナー制度において，年間を通した平均 COP である通年エネルギー消費効率 APF（Annual Performance Factor）が性能指標として導入されつつあり，ルームエアコンに関しては，2010年度より COP に代わり APF が性能指標としてメーカーカタログに掲載されるようになった．しかし，カタログ記載の APF は冷暖房/給湯を多用する東京の住宅での性能であり，地域が異なると性能が変化することに注意しなければならない．

☞ 更に知りたい人へ
1) 日本機械学会編：熱力学，日本機械学会，50-52, 2005
2) ヒープ DR：ヒートポンプ，アグネ，11-22, 1983

コラム：空気線図を読む

空気中の水蒸気と気温

　湿度は，湿り空気中の水蒸気量を表す指標であり，水蒸気圧は湿度の1つである．空気が含むことのできる水蒸気量には上限があり，このときの水蒸気圧を飽和水蒸気圧という．飽和水蒸気圧は，温度によって決まり，図1に示す曲線として表される．人間の生活空間では，湿り空気が飽和水蒸気圧に達していることはほとんどなく，一般に不飽和の状態である．不飽和湿り空気の水蒸気圧について，飽和水蒸気圧に対する比率として表した湿度が相対湿度である．同図は湿り空気線図と呼ばれ，温度（乾球温度），水蒸気圧のほかに，相対湿度，湿球温度も図示されており，これらのうち2つの要素が決まると，図上に状態点が決まるので，他の要素も同時に決定される．

　都市大気中の水蒸気圧は，雨天時や晴天時など天気の変化に応じて変化する．しかし，1日の中で昼夜の気温が大きく変化するのに比べると，天気が変わらなければ大きな変化は生じない．一方，相対湿度は，その定義から温度の影響も受けて変化することが容易に想像される．容器に閉じ込めた空気を冷却する実験を想定し，そこで起こる現象について図1を用いて考えてみよう．気温25℃，相対湿度60%の空気（図中①）を容器に閉じ込め，水蒸気圧を一定のまま温度を下げていくと，相対湿度が上昇し，やがて17℃で相対湿度100%（図中②）に達する．しかし，これ以上温度を下げようとすると，状態②の水蒸気圧のままでは飽和水蒸気圧（空気の含みうる上限の水蒸気量）を超えてしまうので，実際には飽和水蒸気圧の曲線上を②から③へと変化することになる．状態②と状態③における水蒸気圧の減少分が，結露として容器の内表面に現れる．

　常温・常湿の範囲では，温度1℃当り相対湿度は約4%変化する[1]ので，昼夜に10℃の気温の変化があると相対湿度は40%変化する．したがって，昼の相対湿度が40%であれば，夜は80%まで増加する．また，植物の葉面など放射冷却によって冷えやすい表面では，夜間は気温よりさらに5℃程度低下するので，相対湿度が100%に達してしまう．夜間に，植物の葉面で結露が生じる現象は，このように説明される．

☞ 更に知りたい人へ

1) 上田政文：湿度と蒸発—基礎から計測技術まで—，コロナ社，28-30，2000

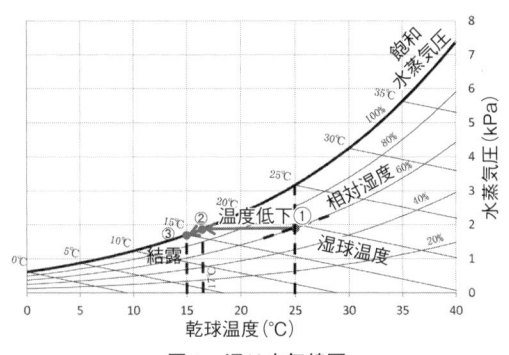

図1　湿り空気線図

2. ヒートアイランド対策

2.2 緑化による緩和

A. 都市緑化
B. 里　山
C. 大規模緑地
D. 大規模公園
E. 街路樹
F. 屋上緑化
G. 壁面緑化
H. 校庭の芝生化
I. 駐車場緑化
コラム：大きな樹冠の木陰はなぜ涼しいか

都市緑化

2.2A

植物・緑地はなぜヒートアイランド対策に有効なのか

1. 植物・緑地の効果

植物・緑地の効果は種々いわれているが，都市住民すべてに対する効果と，その空間に入り利用する人に対する効果に分けられる．

ここでは，都市全体の HI に関連する効果について記述する（表1, 2）．

2. 植物によるヒートアイランド抑制効果

HI 抑制効果の詳細は以下の項目に分けられるが，相互に関連・影響しながら住民個人，建築物自体，都市全体にその効果を及ぼす．とくに都市では，複合された熱環境改善効果が HI 抑制に働く（図1）．

（1）日射遮へい　植物の葉が太陽光を遮ることで，その下部に届く太陽光エネルギーを大幅にカットする．カットしたエネルギーの大半は次項の潜熱に変換されるため，長波の再放射（輻射），顕熱放射，熱伝導はわずかである．遮へいされない場合，伝導によって地盤，建築物に流入した熱は蓄熱され，夜間に放射される．

（2）潜熱変換　植物は光合成に太陽光を使用するだけでなく，水分を植物体の最上部まで運ぶためと，植物体の温度上昇を抑制するために大量の水分を蒸散させている．この蒸散に必要なエネルギー量は，夏季の晴天日には芝生地で積算日射量の 55% との報告もある．また，土壌表面からの水分蒸発も潜熱となる．潜熱に変換されることで，太陽光エネルギーが顕熱となり周辺の空気を熱することがなくなるため，HI 現象を抑制する．

（3）蓄熱削減（熱伝導含む）　日射遮へい，潜熱変換により熱エネルギーの蓄積がなくなれば，大地，建物内への熱伝導も少なくなる．地面・建物への蓄熱が多いと，夜間に長波放射・顕熱として放射される結果，顕熱は熱帯夜の出現につながるがそれがなくなる．一部は，建築内部に流入し冷房負荷を高めるが，その量は外部空間への放射に比較するとわずかである．

（4）芝生地と樹木下の大気放射冷却の差　芝生等のグラウンドでは夜間の大気

表1　都市における緑化の効果

① 都市の熱環境効果
　・ヒートアイランド現象の軽減
　・省エネルギー（夏季の都市気温低下による）
　・微気象の緩和
② 大気浄化
　・都市大気の浄化　　　・CO_2 の固定
③ 雨水流出の抑制・遅延
　・都市型洪水の抑制　　・雨水循環
④ 自然生態系の回復効果
　・都市の自然性を高める（都市のエコアップ）
⑤ 景観の向上効果
　・都市景観の形成（装飾，修景）

表2　緑化効果の評価

緑化の効果		植栽形態 高木	中木	低木	草本	芝生	セダム	コケ
環境改善	熱環境調整	◎	◎	○	○	○	△	△
	人の熱環境調整	◎	◎	△	△	○	—	—
	大気浄化	◎	◎	○	○	○	△	△
	雨水対策	◎	◎	○	○	○	△	△
	自然生態系回復	◎	◎	○	○	△	△	△
	景観形成	◎	◎	○	○	△	△	△

◎：とくに効果あり，○：効果あり，△：やや効果あり，—：効果なし

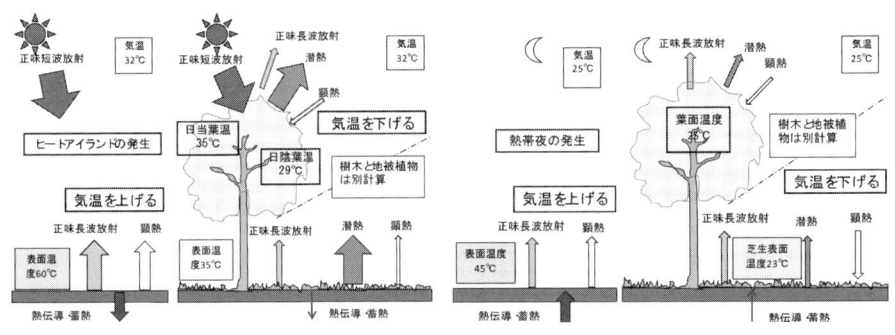

図1 植物によるヒートアイランド抑制効果の模式図（矢印の太さは概略のエネルギー量）

放射冷却で表面温度が下がるが，樹冠下の地面は樹陰で大気放射冷却が妨げられるため，周囲の地面より表面温度が数℃高い（2.2（p.138）コラムの図参照）．

(5) 植物の形態による熱環境改善効果

植物の形態により熱環境改善効果は異なってくる．高木では日射遮へい，潜熱変換，蓄熱削減，冷放射ともに大きな効果を発揮するが，中木，低木，芝生，セダム，コケと植物体の大きさが小さくなるほど効果が減少してくる．高木においては，枝葉を広げ大きな陰をつくるものほど効果が高く，細い樹形や，剪定で枝葉の少なくなったものは効果が少ない（表3）．

また，土壌水分が潤沢にあり，蒸散量が多い場所の植物ほど，熱環境改善効果が高いといえる．

(6) 植物生理による熱環境改善効果

植物生理からみると，コウライシバ，バミューダグラス等芝生を構成する植物の多くは C_4 植物（C_4 ジカルボン酸回路によって炭酸固定を行う植物）で，強い光条件でも光合成効率が上がり続け蒸散量も多くなる．

セダム類はカム（CAM）植物で，日中は気孔を閉じて水分蒸散を行わず，夜間に気孔を開き CO_2 を取り込み光合成を行う．したがって昼間の蒸散量は少なく，HI 抑制効果も少ない．

表3 植物形態別熱環境改善効果

熱環境調整効果	高木	中木	低木	芝生	セダム	コケ
日射遮へい	◎	○	─	×	×	×
潜熱変換	◎	◎	○	○	─	─
冷熱輻射	◎	○	○	○	△	△
大地・建物への蓄熱削減	◎	◎	○	○	△	△

◎：効果特大，○：効果大，△：効果中，
─：効果小，×：効果なし

コケ類は，根に水分吸収能力がなく，葉からのみ水分吸収を行うため，土壌中に多くの水分があっても有効に使用することができない．しかも，葉肉内に蓄積されている水分はごくわずかであるため，HI 抑制効果はきわめて少ない．

枯れた葉の温度は，夏季の直射光を受けても 45℃ 以上にはならない．これは，小さな物・薄い物ほど境界面からの顕熱放射が多くなるためで，昼の HI 現象を促進することとなる．しかし，日射遮へいで蓄熱がないことから，夜間には顕熱放射がなくなり，熱帯夜抑制に貢献する．セダム類も，同等のことがいえる．

3. 人に対する熱的効果

植物のある空間とない空間に身を置くことで，熱的な環境は大きく異なる．

人の温熱感を規定する主な要素は，気温，

湿度，風向・風速，日射および熱放射である．大きな樹幹の日陰部分とその周囲の日向を比較すると，大きな単木樹でも気温，湿度，風向・風速はほとんど差がないといえる（図2）．

(1) 日射遮へい　木陰では太陽放射が樹冠で遮られるため受ける日射量が少ないことと，日陰になった地面や樹冠などからの反射日射が少ないことである．このために，太陽放射による体温上昇が抑制される．

(2) 冷放射　日向の舗装面・建築壁面等では，日中表面温度が気温より20℃前後上昇する．人の体温より高くなった舗装面・建築壁面からは，人に向かって長波放射（熱放射）が起こり，気温以上に暑く感じることとなる．

日射遮へい，潜熱変換で植物体や地面の表面温度が人の体温より低くなると，長波放射は人から植物体へ向かう（冷放射）こととなり，涼しく感じる．日陰にいる人の受ける周囲からの長波放射は，日向より100 W/m² 近く少ない．日射遮へいで，表面温度が低い道路面，建築物表面も同様である．

風がない場合には，日中樹冠の中で冷やされた冷気の下降気流が現れるという研究報告もある．

また，寺田寅彦は随筆の中で，チラチラと風で動く木漏れ日の非定常性が涼しさの大きな理由であると指摘している．

4. 緑地による熱環境改善効果

個々の植物が集合されたものが緑地であり，その効果は単体の集合以上のものとなる．

(1) 地下水の涵養　日本での蒸発散量は，ごく大まかにみると約 2 mm/m²·日であり年間では約 730 mm となる．この数値は，関東地方の年間降雨量 1,500 mm の約1/2 であり，蒸発散に使用されない残りの大半は地下水の涵養に回ることとなる．その水分は舗装下にも供給され，狭い植え桝に植栽された街路樹が吸水し蒸散させることとなる．また，無降雨日が連続しても地下水からの水分供給で，植物が枯死することはないという水の循環に寄与する．

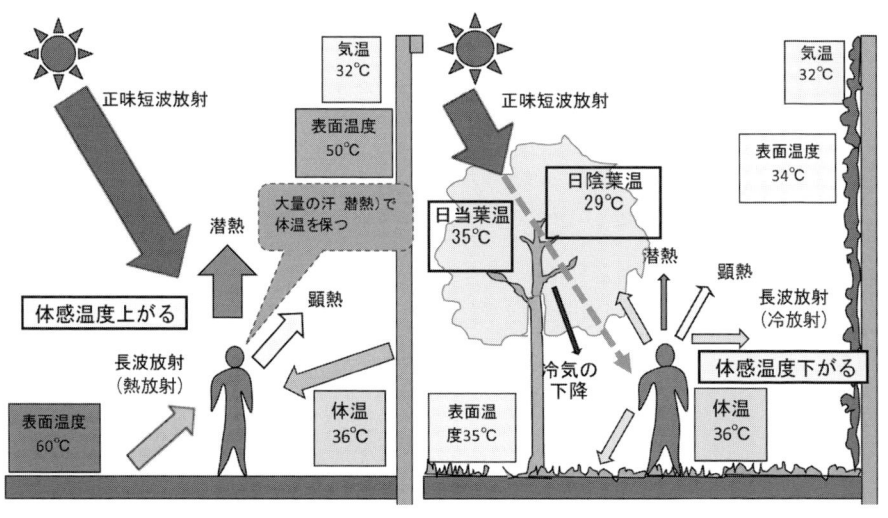

図2　人体に対する微気象緩和効果の模式図

(2) クールスポットの創出　植物は水分の潜熱変換を行うため，気温を上昇させる顕熱は顕著に少なくなり，気温を下げている．大規模な緑地においては，周辺より気温の低いクールスポットとなり，周辺に冷気を供給することになる（詳細は2.2B～D参照）．

(3) 風の道の気温上昇抑制　日中のHI抑制には，都市域外（とくに海や大規模な湖）からの低い温度の空気流入が有効である．その風の道において，流入した空気が顕熱により熱せられることを防止することも重要である．川筋や街路樹，緑地等の配置と規模が重要であるとともに，緑や水面の質も問われることになる（詳細は2.3A参照）．

(4) 緑地による顕熱発生面の削減　都市の表面から水や緑がなくなったことにより太陽光起源の顕熱発生が増大している．太陽光起源の顕熱発生量は，人の活動により発生する顕熱量の約4倍あるため，顕熱発生面をいかに少なくするかが重要である．都市内に，新たに緑地や水面を造成することは困難であるが，街路樹の樹形改良によって緑被率の向上を図ることは比較的容易といえる．しかし，最近の街路樹は住民からの要望等で極端に葉張りが狭くなっているが，街路樹の葉張りを現状の倍とするだけで，緑被率は格段に向上するはずである（詳細は2.2E参照）．

日射が当たるアスファルトやコンクリートという顕熱発生面を緑で覆うことで，顕熱の発生は大幅に削減できる．

(5) 都市内に残された緑化可能地　都市内で新たに緑化が可能な空間には，屋上（勾配屋根含む），壁面，校庭，駐車場等がある（詳細は2.2F～I参照）．その他に，軌道敷きや，期間限定ではあるが建設予定地，規模は小さいが集合住宅ベランダ等がある．ベランダは数が多く，生活に密着した空間であり，緑のカーテンなど家庭での環境教育の場としても優れている．

ポジティブに考えると，現在の都市空間では建築物という直方体が密集して乱立していること自体が問題である．緑化となじむセットバックした建物や，中層階を連結し緑道とするなど，建築物そのものの形を考え直すことも必要である．また，道路，バスターミナル，タクシープール等のインフラを地下に潜らせ，地上部は緑地化するなど，都市の形態を検討することも必要である．

5. 緑地による熱環境改善の事例

韓国のソウルでは，高架の高速道路を撤去し，地下に埋もれていた河川を清流（清渓川・チョンゲチョン）として復元させた．掘割の壁面緑化，川周辺の緑化等で，顕熱発生面の削減，風の道などにより周辺環境は劇的に変化し，都市形態および周辺地価自体も劇的に変化してきている（図3）．

図3　ソウル清渓川

☞ 更に知りたい人へ
1) 藤田　茂：日本一くわしい屋上・壁面緑化，（株）エクスナレッジ，2012
2) 梅干野晁，浜口典茂：日本建築学会学術講演梗概集（関東），809-810，1984
3) 寺田寅彦全集，全30巻，岩波書店，1996-2011

里　山

2.2B

斜面冷気流で熱帯夜知らず

1. 森林の気候特性

ここでは緑化によるHI緩和の基礎として，森林における気候の特徴とそれを作り出す森林の熱収支特性について概観する．

森林では，群落の多重構造により，日射が効率的に捕捉される．これは建物群による多重反射で日射が捕捉される都市域に似ており，したがって短波放射の反射率（アルベド）は，いずれも15%程度と近い値となる．日射は植被層で吸収されるため林床の地中への伝導熱は少なく，植被層の熱容量も小さいため，蓄熱量は一般に小さい．

森林の熱収支を特徴づけているのは，何といっても蒸発に伴う潜熱フラックスの多さである．森林群落は大気運動の抵抗となって乱流による輸送を活発化する．このことが重なり合う葉層による蒸発面の広さと相まって，森林の蒸発潜熱を大きくしている．

蒸散現象は，葉に吸収される日射エネルギーを消費し，結果として葉の温度上昇を防いでいる．日中の木陰の涼しさは，葉層による日射遮へい（日傘効果）と，高温化しない葉層や日陰となった地表面からは，ほぼ気温相当の赤外放射しか受けないことによる．

一方，夜間は，蓄熱量が小さいため，放射冷却により天空に面した樹冠部を中心によく冷える．そのため，林床には冷気層が形成され，地形に傾斜がある場合には斜面に沿って重力流的に流下する．これを斜面冷気流と呼ぶ．斜面冷気流が発生する条件は，静穏・晴天な夜間である．曇天では放射冷却が弱まり，強風時は安定成層が壊れ冷気が蓄積しない．盆地状の地形ではこのような夜間冷気が盆底に堆積し，冷気湖を形成する．その結果，山麓の斜面では冷気湖の上端付近が最も夜間冷却を免れることになる．この部分は斜面温暖帯（thermal belt）と呼ばれ，古くから果樹園などとして利用されてきた．なお一般の里山でも，夜間の表面温度は尾根部分で高く，谷筋で低温となる傾向が認められる．

2. 里山による斜面冷気流の利用

気候資源を活かした都市計画のためのクリマアトラスが作られているドイツでは，里山の斜面冷気流の利用が積極的に行われてきた．盆地に位置するシュトゥットガルトでは，周囲の山麓斜面から市街地中心部へ流れ込む冷気流を遮らないように，建物の配置を工夫する「風の道」施策が行われている（2.3A参照）．もっとも，これは大気汚染対策を主眼として新鮮空気の導入を意図したもので，日本におけるHI対策を主眼とした「風の道」とは本質的に異なる．

斜面冷気流の発生は，晴天静穏な夜にほぼ限られるものの斜面方位に沿って必ず流下し，平地の緑地に比べると比較的早い時間帯から発生するので，就寝時間帯の対策として利用しやすい手法といえる．ただし，冷気層の厚さはせいぜい30m程度で比較的薄い．この点は数百mの厚さを有する日中の海風とは大きく異なる．図1は多摩丘陵における冷気流の実測例である．谷筋には冷気流が発生しているが，尾根部分には暖気が残っていることがわかる．

冷気流は一般風が弱く接地逆転層が形成

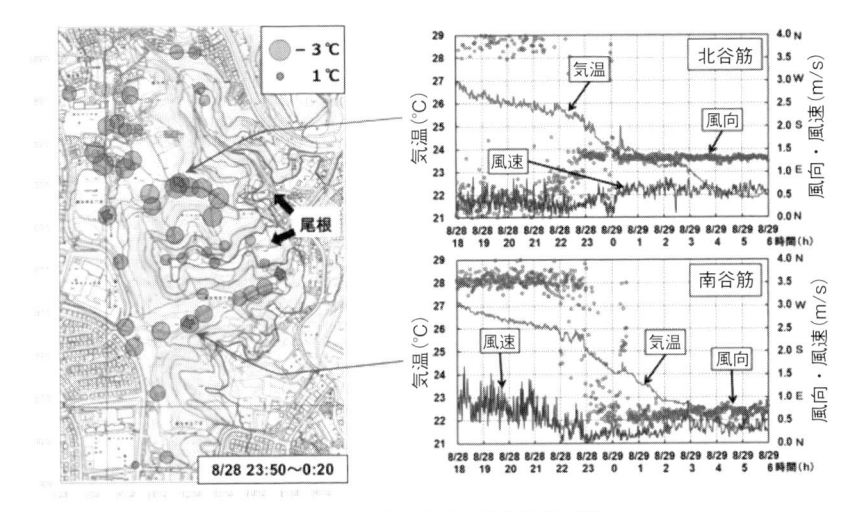

図1 多摩丘陵における冷気流の事例

されることで発生するので，外乱により上下混合が促進されると，もともと厚みも大きくないため上空の暖気と混合し容易に消散してしまう．このため，その利用に際しては，重力流的な乱れの小さい静かな流下環境を保つように誘導することが肝要である．高層ビルは，このような環境下，上空暖気を取り込みやすくする効果をもつ．冷気流の維持には大敵であるため，極力避けるべきである．また，自動車による空気の攪拌も冷気流にはマイナスであるため，冷気の誘導路では幹線道の地下化などを図れればそれが望ましい．夜間も高温を保つ道路舗装面は冷気層を弱めるので，誘導路はできるだけ緑化するなどの対策も有効である．

ドイツでは生物多様性の観点から都市内のエコロジカルコリドー（分断された動植物の生息域をつなぐ生態的回廊）が提唱されているが，熱環境の観点からも都市の緑のネットワーク化は有効と思われる．

3. 冷気流のヒートアイランド対策効果

日本では，背後に六甲の山並みが聳える神戸市において，HI対策としての斜面冷気流の積極的活用が研究，提唱されている．広域海陸風が弱い条件で冷気流の出現頻度が高く，山際から1km程度まで気温低下効果が認められると報告されている．

また兵庫県川西市の丘陵地を対象とした詳細な研究も報告されている．山麓の住宅地に背後の丘陵地斜面からの冷気流を誘導するというのは有効な施策であり，住宅地の開発に当たっては，住戸における開口部の位置や防犯を兼ねた施錠できる格子戸の採用など，積極的に夜間冷気を利用する工夫を取り入れることが重要である．

☞ 更に知りたい人へ
1) 鳴海大典ほか：日本建築学会計画系論文集，**543**，85-91，2001
2) 鳴海大典ほか：日本建築学会計画系論文集，**557**，111-118，2002
3) 竹林英樹ほか：日本建築学会計画系論文集，**542**，99-104，2001
4) 成田健一ほか：日本建築学会大会学術講演梗概集（環境工学I），927-928，2013

大 規 模 緑 地

都市のオアシス

2.2C

1. 緑地の規模による効果の違い

　緑地と市街地が接している境界部を考えてみよう．いま，市街地から緑地に向かって風が吹いている場合を想定すると，高温化した市街地から緑地内に暖気が流入することになる．流入した暖気は，緑地内を流れ下るに従い緑地内の環境に徐々に馴染んでいく．一般的には，より低温でより湿潤な気塊に変質していくだろうし，樹林地の場合は風速も弱まるだろう．

　市街地に接する緑地の縁辺部の植物は，緑地の中心部に比べ，より高温で乾燥した空気に晒されなおかつ日当たりや風通しもよいため，蒸発散が盛んとなる．このような現象をエッジ効果と呼んでいる．砂漠の中に作られた灌漑された耕作地では，周囲からの暖気の移流でその場の正味放射量を上回る蒸発散量が観測されることがある．都市内の緑地は，これに似た環境にある．そのため，都市域でのエッジ効果はオアシス効果と呼ばれることもある．

　コンクリート平板上に多数のポット植栽（約 2 m 高）を配列して日蒸散量を比較した実験によれば，0.5 m 間隔 169 本の密な群落の中心部を基準にすると，1 m 間隔の疎な配置では 1.4 倍，6 m 間隔のほぼ単木状態では約 1.6 倍の蒸散が起こったと報告されている．

　HI 対策として蒸発潜熱を増やす（大気加熱量である顕熱を抑える）という観点からとらえれば，同じ面積の緑地を都市に作るならばできるだけ小規模分散で作った方が得策となる．一方，逆に緑地の効果を十分に発揮した環境を創造する，いいかえると周辺市街地の影響が及ばない環境（クールスポット）を創り出すには，一定規模以上の緑地が必要ということになる．

　夜間については，放射冷却による冷気形成が緑地に期待される大きな効果として注目されている．これは，晴天・静穏な夜間に緑地内に接地逆転層が形成され，冷気が蓄積するというものである．周辺市街地では日中の大きな蓄熱と，建物の林立による天空率の低下で，夜間でも表面温度が気温より高く保たれ，逆転層は形成されない．このような成層条件の差異が，地表付近の大きな温度差を作り出す．しかしながら，周囲に逆らって緑地に逆転層が形成されるためには，やはり一定規模以上の広がりが必要となる．

2. 樹林地と草地の違い

　日中の暑熱緩和を考えると，木陰を創造する樹林地が好ましい．例えば芝生地では，生育状態等にもよるが，日中の表面温度は気温 +15〜20 ℃ まで上昇する．しかしながら，夜間の芝生面は効果的に冷え，樹林地の樹冠面よりも低温となり，冷気形成域となる．ただし，周辺大気を冷却するというフラックスの観点からは，葉面積が大きく乱流輸送が活発な樹林地の方が貢献している可能性が大である．より冷たい冷気の形成は，冷気が周囲に拡散しない乱流混合が抑えられた成層状態で起こるので，周辺大気を冷却する効果とは逆センスになることに注意する必要がある．

3. 大規模緑地の気温低減効果

これまで皇居や明治神宮など，いくつかの大規模緑地での実測が行われてきたが，これらの結果を概観すると夏季日中の気温差は最大で4〜5℃程度，月平均で2℃程度と見積もられる（図1）．夜間については，月平均で1.5℃程度であるが，晴天・静穏で緑地に逆転層が形成される場合には4〜5℃の気温差が形成される．皇居での気温分布の一例を図2に示す（2007年8月10日，3時〜4時）．皇居からにじみ出した冷気は，濠を越えて丸の内の街区に進入し，東京駅付近まで達している．

今後，大規模緑地を都市内に新たに創造することは現実的には難しい．一方，前項で述べたように，斜面緑地では平坦地の緑地に比べ冷気の流出が促進される．例えば東京首都圏では，台地と沖積低地の境界部に比高20m程度の崖線が多数存在する．そのうちの一部は，開発を免れて斜面緑地として残存している．このような斜面緑地に注目するのも今後の展開として期待できる（図3）．

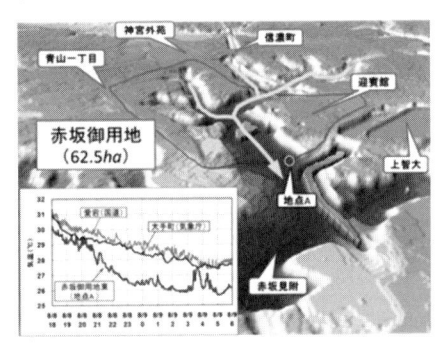

図3 斜面緑地の冷気流出（赤坂見附付近）

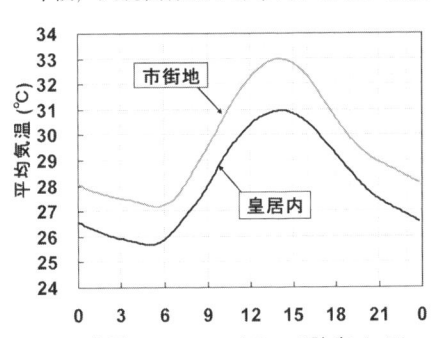

図1 皇居のクールアイランド強度（8月）

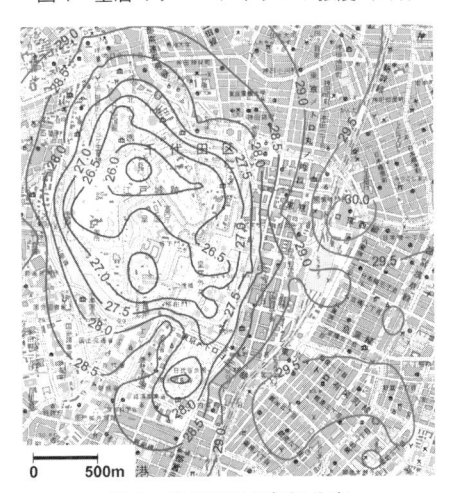

図2 皇居周辺の気温分布

4. 夏季日中の大気加熱量削減効果

皇居に関しては，銀座周辺の市街地と大気加熱量をシンチレーション法で同時比較したという報告がある．フラックスの絶対値についてはまだ検討の余地が残されているが，日中の皇居エリアからの大気加熱量は市街地の4割程度であり，緑地の存在が大気加熱量を削減していることは間違いない．

☞ 更に知りたい人へ
1) 成田健一ほか：日本建築学会計画系論文集，**666**，705-713，2011
2) 成田健一，菅原広史：地学雑誌，**120**(2)，411-425，2011
3) 成田健一ほか：地理学評論，**77**(6)，403-420 & 口絵，2004
4) 成田健一ほか：日本建築学会環境系論文集，**608**，59-66，2006

大規模公園

2.2D

夜間，冷気がにじみ出す

1. 冷気のにじみ出し現象

晴れた夜，緑地内では放射冷却現象により地表面近くに冷気層が形成される．とくに静穏な条件下では，冷気の拡散が抑えられるため緑地内に冷気が効率よく蓄積され，これが一定以上の厚さに達すると，緑地境界を越えて周囲の市街地に流出する．これが冷気の「にじみ出し現象」と呼ばれるものである（図1）．

これまで，緑地の風下側の市街地は緑地から流出する冷気の影響を受けて涼しくなっている，という報告が数多くなされてきた．しかしながら，この場合は風に伴う冷気流出（移流現象と呼ぶ）によるものなので，涼しくなるのは風下側に限られる．一方，「にじみ出し」の場合は，無風の条件で冷気が重力流的に全方位に流出する現象で，流出の速度は0.1～0.3 m/sと非常にゆっくりとしている．移流現象のような乱流ではなく，ほとんど乱れがない状態で緑地から冷気が押し出されてくる．シャボン玉を飛ばしても，ほとんど上下動はせず，ゆっくり水平に移動していく．そのため，冷気は市街地に流出した後も暖気と混合せず，到達限界まで緑地内の冷たさを保ったままで広がっていく．それゆえ，流出限界では2℃以上の急激な気温差が形成され，隣どうしの家でも暑さがまったく異なるという状況が生み出される．それに対し日中の移流現象では，市街地に流出した冷気は速やかに市街地の暖気と混合するため，温度差も流出距離に伴って急激に小さくなり明確な影響範囲を特定することが難しいというのが一般的である．

文献によっては，日中の移流による冷気流出も「にじみ出し」現象と称している場合があるが，現象の性質，出現条件がまったく異なるので，両者は明確に区別した方がよい．

2. にじみ出しの影響範囲

HI対策として注目されるのは，冷気流出の影響範囲である．新宿御苑の例では，気象条件や温度差にかかわらず90 m程度の位置で常に流出が止まっていた．なお，冷気層の厚さは9～13 mで，2階建ての戸建住戸ならすっぽり覆う厚さである．

皇居の丸の内側では，冷気層の厚さは17～18 m，冷気の先端は濠を越えて約300 m先の東京駅に達していたケースが報告されている．なお，晴天日が連続した夏季の濠の水温は夜間でも30℃を超える状態とな

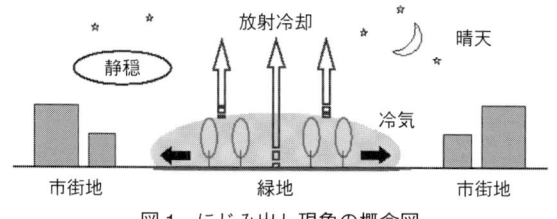

図1　にじみ出し現象の概念図

るが，にじみ出し現象の冷気流はほとんど乱れのない流れであるため濠を横断する冷気はほとんど水体によって加熱されずに市街地に流出する．一方，自動車による攪拌が起こる幹線道路は，冷気流出の障害となっている．また高層ビル群も，上空の暖気の取込みで冷たさを失わせている．

以上のように，冷気の流出限界は市街地の特性が大きく影響し一概に述べることは難しいが，最大でも数百 m 以内であり，都市全体の気候を緩和するものではない．

3. 冷気のにじみ出しが起こる緑地規模

今後の都市計画を考える上では，どれくらいの規模の緑地なら HI 対策として効果があるのかが重要である．これまで実測結果がある公園とそこでのにじみ出し現象の出現頻度を表1にまとめた．

表1 公園規模とにじみ出し出現頻度

	長軸最大(m)	短軸最大(m)	面積(ha)	出現度
皇居（濠の内側）	2,000	1,500	193.0	◎
赤坂御用地	1,000	650	62.5	◎
新宿御苑	1,050	700	58.3	◎
白金自然教育園	650	500	20.0	◎
戸山公園	500	400	18.7	○
日比谷公園	550	300	16.2	○
小石川植物園	750	250	16.1	○
赤塚公園	330	220	9.2	○
新江戸川公園+α	390	250	8.0	○
有栖川宮記念公園	300	250	4.4	○
小豆沢公園	300	230	4.2	○
成城みつ池	340	150	2.8	○
成城三丁目緑地	330	130	2.5	○
上野毛自然公園	125	90	1.1	○
パークコート神宮前	140	50	0.5	△
大蔵三丁目	250	60	0.4	○
成城四丁目	120	90	1.0	○

20ha を超える大規模公園では 2°C 以上の温度差の明確な冷気のにじみ出しが確実に出現し，周辺市街地にも流出している．緑被率が高く，斜面を有する場合には 8ha 程度まで大規模緑地と遜色ない冷気流出が見られるが，グラウンドなどが優占する公園では 15ha 程度でも冷気生成は弱くなるようである．1ha 以下の緑地ではクールスポットは形成されているが，周辺に明確に流出する効果はあまり期待できない．崖線に沿った斜面緑地等では，幅が 200m 程度あれば十分冷気流出が期待できるため，崖線の斜面部分のみではなく斜面上部にも緑地を確保することが望ましい．

4. 人工的な斜面緑地の創出

福岡のアクロス福岡では，ステップガーデンと呼ばれる屋上緑化により人工的に斜面緑地を創出し，前面の公園と連続している．緑化面積は 0.9ha 程度（115m×78m）であるが，詳細な実測で冷気流の発生が確認されている．密集市街地においては，このような事例の積み重ねも HI 対策としては重要である（図2）．

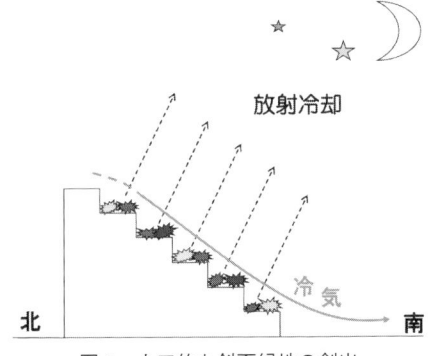

図2 人工的な斜面緑地の創出

☞ 更に知りたい人へ
1) 萩島 理ほか：日本建築学会計画系論文集, **577**, 47-54, 2004
2) 成田健一，菅原広史：地学雑誌, **120**(2), 411-425, 2011
3) 成田健一ほか：地理学評論, **77**(6), 403-420 & 口絵, 2004

街 路 樹

2.2E

街路樹で道路に日陰を作る

1. 街路樹とは

街路樹とは，市街地の道路に沿って植えられた樹木のことをいう．葉張りの大きい街路樹は上からの投影でみると道路面積の1/2を占める場合もある．葉張りが小さな街路樹でも立面でみると，街路空間の大きな率を占めており，景観面からは意味のあるものである．しかし，葉張りが大きければ，熱的環境改善効果が格段に大きくなることとなる．

赤道直下のシンガポールでは，中心市街地においても歩道部分のみならず車道部分の大半を覆う街路樹がみられる．頭上から降り注ぐ日射を遮ることで，体感温度の上昇を防止できるため，気温32℃，湿度86％でも暑いという感覚はない．

2. 街路樹による熱環境調整効果

街路樹は都市緑化の熱環境改善効果の項(2.2A)にある，植物によるHI抑制効果をもつが，樹木が連続することでその効果は大きくなる．

（1）樹形による効果の違い　樹形により，日射遮へいの違いが大きい．細長いファスティギアタ型の樹木では，緑陰が非常に少なくなってしまう．また，強剪定により葉量が極端に少なくなった樹木も然りである．日射遮へいが少なければ，道路面，建築面に直射光が当たり顕熱放射，長波放射，蓄熱が多くなってしまう．蓄熱は，夜間に顕熱放射，長波放射され熱帯夜の原因となる（図1）．

道路を通行する人にとっても，頭上を覆う街路樹と覆わない街路樹とでは，直接的

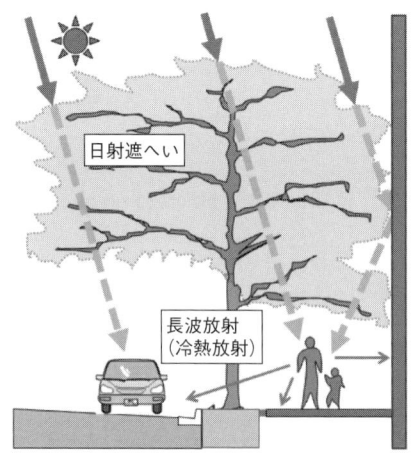

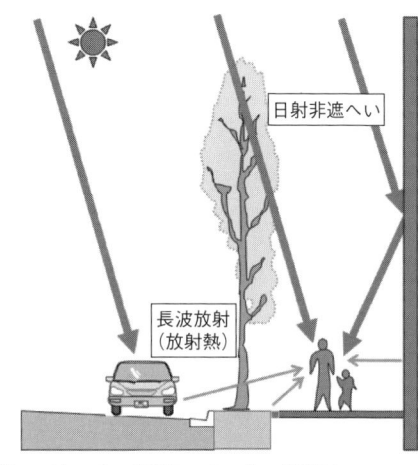

図1　樹形の違いによる日射，長波放射の違い（左：広い葉張り，右：狭い葉張り）

な太陽光が当たるか否かのみでなく，日射で熱せられた道路面，建築面からの長波放射（熱放射）も異なり，熱的環境が大きく違ってくる．また，上部の建築物壁面からの日射反射，長波放射（熱放射）も葉張りのある街路樹であれば遮へいできる．四方八方からの熱放射を，葉張りのある街路樹は遮ってくれる（図2, 3, 表1）．

(2) 中木による車道からの熱流入防止

車道と歩道の境界に，生垣状の植栽を設けることで，車道路面からの長波放射（熱放射）と路面で熱せられた空気の流入を削減させることができる．

(3) 街路樹による風の道の温度上昇抑制効果　街路樹により道路空間の顕熱発生量，蓄熱量を減少させれば，道路が風の道となる場合においても，風そのものの温度上昇を抑制できる．

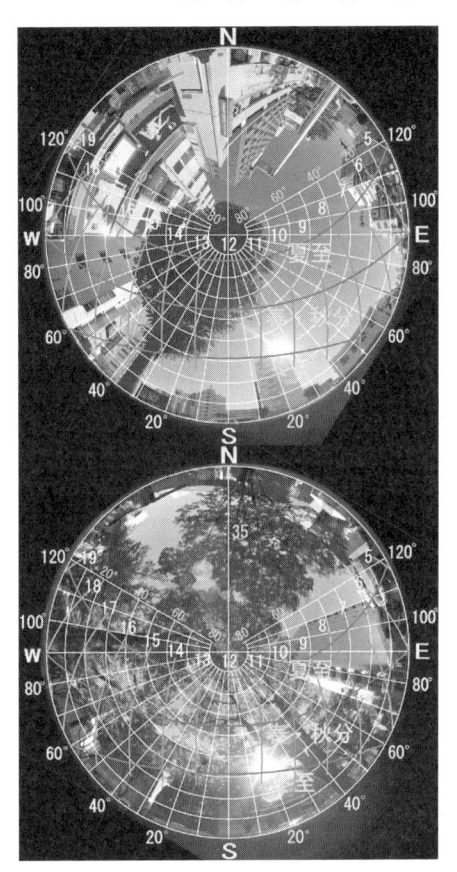

図3　天空写真（上：青山通り，下：表参道）

表1　青山通りと表参道の天空率，日照時間
街路路樹による日照時間　　　撮影高さ120cm

測定点	天空率	春・秋分	
		時間帯	時間
青山通り-北西	38%	6:30　11:20	4:50
表参道-北東	9%	9:30　9:50	0:30
		11:30　11:40	

図2　樹形による日射遮へいの状況
上：ファスティギアタ型，下：盃型

3. 街路樹による様々な効果

街路樹植栽に特化した植栽の目的は，景観統合機能，交通騒音低減機能，大気浄化機能，緑陰形成機能，視線誘導機能，防風

機能,防火機能とされている.都市の美観の向上や道路環境の保全,歩行者等に日陰を提供することなどである.

緑のもつ外部経済性についての研究は進んでいないが,集客,憩い等の効果が認められており,歩道空間での飲食,パフォーマンス等海外では盛んに行われており,そこは必ず緑陰空間である.

また,大気汚染の激しい交差点まわりでは,大気浄化(有害物質吸着効果)を目的とした植栽がなされている例もある.

しかし,居住空間の日照遮へい,落葉・落枝,強風による倒木・幹折れ,信号/標識等の視認妨害,交通障害,融雪作業の妨害,路面の損傷・不陸といったマイナス面を指摘されることもある.

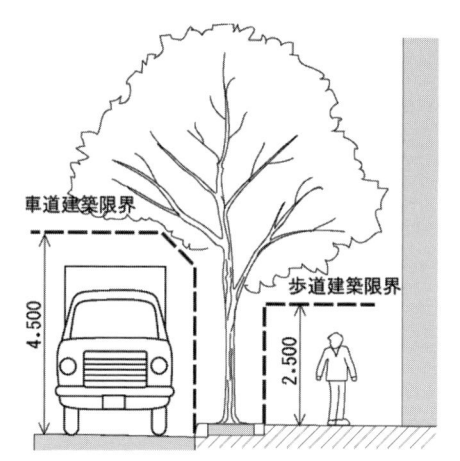

図5 街路樹の建築限界と競合施設[1]

4. 街路樹緑化工法

街路樹は道路付属物であり,主に行政が計画し植栽する.街路樹の植栽間隔は,6〜10mであり,植栽時の樹高は3m以上となる.街路樹を植栽する空間は,歩道,中央分離帯であるが,歩道に植栽される場合が多い.歩道の場合,植栽桝とする場合と,植樹帯に植栽する場合がある(図4).

(1)緑化限界　街路樹を植栽し維持管理する場合,道路の建築限界,街路樹以外の道路付属物との調整が必要となる.これらの物,規定に合わせていくため,樹形はかなり規制されてくる(図5).

(2)根張り空間の確保　街路樹植栽は,道路という限られた空間に植栽するため,植栽桝等の寸法が限られてくる.しかも,車道側は厚い砕石層があり,根は車道側にはほとんど伸長しない.歩道側も共同溝や,下水配管等があり根の伸長を妨げているばかりでなく,頻繁に掘り返されるという事態が発生する.植樹帯であれば,道路に沿って帯状の植栽用土壌が確保され,街路樹にとっては好ましい形態である.植栽桝では,広い面積の桝が望ましいが,歩道幅,通行量等で寸法が決められてしまい,最低限度の寸法になりやすい.その場合でも,通行者による踏付けで土壌が固結することを防止するため,ツリーサークル(鋳物等による踏み固め防止資材)を設置すること

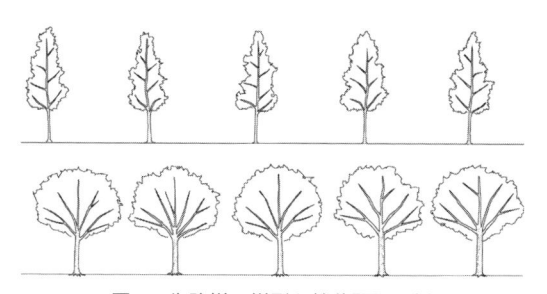

図4 街路樹の樹形と植栽間隔の例

表2 植栽桝の基盤条件[2]

根が伸長できる広がり
植物が生長できる土壌厚
透水性・通気性が良好
土壌の適当な保水性
適度な土壌硬度
適度な土壌酸度（pH）
ある程度以上の養分
根系に障害を及ぼす有害物質を含まない

が望ましい．近年，透水性舗装材等で街路樹の幹際まで固めてしまう方法が出現しているが，樹木の生長を考えると好ましいものではない．

街路樹植栽桝の基盤（土壌）としては，表2の条件が満たされていることが理想である．

(3) 根による歩道不陸の抑制策　歩道の舗装が，樹木の根によりもち上げられ，不陸が発生している例が多くみられる．これは，植物の根が水と空気を求め，歩道舗装下の砕石層中に入り込み，肥大することで舗装をもち上げていることに起因している．この現象は，歩道舗装を通気と透水性があるものとし，砕石の下に根の肥大による膨張を吸収でき，踏圧等による目減りを起こさない資材（機能性土壌）を使用することで防止できる．この土壌を敷設することで，街路樹の生育と路面の平滑さの両面を確保することが望まれる（図6）．

(4) 高木間への中木植栽方法　植樹帯のある街路樹の間に，中木を植栽する事例が増加している．道路への飛出し防止や，道路の近景を好ましいものにするためにはよいのであるが，生育不良や枯死の事例も多い．施工時の植穴寸法，客土量不足等も考えられるが，その原因として挙げられるのは，日照と樹木生育の関係を考慮していない点である．すなわち，耐陰性の弱い樹種を植栽しているため，街路樹・建築物による日射遮へいで生育が悪化している．樹種選定時の検討事項として，耐陰性を加えることで問題は解決できるはずである．また，植栽予定樹木に適した植栽基盤を確保することも重要である．

(5) 適正樹種の選定　台風等の強風で，街路樹が倒れたり折れたりする事例がみられる．また，夏季に葉の縁が褐変してしまう樹木もみられる．図鑑や文献の耐陰性は倒木・幹折れを対象としておらず，夏季の乾燥・熱風への耐性も記載されていない．統計的には街路樹で倒木・幹折れの最も多い樹種はシダレヤナギで，ユリノキは枝折れが多い．これらに対する知見例はごく少ないのが実情であるが，それらの知見を収集して樹種検討を行うことが重要である．都市では乾燥・熱風のためカツラの美しい街路樹はみられない．また，病虫害による被害，枯死も起こっており，病害虫防除等管理面に頼るだけでなく，樹種選定時から検討を加えたい．さらに，個々の道路環境を考慮し，将来適正な樹形・葉張りになる樹種選定も重要である．日本の都市では，夏季の日射遮へいとともに，冬季の日射確保も重要であるため，景観・防風等重要な

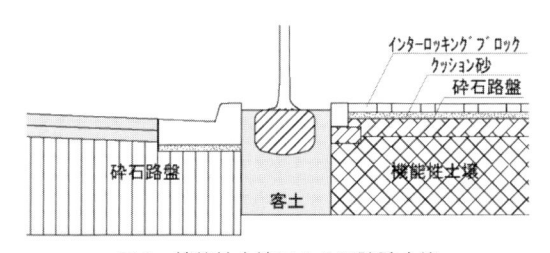

図6　機能性土壌による不陸防止策

2.2 緑化による緩和

選定要素がない限り，落葉樹植栽が基本となる．近年人気がある，ファスティギアタ型の樹木は葉張りが極端に狭く，円柱状に生育するため，日射遮へいには向かない樹形である（表3）．

表3 街路樹の樹種別マイナス要因

樹木名\マイナス要因	要注意要素			生育要素					迷惑要素			
	倒木	幹折れ	枝折れ	腐朽	乾燥害	過湿害	潮風害	大気汚染害	落葉多い	種子飛散	病害虫多い	樹液等落下
アオギリ									■			
イチョウ									■	■		
エンジュ												■
カツラ												
ケヤキ									■			
サルスベリ												
シダレヤナギ		■	■									
シンジュ										■		
ソメイヨシノザクラ			■	■							■	
トウカエデ												
トチノキ									■			
ナンキンハゼ										■		
ニセアカシア		■										
ハナミズキ												
プラタナス									■			
モミジバフウ												
ヤマボウシ												
ユリノキ			■									

5. 街路樹の管理

街路樹が本来的機能を発揮できるよう，維持管理上の問題点を挙げる．

(1) 街路樹の本来的機能の重視　近年，住民からの日照阻害，落ち葉問題などの苦情により，極端に葉張り，葉の量が少ない街路樹が出現している．住民の街路樹に対する理解を深め，意識改革を進めることで広い葉張りの街路樹を取り戻す努力が必要である．さらに行政においても，管理費の削減から丸坊主の街路樹が出現している．街路樹の本来的機能（日射遮へい）の重要性を再認識させ，道路空間が炎熱地獄空間となることがない方向で，街路樹設計，維持管理を行ってもらいたい．

(2) 病害虫防除　一昔前には，害虫の発生時に大量の薬剤を散布して防除を行っていた．近年は薬害問題，天敵を含めて除去してしまうことへの反省から，薬剤を極力使用しない方法が模索されている．発生初期にクモの巣状に幼虫が集合している時期に枝ごと切除する方法（アメリカシロヒトリ，チャドクガ等にとくに有効），フェロモントラップ（誘引捕獲器）の使用が推奨されている．オリーブの並木状植栽が，20本ほどオリーブゾウムシの幹内への食害で全滅した事例があるが，早期発見で処置しておけば全滅は免れたはずである．

(3) 維持管理費の削減　街路樹の維持管理費の削減策として，剪定の回数を減らし自然樹形とすることが模索され，一時葉張りのある街路樹が出現した．しかし，近年は太い枝を切り落とし葉がほとんどない樹形として，2年ごとに剪定を行う手法が

図7 太枝を切られ枝垂れ型になったケヤキ
これは景観的にも好ましくない．

多くなってしまった．したがって，日射遮へい機能がなくなるだけでなく，景観上も見苦しいものになってしまっている（図7）．このような，街路樹本来の機能を完全に無視した管理手法がまかり通っているのが実情である．このことが，都市のHI現象出現，熱帯夜増加の1つの要素となっている．したがって，住民，自治体の思考形態を変化させ，歩道のみでなく車道を含めて日射遮へいができるものが好ましい街路樹であることを認識させていく努力が必要である．

6. 街路樹に関する法規，条例

道路法（第二条）及び道路構造令では，街路樹を道路標識などと同じ「道路の付属物」と位置づけている．

歩行者の通行量が多い道路では，歩道幅が3.5m以上，その他の道路では2m以上の場合，街路樹を植栽することが可能となっている．樹木の形状は，道路構造令による建築限界（車道及び歩道建築限界，図5参照）により制約を受ける．建築限界内に枝葉が侵入しないよう管理を行うことが原則である．

7. 望ましい緑化事例（表参道ケヤキの街路樹）

歩道部分のみならず車道部分まで，道路空間をほぼ全面的に覆っており，夏季の日

図8　表参道ケヤキの街路樹

射はほぼブロックされている．冬季は葉を落とすことで日射を通しており，冬暖かく，夏涼しい道路空間を出現させている．ケヤキの自然樹形が保たれ，景観的にも優れており，道路周辺の建築・店舗と相互に連携して通り全体の高級感を醸し出している（図8）．

反対に直交する青山通りはファスティギアタ型のケヤキが植栽されており，その違いが顕著にわかる場所である．

☞ 更に知りたい人へ
1) 中島　宏監修：道路緑化ハンドブック，山海堂，1999
2) 中島　宏：緑化・植栽マニュアル，(財)経済調査会，2004

屋上緑化

2.2F

屋上を快適な生活空間に

1. 屋上緑化とは

屋上緑化は，狭い意味では人が利用可能な建築物の陸屋根としての屋上を緑化することである．広い意味では，上記に加え，人が立ち入り利用できない陸屋根としての屋上，勾配屋根上，地下駐車場やペデストリアンデッキ等の土木構造物の上，集合住宅等のバルコニーを含めている．

2001年に東京都の屋上緑化の義務化（「東京における自然の保護と回復に関する条例」第14条及び第47条）が始まった．義務化後，セダム，コケ等による薄層軽量緑化が出現し，急激に普及し始めた．現在では東京都，兵庫県，大阪府，京都府等で屋上緑化の義務化が施行されている．義務化の目的は，HI現象の緩和，ビルの省エネルギー，大気浄化，都市景観の向上，自然性の回復等であるとされている．

従来の庭園としての屋上緑化の方が，薄層軽量なセダム緑化に比較し，HI現象緩和効果は高く，他の環境改善効果も高い．さらに，建築物に対する経済効果，利用者に対する心身への効果も高くなる．

屋上緑化は建築物の上部に載せることとなるため，積載荷重，防水層，排水設備，安全等と緑化による効果を総合的に踏まえて計画すべきである．

2. 屋上緑化による熱環境調整効果

屋上緑化には，図1に示すような熱環境調整効果があるが，その効果を明らかにする上では，「1. 対象地域の気象条件」，「2. 屋

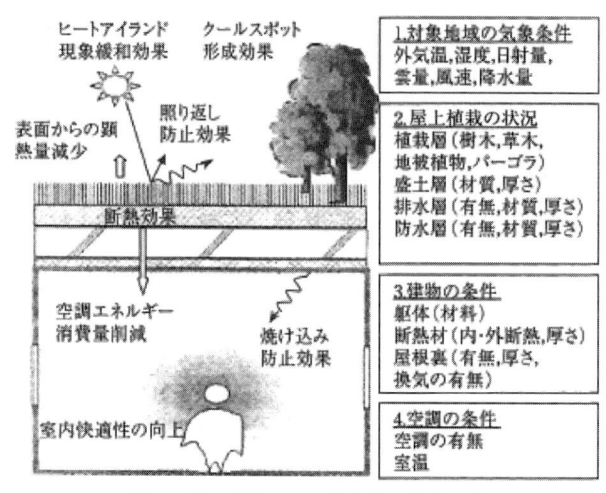

図1 屋上緑化による熱環境調整効果[1]

屋上緑化による熱環境緩和効果は，屋内外に様々な効果を与えることができるが，条件によっては，効果が少ない場合もある．

上植栽の状況」,「3.建物の条件」,「4.空調の条件」によって異なるため,これらの影響を考慮した効果の試算が必要である.

(1) 屋上緑化の焼け込み低減効果　断熱していない RC 構造の建物の屋上と,外断熱を施した屋上,さらに,それぞれに土壌厚 20 cm の盛土をして芝生を植栽した場合について,焼け込み低減効果と断熱効果を比較した(図2).

設定した入力条件の詳細は割愛するが,屋上モルタルの日射吸収率は 80%,芝生の日射吸収率は夏 75%,冬 80%,芝生の葉群層は熱容量がなく,等価的熱伝導率は夏 0.88 (W/m・K),冬 0.33 (W/m・K),盛土層の等価的熱伝導率は土質や含水率によって異なるが,悪条件の場合として夏 0.25 (W/m・K),冬 0.2 (W/m・K) 等と設定している.地域の気象条件も大きな要素となるが,ここでは東京を例として,空調負荷計算用に整備された空気調和・衛生工学会「平均年気象データ」を用いている.建物は一般的な事務所ビルで,最上階の部屋 (70 m^2) を想定している.

図3の上図は,日中の外気温が 32 ℃ 以上に上昇し,早朝でも 25 ℃ 以下に下がらない夏の熱帯夜の日の気象データを用いた,冷房していない場合の事務所の室温の日変化である.外断熱をすることによって,日中の最高室温は 10 ℃ 以上低減できる.外断熱の屋上に植栽をすることで 2 ℃ 程度さらに低減できるものの,植栽の効果として論議する場合には,屋上が断熱されているか否かを抜きには語れないことがわかる.

冷暖房をした場合について,70 m^2 の最上

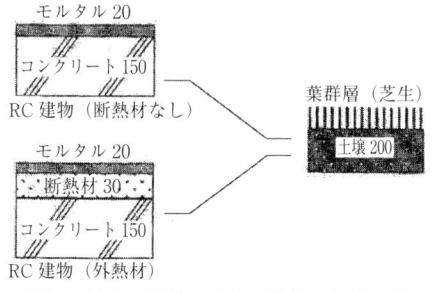

図2　屋上の断熱の有無と植栽の組合せ[1]

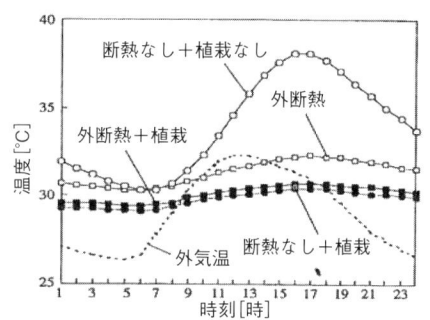

屋上植栽した場合の断熱の有無による夏季の室内変化の違い(冷房なし)

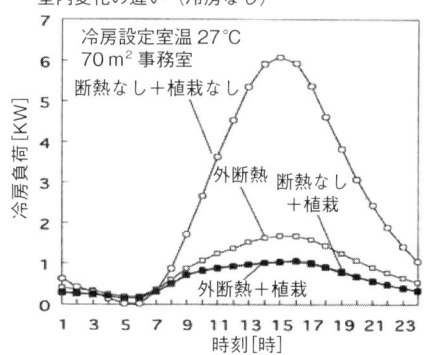

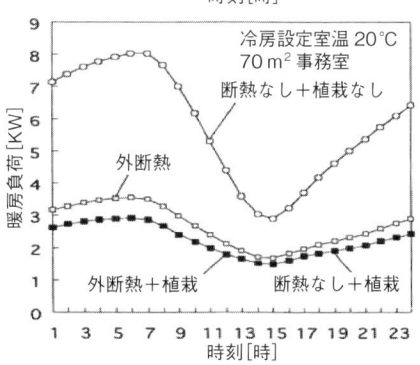

図3　屋上緑化と冷暖房負荷の関係(シミュレーション結果による)[1]

階の部屋の空調負荷を比較した場合が図3の中（冷房），下（暖房）図である．空調負荷の低減率についても，同様のことがいえる．

以上のような，非定常伝熱のシミュレーションによって，入力する各条件の値が妥当であれば，焼け込み低減効果や断熱効果を建築計画の時点で，他の要素も考慮しながら検討することが可能である．

(2) 屋上緑化の HI 現象抑制効果　緑化していない屋上面は強い顕熱発生面であるが，ここを緑化し潜熱変換面とすることで顕熱を大幅に削減し大きな HI 現象抑制効果を発揮する（2.2A 参照）．また，緑化していない屋上面は，熱伝導で建築躯体に伝導した熱が蓄熱され，夜間に赤外放射，顕熱となり大気に放熱されることで熱帯夜を出現させることにつながる．これに対し緑化することで熱伝導，蓄熱はわずかとなり，熱帯夜抑制にも寄与する．

3. 屋上緑化による様々な効果

屋上緑化には，すべての緑化がもつ効果（2.2A 参照）のほかに，いくつかの屋上緑化特有の効果がある．その効果は，植栽形態や緑の面積・ボリュームによって大きく異なるため，建築計画段階から緑化に適した建物の形や構造を検討することが重要である．植栽形態では低中高木を積極的に取り入れた方が様々な効果が得やすく，セダムやコケ類では，得られる効果も少なくなる．

(1) 屋上緑化の経済効果　宣伝・集客・収益目的の緑化は，質に大きく左右されるため，維持管理を含めて良質な緑化を検討する必要がある（表1, 2）．

(2) 屋上緑化の雨水流出抑制効果　緑化していない屋上面に降った雨水は速やかに排水されてしまう．緑化を行うことで，雨水を土壌中に保持し急激な雨水流出を抑制する．ゲリラ豪雨等においては，10〜30分程度排水量のピークを遅らせるとの報告もある．屋上においては地下浸透はないため，全流出量の抑制効果は土壌の質，量により限定される．

(3) 屋上緑化の自然生態系回復効果
人工物で覆われた都市の自然回復にとって，屋上緑化の果たす役割は大きい．植物が存在することで，それを餌とする生態系のピラミッドが形成される．植物種の数，量，および周囲の緑環境により効果が異なる．

(4) 屋上緑化の利用面での効果　利用面での効果には，① 人体周辺の微気象緩和効果（2.2A 参照），② 心理・生理的効果，③ 個人的実利（菜園等），④ 教育・療法等の場，⑤ コミュニティ形成，等がある．

4. 屋上緑化工法

人が立ち入り利用可能な屋上緑化においては，建築物により屋上へ積載可能な荷重が限られてくる．屋上緑化の荷重を，固定荷重として建築設計時に計上してある場合

表1　屋上緑化の効果評価

緑化の効果	植栽形態	高木	中木	低木	草本	芝生	セダム	コケ
経済効果	建物保護	◎	◎	◎	○	○	△	△
	省エネルギー	◎	◎	◎	○	○	△	△
	宣伝・集客・収益	◎	◎	○	○	○	−	−
	未利用地の活用	◎	◎	◎	○	○	−	−
	建築空間の創造	◎	◎	◎	○	○	△	−

◎:特に効果あり　○:効果あり　△:やや効果あり　−:効果なし

表2　屋上緑化の経済効果の概要

緑化の目的	緑化効果の概要
建物保護	太陽光（特に紫外線）や急激な温度変化を減少させ，建築躯体や防水層を保護する
省エネルギー	夏季は室内への焼け込みを抑制し，冬期は室内からの放熱を抑制する
宣伝・集客・収益	緑化を行うことで企業イメージの向上が図れる．憩いの場の提供で集客・収益の場とすることが可能
未利用地の活用	青空食堂，青空会議室，社内屋上菜園等社員の厚生施設として，多面的に利用することが可能
建築空間の創造 建築許可の取得	工場立地法で，屋上緑化が緑地面積として認められる．都市緑地法における敷地内緑地として認める自治体もある．屋上緑化義務化の自治体では，建築許可のため緑化を行う

は，その荷重以内で計画する．固定荷重としてみていない場合や既存建築物では，構造計算時の建築基準法の数値が最大値となる．屋上面全体に積載可能な荷重は，地震力計算時の積載荷重で，学校・百貨店等で130 kgf/m^2，その他の建築物では60 kgf/m^{2}となる．屋上面全体を緑化する場合はこの数値以下で計画・施工しなければならないが，1/2緑化等一部を緑化する場合，基準法の柱・梁計算時の積載荷重，床計算時の積載荷重を用いることができる．

人の利用自体を想定せずに建築した建築物の場合，建築基準法の適用を受けないため，荷重は建築物ごとに確認することが必要である．多くの場合，地震力計算時の積載荷重で30 kgf/m^{2}程度である．

屋上緑化の工法は，薄層でシステム化されあらかじめ緑化したパネルを張り付ける工法（システム緑化）と，資材を積層して現場で作り上げる工法（積層緑化）がある（図4, 5）．

(1) システム緑化　システム緑化は，おおむね荷重が60 kgf/m^{2}以下で，植物はコケ，セダム類，芝生等にほぼ限られる．

システム緑化の場合，最大の注意点は風による飛散防止であるが，対応できているシステムは少ない．メンテナンス不要を謳っているシステムもあるが，完全な無管理は不可能と考えたほうがよい．

(2) 積層緑化　積層緑化は，荷重において芝生等で120 kgf/m^{2}から，高木を使用する場合では最低400 kgf/m^{2}が必要で，灌水装置も必要となる（図6）．しかし，荷重条件に合わせ多様な植物種を使用することが可能で，種々の効果も格段に高い．

積層型システムでは荷重確保が重要であり，可能な荷重範囲内での緑化となる．そのため，植栽基盤を構成する各パーツの質を上げ，軽量でも植物生育を確保できる組合せを検討する．基盤の質が高ければ維持管理は容易になるため，両者の長短・損得を検討し緑化基盤を構成する．

図6の基盤は押えコンクリートのある場合の例であり，露出防水の場合は防水層および防根層の保護対策が重要となる．

(3) 植栽構成　植栽構成は，図7に示すように，環境条件とその緩和策，観賞性，緑化目的，要求機能（防風，目隠し），維持管理作業等を考慮し設計する．

(4) 植物種の選定　植物種は緑化目的，緑化形態および植栽構成により，それに合

図4　システム緑化の例

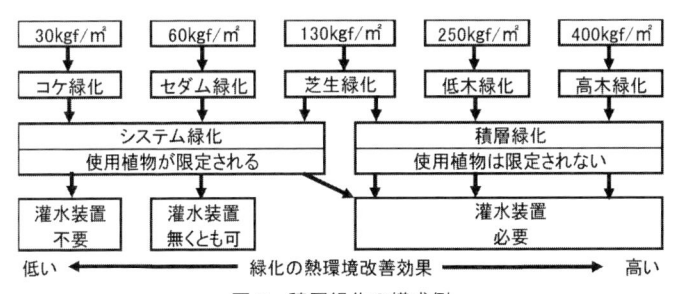

図5　積層緑化の構成例

致した植物種を選定する．

生育特性，環境適性（温度，乾燥，日照その他），鑑賞性，合目的性（微気象のコントロール等），管理性，社会性，材料調達性，施工時期，品質を検討し植物種の選定を行う．灌水装置がある場合でも，節水，装置トラブル等を考慮して計画する．低木，草本類では，15 cmの土壌厚で夏季に30日以上の連続無降雨で生存する植物が望ましい．

外周に高木・中木・低木等を複合させ，風を弱めることで，屋上の乾燥，風等に弱い植物を生育させることも可能である．

人は高木の下に入ることで落ち着くことができ，癒し効果が高いといわれている．

5. 屋上緑化の管理

目的とする緑化の効果によって管理手法，頻度等が異なる．また，植物の形態により管理手法は異なってくる．

屋上緑化の管理は，緑化を行ったことに起因する建物管理も含んで行う．屋上緑化を行ったことに起因するトラブルで，最も多いのは漏水である．原因は屋上にあるルーフドレン（排水口）の目詰まりで，水が溜まり防水の立ち上がりを越えて漏水する場合が大多数である．したがって，ルーフドレンの点検・清掃が重要である．

植物の管理としては，剪定・刈込，除草，施肥，病虫害防除および灌水管理がある．植栽後1年以内は，生育状況を常に観察して灌水，除草等を頻繁に行い，植物の活着

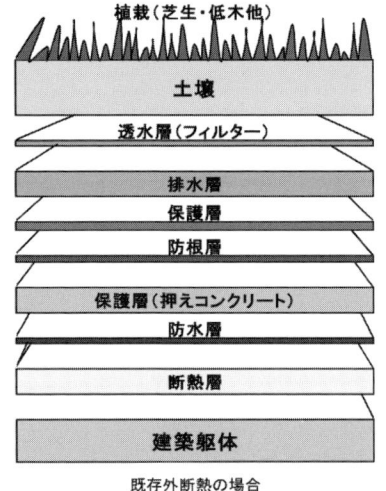

図6　積層緑化の構成例

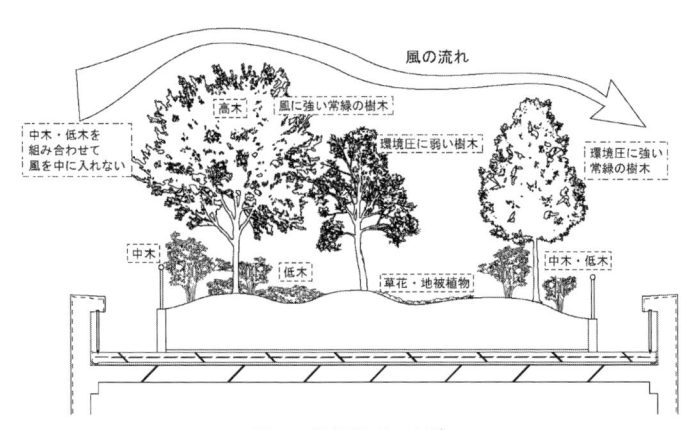

図7　植栽構成の例[2)]
中高木を配した屋上緑化における望ましい植栽構成の事例．植栽種の特徴をうまく組み合わせて，良好な生育環境を目指した多様な緑化を実現する．

をはかる必要がある．2年目以降は，将来の姿を明確にし，それに向かう管理を行う．荷重に余裕のない屋上緑化では，植物が急激に伸長し荷重が増すことは避けなければならない．したがって，植物の生育を抑制しながら熱的環境改善効果，景観を維持する管理（抑制管理）を行う必要がある．セダムやコケさらに草原等で，最低限生存していれば可とする緑化では，最低限の管理（保護管理）を行う．

灌水管理は，多くの場合タイマーによる自動灌水である．しかし，無降雨日の連続日数をカウントして灌水する方法，土壌水分を感知して制御する方法，降雨時の灌水を停止する方法等で節水を心がけることも重要である．

6. 屋上緑化に関連する法制度

屋上緑化を計画する場合，法規・条例等を調査し，検討して計画・設計を行う．表3に示すように，屋上緑化に関連する法制度は，建築構造に関係するものや，緑化面積に関係するもの，優遇措置に関係するものがあり，地方自治体により条例，指導要綱，補助・助成制度も異なるため，最新情報を入手して計画を進める．

図8 国土交通省屋上

表3 関連する法制度

	法令・条例	内容
建築構造	建築基準法・同施行令	積載荷重，風荷重，屋上排水
	消防法	避難，消防活動，不燃基準
緑化面積	建築基準法 都市計画法	緑地面積
	都市緑地法 工場立地法	緑地面積 屋上緑地化の緑地認定
	自治体条例	緑化の義務付け
優遇処置	自治体条例	融資制度，費用補助 容積率割り増し 技術指導・助言

7. 緑化事例

屋上緑化の効果を実証する施設として，平成12年（2000）に築25年の国土交通省庁舎（中央合同庁舎3号館）屋上を緑化した（図8）．緑化工法の実証も含めて，温熱環境，植物生育，鳥，昆虫のモニタリングを行い，その結果を展示・解説している．また，適正な維持管理手法・頻度を検証する場ともしている．

☞ 更に知りたい人へ

1) 東京都新宿区編著：都市建築物の緑化手法，彰国社，1994
2) NPO法人屋上開発研究会監修：新版屋上緑化設計・施工ハンドブック，マルモ出版，2014
3) 藤田　茂：日本一くわしい屋上・壁面緑化，エクスナレッジ，2012
4) 梅干野晁：立体緑化による環境共生，ソフトサイエンス社，59, 62, 63, 2005

壁面緑化

2.2G

緑で建物をやさしくつつむ

1. 壁面緑化とは

壁面緑化は，建物の壁面に限らず躯体壁面のない建物鉛直面，ガラス窓，ベランダなどの緑化も含んでいる．さらに，土木構造物の鉛直面，フェンス，ゲート，ポールなどの構造物鉛直面，および鉛直に近い立面を緑化することである．

（1）壁面緑化の歴史　欧州では古くから，レンガ等の壁の前に果樹を植栽し，レンガ壁に蓄積された熱を利用して寒冷地で果物生産するエスパリアの手法が用いられている．

日本古来の木造建築物では，壁面緑化は湿気がこもるとして忌避されてきた．日本での建物壁面の緑化は，明治以降のレンガや石材造りの建築物に自然発生的に始まったものが修景物として残されたと考えられる．積極的な緑化は，大正13年（1924）に西日除けを目的に甲子園球場をナツヅタで緑化したことといわれている．しかし，このような積極的な緑化が普及するのは，昭和の後期以降である．さらに，壁面に基盤を設ける壁面基盤型緑化は，平成以降に出現し近年急激に普及し始めた．

また，東京都など多くの自治体が壁面の緑化面積規定を変えたことで，急激な緑化面積増加が進行している．

（2）壁面緑化の面積　1995年時点での，日本の主要都市における屋上・壁面の面積の推計値（表1）から11都市の合計をみると，壁面は屋上の約5倍の面積を有している．高層化が著しい東京では24倍にも達している．この都市全体の中で占有する面積が大きい壁面を緑化できれば，HI現象抑制に大きく貢献することとなる．

表1　主要都市の屋上・壁面面積（ha）[1)]

都市名	屋上面積	壁面面積	都市名	屋上面積	壁面面積
札幌	1,547	2,377	神戸	3,357	5,872
仙台	2,570	2,984	広島	1,978	3,250
東京	4,140	98,068	高松	405	1,664
横浜	3,862	6,502	北九州	3,301	3,623
名古屋	4,565	7,904	福岡	2,141	3,099
大阪	1,907	17,883	合計	18,591	135,718

2. 壁面緑化による熱環境調整効果

（1）壁面の受熱日射量　壁面では，向いている方位により日射量が大きく異なる．水平面とは逆で，太陽高度が高くなると日射量は減少する．また，方位による入射角によっても日射量は異なる．さらに，天空率でみると基本的に50%以下となる．

東京近辺の北緯35度における，1日中太陽に正対する面での日射を1とした場合の，水平面と方位（向き）別に受ける日射を相対比として算出した（太陽光が大気中を通過することによる減少は無視している）．南向き壁面の夏至の相対値は0.1であり，東・西向き壁面の1/3でしかなく，南向き壁面を緑化しても夏季の温熱環境改善

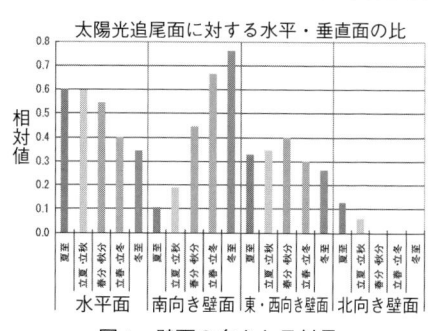

図1　壁面の向きと日射量

効果は少ないことがわかる（図1）．
(2) 壁面緑化の環境改善効果　緑化部位別に，壁面緑化の環境改善効果を評価したものが表2である．西向き壁面において種々の効果が高くなっており，ここを緑化する意義が大きい．

表2　緑化部位別環境改善効果の評価

緑化目的 （効果）	緑化部位	建築壁面 （躯体有り）				建築立面躯体無し	擁壁	ウォール	フェンス	覆蓋
	方位	南向き	西向き	東向き	北向き					
HI現象抑制		△	○	△	×	△	△	△	△	△
大気浄化		△	○	△	△	△		△	△	△
自然生態系回復		△	△	△	△	△		△	△	△
景観形成		○	○	○	○	○	○	○	○	○
建物保護		△	○	△	△	△				
省エネルギー		△	○	△	×	△		△	△	△
微気象緩和		△	△	△	×	△	○	△	△	○

凡例）○:効果的　△:やや効果的　×:効果無し

(3) HI対策からみた壁面緑化の効果
図2は，壁面の緑化工法別のコンクリート壁表面温度の測定結果である．

緑化区①は，ヘデラ類による下垂型緑化で，温度測定位置は打放し鉄筋コンクリート壁となっている．緑化区②は，壁面基盤型のヘデラ類による緑化であり，壁面全体を均一に覆っている．緑化区③は，ヤシ繊維の面的補助資材＋格子型補助資材にヘデラ類を壁面から15cm離して設置している．緑化していない対照区は，厚さ400mmの打放しコンクリート壁である．壁面は西向きであるため，15時過ぎに最高温度となっている．緑化区②は対照区と比べ最大10℃差が見られ，他の緑化区も含めてすべて対照区より低く推移している．また，温度が緑化区②＜緑化区③＜緑化区①の順で推移しており，基盤を含めた緑化部分の厚さがその差として現れている．

(4) 壁面緑化による西日遮へい効果
西壁全体がナツヅタで覆われた住宅で行った実測結果により，その西日遮へい効果を示す．図3は，コンクリートの西壁にツタをはわせた場合とはわせていない場合の，夏季の晴天日における外壁の断面温度分布を比較したものである（測定日が異なるため，気象条件，縦軸の値は左右で異なる）．ナツヅタがない西壁では，正午から日射を受け始め，15時頃には外壁の屋外側の表面温度は45℃以上にも上昇する．この吸収された日射熱は室内側に伝わり，18時間後には室内側の表面温度は37℃に達してしまう．これに対して，ナツヅタをはわせた場合には，日射を正面から受けたツタの葉は表面温度が若干上昇するものの，西壁への日射の影響はほぼ完全に除かれていることがわかる．

西壁に面した部屋の中央で測定したグローブ温度を比較しても，ツタの西日遮へい効果が読み取れた．ツタがない場合には，夕方から夜にかけて焼け込みによって西壁の表面温度が室内より高くなることから，グローブ温度と室温との差はプラスの値を示す．しかし，ツタがある場合，冷房しているとき以外はグローブ温度が室温より高くなることはほとんどない．

(5) つる植物の日射透過　よく生長したツタのスクリーンでは，壁面からツタの葉の先端まで30cm近い空気層が形成されている．二重，三重に重なったツタの葉で

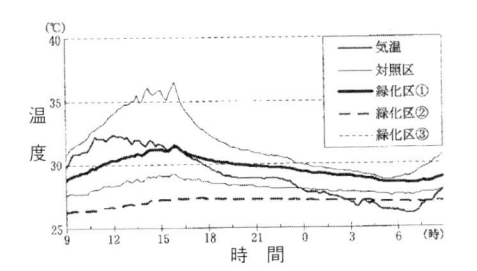

図2　壁面表面温度（2003年9月10日，高島平西向き壁面，天候：晴）[2]

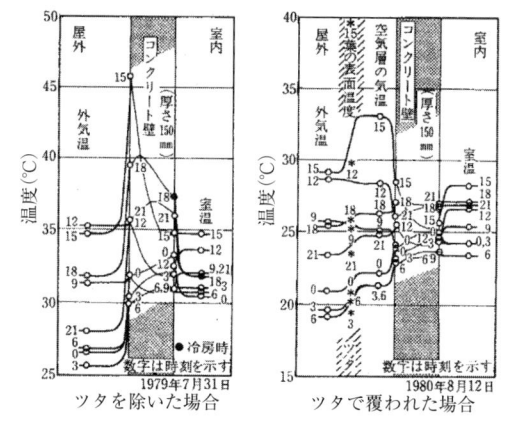

図3　コンクリート西壁にツタをはわせた場合の日射遮へい効果[3]

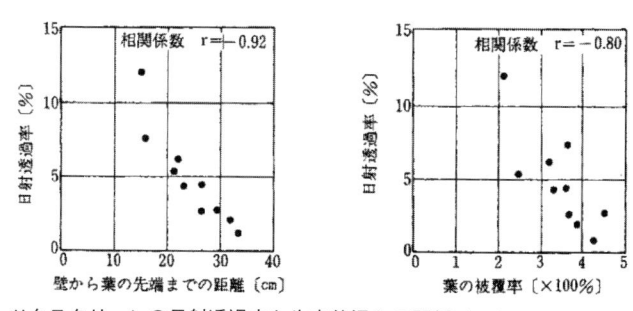

図4　ツタスクリーンの日射透過率と生育状況との関係（都内の夏ツタの調査結果）[3]

日射が遮られ，かつ吸収された日射熱はこの空気層が緩衝帯の働きをして，西壁への伝達を防いでいる．実測の対象としたような管理が行き届いていて生育状況のよいツタスクリーンの等価的日射遮へい率は，スクリーンの日射透過率が5.3％の場合には2次的影響がこれに加わり，12％前後の値となり，等価的な対流熱伝導率は$5 W/m^2 \cdot K$と小さいことが明らかとなった．

図4は，都市内の数十か所でナツヅタを対象に調べたスクリーンの日射透過率と生育状況との関係である．葉の先端から壁面までの距離があるほど，また葉の被覆率が高いほど日射透過率は小さく，両者にはよい相関関係が見られる．生育状況のよいツタスクリーンの日射透過率は数％であるから，前述の実測結果とほぼ同様の日射遮蔽効果が期待できる．

3. 壁面緑化工法

壁面緑化工法は，図5に示すように緑化形態として直接登はん型，間接登はん型，

表3　緑化工法別経費・耐久性

コスト・耐久性 緑化形態	造成費	管理費	改修費	耐久性	景観性	備　考
直接登はん	◎	◎	○	○	△	改修時の壁面清掃等別途
間接登はん	○	○	△	○	○	造成費：登はん補助資材を含む
下垂	△	◎	○	○	○	基盤造成費：コンテナで試算
壁前植栽	○	△	○	○	○	造成費：誘引補助資材を含む
壁面基盤	×	×	×	△	◎	灌水装置が不可欠

凡例）コスト　◎：非常に安価　○：安価　△：高価　×：非常に高価
　　　耐久性　○：耐久性高い　×：耐久性低い

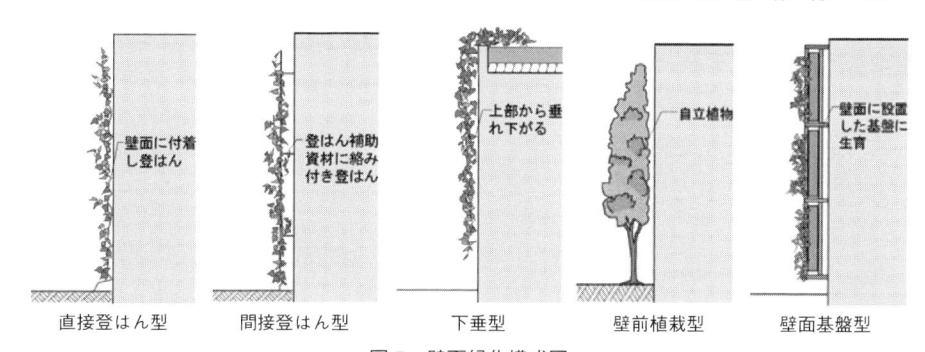

図5 壁面緑化模式図

（直接登はん型／間接登はん型／下垂型／壁前植栽型／壁面基盤型）

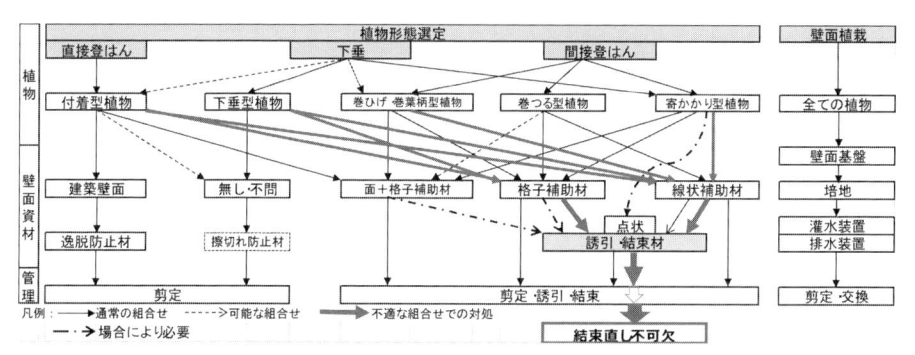

図6 壁面緑化計画の進め方

下垂型，壁前植栽型（エスパリア含む），壁面基盤型に分類できる．また，緑化基盤の形態による分類もあり，自然地盤，人工地盤，コンテナ，壁面基盤に分類できる．この緑化形態と基盤形態の組合せで，緑化を検討する必要がある．壁面緑化は工法により，造成費，維持管理費，改修費および耐久性が大きく異なる．さらに，建築物への影響も異なるため，事前の検討が重要である（表3）．

壁面緑化では，つる性の植物を使用した緑化と，壁面に基盤を設けすべての植物が使用可能な緑化工法では，計画手法が根本的に異なってくる（図6参照）．

(1) つる性植物による緑化　つる性植物を使用する場合，その登はん形態により，壁面自体，登はん補助資材，および誘引結束の要・不要が異なる（表4）．最近，線材を登はん補助資材として使用した壁面緑化が増加している．しかし，付着型植物等を使用するなど，登はん形態と補助資材の組合せを無視した例もみられる．その結果，結束と定期的な結束直しが不可欠となるが，これらの例では適正に施工・管理されていない例が多く，結束部分から上部の枯死が懸念されている．また，付着根型の植物の中には，背後に壁等がないと風が抜けるためか生育が悪化する種がある．寄かかり型の植物を使用した場合も定期的な結束直しが不可欠である．

面的な資材と格子状資材を組み合わせた登はん補助資材は，多様な登はん形態の植物に適応できる．

(2) 壁面基盤型緑化　壁面基盤型緑化

表4 つる植物の登はん型の特性と使用上の留意点

植物型	登はんの特性	登はん補助資材使用上の留意点	登はん形態 直接	間接	下垂
付着盤型	巻ひげ先端の吸盤状器官により付着し登はんする、付着力は強い	壁面自体に付着登はんするため登はん補助資材は不要である	○	△	△
付着根型	付着根により付着し登はんする、付着力は種によって差がある 壁面の質、形状により付着力は異なる	壁面自体に付着登はんするため登はん補助資材は不要であるが、平滑な壁面では剥離する場合がある	○	×　▲	○
巻ひげ型	巻ひげを巻きつけて登はんする	格子状登はん補助資材が適する	×	○	△
巻葉柄型	長く伸びた葉柄が巻き付き登はんする	登はん補助資材の前面に生育しやすいため、格子を縫うように誘引する	×	○	△
巻つる型	茎が螺旋状に巻き付き登はんする、巻付き能力は種により異なる	線状登はん資材、格子状登はん補助資材が適する	×	○	×
寄かかり型	刺・逆枝などを引っ掛けて登はんする 単に他の植物を覆うように生育する	壁面に登はんさせるには誘引・結束が不可欠 登はん補助資材は格子型が適する	×	●	×
這性型	地面を這うように生育する	登はんには適さず、下垂させる	×	×	○
下垂型	這性・寄かかり型の植物を下垂させる 付着根型の植物も下垂に適する	壁に沿って下垂すると風で揺れて、角で擦り切れる場合があるため、補助資材で保護する	×	×	○

凡例）○：適する △：やや適する ×：適さない ●、▲：誘引・結束が不可欠

の培地は，一般的な土壌に限らず，繊維，樹脂，ピートモス類，人工土壌固化，セラミック等多彩な培地が使用されている．しかし，緑化システムと対で製品開発されているため，緑化システムを採用すると必然的に培地が決まってくる．また，この緑化システムの場合，荷重の関係から土壌（培地）の量が限られ，垂直であるため雨水は最上部のみしか得られない状態となる．したがって，灌水装置が不可欠であるが，灌水トラブルによる生育不良・枯死が多く見られる．灌水トラブルの回避策が，基盤型壁面緑化の成功の鍵である．

壁面基盤型の緑化は費用面，耐久性の面では劣るが，修景面では非常に優れている．つる性植物以外の多様な植物種が使用可能であり，熱的効果も他の工法より高い．また，花による短期的な修景や，室内での緑化も可能であり近年事例が急増している．短期的な修景といっても，植物種の選定を考慮すれば耐久性の面で従来の緑化業界のシステムと比較して，遜色ないものが出現している．

壁面基盤型緑化は，HI現象抑制効果，修景効果が他の緑化工法より高いが，建設費，維持費は格段に増加し，耐久性は他の工法より劣る．

4. 壁面緑化の施工と管理

壁面緑化は，垂鉛直での施工・管理作業となるため，壁面に近づくための装置が必要となる．

施工においては，重量物の揚重があるため，足場，高所作業車が必要でその設置スペースの確保が重要となる．登はん補助資材の設置は，壁面とアンカー資材の相性，取付け強度に注意する．強度に関しては，重量による垂直荷重よりも風の負圧による引きはがしの水平荷重の方が大きくなるため，強度計算を行った上で施工する．

管理作業においては，年に数回壁面に近づく必要があるため，その方法を検討する．また，基盤型壁面緑化の場合の植替え作業では，植替え資材の揚重が必要となる．基盤型壁面緑化の場合，そのシステムと灌水方法は対で開発されている．しかし，水が葉を伝って外へ滴下・飛散する，緑化面下に水が流れ出す等の問題も起こっているため注意を要する．付着型植物，寄かかり型植物を登はん補助資材に登はんさせる場

合，定期的な誘引・結束が不可欠である．

5. 壁面緑化に関連する法制度

壁面緑化を計画する場合は建築基準法，消防法および条例等をチェックする．居室の開口面積，避難・消防用通路幅，延焼防止策，セットバックへの対応等検討する．

屋上緑化の義務付け制度等による壁面緑化の面積計算は，従来，延長×1m であった．しかし，近年東京都をはじめ，兵庫県，埼玉県，大阪府，京都府等で，登はん補助資材を設置した場合その面積（一部規定がある）を緑化面積として認めるようになった．自治体ごとに異なるため，最新の情報を収集して計画を進める必要がある．

6. 緑のカーテン

近年の電力不足を受けて，緑のカーテンが急速に普及している．緑のカーテンは，窓などの開口部の前面を覆うように設置するが，その緑化手法は壁面緑化の登はん補助資材を用いた間接登はんである．

(1) 緑のカーテンの規模と手法　戸建て住宅の1，2階程度や，集合住宅の各戸の窓辺に設置した緑のカーテンは，建物所有者が仮設物として設置したものとして法的規制は受けない．したがって，人工繊維やアサ等のネットが用いられる．しかし，建物の3階以上に達するような大規模なものは，建築物の一部として安全性の確保が必要となる．したがって，壁面緑化の1形態として，風に対する強度などが求められる．

(2) 緑のカーテンの植物資材　緑のカーテンに使用する植物は，夏季にのみ葉を茂らす植物が用いられ，一年草，宿根草が適しているが，落葉のつる性植物も使用可能である．巻きひげ，巻き葉柄型の植物は，撤去時に下から引っ張ると比較的容易に外すことが可能であり，ネットの再利用が可能である．巻付き型の植物は，ネットごと外すしかなくなる．

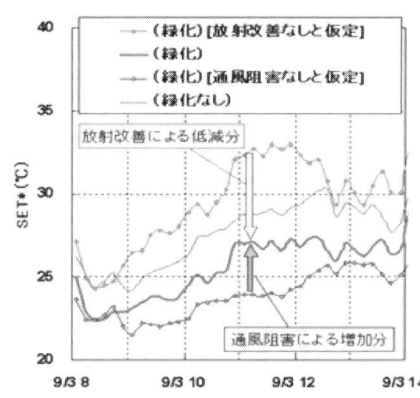

図7　緑のカーテン温熱環境改善効果[5]（2006年9月）

(3) 緑のカーテンの温熱改善効果　緑のカーテンの有無による体感温度を，温熱環境指標である標準新有効温度（SET*）により比較した．図7には，緑化教室で非緑化教室と同じ風速を仮定した場合のSET*を併せて示した（緑のカーテンによる通風阻害がなかった場合に相当）．一方，緑化教室で非緑化教室と同じ平均放射温度を仮定した場合の結果も示した（緑のカーテンによる放射環境の改善がなかった場合に相当）．この結果と，実際の緑化教室のSET*との差が，緑のカーテンによる放射環境の改善によるSET*の低減分とみなせる．放射環境の改善効果は通風阻害によるマイナス効果の2倍程度と見積もられる．

☞ 更に知りたい人へ

1) 藤田　茂：日本一くわしい屋上・壁面緑化，エクスナレッジ，2012
2) 山田宏之：壁面緑化のQ&A，((財) 都市緑化機構特殊緑化共同研究会編著)，鹿島出版会，2012
3) 山口隆子：ヒートアイランドと都市緑化，成山堂書店，85，2009
4) 梅干野晁：立体緑化による環境共生，ソフトサイエンス社，64-66，2005
5) 成田健一：山本工務店ウェブサイト，2006

校庭の芝生化

飛び跳ね，転げまわれる緑の校庭

1. 校庭の芝生化

近年，子供の運動不足，体力の低下が大きな社会問題となってきた．気軽に飛びまわれる芝生であれば，運動不足が解消され，体力向上にもつながる．昭和47年（1972）になると，文部省は学校環境緑化促進事業を5か年計画で策定した．市街地地域の公立学校を対象とし，保健衛生，公害防止を目的として芝生化するように指導し，その助成を行った[1]．2000年代に入り，文部科学省をはじめ地方自治体が校庭の芝生化を推進するための振興策や支援策を次々と打ち出している．自治体（東京都等）によっては，HI対策と明示して積極的に校庭の芝生化を推進しているところもある．

教育機関である学校につくられる校庭の芝生を，自然教育の一環に組み込むことでその存在が生きることになる．

2. 校庭緑化による熱環境調整効果

従来の校庭は，アスファルト舗装，土系舗装（ダスト舗装等）が主であり，一部にゴムチップ舗装，人工芝舗装等がある．夏季の日中に日射が当たるアスファルト舗装面では表面温度が最高60℃に達する場合もあり，舗装内への伝導・蓄熱量も大きい．

（1）芝生の蒸発散　土壌面を含む芝生面では，蒸発散作用による潜熱放射が卓越し，顕熱放射は非常に少なくなる．伝導・蓄熱量も少なく，夜間は気温より低くなる場合もあり，顕熱放射がマイナス（吸収）となって周辺の気温を下げることになる（図1）．

（2）体感温度　高さ1.5mにおける

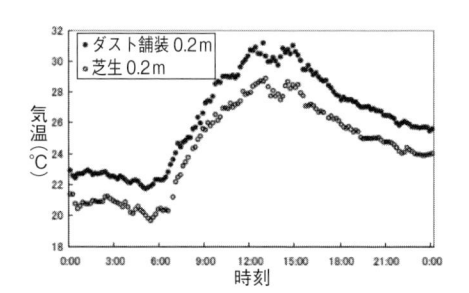

図1　ダスト舗装校庭と芝生校庭の高さにおける気温の経時変化（0.2m，2005年8月17日）[2]

WBGTの比較（図2参照）では，熱中症に対する「警戒」の範囲25℃以上が，ダスト舗装校庭で延べ8時間40分，芝生校庭で7時間10分であった．芝生校庭は，ダスト舗装校庭より1時間30分少なかった．時間帯においても，芝生校庭のほうが5℃から10℃低く推移している．朝に一時，温度が反転する理由は蒸散による湿度上昇と考えられている．

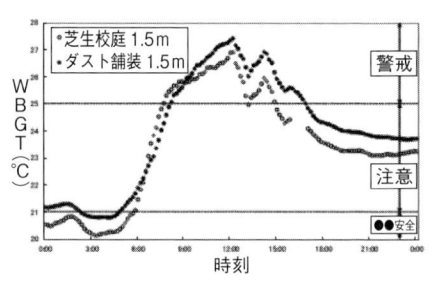

図2　ダスト舗装校庭と芝生校庭におけるWBGTの経時変化（2005年8月17日）[2]

表1 校庭の芝生がもたらす多面的効果[1]

熱環境の改善	運動意欲の増進
光の照り返しの防止	糖尿病の予防・治療
空気質の改善	眼病の予防
騒音の緩和	傷害の防止
雨水の浸透能が高まる	衝撃の緩和
飛砂の防止	自然の感触をもたらす
霜柱の発生の防止	自然教育の場
「ぬかるみ」化の防止	新たなコミュニケーションの形成
視環境の改善	
心理・生理的効果	経済的効果

表2 校庭芝生化に関する問題点

日照条件	使用頻度	農薬使用の可否
気温条件	踏付け強度	オーバーシーディング
植物種	養生期間	トランジション
常緑・冬枯れ	管理頻度	造成費
緑化範囲	管理水準	管理費
基盤条件	管理実施者	雑草の許容範囲
灌水装置	管理機器	

3. 校庭芝生化による様々な効果

校庭芝生化で期待される効果には，表1がある．これらは，①環境に関わる効果，②健康に関わる効果，③教育に関わる効果，④コミュニティ形成に関わる効果に大別できる．

学校の校庭においては，自ら触れ，管理の一部を担うことで自然教育，環境教育につなげるようにすることも重要である．

4. 校庭芝生化工法

(1) 芝生化の植物生育に関する問題点（表2）

①日照条件：眺めるだけの芝生においては，コウライシバ等で1日の日照時間が4時間以上とされているが，児童・生徒の利用を前提とした校庭の芝生では6〜8時間以上の日照が必要となる．夏芝（暖地型）と呼ばれるコウライシバ，ノシバ，バミューダグラス類等は，冬季は休眠するため冬季の日照時間は少なくともよい．冬芝（寒地型）と呼ばれるライグラス類，ブルーグラス類，フェスク類等は冬季の日照が重要である．夏芝は相対的に光要求量が高く，冬芝は低い．

②気温条件：ノシバは東北の海岸線付近が北限であり，他の夏芝と呼ばれる種では北限が南に下がってくる．冬芝と呼ばれる種では，北海道北部でも生育可能であり，暖地になるほど生育に支障が出てくる．

③植物種：基本的な検討事項として，冬季に緑を保つか否かが重要となる．夏芝であれば，冬季は地上部が枯れて緑ではなくなるが，年間の維持管理は比較的容易である．冬芝のみであれば，冬季は緑が保てるが夏季は維持管理の頻度，技術が高くなければ維持が困難となる．

④オーバーシーディング：冬芝と夏芝の長・短所を補完する形で近年急速に普及し始めているのが，オーバーシーディングによる工法である．冬季には冬芝で緑を保ち，夏季には夏芝で芝生の生育を確保する工法である．しかし，秋の冬芝播種と春のトランジション（切換え）は，一足の知識経験がなければ難しい（図4）．

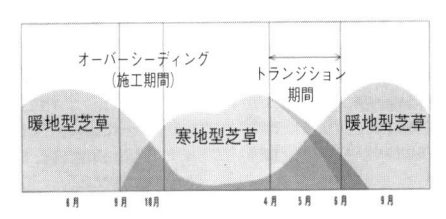

図4 オーバーシーディングにおける芝草の生育曲線と工程[1]

⑤芝生の造成方法：工法としては様々な方法があるが，大別すると以下の3パターンになる．

張芝：芝を畑で土を付けたまま切り出し，造成面に張り付ける．

播き芝：ほぐした芝をバラバラにして造成面に植え付け，面的に広げてターフを完成させる．安価で造成できるが全面被覆まで

の養生期間が必要であり，施工は温暖期に限られる．近年ではポット苗を一定間隔で植える方法もよく行われている．
播種：芝生の種子（数種類混ぜる場合が多い）を播き，芝を育ててターフを完成させるが，播種の時期は植物種により異なる．

(2) 芝生化の基盤等に関する問題点
① 緑化範囲：都市部においては，日照条件，1人当りの校庭面積，利用方法等から，校庭の全面緑化が困難な事例が多く，校庭の一部のみの緑化が増加している．
② 児童・生徒1人当りの芝生面積：校庭芝生の，児童・生徒1人当りの芝生面積は，$20m^2$/人以上が理想とされており，一般的には$10〜15m^2$/人が目安となっている．しかし，現実には$6m^2$/人以下の事例も多くみられ，芝生の生育上多くの問題が出ている．
③ 芝生の基盤：一般的に芝草は透水性（通気性）のよい基盤を好むため，サッカー場等ではサンド構造の基盤が造成される．しかし，校庭では現況基盤を利用する方法が一般的であり，透水性・通気性改善のために砂あるいはパーライト等の土壌改良材を10〜30％混合撹拌して基盤を造成する方法が多く用いられている．芝生表面の排水のため1/200〜1/100程度の勾配で造成している．とくに，土壌下層の排水が不良な場合は，暗渠排水管を設置する．
④ 灌水装置：校庭の芝生でも散水は基本作業の1つである．面積が大きい場合は散水に時間がかかるため，移動式のレインガンや埋設式のスプリンクラーを備えておくことが望ましい．

5. 校庭緑化の管理

芝生の機能を維持し良好に生育させるためには，管理作業が不可欠である．

(1) 管理体制　管理作業には容易に誰でもできる管理と，専門的な知識と技術を要するものがある．校庭の芝生においては，専門的な知識・技術を必要としない管理作業を，日常管理として学校関係者が行い，専門知識・技術を要する作業を専門業者に委託する方法が多い．

(2) 日常的な管理作業
① 刈込：刈込の回数は，暖地型の芝草のみであれば年間10数回であるが，寒地型の芝草をオーバーシーディングした場合年間50回以上が必要である．
② 施肥：冬季を除き，少量ずつ回数を多く施すことが理想であるが，暖地型の芝草では緩効性の肥料を年2〜3回程度施肥する例も多い．
③ 除草：除草は手抜きが基本であり，教育を兼ねて児童・生徒に行わせる場合も多い．芝刈を頻繁に行うことで，雑草を共存させる方法が多く採用されている．
④ 部分目土：校庭の利用によってできた不陸・損傷箇所に部分的に目土を行うことで，均一な芝生を維持する．
⑤ 病害虫防除：校庭の芝生では，児童・生徒が転げまわることも多いため，農薬の使用は極力避けたい．芝生を良好に生育させることで，病害虫の発生を抑制することが望ましい．
⑥ 灌水：散水を行う時刻は早朝が望ましく，夏季の高温時の散水は，蒸れや糸状菌の発生で芝生に被害が出る可能性が高くなる．暖地型芝草では耐旱性が高いため，夏場に頻繁な散水が必要となる．

(3) 専門業者の管理作業　エアレーション，バーチカル，目土散布，ローラー転圧等は専用の機器が不可欠であり，専門業者に委託して行う．また，ウインターオーバーシーディングを行う場合も，専門的な知識・技術がないと難しい．実際に多くの学校で指導に基づいて実施している事例があるため専門業者以外でも不可能ではない．
① 管理機器：日常管理に使用する機器として，芝刈機，肥料散布機，移動式スプ

リンクラー等が必要となる．一輪車，スコップ，レーキ，トンボ（木製の土壌均し器）等も作業人数に合わせて必要となる．

　②養生期間：芝生は生き物であり，年間を通して常に使用されると生育不良になるため，良好な生育を確保するための養生期間が必要となる．

6. 校庭芝生化に関する法制度

　文部科学省においては，校庭芝生化を「安全・安心な学校づくり交付金」における「屋外教育環境施設の整備」で補助を行っている．エコスクールパイロットモデル事業等においても補助を行っている．また，各自治体においては何らかの形で補助を行っているため，調査して活用することが望ましい．さらに，いくつかの民間企業でも主にCSRの観点からの補助を行っている．

7. 望ましい校庭緑化事例

　東京都杉並区立和泉小学校（図5）では，校庭の芝生は，学校の教職員だけでなく保護者の理解と協力がないと取り組めないことから，共通理解を得ることを最優先した．共通の目的に向かってスクラムを組めたこ

図5　杉並区立和泉小学校

とが，校庭芝生化の成功の礎となっている．基盤は暗渠排水と，砂8：黒土2の混合土20cm，芝草は寒地型芝生3種の混合である．

☞ 更に知りたい人へ
1) 近藤三雄編：芝生の校庭，ソフトサイエンス社，13, 41, 42, 86, 2003
2) 横山　仁：東京都環境科学研究所年報，**6**, 104-106, 2006
3) 都市緑化機構グランドカバー・ガーデニング共同研究会編：知っておきたい校庭緑化のQ＆A，鹿島出版会，2013

駐 車 場 緑 化

アスファルトを緑へ

2.21

1. 駐車場緑化とは

都市の土地利用において，駐車場は大きな面積を占めている．駐車スペースは全日・全時間使用している場合は少なく，車路部分の使用時間はさらに少ない．アスファルト舗装面やシェルター屋根面を緑化することで，長波放射面や顕熱発生面を減少させることが可能である．

駐車場緑化は，駐車スペースの床面を緑化する方法のみが一般に考えられているが，床面の緑化は利用者にとっては快適とはいえない．駐車場緑化の分類は表1のように整理できるが，立体駐車場は屋上緑化・壁面緑化の項で記述されているため，ここでは平面駐車場の駐車スペース・車路の床面緑化，および高木・日陰棚緑化，シェルター屋根緑化について記述する．

緑化形態別の，日照，重視する緑化目的等の整備条件は表2のように整理できる．

日本では，駐車スペースの中に高木を植栽した緑化駐車場は少ないが，周囲から駐車スペースに枝を伸ばした駐車場緑化はいくつかみられる．郊外では，フジ棚，ブドウ棚の下に駐車する事例が多く見られる．

屋根付き駐車場の屋根部分を，駐車場資材業界ではシェルターと呼んでいる．単純な構造で積載可能荷重もわずかであるが，セダム類，つる植物等での緑化が増加傾向にある．地上からつる性植物を伸長させ屋根まで覆うか，屋根面の片方に基盤を設けて屋根を覆う緑化工法も出現しているが，施工事例は少ない．

表1　駐車場緑化の分類

形状	移動方式	建物等形態	緑化形態
平面駐車場	自走式	屋根無し	駐車スペースの床面緑化
			車路の床面緑化
			高木による緑化（緑陰）
			日陰棚緑化
		屋根付き	シェルター上緑化
立体駐車場	建物内自走式	簡易式	壁面緑化
		建物内駐車	壁面緑化
			各階外周緑化
			屋根緑化
		地下駐車場	屋上緑化（公園利用等）
		屋上駐車場	屋上緑化（外周等）
	機械式		壁面緑化

表2　緑化の整備条件

緑化の整備条件	日照条件			緑化目的		スペース			建設費			管理費		
	良好	やや良好	不良	環境重視	経済重視	利用者重視	余裕あり	やや余裕	余裕無し	余裕あり	やや余裕	余裕無し	余裕あり	やや余裕	余裕無し
緑化形態															
駐車スペース床面緑化	○	△	×	○	△	×	○			△	○	×	○	×	×
車路床面緑化	○	△	×	○	△	×	○			△	○	×	○	×	×
高木緑化	○	○	△	○	○	○	○	△	×	○	○	△	○	△	×
日陰棚緑化	○	○	△	○	○	○	○	△	×	○	○	△	○	△	×
シェルター上緑化	○	○	△	○	○	○	○	△	×	○	○	△	○	△	×

2. 駐車場緑化による熱環境調整効果

（1）床面緑化　駐車場床面緑化は，芝生地などと同等の熱環境調整効果を有するが，補助材（踏圧防止材）の占める面積が大きい場合には，その部分が高温化し効果が減少することが多い（図1）．また，駐車スペース部分のみを緑化して走行路部分は舗装のままという場合も，緑化面積に比例した熱環境調整効果しか得られないことになる．

補助材に枕木などの木質系素材を用いた場合，とくに日中には補助材面が高温化し，顕熱の発生量を増やす．しかし，熱伝導率が小さく蓄熱がないため夜間は速やかに冷却して，周囲の緑被面とほとんど変わらない温度にまで低下することが多い．コンク

リートやレンガなどが素材の場合は，日中は木質系素材よりも温度は上がりにくいものの，蓄熱量が多く夜間の温度低下は遅くなる．それでも全面に敷き詰めた舗装材ほど蓄熱することは少なく，比較的速やかに冷える．このように，植栽地に分散して埋め込まれた資材は，密に敷き詰める使用方法よりも HI の原因とはなりにくいという特性がある．

植物が枯死した場合，葉面からの蒸散がなく，また地面への直達日射が多くなるため，日射が当たった部分は非常に高温化する（図1）．場合によってはコンクリートやアスファルトの舗装面よりも高温になることもあり，日中の顕熱量低減という視点からは大きなマイナスとなる．この場合でも，蓄熱が少なく夜間は速やかに低温となるので，熱帯夜抑制には寄与する．

舗装面と比較して，緑化した駐車場は表面温度が低下するため，床面からの長波放射量（熱赤外線放射量）が減少し，体感的にも暑熱感が緩和される．図2は緑化駐車場面（GP）と，通常のアスファルト舗装面上 1.5 m 地点でのグローブ温度を実測した結果である．

午前中はアスファルト面が十分に温まっていないために温度差は小さいが，蓄熱が進行した正午から午後にかけては，明確な差異が生じていることがわかる．

（2）高木・日陰棚緑化　駐車場に高木植栽やフジ棚等を設置すると，その下に駐車した車に直射光が当たらず，車内の高温

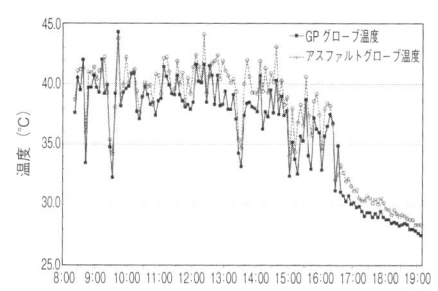

図2　緑化駐車場（GP）とアスファルト舗装面上 1.5 m におけるグローブ温度差（兵庫県福祉センター，2005 年 8 月 20 日）[1]

化が防止できる．車の有無にかかわらず，日射遮へいで舗装面の蓄熱，長波放射，顕熱を削減するため，HI 現象の抑制に寄与する（図3）．

高木・日陰棚緑化は，床面の緑化と異なり，高い位置で日射を受け潜熱に変換する．日陰部分の熱葉面温度は気温より低い場合が多く，そこから四方に向かう長波放射は人の体温より低く，冷放射となる．また，蒸散量が多ければ顕熱の発生も少なくなり，ときにはマイナスとなり気温を下げる方向に働く．

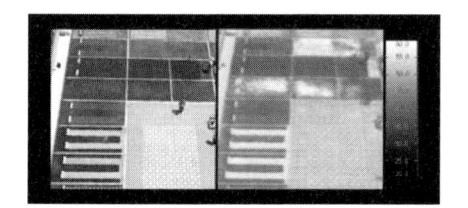

図1　各種緑化面の表面温度比較（兵庫県福祉センター，2005 年 8 月 20 日）

図3　樹陰と日照地の車の表面温度（さいたま新都心駅前，2008 年 9 月 8 日）

(3) シェルター屋根緑化　シェルター屋根緑化は，荷重的に重量物が積載できず，セダム類による緑化が多い．昼間の熱環境改善効果は，高木，芝生等より少ないがそれなりにあり，熱帯夜抑制効果は全面の芝生緑化と同程度となる．したがって，補助材の多い駐車場床面緑化よりは熱帯夜抑制効果が高いといえる．また，シェルターの下は日照が遮られ，緑化があることで屋根裏面の温度が低く，顕熱発生，下向きの長波放射が少なくなる．

3. 駐車場緑化の様々な効果

駐車場緑化の熱環境改善効果を含めた様々な効果と，緑化により発生する問題点に評価を加え，表3に整理した．

床面の緑化は歩行感覚の悪化，車内温度上昇などの問題がある．高木，日陰棚緑化は，樹液・昆虫排泄物による車屋根の汚れ，強風時の落枝・倒木の問題がある．シェルター屋根緑化は，緑化が視認できずらい，建設コストがかかる等の問題がある．

4. 駐車場緑化工法

駐車場緑化の中で床面緑化，高木緑化，日陰棚緑化，シェルター屋根緑化について以下に示す．

(1) 床面緑化　駐車場の床面緑化には多くの工法があるが，大きく分けると全面に均等に補助資材を設置する工法と，部分的に不均等に設置する工法，両者混合の工法がある．全面均等型の場合，土壌自体で車載荷重を支持するもの，補助資材を用いて支持するものなどがある．土壌自体で車載荷重を支持するものは，表面は芝生以外には何もなく人が転げまわっても怪我をすることはない．しかし，頻繁な車の出入りでは芝の擦り切れが起こりやすいが，利用頻度の低い郊外の公園等では芝生広場と見まちがうほどになる．部分・不均等型の車輪部補強型の場合，景観的にはあまり好ましくはない．また，補助資材を用いた場合ハイヒール等での歩行は注意が必要であり，そのような利用が頻繁にある場合は避けるべきである．

多く施工されている床面緑化工法は，図4のように，地表補助資材支持による工法で，補助材（踏圧防止材），土壌，植物の3種が主な構成要素である．底の砕石層は，通常の舗装駐車場においても設けられるものであり，路盤の水平出しや排水のために必要であり，緑化する場合には植物の根茎が侵入できるような構造とすることが望ましい．補助材には様々な材質，構造があり，駐車頻度や植物とのマッチングで選択する．一般に，緑被率が大きく取れるものほど踏圧には弱くなる．植物材料としては，シバ類（ノシバ，コウライシバ，ギョウギシバ［バミューダグラス］，イヌシバ［セントオーガスティンググラス］，ムカデシバ［センチピードグラス］など）が多く使われている．コウライシバ等張芝の場合，施工手間がかかる工法が多い．ギョウギシバ，ムカデシバ等は種子で造成が可能であるが，

表3　駐車場緑化の効果と問題点

表4　平面駐車場における緑化の分類

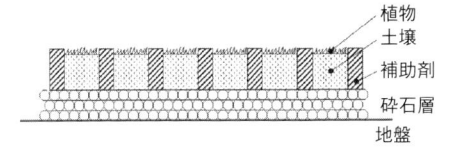

図4 植栽基盤構成断面の例

(図中ラベル：植物／土壌／補助剤／砕石層／地盤)

施工時期，養生期間等の問題がある．常緑の芝類（ブルーグラス類，フェスク類，ライグラス類等）は，暑さ，乾燥に弱く，年間の刈込回数が最低30回は必要であるため，北海道，東北以外では使用されない．また，ジャノヒゲ，イワダレソウなどの乾燥に強い地被植物類も用いることができる．

土壌支持型の緑化工法では，植栽基盤の土壌自体に車を支持し轍などができない強度をもたせ，かつ芝生の生育に支障のないものを使用している．使用頻度や管理状況で，芝生の維持や，擦り切れ，轍等が大きく異なるため，使用例は少ない．

上部支持型の緑化工法では，グレーチング等を用い周囲に支持のための基礎を設ける工法である．建設費が高価であるため，施工例は少ない．

部分・不均等緑化型は，車の車輪が載る部分に舗装材または地表補助資材等を敷設し，中央部，駐車スペースの奥等を緑化する工法である．景観的にはあまり好ましくないが，芝生等の損傷は少なく最も普及している工法である．

(2) 高木緑化　駐車場高木緑化では，外周部の植栽域から枝を伸ばす，駐車場分離帯への植栽，駐車スペース内に植栽域を設ける，の3パターンがある．いずれも，広い植栽域を造成することが難しい場合が多く，生育不良の事例もみられる．この生育不良の解決策としては，駐車スペースの舗装基盤の砕石を機能性土壌（車載荷重の支持強度をもち，保水性，透水・通気性，保肥力等良好な植物生育を確保できる土壌）とすることが挙げられる．この土壌を使用すると，舗装面の根の肥大による亀裂・盛り上がりを防止できる．駐車スペース内に植栽する場合，樹木根囲い保護材（ツリーサークル）等で車載荷重が直接土壌等に掛からなくする方法もある．この場合，内側の空き寸法は樹木の幹の肥大生長を見込んだものとする．

植栽は，葉が密で枝が横に張りやすい樹木（ケヤキ，サクラ類，プラタナス等）が適している．また，緑陰となっていない舗装面からの，顕熱で熱せられた空気が植栽樹近傍に流入する場合，葉の薄い樹木では葉焼けを起こす場合があるため，カツラ，エゴノキ，イロハモミジ等の植栽は避けたほうがよい．

(3) 日陰棚緑化　日陰棚の下に駐車するが，上部を覆う植物の根が生育する空間を確保する必要がある．広い植栽域を設けることが難しい場合，高木同様機能性土壌やツリーサークル等を利用する．植物の生育が旺盛であれば，昆虫の排泄物被害は防げる．

植栽は，棚に展開しやすいつる性植物（フジ，ブドウ，キウイ等）を植栽するが，棚に展開しずらいつる性植物（スイカズラ，カロリナジャスミン，アサガオ等）もあるので注意する．ブドウ，キウイ等では，果実の落下および食害する鳥の糞等にも注意が必要であり，早めの収穫等で対処する．

(4) シェルター屋根緑化　シェルターは，屋根に積載できる荷重が限られるため，セダム類等の軽量緑化が行われている．軽量でも$45〜60 kgf/m^2$程度はあるため，シェルター資材によっては，補強が必要となることもある．地上からの高さが低いといえども，風の負圧で緑化基盤ごと飛散することは避けなければならず，固定が重要になる．セダム類は，1種だけを植栽するのではなく複数種を混植することで，緑被率の急激な減少を防止することが望ましい．

灌水装置は不可欠ではないが，無降雨日が連続した場合灌水が必要となるため，ON・OFFは手動であっても灌水の配管を敷設することが望ましい．

つる性植物を利用する場合，荷重的には$20\,\mathrm{kgf/m^2}$以下で可能であるが，直接はわせず，屋根面から離して格子を設置して伸長させる．屋根面にコンテナ等で植栽基盤を設ける場合，灌水装置が不可欠である．植栽するつる性植物は，付着根型，付着盤型の植物は好ましくなく，フジ，トケイソウ，クレマチス類，ナツユキカズラ等が適している．

5. 駐車場緑化の管理

駐車場緑化の管理は，緑化部位，工法で手法が異なる．

(1) 床面緑化の管理　駐車場を緑化した場合，公園等の緑地の芝生地と同様な維持管理作業が必要となる．想定される主な管理項目は，灌水，施肥，除草，芝刈，病害虫防除である．芝生地で通常行われているエアレーションは，補助材がある場合行えない．

床面緑化は，夏季の長期無降雨時には灌水が必要となる．夏季におおむね1週間の無降雨が続いた場合に灌水を行わないと枯損被害が広がる危険性が高まる．使用頻度の高い駐車場においては，常設の灌水装置を設置し定期的に灌水することで，耐踏圧性や景観性を高めることが可能となる．施肥を年に1〜2回行うことで緑化の質が高まるが，これは目指す品質レベルとの兼ね合いで検討すればよい．芝刈，除草は，通常年2〜3回必要であるが，適切な使用頻度の駐車スペースにおいては，ほとんど行っていない事例がある．駐車スペース以外や車止めの後ろ等，車輪，人が載らない部分は，芝刈，除草を行わないと景観的に荒れた感じになってしまう．使用頻度の低い駐車場においては，定期的に全面で芝刈を

行うことが必要となる．重大な病害虫等の発生があった場合には，農薬散布等の対策を考える．

(2) 高木・日陰棚緑化の管理　高木・日陰棚緑化では，落葉，花殻，樹液の他，昆虫（アブラムシ，カイガラムシ等）の排泄物による車の汚染が問題となる．害虫の発生は，植物が旺盛に生育していれば少なくなるため，良好に生育するように管理する．しかし，大量発生した場合は，農薬散布等の対策を考える．落枝・倒木に対しては，台風等が予想された場合駐車を避ける等の対策をとる．

大地に植栽してある場合は，よほどの長期降雨でない限り枯死することはないが，散水栓は設置しておき無降雨が連続した場合や緊急時には，灌水できる体制はとっておきたい．広い舗装面で熱せられた空気が流入する場合，葉の縁から枯れ込むことがある．

(3) シェルター屋根緑化の管理　軽量緑化の場合，屋上での軽量緑化と同等の管理が必要である．とくに灌水装置を設置した薄層緑化では，灌水があることで雑草が繁茂しやすいため，除草作業が必要となる．

つる性植物での緑化の場合は，落葉の処理が重要であり，軒樋等を詰まらせないように管理する．夏季を迎える前に誘引等を行い，屋根面に入る日射を遮る緑被率を確保するようにする．屋根面にコンテナを設置する場合，緑被面積からくる蒸散量に見合う水量を灌水する．

6. 駐車場緑化に関連する補助

駐車場緑化に対する補助金制度がある自治体は，京都市，名古屋市，川崎市，福岡市，長野市等をはじめいくつかみられる．東京都では，各区が窓口となり東京都道路整備保全公社が補助金を出している．

7. 望ましい緑化事例

(1) 万国津梁館（沖縄県名護市）　沖縄サミットで使われ，使用頻度が高いが良好な緑被状態を保っている．沖縄の気候条件は駐車場緑化の維持には好適であり，良好な施工事例が多い．セントオーガスティングラスが主に使用されており，維持管理の頻度は本土に比較すると少ないようである（図5）．

図5　万国津梁館（沖縄県名護市）

図6　さいたま市大宮区合併記念見沼公園芝生駐車場

図7　マウントフェーバー下駐車場（シンガポール）

(2) さいたま市大宮区合併記念見沼公園芝生駐車場　公園の駐車場であるが，ほぼ全面芝生である．車路は樹脂系の緑被率90%以上の補助資材，駐車スペースは機能性土壌による緑被率100%の芝生である．轍等はみられないが，維持管理には細心の注意を払っており，晴天が連続した場合には散水作業を行い，降雨日は閉鎖している．しかし，休日にはかなりの使用頻度である（図6）．

(3) シンガポール・マウントフェーバー下駐車場（図7）　傘を広げたような樹木による緑陰駐車場で，樹木の下から先に駐車されていく．

☞ 更に知りたい人へ
1) 兵庫県：グラスパーキング（芝生化駐車場）普及ガイドライン（案），2008（兵庫県ウェブサイトで公開）
2) 山田宏之ほか：都市緑化の最新技術と動向，シーエムシー出版，173-231，2011

コラム：大きな樹冠の木陰はなぜ涼しいか

周囲の表面温度に注目

温熱感を規定する主な要素は気温，湿度，風向・風速，日射および熱放射であるが，大きな樹冠の日陰部分とその周囲の日向を比較すると，大きな単木樹でも気温，湿度，風向・風速はほとんど差がないといえる．大きく異なるのは，木陰では太陽放射が樹冠で遮られるため受熱日射量が少ないことと，日陰になった地面や樹冠などからの反射日射が少ないことである．

日向の裸地では日中表面温度が気温より20°C前後上昇する．これに対して，樹冠や樹冠で日陰になった地面の表面温度は気温とほぼ等しいため，日陰にいる人間の受ける周囲からの再放射（熱放射）は日向より100W/m^{2}近く少ない（図1）．木陰が涼しいもうひとつの理由である．

風がない場合には，日中樹冠の中で冷やされた冷気の下降気流が現れるという研究報告もある．

夜になると，図2（夜の熱画像）に見られるように，グラウンドは大気放射冷却で表面温度が下がるが，樹冠下の地面は樹冠で大気放射冷却が妨げられるため，周囲の地面より表面温度が数°C高い．

また，寺田寅彦は随筆の中で，チラチラと風で動く木漏れ日の非定常性が涼しさの大きな理由であると指摘している．

☞ 更に知りたい人へ
1) 梅干野晁，浜口典茂：日本建築学会学術講演梗概集（関東），809-810，1984
2) 寺田寅彦全集，全30巻，岩波書店，1996-2011

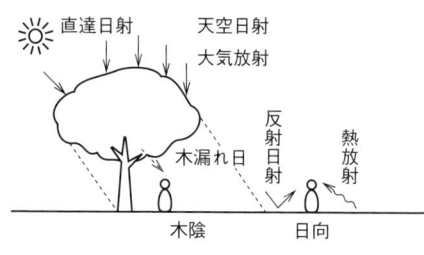

図1　樹冠下の木陰と日向の比較

昼の熱画像　　　　　夜の熱画像

図2　グラウンドにある大きなクスノキの熱画像（木陰と日向の表面温度の比較（夏季・晴天日の昼と夜の熱画像））

2. ヒートアイランド対策

2.3 自然を活かした都市計画，建築による緩和（パッシブな利用）

A. 風の道計画
B. 通風計画
C. 水面がもつ都市気候を緩和する効果
D. 自然エネルギー利用建築
E. クールチューブ・地下ピット
F. ヴァナキュラー建築
G. クールルーフ

コラム：橋の上で夜，涼しいのはなぜか

2.3 自然を活かした都市計画，建築による緩和（パッシブな利用）

風 の 道 計 画

2.3A

「風の道」で街を冷やす

1. 都市の「風の道」計画

「風の道」計画とは，都市の中に風の通り道を計画的に配置することで，郊外の新鮮で冷涼な空気を都心部へと導くことができるという考え方に基づいたもので，自然界のポテンシャルにより発生する空気の循環系を活用してHIを緩和させようとする建築・都市や地域のデザイン手法である．

「風の道」計画の実践例としてはドイツのシュトゥットガルトが有名である．ネッカー川の谷間（たにあい）に位置し周辺を緑豊かな丘陵地に囲まれているシュトゥットガルトはドイツを代表する工業都市の1つであり，自動車産業などで有名であるが，20世紀の都市の急速な発展に伴って大気汚染が深刻な問題となった．そこでシュトゥットガルトでは，夜間冷気流を主とした山谷風の循環系（図1）に着目し，都市周辺の丘陵地から新鮮で清浄な空気を都市へと導く「風の道」計画を，入念な気候観測調査の結果に基づいて立案した．具体的には，連続的な緑地帯を整備・保全する，主風向を考慮して道路を配置する，建築物の高さ・形態・隣棟間隔などを規制するといった都市デザイン手法により「呼吸する都市」を実現し，HIや大気汚染の緩和に取り組んでいる（図2）．

2. 海風の「風の道」計画

日本では，ドイツにおける「風の道」計画の事例を参考にして，海風を主とした海陸風の循環系（図3）を活用した「風の道」計画がHI緩和策の1つとして有効であると考えられており，各地で研究が進められてきている．これは，海風により相対的に冷涼な空気が海上から都市へと移流する現象に着目した建築・都市デザイン手法であ

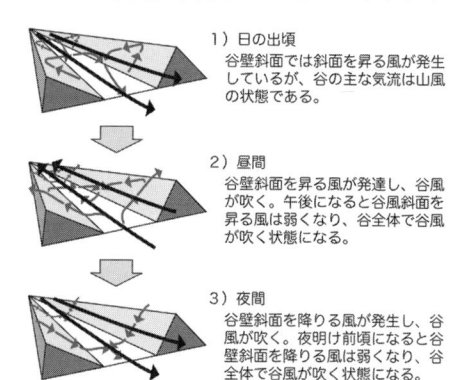

1) 日の出頃
谷壁斜面では斜面を昇る風が発生しているが，谷の主な気流は山風の状態である．

2) 昼間
谷壁斜面を昇る風が発達し，谷風が吹く．午後になると谷壁斜面を昇る風は弱くなり，谷全体で谷風が吹く状態になる．

3) 夜間
谷壁斜面を降りる風が発生し，谷風が吹く．夜明け前頃になると谷壁斜面を降りる風は弱くなり，谷全体で谷風が吹く状態になる．

図1 山谷風の循環（文献1より作成）

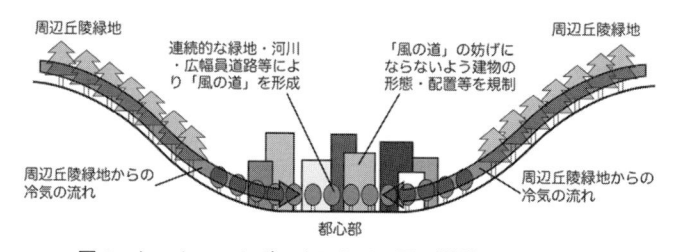

図2 シュトゥットガルトにおける風の道計画のイメージ

図3 海陸風の循環

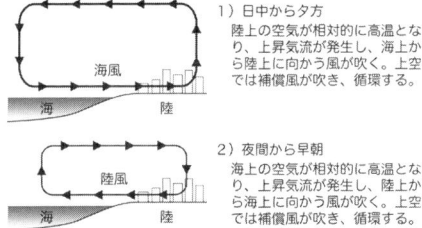

1) 日中から夕方
陸上の空気が相対的に高温となり、上昇気流が発生し、海上から陸上に向かう風が吹く。上空では補償風が吹き、循環する。

2) 夜間から早朝
海上の空気が相対的に高温となり、上昇気流が発生し、陸上から海上に向かう風が吹く。上空では補償風が吹き、循環する。

る．海から都心部へと続く連続的なオープン空間である河川を都市の「風の道」として積極的に活用することにより，環境に配慮した快適な街づくりを実現しようとする提案で，夏季における暑熱環境の緩和を目指すものである．

3. 海風遡上の観測調査事例

海風の「風の道」計画に関する研究事例として，早くから調査が実施されてきた名古屋市での観測結果の一例を紹介する．伊勢湾に接する海岸都市である名古屋市では，夏には海風が発達し，冬には伊吹おろしが卓越する．名古屋の河川環境を図4に示す．名古屋市の中心部には自然の河川が流れておらず，堀川，新堀川，中川運河と

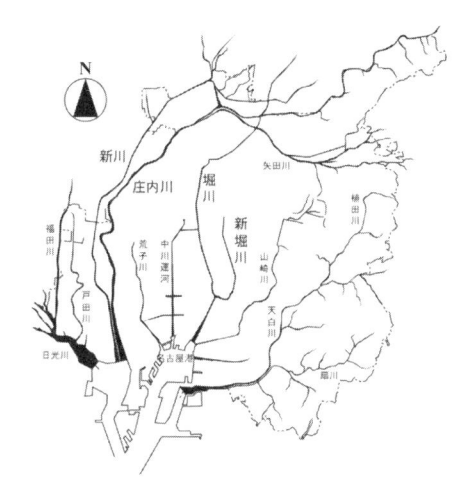

図4 名古屋の河川環境

いう比較的川幅が狭い3本の運河が存在するだけである．堀川は名古屋城築城の折に開削された歴史のある運河であり，中流から上流にかけての市街地中心部での川幅は17～20m程度である（図5）．一方，郊外には庄内川，矢田川といった比較的川幅が広い河川が流れている（図6）．

庄内川を調査対象とした海風の観測結果の一例を，図7および図8に示す．2001年8月3日は典型的な夏季晴天日であった．

図5 名古屋市都心部を流れる堀川
ビル群の合間を流れる堀川は，川幅が比較的狭いものの，名古屋市都心部の貴重な「風の道」である．

図6 名古屋市郊外を流れる庄内川
名古屋市郊外を流れる庄内川は，川幅が比較的広く，河川敷には公園やグラウンド等が整備されている．

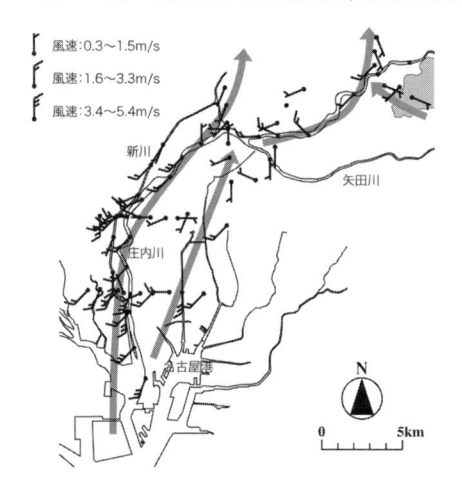

142   2.3 自然を活かした都市計画, 建築による緩和（パッシブな利用）

図7 風向風速の観測結果（2001年8月3日14時）

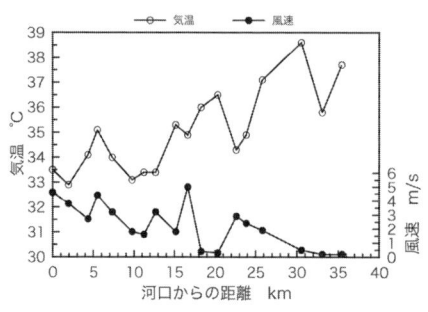

図8 庄内川における河口からの距離と気温および風速との関係（2001年8月3日14時）

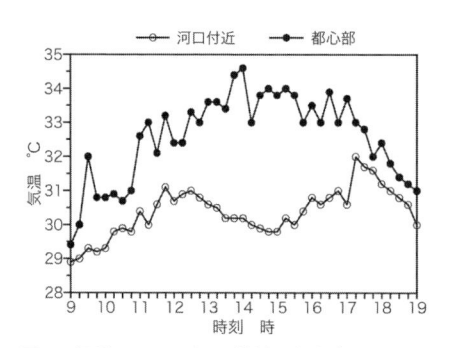

図9 堀川における河口付近と都心部における気温（2004年7月23日）

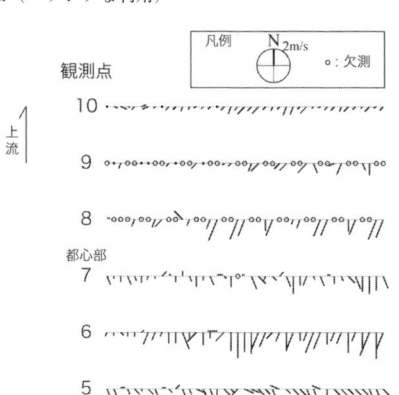

図10 堀川における風向風速（2004年7月23日）

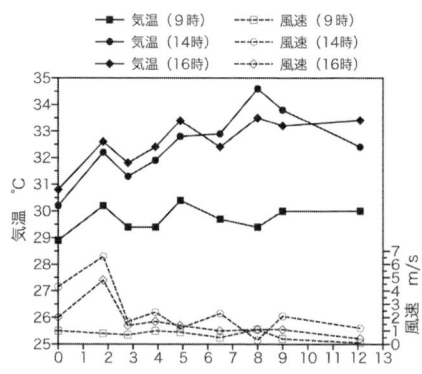

図11 堀川における河口からの距離と気温および風速との関係（2004年7月23日）

14時における風向風速の観測結果（図7）をみると，風向が南西から南寄りの強い風が河川上を遡上しているのが確認できる．すなわち，伊勢湾からの海風が名古屋市北

2.3A 風の道計画　143

図12　都心部の堀川における運河沿いの整備事例
かつて，ビルは堀川を背にして建てられた．現在では堀川沿いに賑わいの空間が創出されている．

図13　中国・烏鎮の水郷集落
水郷都市としての街並みを観光資源としていかしている．そこで体験できる「風」も重要な観光資源として位置づけることができる．

図14　カンボジアの水上レストラン
河川を吹く風が天然のクーラーとしての役割を果たしている．開放的な空間が心地よい．

図15　ブルネイのカンポン・アイル
伝統的な水上集落．集落内には橋状の通路が迷路のように張り巡らされている．

部にまで達しており，そのとき，庄内川が海風の「風の道」として働き，海風が河川軸に沿って吹走している．このときの河川軸に沿った気温および風速の分布（図8）をみると，全体的には，河口からの距離が遠くなるほど風速が低下し，気温が上昇する傾向が認められ，観測対象地域内における河口側と上流側の最大気温差は5.7℃を観測した．これは，河川軸に沿った海風の遡上により，陸上と比較して相対的に低温な空気が海上から移流したためであり，海風による都市の暑熱環境を緩和する効果が河

川上においてより明確に現れたものと考えられる．このように，海風には夏季日中のHIを緩和する効果が期待でき，河川が海風の「風の道」として働くことが実証されている．

それでは，堀川のような比較的川幅が狭い運河でも海風の「風の道」として働くのであろうか．次に，堀川を調査対象とした海風の観測結果の一例を，図9～図11に示す．2004年7月23日は典型的な夏季晴天日であった．この日の日中から夕方における河口付近と都心部の気温を比較すると，

河口付近では海風の影響を強く受け，12時頃から気温が低下し，15時頃から再び上昇している．都心部は河口付近よりも高温であり，2地点の気温差は最大で4.4℃を記録した．このときの堀川上での風向風速の変化（図10）をみると，河口に近い下流側の観測点（観測点1，2）では南寄りの海風の発達が明確に観測されている．海風は上流へと遡上すると徐々に弱くなり，都心部付近（観測点6，7，8）では1m/s以上の風速が観測されているものの，さらに上流の地域（観測点9，10）では1m/s未満となっている．河川軸に沿った気温および風速の分布（図11）をみると，海風が発達する前の9時には，観測対象地域での風速は全体的に弱く，気温差も小さい．海風が十分に発達した14時や16時には，全体的にみると，河口からの距離が遠くなるほど風速が低下し，気温が上昇する傾向が認められ，海風による都市の暑熱環境を緩和する効果が確認できる．しかしながら，その効果は庄内川と比較すると弱い．海風のポテンシャルを都市環境デザインへとさらに活かすために，堀川の「風の道」としての再整備の推進が期待される．実際に近年では堀川の「風の道」としての役割が認識されつつあり，堀川沿いに遊歩道等が整備されたり，飲食店が空間を活用する事例がみられるようになった（図12）．

4. アジアの伝統的な事例にみる「風の道」のデザイン

広くアジアの諸国に目を向けると，河川空間を活用した伝統的な生活が現在でも続けられている事例が少なくない．これらはアジアにおける「風の道」の実践例ともいえ，そこから現在における「風の道」のデザイン手法を学ぶ点も多い．

図13は中国・烏鎮の水郷集落である．河川沿いの伝統的な街並みを観光資源として活用している事例である．建築デザインとしての特徴は，河川沿いの部屋が中庭を介して母屋から独立しており，風通しを良くしている点である．このように河川沿いに線上の集落が形成される「風の道」のデザインは東南アジアの各地でもみられる．図14はカンボジアでの水上集落の伝統建築のデザインを活かした水上レストランの事例である．壁はなく，河川を吹く風が天然のクーラーの役割を果たす．客達は注文した食事ができるまで，ハンモックに揺られながら自然の風を愉しむ．

図15はブルネイの水上集落，カンポン・アイルである．河川上に集落が面的に広がるタイプの水上集落の事例である．集落内には迷路のように橋状の歩道が張り巡らされており，日常の主な交通手段はモーターボートである．

図16，17は中国の少数民族である侗族の伝統建築，風雨橋である．人々は，河川上を吹く涼しい風を愉しみながら，休息をとったり談笑したりする．日常生活におけるコミュニティ形成に寄与する「風の道」のデザイン事例である．

5. 「風の道」をデザインする

最後に，「風の道」をデザインする上でのポイントを以下に整理する．

（1）地域特有の風の特性の把握　海陸風や山谷風などの循環風は，地形や都市構造などの地域的な要因の影響を受ける．また，地域の気象台やアメダス（AMeDAS）から得られる観測データからだけでは情報に限界がある．そのため，気候観測調査を十分に行い，地域の風環境の特性をよく理解する必要がある．また，景観をよく観察することで地域の風環境の概況を把握できることがある．例えば，伝統的な民家・集落のデザインには利風・防風に関連したものが少なくない．特定の風向から強風が吹く地域では，樹形が風の影響を受けた「偏形樹」を見つけられる場合もある（図18）．

図 16 中国・侗族の風雨橋（外観）
屋根付きの橋「風雨橋」．写真は比較的小規模な事例であるが，なかには2階建てのものもある．

図 17 中国・侗族の風雨橋（内観）
風雨橋で談笑する住民達．ヒューマンスケールでの「風の道」のデザイン事例．環境デザインがコミュニティデザインへと結びついている．

図 18 偏形樹の一例（奄美大島にて撮影）
海からの強い風の影響を受けた結果，樹形が風下側に大きく傾いている．偏形樹を観察することで，地域の風の強さや主風向を推測することができる．

(2) 連続的な「風の道」の整備　河川，湖沼，緑地，公園，空地，道路等の自然空間やオープン空間をうまく活用しながら連続的な「風の道」を整備することにより，上空を吹く海風を地上付近へと呼び込む．

(3) 風通しの良い街並みの形成　建築物の配置，形態，密度等について「風の道」の整備計画に配慮してデザインすることで，風通しの良い街並みの形成を目指す．

(4) アメニティの向上　単に熱環境問題の改善を目的とするのではなく，都市のアメニティの向上を図るための空間デザインを心がける．

(5) 利風と防風　海岸付近等では風が強く，塩による影響を受ける恐れもあるため，防風林等による防風対策や，防錆等の塩害対策が必要となる．また冬季に寒冷な季節風が吹く地域等では，利風と合わせて防風の工夫を施す必要がある．

(6) スケールの関係性　都市スケールでのデザインとしての「風の道」の形成と，ヒューマンスケールでの空間デザインを有機的につなげていく視点も重要である．都市スケールでHIの緩和を目指すとともに，ヒューマンスケールでは環境諸条件と人体との熱収支を考えることにより，より快適な都市空間の創造へとつながる．

☞ 更に知りたい人へ
1) 吉野正敏：新版小気候, 地人書館, 171, 1986
2) 橋本　剛, 舩橋恭子, 堀越哲美：日本建築学会計画系論文集, **545**, 37-41, 2001
3) 橋本　剛, 堀越哲美：日本建築学会環境系論文集, **571**, 55-62, 2003
4) 橋本　剛, 堀越哲美：日本建築学会環境系論文集, **73**(634), 1443-1449, 2008

通風計画

室内に風を取り込む

2.3B

1. 気流とは

人の暑さ寒さの感覚は、一般の生活域においては温熱6要素（気温、湿度、風速、熱放射、着衣量、代謝量）で決定される。この6要素の1つが風速であり、人の暑さ寒さの感覚や温熱的な快適性に大きな影響を及ぼす。一般に、閉じられた室内空間ではほとんど気流は感じられないが、窓を開けたり、エアコンや扇風機を使用すると容易に気流を感じることができる。

気流は気圧差によって生じる空気の移動であり、その速度（風速）と方向（風向）によって記述される。

また、気流の変動を示す指標として、乱流強度（turbulence intensity）が用いられる。

$$Tu = 100 \frac{V_{sd}}{V}$$

ここで、Tu：乱流強度（%）、V：平均風速（m/s）、V_{sd}：風速の標準偏差（m/s）である。

図1に、窓を開放した室内で測定した自然通風の風速変動およびエアコンを使用している室内の人工気流の風速変動を示す。人工気流では風速変動に明らかな周期性がみられる。

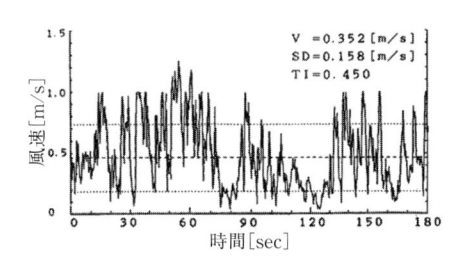

2. 気流を感じる

(1) **気流を感じる閾値** 久保ら[2]は、人体が感知できる気流閾値を被験者実験によって明らかにした。被験者は29℃以上の高温を好む傾向がある寒がりの被験者（高温群）7名および27±2℃の中温を好む傾向のある普通の被験者（中温群）10名で

(a) 自然通風

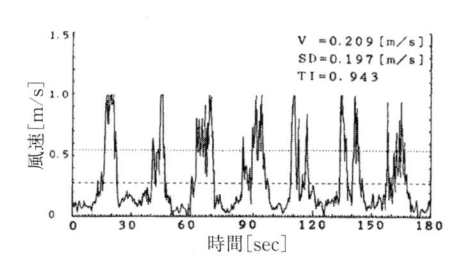

(b) 人工気流

図1 風速変動の例[1]

ある。実験室内の気温は25℃および28℃の2条件で実施した。相対湿度は50％である。扇風機とハニカム整流板・整流格子で整流し、長さ140cmのダクトから10cm×50cmの横長の吹出し口から気流を吹き出した。吹出し気流の温度は室温と等温とした。被験者の首の前と後ろ、上腕の前と後ろの4部位で評価した。

図2より、気流を感じる閾値は0.1m/sから0.4m/sであることがみて取れる。また、個人差が大きいが、気温25℃では前面より後面で気流をよく感じていることが示された。

(2) **好まれる気流** 田辺ら[3]は、気温

26.3°C，相対湿度60%の室内において，椅座人体の背面から定常気流を当てる実験を行った．クロ値は0.6cloである．その結果，女性被験者が好んだ気流速度の平均は0.28 m/sで，男性被験者では0.37m/sであることを示した．また，男女の平均は0.33m/sとなり，このときの温冷感申告は−0.1で被験者は熱的中立状態あるいは少し涼しい環境を好むことを示した．また，温冷感申告による熱的中立点における平均風速が0.15 m/s，不快感が最も小さくなるときの気流は0.20m/s，被験者の好む気流が0.33m/sであることを示した．

久保ら[4]は，気温26，28，30°Cおよび相対湿度30，50，80%を組み合わせた室内環境において，椅座人体の前面から定常気流を当てる実験を行った．クロ値は0.35cloである．被験者は手元のスイッチで気流を自由に調節することが許された．実験の結果，気温26°Cのときの好まれる気流速度は0.6m/s程度であることが示された．また，気温28°Cのとき，相対湿度RH 30%では好まれる気流は0.66m/s，相対湿度RH 50%では0.87m/s，相対湿度RH 80%では1.02m/sであり，湿度が高いほど速い気流速度を選択している．気温30°Cのとき，相対湿度RH 30%では1.06m/s，相対湿度RH 50%では1.07m/s，相対湿度RH 80%では1.27m/sであった（図3）．

送風前，被験者は熱的中立から暑い側の申告だったが，好まれる気流を選択すると温冷感は1から2段階「寒い」側に移行した．

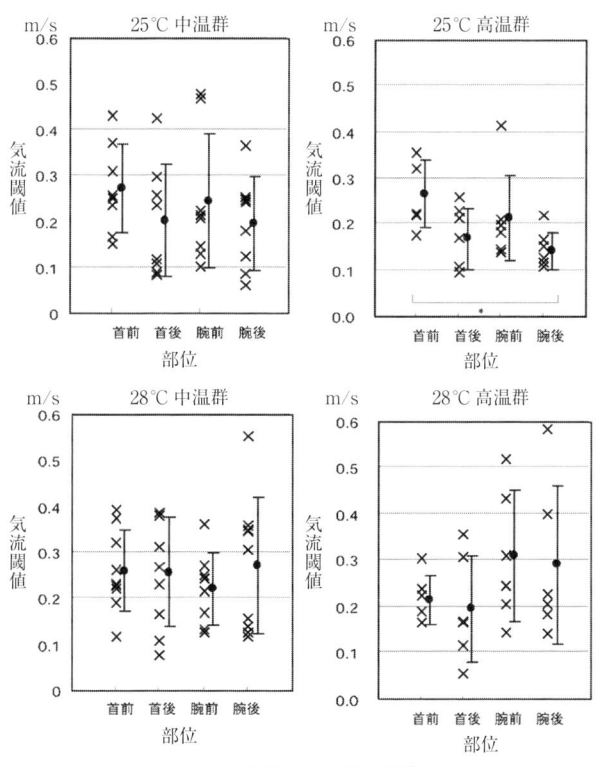

図2　各部位の気流閾値[2]

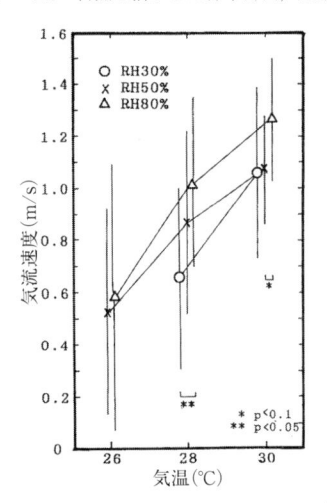

図3 気温と好まれる気流との関係[4]

(3) 年齢・性別による好まれる気流
榎本ら[5]は、青年男性（大学生）と高齢男性（70歳前後）被験者を用いて、好まれる気流を明らかにする実験を行った。気温条件は、高齢男性に対して28, 30, 32℃とし、青年男性に対して26, 28, 30℃とした。相対湿度は50%である。クロ値は0.4 cloであった。椅座人体の前方から気流を発生させ、被験者が自由に気流を調節した。実験の結果、気温26℃における好まれる気流速度は青年男性が0.46m/s、気温28℃において高齢男性は0.41m/s、青年男性は0.84m/s、気温30℃において高齢男性は0.80m/s、青年男性は1.37m/s、気温32℃において高齢男性は1.08m/sであった。高齢男性に好まれる気流速度は青年男性よりも0.4〜0.5m/s遅いことが示された（図4）。

また、高齢男性と高齢女性の好まれる気流速度を比較すると、男性の方が好まれる気流速度がかなり遅く、女性の好まれる気流速度には速い人と遅い人の個人差が大きい。夏季の室温調節法として、女性は窓開放や扇風機を使用する人が多く、クーラー使用は男性に多いとの報告もある。したがって、女性の方が気流を積極的に暑熱緩和に利用するものと考えられる。

3. 屋外における風評価

(1) 適風判定図　村上と森川[6]は、不快感を訴えることの少ない風環境を適風と定義し、風環境を評価できる適風判定図を提案した。日平均気温と日平均風速の組合せによって、①強風による非適風域、②中間域、③適風域、④弱風による非適風域に評価される（図5）。気温によって適風と感じる風速が異なることがみてとれる。強す

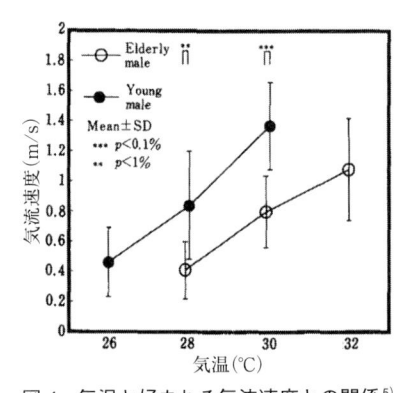

図4　気温と好まれる気流速度との関係[5]

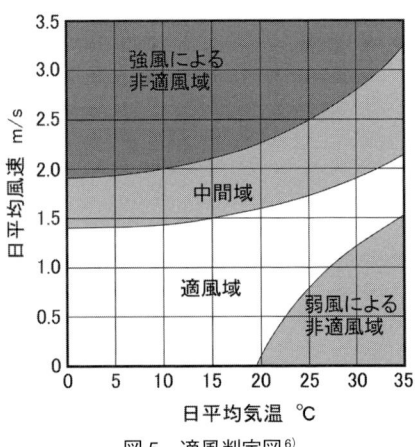

図5　適風判定図[6]

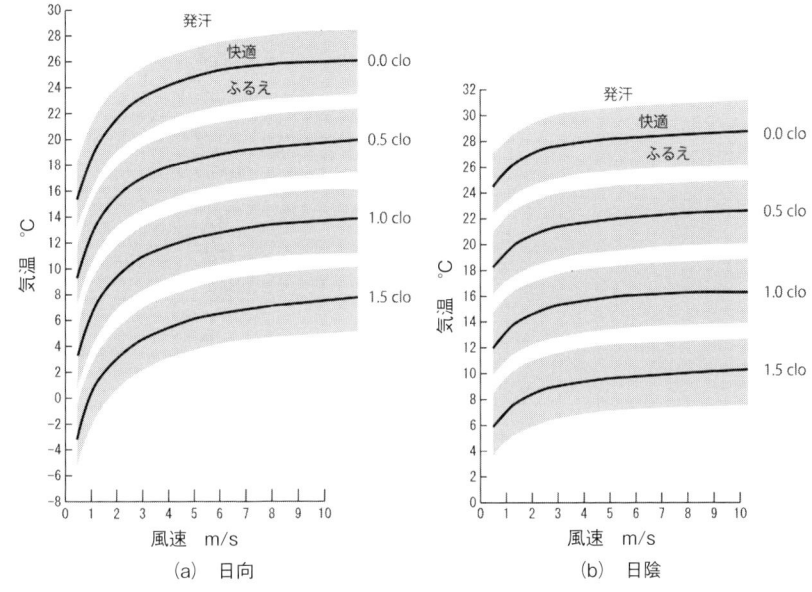

図6 屋外環境快適線図[7]

(a) 日向　(b) 日陰

ぎる風速は人々に不快感を与えるが、一方で気温が高いときは弱い風速も不快感を与える。

(2) 屋外環境快適線図　Penwarden[7]は、屋外の温熱環境を風速と気温から評価できる快適線図を提案した。この線図は、代謝量1.7metでショッピング街をぶらぶら歩きしている人体の快適性を、4種の着衣条件（0.0, 0.5, 1.0, 1.5clo）に対して、風速と気温の組合せで示したものである。metとは人体の代謝量を表す単位であり、椅座安静が1met＝58.2W/m^{2}である。図6に示すように、日向と日陰それぞれに対する快適線図が与えられている。

(3) 寒冷環境における風評価　寒冷環境を評価する指標の1つに風冷指数WCI（Wind Chill Index）[9]がある。WCIは気温と風速から次式で求められる。

$$\mathrm{WCI} = (10.45 + 10\sqrt{v} - v)(33 - t_a)$$

ここで、t_a：気温（°C）、v：風速（m/s）である。さらに、WCIと同じ値をもたらす静穏時の気温として風冷等価温度t_{eq}は次式で求められる。

$$t_{eq} = -0.04544\mathrm{WCI} + 33$$

また、ドボマンは気温t_a（°C）と風速v（m/s）から算出される酷寒指数Sを考案している[9]。

$$S = (1 - 0.04t_a)(1 - 0.272v)$$

さらに、風の影響を考慮した不快指数も提案されている[10]。

4. 風を室内に取り込む

(1) 配置計画　夏季や中間期において室内に風を通すと、気流が滞在者に当たり人体からの熱放散が促進され、温熱的快適性を向上させることができる。また、新鮮な空気を室内に取り込み、汚れた空気を屋外に排出することになり、換気の役目も果たすことになる。

風を室内に取り込むためには、まず建物が立地する敷地の風環境を把握する必要がある。各地に吹く風は季節によって卓越風

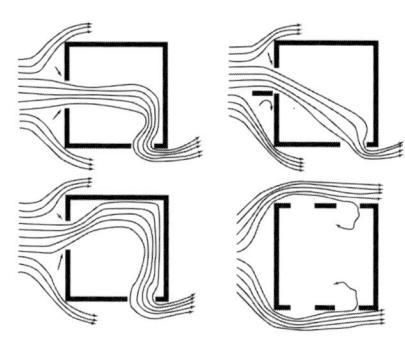

図7　開口位置と室内の気流パターン[11]

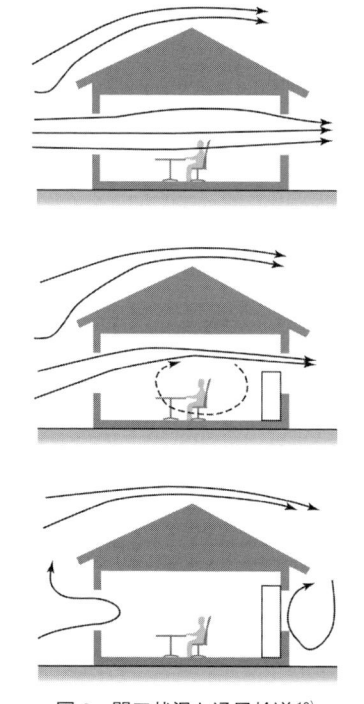

図8　開口状況と通風輪道[12]

(2) 通風輪道　取り入れた風が室内を通過する領域を通風輪道という．通風輪道が居住域を覆うように開口部の大きさ・位置・高さを計画しなければならない．室内に風を通すためには，風上側と風下側に開口部を設ける必要がある．このとき，風上側の開口部とその地域の卓越風向を合わせるとよい．しかし，敷地や建築の条件によっては，開口部と卓越風向を合わせることが困難な場合もある．そのような場合には，袖壁などによって風を誘導することも可能である．

風上側の開口部を大きく取ると室の奥まで風が届きやすく，風下側の開口部を分散して配置すると風の流れを調節しやすくなる．開口部を適切に計画しないと，通り抜ける風の速度が遅くなり，風が届かない部分ができてしまう（図7）．また，開口部の高さについても配慮が必要である．風上側と風下側の開口部の高さの組合せによっては，通風されても風が居住域を通過しない場合もある．さらに，開口部周辺の家具や屋外の樹木や生け垣などによっても気流は変化するので注意が必要である（図8）．

図9に通風に配慮して設計された住宅の例を示す．1階および2階ともに，南から北に風が通り抜けるように開口部が設計されている．また，階段の空間を利用して，1階および2階の南側開口部から入ってきた風が最頂部の窓から抜ける立体的な風の流れを作り出している．

向や風速が変化する．さらに，その地域の地形や周囲の建物によっても大きく変化する．したがって，適切な通風を得ようとする際は，個々の敷地においてその場の風環境の特性を季節変化を含めて把握し，検討する必要がある．

☞ 更に知りたい人へ

1) 木村建一ほか：日本建築学会学術講演梗概集 D, 343-344, 1987
2) 久保博子ほか：日本建築学会学術講演梗概集, 427-428, 2002
3) Tanabe S, et al.：日本建築学会計画系論文報告集, **382**, 20-30, 1987
4) 久保博子ほか：日本建築学会計画系論文報告集, **442**, 9-16, 1992
5) 榎本ヒカルほか：空気調和・衛生工学会論

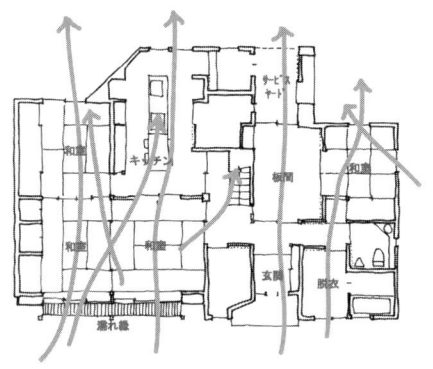

(a) 1階平面図

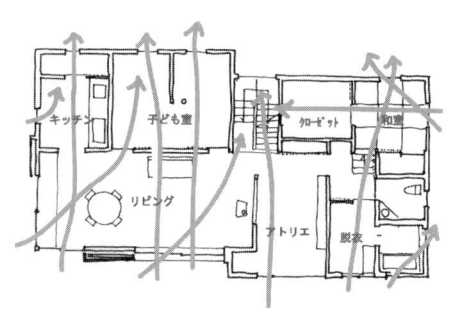

(b) 2階平面図

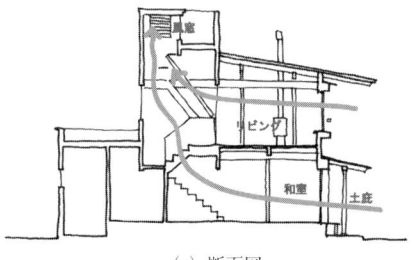

(c) 断面図

図9　通風に配慮して設定された住宅例（『池の見える家』, 設計：宇野勇治, 木造2階建, 愛知県, 2007）

文集, **56**, 69-76, 1994
6) 村上周三, 森川泰成：日本建築学会計画系論文報告集, **358**, 9-17, 1985
7) Penwarden AD：*Build. Sci.*, **8**, 259-267, 1973
8) Siple PA, Passel CF：*Proc. Am. Philos. Soc.*, **89**, 177-199, 1945
9) 深石一夫：水温の研究, **15**, 26-31, 1971
10) 武田京一：体感気候と不快指数, 気象集誌, **41**(6), 348-354, 1963
11) 日本建築学会編：コンパクト建築設計資料集成, 丸善, 2005
12) 藤井正一：住居環境学入門, 彰国社, 1994

水面がもつ都市気候を緩和する効果

2.3C

水面で昼の街を冷やす

1. 水面と地表面における熱流

水面の都市気候への影響は，図1に示すように，水面を有する河川，海洋，湖沼などの水体の熱容量による効果と水面からの蒸発によって蒸発潜熱が水体から奪われる効果がある．HI対策への重要な効果と位置づけられる前者では，水体の熱容量は地表面を構成する土や人工物よりも大きい．日の出から日射により地表面と水面ともに温度上昇を開始する．この熱容量の差によって，地表面の温度上昇率は，水面に比較して大きい．日中には，最高表面温度に大きな差が生じることになる．

2. 水面の体感温度への影響

次に，水面がある場合，近くにいる人間にとって相対的に「涼しい」環境となるには，人体の体感温度を低下させることが必要である．次式に示すように，人体と周囲環境との間の熱収支に依存している．

$$M = C + R + E$$

M：代謝量（W/m^2）
C：対流熱交換量（W/m^2）
R：放射熱交換量（W/m^2）
E：蒸発放熱量（W/m^2）

この中で，表面温度に関わりのある熱交換量は，熱放射 R である．これは，以下のように記述される．

$$R = h_r(t_s - t_r)$$

$$t_r = \sum_{i=1}^{n} \varphi_{s-i} t_i + \frac{I_h}{h_r}$$

h_r：人体の放射熱伝達率（W/m^2·K）
t_s：人体平均皮膚温（°C）
t_r：平均放射温度（°C）
φ_{s-i}：人体と面 i との間の形態係数（−）
t_i：面 i の表面温度（°C）
I_h：人体へ吸収される日射量（W/m^2）

ここにおいて，平均放射温度 t_r は，日射量 I_h に変動がなく一定の場合を考えると，周囲にある物などの表面温度と人体と物との形態係数によって決定する．これは，体感温度を構成する重要な要素の1つである．したがって，物の位置が決まっていれば，他の気候条件が一定であれば，表面温度の高低によって体感温度が左右される．事例

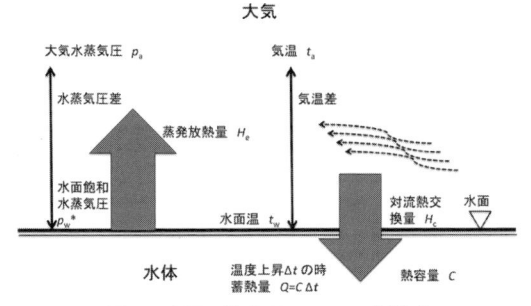

図1 水面と地表面における熱授受

2.3C 水面がもつ都市気候を緩和する効果   153

周囲面A 表面温度：35℃

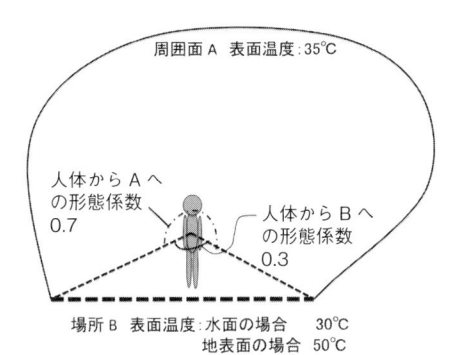

人体からAへの形態係数 0.7

人体からBへの形態係数 0.3

場所B 表面温度：水面の場合　30℃
　　　　　　　　地表面の場合　50℃

図2　人体と水面・地物面との関係

として，図2に示すような状況を考え，Aが日射を含む表面温度35℃の周囲面，Bの場所が地表面で50℃である場合と水面で30℃である場合で比較してみる．人体と面Aおよび面Bとの間の形態係数を，それぞれ0.7および0.3として，平均放射温度を求める．
地表面の場合
　　　$t_r = 35×0.7 + 50×0.3 = 39.5℃$
水面の場合
　　　$t_r = 35×0.7 + 30×0.3 = 31.5℃$
となり，水面があることによる体感効果として，平均放射温度で8℃上昇したことが明瞭に示される．

　水面を有する環境を設計計画する場合には，人間を取り巻く周囲の表面に着目する必要がある．周囲表面の材質は何かということが第一で，それが日射を受けた場合にどの程度の表面温度になるかを把握する必要がある．それによって，以上に述べたような平均放射温度がどの値になるかを知る．この場合人間と該当する表面との位置関係によって影響の大小が決まる．水面が広くとも人間から離れていれば冷却効果は小さく，狭い水面でも近くにあると効果は大きくなる．

　人間と水面との位置関係，水面の大きさと広がり，その他周囲表面の材質と表面温度を把握して，人の居場所，街路，オープンスペース，水辺公園などの設計計画にあたることが肝要である．

3. 水面を有する市街地空間における冷却効果事例

　河川に隣接する場所における各表面温度についての事例をとりあげ，水面とその他表面の温度について述べる．図3は，名古屋市内の中川運河の上流にある運河橋とその近傍にある各表面の温度および日射量の1日の変動を計測した事例である．河川水面，敷地裸地表面，道路上のアスファルト表面，建物南壁表面の1日の温度変動を示す．当日は，日射量は日の出から上昇し，13時で大となった．日射の増加とともに各面の表面温度は上昇し，午後に日射量の減少後に各表面によって表面温度の低下傾向は異なっている．アスファルト面は13時から13時30分に約53℃に達した．裸地表面は，13時に約44℃となり，その後日陰になり低下した．建物表面は，温度上昇は遅れ，15時に最高温度約42℃となった．

　これに対して水面は，26℃であったものが，緩やかに上昇し，10時頃に30℃に達し，12時30分には32℃となるが，18時頃までほぼ一定を保った．その後緩やかに下降し，26℃となった．このように水面は，その表面温度変動が少ない．そのため，河川沿いの敷地に休憩スペースや歩行者用通路を計画する場合などでは，水面との距離を近づけるとともに，アスファルトを避け土壌面や草地などとして整備することが望ましい．

　次に，河川とそこに隣接している市街地にわたる気温についての事例を取り上げる．図4は，名古屋市熱田区を流れる堀川と周辺市街地を示している．図中に示すE1からE9は，気温等の観測点である．この結果を図5に示す．横軸は観測地点を示し，縦軸は温度である．温度は，実線で気温を

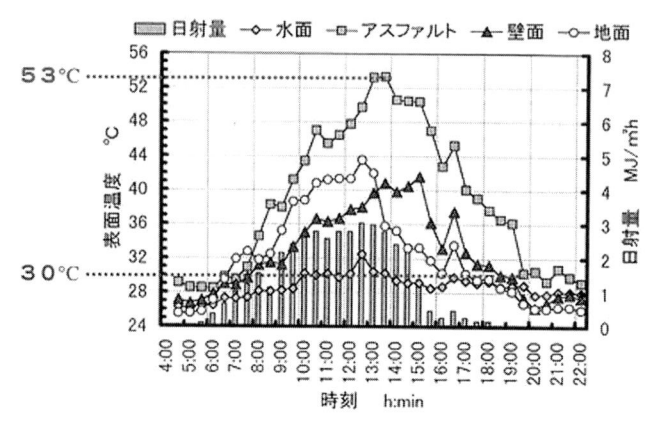

図3　名古屋市中川運河沿いにおける水面温・表面温の日変動[1]

図4　名古屋市堀川上の観測点[5]

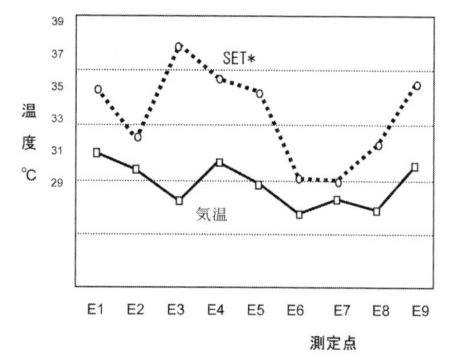

図5　堀川とその周囲における気温・SET*[5]

示し，破線で体感温度としての屋外用に修正した標準有効温度 SET* を示している．橋上の観測点 E7 において，気温および SET* ともに相対的に低温を示している．さらに，気温は観測点 E6 および E8 においても相対的に低温であり，橋上の気温とほぼ等しい．これは，河川上の相対的に冷涼な空気が市街地方向へにじみ出しているためと考えられる．SET* では，河川沿いの道路での観測点 E6 で低温であるが，E8 では上昇している傾向にある．これから考察すると，暑熱対策のために河川にかかる橋に通じる街路については，河川から急に建物を密集させないように高さと配置を順次変化

するような配慮がはかられることが望ましい．

次に，冬季の場合を考えてみる．名古屋の市内を比較的広域に観測した事例を取り上げる．図6に名古屋における冬季の夜間の気温分布観測事例を示す．ここに示されるとおり冬季の夜間には，市街地の周囲は東西と北の地域では相対的に低温になっており，市街地中心部では相対的な高温域がみられ明瞭な HI が観測された．とりわけ市街地南の伊勢湾名古屋港付近に最も高温な地域が現れている．これは，湾内の水体の熱容量によって，日中に受熱した日射に

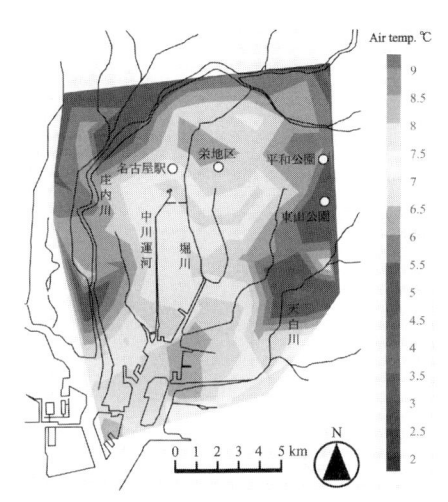

2.3C 水面がもつ都市気候を緩和する効果

図6 名古屋市における冬季の夜間気温分布
（文献2から作成）

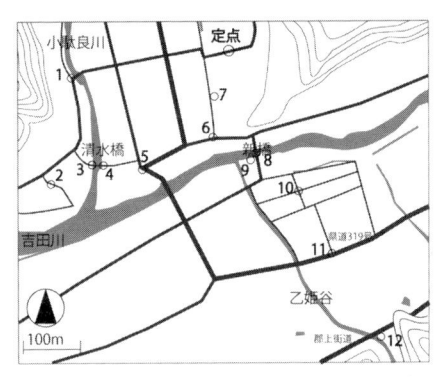

図7 郡上市八幡町における気温観測点[3]

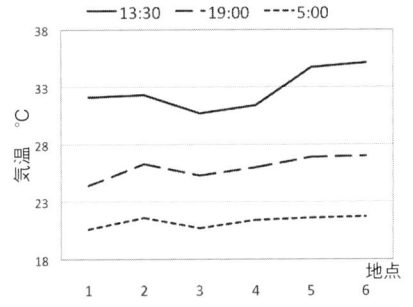

図8 観測点1から6までの気温分布
（文献3から作成）

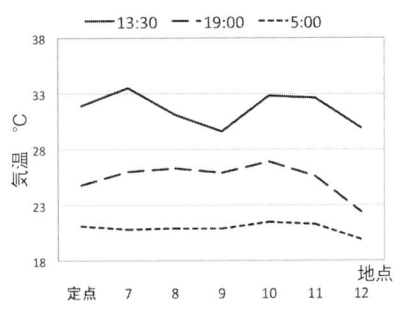

図9 観測点7から12までの気温分布
（文献3から作成）

よって蓄熱し，夜間には相対的に熱容量が小さい市街地に比べ，名古屋港の水体の温度が低下しなかったため，それに接する気温も相対的に高温になって現れたものと考えられる．HI対策としては，夏季と冬季の発生状況がこのように異なるため，都市全体の土地利用計画についても，区域区分を決めるにあたっての配慮が必要である．

以上は，平野にある都市についての場合であったが，中山間地においては渓谷沿いに都市や集落が発達している場合が多く，渓谷を形成する河川の影響が予測される．そこで，中山間地にある都市として岐阜県郡上市八幡町の事例を示す（図7）．

図8は，観測点1から6までの気温分布の観測結果である．8月18日13時30分では，山麓の市街地の観測点1で気温32.1℃，観測点2で32.3℃，中心市街地の観測点5と6では，34.7℃と35.1℃となり，高温であった．これに対し，小駄良川河川敷の観測点3は30.7℃，橋のたもとの観測点4では31.4℃であった．観測点3では市街地の観測点6と比べて4.4℃低い値である．水面の効果が示されているものと考えられる．また，観測点3では，日中だけでなく，夜間と早朝にも市街地よりは，若干の気温の低下が示されている．橋のたもと

にオープンスペースなどを設けることで，涼やかな場所を確保することと，河川の河原を歩道として整備することで，都市の涼しさを体感することができる．

図9は，観測点7から12までの気温分布の観測結果を示す．8月18日13時では，定点の気温は31.9℃であった．市街地観測点では高温であった．吉田川の橋のたもとの観測点8では31.1℃，水面に近い河川敷の観測点9では気温29.6℃であった．河川周辺が相対的に低い気温となり，水面の効果である．しかし，日中に比較して夜間では気温差は小さくなるが，低下する傾向がある．早朝では，市街地との気温差がほとんど見られなかった．湧水の流れる乙姫谷渓谷に入った場所に位置する観測点で気温は29.9℃であった．この結果から，渓谷を流れる低温の水流とともに，山地からの冷気の影響を利用できるように，谷筋から市街地にかけて，連続したオープンスペースをつくることが暑熱緩和対策となる．

4. 水面の体感温度への影響

都市において，人間が生活し活動する場所において，水面が存在する場合に温熱的にどのような影響を与えるかについて述べる．人間が親水性の高い河川敷を散歩する場合や，コンクリート護岸の水面を有する河川沿い道路にいる場合，水面の存在しない道路上にいる場合を想定し，名古屋市内水路で調査を行った事例を取り上げる．

水面がある場合として，人体の足下とほぼ等しいレベルに，1m以内に水面が存在する場合と，コンクリート護岸の人体の足下から3m下方に水面がある場合を設定した．

調査結果を図10に示す．体感温度として屋外用に修正した標準有効温度SET*を求めた．この図はSET*と快不快感との関係である．SET*が24～25℃の鶴舞水路，白川水路で最も快適さが高い傾向を示している．回帰曲線によれば27～29℃付近において快適さが高い．体感温度SET*を用いることで，水面を有する屋外熱環境の快適性ないし不快さを表現することができた．

旭出川，山崎川，アスファルトの場合，SET*がいずれもほぼ45℃付近で等しい．ここで，快不快感は，旭出川とアスファルトの場合は山崎川よりも明らかに不快であることを示している．アスファルトのSET*が31℃の場合，SET*が36℃付近と高温の山崎川の場合よりも快不快感は，相対的に低い．

以上から，水面を用いた対策として，遊歩道などを計画するには，より水面が歩く人間の近くにあることが好ましい．3m以上，人間の歩く道よりも下に存在する水面の効果は少ない．この場合には，幅の広い水面とすることが求められる．さらに，広がりのある水面や身近にある水面は，視覚的な要素などによる心理効果があり，アスファルト面など以上に快適性を感じること

表1 実験を行った名古屋市内の河川・水路とその諸元

日時	場所	水路幅	水面までの距離	天気
2006年8月3日	アスファルト舗装	—	—	晴れ
2006年8月7日	山崎川	7m	1m	晴れ
2006年8月10日	旭出川	5m	3m	晴れ
2005年9月11日	白川水路	1m	0.2m	曇り
2006年9月23日	鶴舞水路	0.6m	0.4m	晴れ
2006年11月13日	アスファルト舗装	—	—	晴れ
2006年11月17日	山崎川	7m	1m	晴れ時々曇り

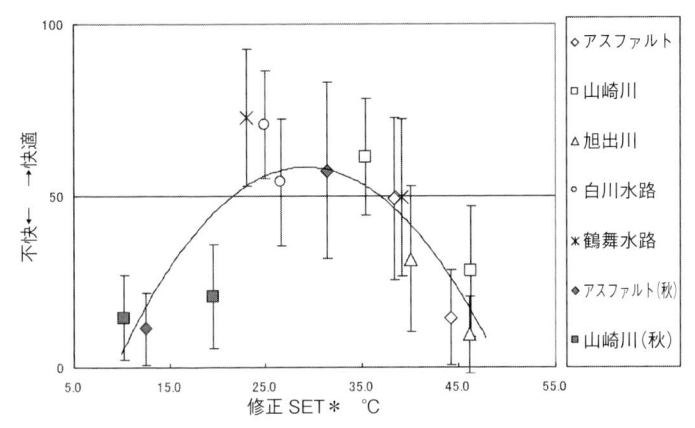

図 10 屋外用に修正した SET*と快適不快感との関係[4]

が多く，視覚的に広がりのあるように水面を見せるなど，水面と通路との断面を工夫することが必要である．

☞ 更に知りたい人へ
1) 向井　愛，堀越哲美：日本建築学会計画系論文集，**553**，37-41，2002
2) 菊池　信，堀越哲美：日本建築学会環境系論文集，**595**，83-89，2005
3) 石田勝美，堀越哲美：人間-生活環境系学会雑誌人間と生活環境，**19**(2)，107-113，2012
4) 松下拓真ほか：日本建築学会学術講演梗概集 D-2，379-380，2007
5) 川島崇功，堀越哲美：日本建築学会東海支部研究報告集，**41**，497-500，2003

自然エネルギー利用建築 2.3D

太陽と風に呼応する建物とライフスタイル

冷房にかかるエネルギーを低減することは，HI対策においては建物からの人工排熱を低減することにつながる．このとき，空調設備そのものの性能も重要であるが，
　① 冷房を使用しない時間を増やす
　② 冷房を使用する際に，冷房機器が除去する熱量（冷房負荷）を減らす
ことが建物に求められる重要な視点となる．①の対策として，日射遮へいや涼風を取り込む等の建物の工夫や計画によって，自然エネルギーを適切に調整しながら室内の温熱的な快適性（1.3B参照）を得ることが挙げられる．②は表1に示すように，日射遮へい（表1：a～cの対策，2.7A参照）や断熱（表1：b～dの対策）等，外部から流入する熱量を削減することのほか，夜間換気によって室内に蓄熱した熱（表1：kの対策）を除去すること等，①の対策と共通項が多い．

ここでは，この共通する対策としてパッシブクーリング手法に着目して，その一部を解説する．また，照明器具による室内発熱負荷（表1：i）を削減するための昼光利用についても概観する．さらに，自然エネルギー利用建築は建物計画のみで効果をなすものではなく，利用者による建物の「使いこなし」もその効果に影響を及ぼすことから，ここで解説する．

1. パッシブクーリングとは

室内気候を快適に維持するために，電気的・機械的な設備機器を用いず，太陽や風などの自然エネルギーを建物自体で制御し室内気候を調整する方法をパッシブシステ

表1　冷房負荷の構成要素[1,2)]

	室内負荷構成要素	
a	窓ガラスからの日射熱負荷	
b	貫流熱負荷	壁体
c		窓ガラス
d		屋根
e		土間床・地下壁
f	透湿熱負荷	
g	すきま風による熱負荷	
h	室内発熱負荷	人体
i		照明
j		機器
k	間欠空調による蓄熱負荷	

e・kは冷房負荷計算では無視することが多いが，夜間換気などの自然エネルギー利用の意義につながるため表記した．

ムという．とくに，夏季に涼を得る場合にパッシブクーリングという．パッシブ（passive）とは「受け身の，外的影響を受ける」という意味だが，室内気候は天候の影響を受けるためこれに応じて建物利用者が積極的に室内気候を調整することが求められる．

表2にパッシブクーリング手法の概要を示す．文献[3,4)]に基づき再整理したものである．夏季は室内に侵入する熱（日射熱）を徹底して入れず，それでも侵入する熱や室内で発生する熱は除去し，より積極的に冷却することが基本原則となる．次項では涼風を積極的に室内に導く工夫を取り上げるが，表中の他の手法については，別項（2.2F, G, 2.3B, E, コラム）を参照されたい．

2. 涼風を活かす建築

（1）ウィンドキャッチ　　夏季日中に40

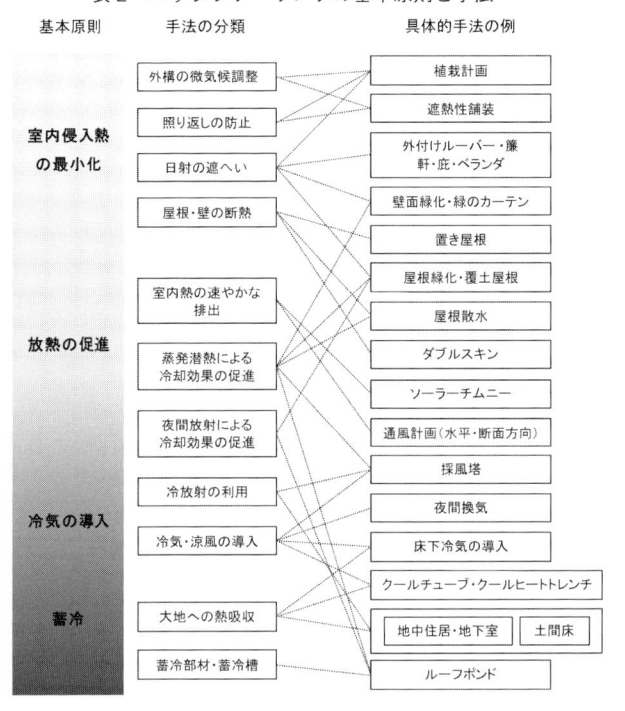

表2　パッシブクーリングの基本原則と手法[3,4]

基本原則	手法の分類	具体的手法の例
室内侵入熱の最小化	外構の微気候調整	植栽計画
	照り返しの防止	遮熱性舗装
	日射の遮へい	外付けルーバー・簾　軒・庇・ベランダ
	屋根・壁の断熱	壁面緑化・緑のカーテン
		置き屋根
放熱の促進	室内熱の速やかな排出	屋根緑化・覆土屋根
	蒸発潜熱による冷却効果の促進	屋根散水
		ダブルスキン
		ソーラーチムニー
	夜間放射による冷却効果の促進	通風計画（水平・断面方向）
		採風塔
冷気の導入	冷放射の利用	夜間換気
	冷気・涼風の導入	床下冷気の導入
		クールチューブ・クールヒートトレンチ
蓄冷	大地への熱吸収	地中住居・地下室　土間床
	蓄冷部材・蓄冷槽	ルーフポンド

℃を超えるパキスタン南部では，屋根の上に開閉可能な採風口が設けられており，夕方インダス川からの涼風に対して採風口を向けて，上空風を室内に取り込む工夫がみられる（図1）．これは夜間には排気筒の役割となる．電気が通じる現代も停電対応で病院等の公共施設に設けられているという[4,5]．日本の住宅においても，外構の植栽や打ち水によって創出した比較的低温な空気を，地窓や図2のように地袋部分やデッキを活用すれば，鉛直方向に涼風を取り込むことが可能である．

(2) ナイトパージ　夜の冷気で換気することで，建物内部に蓄積された熱を除去し，朝方の室温上昇を抑える手法をナイトパージという．雨仕舞いや防犯に配慮した開口部を設けることで対応できるため，オフィスや学校など用途を問わず採用されている（図3）．

図4は，RC造の集合住宅におけるナイトパージの効果を示したもので，2～3℃の室温低減効果がみられる[7]．この報告では，熱負荷シミュレーションにより，夏季に約3割のエアコンの消費電力削減が見込めるとされる[7]．

3. 自然光を活かす建築

図5に示すように，冷房時の熱負荷のうち照明の発熱負荷が占める割合は16%と無視できない値であり，窓からの日射熱負荷の割合にも匹敵する．このように冷房負荷の削減としても，照明用のエネルギー削減策としても，自然光による照明（昼光照明）は重要である．ただし，同様に冷房負荷削減手法である窓の日射遮へいは，昼光照明にとって相反する手法でもある．夏季

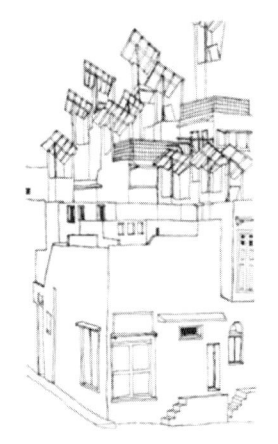

160   2.3 自然を活かした都市計画，建築による緩和（パッシブな利用）

図1 採風口をもつ住宅（出典：文献4）

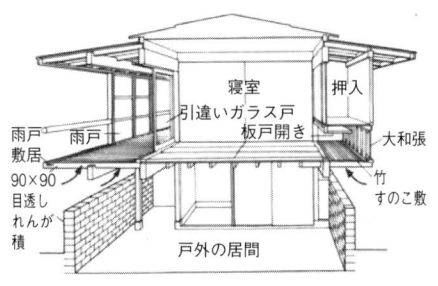

図2 床下からの通風（出典：文献6）

図3 ナイトパージ用の換気口をもつ窓（学校）

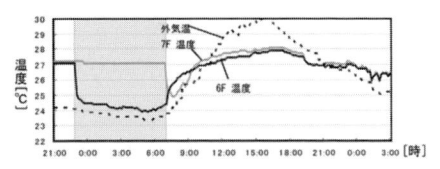

図4 夜間換気の有無（有り：6F）による寝室気温の違い（夜間最低気温 23.7℃の場合，出典：文献7）

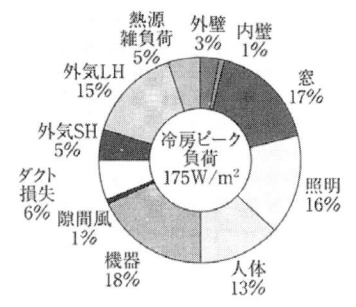

図5 冷房ピーク時の負荷構成（出典：文献8）

はこれらの対策とは別に，利用者にとって心理・衛生・生理の観点からも建物の重要な計画要素であることを付記したい．

（1）窓による昼光照明　窓による採光はそもそも建築の基本的な計画要素である．天窓や頂側窓（図6）のように高い位置の方が，同じ面積の側窓よりも高い照度が得られる．また，北側の窓からの採光は直射日光を含まず，天空光のみで安定した照度が得られるとされるが，現在は省エネルギーのため積極的に直射日光も利用する傾向にある．このとき，まぶしさや日射熱の侵入を低減するため，窓の設置方位や断熱性に配慮する必要がある．図7は，ライトシェルフと同様の機能をもつ外付けの可動式ルーバーである．日射遮へいと同時に，室内の天井に直射日光を反射させることで室内照度を得るものである．

（2）光庭と光ダクトによる昼光照明　オフィスビルでの光庭の採用も近年増えつつある．図8はオフィス中央の階段とエレベーターを内包する鉛直方向に延びる空間

の日射遮へい，昼光利用，昼光利用により室内に侵入する日射熱のバランスを考慮して導入を検討する必要がある．また，昼光

図6　天窓と頂側窓　　図7　採光を兼ねた外付けルーバー

図8　光庭（大成札幌ビル，設計・施工：大成建設（株））

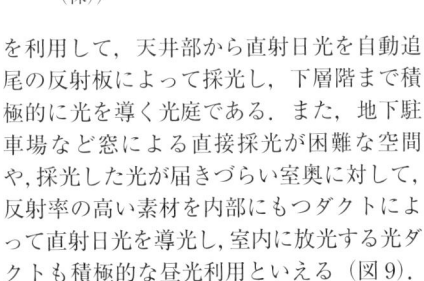

図9　光ダクトの放光部（住宅）

を利用して，天井部から直射日光を自動追尾の反射板によって採光し，下層階まで積極的に光を導く光庭である．また，地下駐車場など窓による直接採光が困難な空間や，採光した光が届きづらい室奥に対して，反射率の高い素材を内部にもつダクトによって直射日光を導光し，室内に放光する光ダクトも積極的な昼光利用といえる（図9）．

5. 自然エネルギー利用建築と使いこなし

自然エネルギー利用建築では利用者の環境調整行為が伴わなければ，室内環境の悪化や冷房負荷の増大につながりかねない．このため，自動制御に慣れ親しんだ現代人が，気候に responsive（呼応する，敏感に反応する）な利用者または住まい手に変わる仕組みづくりは重要な意味をもつ．以下に，利用者の環境調整行為を促すための住環境教育の取組みを紹介する．

（1）集合住宅における涼房方法の支援事例　屋根緑化や日射遮へい，通風の工夫などが計画された複数の集合住宅（東京都）において，つくり手側から住人に対して涼房のための住まい方支援が行われた[9]．希望者に対して入居時・入居直後・初年度・次年度の各段階で，涼しさを得るための建物の工夫や住人の行為についての知識提供，効果の体感，熱環境の測定結果の説明や相談会が行われた．具体的には建物緑化や簾，2方向換気や夜間換気等がテーマとして扱われた．この結果，図10より，住まい方支援後の暑さ対策においてエアコンの選択が減り，日中の屋外からの熱風を入れず，夜間換気を行うように住まい方が変化したことがわかる．図11に示す住居では入居3年目には夏季の室内の最高気温が約7

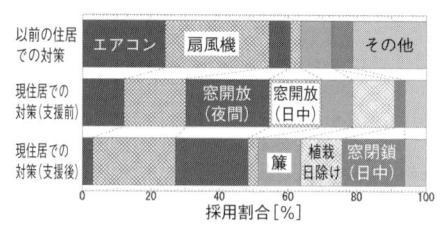

図10　暑さ対策の採用割合の変化[10)]
（提供：高橋達（東海大学））

図11　住まい方支援後に日射遮蔽を実践するようになった住居 A
（提供：高橋達（東海大学））

°C 低く維持された．

　一般的には建物の引渡し後に，その使い方の解説が行われることはなく，省エネ住宅や環境共生型の住宅の本来の機能が発揮されないことが課題とされる．この事例では，業務の一環として知識と体感の照合がていねいに行われたことで，住人による実践や行動が促されている．このような住まい方支援のコンサルタントなど新たな職域の創出も，建物の HI 対策や省エネ対策にとって今後大いに望まれるものである．

　(2) 小学校における風の道の授業事例
　エコスクールの普及に伴い，自然エネルギーを活用しながら涼しさや暖かさを得る住まい方を学ぶ住環境教育の機会が増えている[12〜15)]．次の事例は東京都杉並区のエコスクール事業の一環として，建物における自然エネルギー利用や環境への配慮の工夫や原理，住まい方について体験的に学ぶために開発された授業の1つである[14)]．小学校5年生理科の天気の学習に関連づけて，風とうまくつき合う建物や生活の工夫について校舎を使って体験的に知り，学校や家庭での省エネルギー型の生活実践につなげることがねらいである[13)]．これは東京都内の複数の小学校で実践されている．図12に示すように児童が普段使用する教室において通風実験が行われる．ある1つの方位の窓だけをたくさん開けてもビニール紐が動かないことへの驚きや，対向する窓と扉を開けたときに通り抜ける風の心地良さの記憶が，その後の教室の通風行為につながっている．通風輪道も考えさせる授業を展開する教員もいる（図13）．

　また，日頃，風の流れを自覚したことのない児童達にとって，風向風速計[10, 11)]で風の動きをつぶさに観察できる機会は貴重である（図14）．屋上の風向は一定でも校舎まわりは場所によって風向が異なり，定まらない場所さえあることに気づき，驚きをもって受け止める．季節によって主風向が異なることも新鮮な気づきとなる．

　この授業を通して，外部風の特徴に気づき，建物方位や開口部（窓・扉）の配置，通風行為によって室内に風が流れること，防風のため防風林や防風垣など外構にも工夫が必要なこと，夏は涼風を利用すれば省エネルギーで快適な住まい方ができることを学ぶことになる．発展的に，都市の風の道の理解につなげることも可能である．クールチューブやナイトパージが採用された校舎をもつ学校では，この授業を発展させて，地中温度も含め校舎周辺の表面温度や気温を測定することでこれらの仕組みの理解につなげている（図16）．これは，HIの発生原理や対策の基本的な学びにつながることでもあり，今後の発展的継続に期待が

図12 風が通ると予想した窓・扉を開閉しビニール紐の動きを観察

図13 窓・扉の開閉位置と通風輪道の予想図

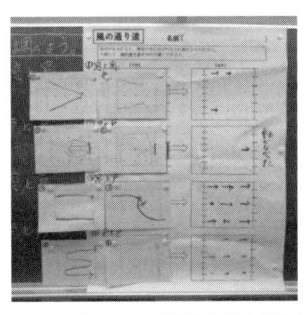

図14 自作の風向風速計による校舎まわりの風観測と風の道マップの作成風景

もてる．

昼光による教室の光環境や照明器具の使い方について考える学習プログラムも，小中学校で実践されている．これについては文献[13]を参照されたい．

☞ 更に知りたい人へ
1) 井上宇市編：空気調和ハンドブック，丸善出版，38，2012
2) 空気調和・衛生工学会編：空気調和設備計画設計の実務の知識，オーム社，93，2012
3) 梅干野 晁：都市・建築の環境設計，数理工学社，192-193，204，2012
4) 彰国社編：自然エネルギー利用のためのパッシブ建築設計手法事典，彰国社，5，66，2008
5) 市川健夫ほか：風と建築，INAX出版，50-51，2004
6) 彰国社編：光・熱・音・水・空気のデザイン，彰国社，146，1996（提供：白井克典）
7) 廣瀬拓哉ほか：日本建築学会大会講演梗概集，399-400，2009
8) 日本建築学会編：建築設計資料集成（環境），丸善，102，2007
9) 藤井廣男ほか：日本建築学会大会講演梗概集，459-460，2009
10) 五十嵐賢征ほか：日本建築学会大会講演梗概集，517，2008
11) 高橋 達，辻 康昭：日本建築学会大会講演梗概集，543，2012
12) 日本建築学会東海支部環境工学委員会：環境工学委員会環境教育実践報告書「温度や風，光を測ってみよう」，2006
13) 日本建築学会編：環境教育用教材 学校のなかの地球，技報堂出版，2007
14) 田中稲子ほか：日本建築学会技術報告集，**17**(36)，755-758，2011
15) 田中稲子ほか：エネルギー環境教育研究，**5**(1)，67-73，2010

クールチューブ・地下ピット

2.3E

冷えた外気を導入する

　建築物における省エネルギー対策は，文字どおりエネルギー消費量を削減するだけでなく，エネルギー消費に伴う人工排熱を減らし，HIを抑制する効果も期待できる．省エネルギー対策には，パッシブな手法からアクティブな手法まで，多くの手法を挙げることができるが，中でも建築的工夫による負荷抑制や自然に存在する光や風，大気熱や地中熱をできるだけ自然の状態で，パッシブに活用することが基本的な対策となる．

　地中温度は，大気に比べ日較差，年較差とも小さく安定しており，冬季は外気を暖めるためのヒートソースとして利用し，夏季は取り入れ外気を冷却するヒートシンクとして利用することができる．ここでは主に地中熱を利用したクールチューブ・地下ピット方式について事例を中心に紹介する．

1. 基本的な考え方

　建築物の居室には換気のための窓その他の開口部を設け，その換気に有効な部分の面積は，その居室の床面積に対して，20分の1以上としなければならないという規定がある（建築基準法第28条）．開口部が十分に確保できない場合，排気筒による自然換気や機械換気設備の設置が義務づけられている．中間期を除いて，夏季や冬季に外気を導入する場合，空調機や換気用全熱交換機などにより，温度調整をして室内に導入することになるが，その際，地熱を利用して冷暖房エネルギー消費を削減する手法がクール/ヒートチューブである．

　外気を室内に取り込む前に地中に埋設したチューブ（塩ビ製のパイプや土管）や地下ピットの地熱を利用して夏は冷やし，冬は暖める手法である．チューブ状のものを「クール/ヒートチューブ」あるいは「アースチューブ」また建築の地下ピット部分を利用するものを「クール/ウォームピット」あるいは「アースピット」と呼んでいる．

　年間温度変動が小さい地熱を夏季は「放熱先」，冬季は「採熱源」として利用することで，冷暖房のためのエネルギー消費を削減する効果がある．図1は，年間外気温度の変化と地中深度別の地温の変化を表したグラフであるが，GL-10mの深さになると年間の温度変化がなくなり，その地域の年間平均気温に近くなるとされている．

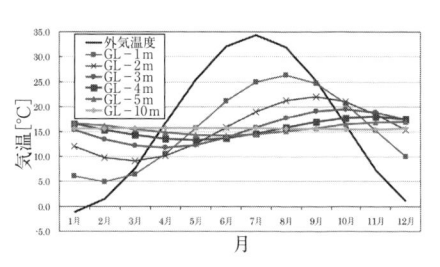

図1　地温の年変化（東京）

　郊外の保養所や研修所，あるいは学校や美術館など，敷地に比較的ゆとりがある場合や小規模の建築物で導入外気量が限定されている場合は，クール/ヒートチューブ（以下C/Hチューブ）が適用できる．また敷地にゆとりがない場合や規模が大きく構造躯体として地下ピットやトレンチが計画される場合あるいは免震ピットが計画され

る場合は，地下ピット方式が適用できる（図2）．

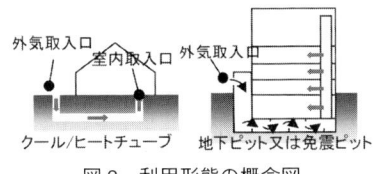

図2　利用形態の概念図

2. 地温の予測方法

式(1)にて各日の深さ Z (m)における地温 T_{GRZ} (℃)を容易に予測することができる．なお，式内の T_{GRO}：不易層温度と ΔT_{GRS}：地表面温度の年較差の代りに，年平均気温と気温の年較差を用いることで実用上は問題ないとされている．

$$T_{GRZ} = T_{GRO} + \frac{1}{2} \Delta T_{GRS} A_Z$$
$$\times \cos\left(\frac{n - n_{mx} - B_Z}{365} 2\Pi\right) \quad (1)$$
$$A_Z = e^{-CZ}, \quad B_Z = CZ\frac{365}{2\Pi}, \quad C = \sqrt{\frac{\Pi}{\alpha\tau}}$$

$\tau = 365$ 日 $= 8,760$ 時間 $= 31.536 \times 10^6$ 秒
ここに，T_{GRZ}：地温 (℃)，T_{GRO}：不易層温度 (℃)(=年平均気温 (℃))，ΔT_{GRS}：地表面温度の年較差 (℃)(=気温の年較差 (℃))，Z：地中埋設深さ (m)，n：当該日の数え日（1月1日=1として），n_{mx}：地表面温度の最高値の生じる数え日（=日本国内ではおおむね8月1日とし，213とする），α：土壌の熱拡散率 (m²/h)である．

3. C/Hチューブの埋設深さ

式(1)を用いて地温を計算すると4～5mでほぼ安定化する．深くなるにつれ振幅は減少し，4～5mでほぼ安定化する．これにより，C/Hチューブの埋設深さは，4～5m程度に設定することが望ましいとされる．ただし，ボーリング試験などで埋設場所の土壌や地下水位などを確認し，C/Hチューブに関わる掘削費やチューブ内の結露水の確認や清掃方法なども考慮して，埋設深さを設定する必要がある．

4. C/Hチューブの効果

C/Hチューブの効果を予測する場合，式(2)により出口空気温度を計算することができる（図3）．

$$t_{out} = t_e + (t_{in} - t_e) \times e^{-A} \quad (2)$$
$$A = \frac{\Pi \times L \times X \times U}{(C_p \times V \times \Pi \times L^2)/4}$$

ここに，X：C/Hチューブ長さ (m)，L：C/Hチューブ直径 (m)，t_{out}：C/Hチューブ出口空気温度 (℃)，t_e：地温 (℃)，t_{in}：C/Hチューブ入口空気温度 (℃)，C_p：空気の比熱 (kJ/m³・℃)，V：通過風速 (m/s)，U：C/Hチューブ熱コンダクタンス (W/m²・℃)である．

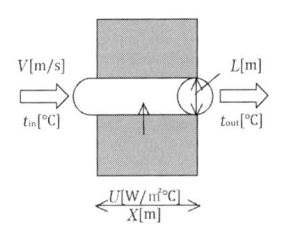

図3　C/Hチューブ出口温度の予測

また，C/Hチューブによる熱回収量を求め，年間の外気負荷の低減効果を確認したり，熱回収量をC/Hチューブに関わる運転エネルギー（ファン動力に関わる電力）で除した値（=成績係数COP）を算出して地熱利用のパッシブ効果を確認することができる．

5. C/Hチューブの計画の留意点

(1) 通過風速　通過風速は，おおむね1.5～3.0m/sが適当とされており，地下ピットやトレンチなどでは最大5.0m/s程度としている事例がある．同じ断面積で風速を上げた場合，熱交換量は増加するが，出

入口温度差は小さくなり，かつファンの搬送動力が増加する可能性がある．したがって，出口温度条件と搬送動力を確認した上で，通過風速を決定することが望ましい．

(2) 通風長　導入事例では，30～100 m 程度が望ましいとされている．通風長が長いほど，出入口温度差が大きくなるが，長すぎるとファンの搬送動力が増加するため導入効果が低下する．これらを考慮した上で，通風長を決定することが望ましい．

(3) 材料　表1に材料の比較を示す．熱伝導率が優れたものが熱交換性能が高くなり，コンクリート＞樹脂製となる．またコスト面では，塩ビ管やポリエチレン管は材料単価は安価であるが，単独埋設の場合掘削などの土工事が増加するので留意が必要である．

(4) その他の留意事項　C/H チューブを計画する上で空気質の確保を留意する必要がある．チューブ内への湧水の浸入対策として継手部分のシールを確実に行うとともに，結露対策として，チューブに勾配をつけ，水抜きを設けるなどの対策が必要である．また，万が一チューブ内にカビなど汚染物質が発生した場合に備えて，清掃のための掃除口を設けるとともに外気導入経路を別に確保したり，熱量不足に備え冷暖房能力にゆとりをもつなどの工夫が必要である．

6. 実例：その概要と効果
a. インペックス箱根山荘の事例
場所：神奈川県足柄下郡箱根町
建物規模：678 m^2，地上2階地下1階
竣工時期：1999年9月
配管長：35～40 m，埋設深さ：GL－2 m
対象風量：900 CMH×2系統

寒冷地保養所の客室用空調として，"やわらかな室内環境"の提供を目指し，空気式の床暖房方式が採用されている．その客室への導入外気は C/H チューブを経由し，外

表1　C/H チューブ材質比較

材質	特徴	熱伝導率 (W/m・K)
コンクリートピット	土圧にも強く比熱も大きいため，クールチューブとしては最も適している．ただし独立して建造する場合は構築費が高く，不同沈下対策を講じる必要がある	1.4
塩ビ管	軽量かつ耐食性に優れ，構造が最も安価である．比較的処理風量が小さく（1,000～2,000 m^3/h），埋設深度が浅い場合（地表面－1.5～3 m 程度）に採用される例が多い．	0.15～0.21
高密度ポリエチレン管	軽量かつ土圧に強く耐食性・耐久性・施工性に優れ，安価であるが材質の熱伝導率は小さい．ただし表面が波形のものを使用することで接触面積を大きくすることができる．	0.46～0.53

調機にて処理した後，二重床に供給する．空気式床暖房は，クローゼットに納められたファンコイルで行い，温風を床下経由で送風することで，床暖効果と躯体の冷え込みを予防する躯体蓄熱効果，さらには窓際で吹出すことでペリメータ負荷の処理を目的としている．

また，夏季も地下放熱により冷却された外気を床下に供給することで，床面の温度を室温よりも低くし，"ひんやりとした土間"のような環境を創出している．

C/H チューブは，施工費を削減するため地下躯体掘削時に同時に埋設し，施工性と地温の変動が少ない深さを考慮し，GL－2.0 m とした．材質は，腐食性に配慮し塩化ビニール管（VU 管，350φ）である．

箱根の外気は湿度が高いため，C/H チューブ内の結露にも考慮し，埋設管には勾配

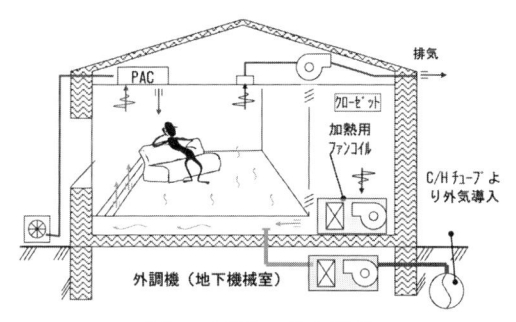

図4　空調システム概要

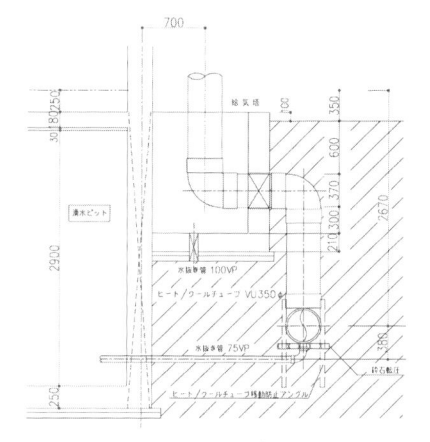

図5　C/Hチューブの詳細図

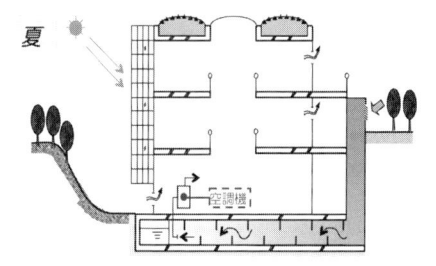

図6　C/Wピット概念図（夏季）

をつけており，最低部（外気取り入れ部と建物導入部）から地下湧水ピットへ排水できるようにしている．また，配管内清掃も可能なように約10m間隔で掃除口を設けている．チューブからのドレン管には，地下ピットの臭気がパイプ内へ流入し導入外気に影響を及ぼさないようドレントラップを取り付けている（図4，5）．

運用時検証では，夏季，冬季ともに約5℃の外気予冷予熱効果が得られている．

b. 三鷹の森ジブリ美術館の事例
場所：東京都三鷹市
建物規模：3,576m^2，地上2階地下1階
竣工時期：2001年6月

導入形態：地下ピット利用60m（GL－7m）
処理風量：17,850m^3/h

　低層建物で平面が比較的大きい形状であるので，図6に示すとおり地下1階下の建物ピットをクール／ウォームピット（以下C/Wピット）に利用して外気を予冷，予熱して省エネを図っている．

　建築計画においては，C/Wピット内の空気質を良好にするため，C/Wピットの周囲に湧水ピットを設けて，地下壁からの湧水がC/Wピット内に侵入することを防ぐ配慮をしている．また，コンクリートからの水分やピット内の臭気を除去するため，ピット床に難燃性のセラミック炭を敷設している．その結果，竣工後10年以上経過しているが，臭気やカビなどによる健康被害などはなく，ピット内は乾燥した状態を維持しており，C/Wピットが良好に運用されていることを確認している．

　設計時のシミュレーションでは，夏季の

外気温度とクールピット出口温度の日変化

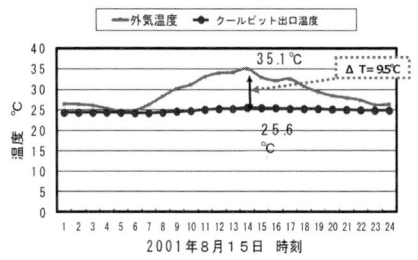

図7 クールピットによる温度低減効果

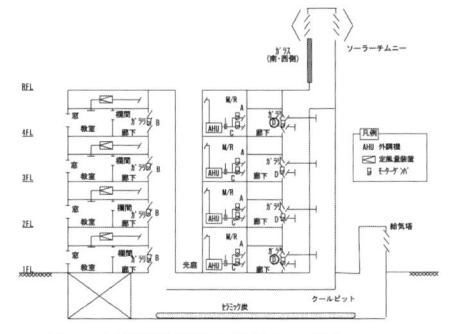

図8 夏季冷房時の換気システムフロー

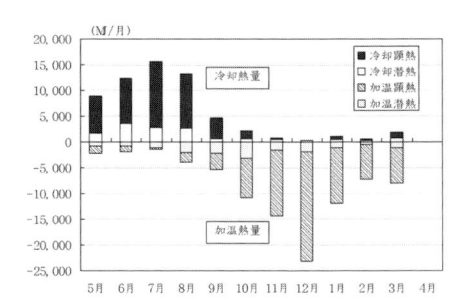

図9 年間の熱交換量 (2001年度)

冷却効果を5℃程度と試算していたが，竣工後の実測結果では，図7に示すとおり，9.5℃の効果を得ることができた．これは建物周辺に多くの樹木があり，その蒸散効果や日射遮へい効果および土壌温度が常に安定していることに起因しているものと考えられる．

c. 北九州市立大学国際環境工学部の事例
場所：北九州市若松区
建築規模：20,280 m^2，地上4階
竣工時期：2001年11月
導入形態：地下ピット利用 100 m（GL−3 m）

冷暖房時の外気，自然換気を行うときの外気は，北側の給気塔から地下のクールピット（延長距離約100mの地下ピット）を経由して取り入れている（図8）．GL−3mに位置する地下ピットの壁面と外気が熱交換することで，夏季は取入れ外気を予冷し，冬季は予熱を行うことができる．地温と外気温度の関係は，おおむね10月〜3月は地温が外気温度よりも高く，4月〜9月は地温が外気温度よりも低い．図9に年間の熱交換量を示す．クールピット内には，脱臭や外気の調湿等を目的に，炭の粒子にセラミックをコーティングしたセラミック炭の袋を敷きつめている．これにより，夏季は外気の除湿を行い，冬季は外気を加湿する効果があることを確認している．

d. 日本大学理工学部船橋校舎14号館の事例（図10）
場所：千葉県船橋市
建物規模：9,528 m^3，地上5階地下1階
竣工時期：2004年1月
導入形態：地下ピット利用120m（GL−4 m）
処理風量：3,300 m^3/h

本計画の特徴は，C/Hトレンチとソーラーチムニーを組み合わせてトレンチ内の通風を促進することにより，非空調時にもトレンチ内を外気と同等の空気質に保っていることである．

外気はC/Hトレンチを経由して予冷・予熱されて教室の外調機に導入される（図11）．学校の長期休暇時は，トレンチ内の空気を滞留させないためにソーラーチムニーを用いてトレンチ内の通風を促進して

図10 建物外観

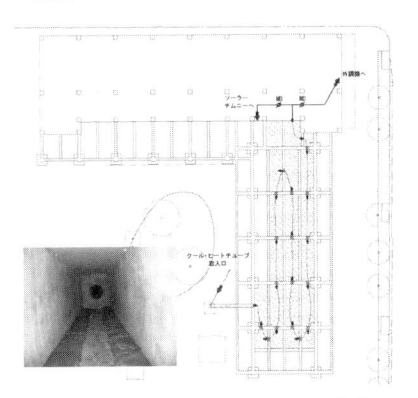

図12 ピット平面図とトレンチ内部

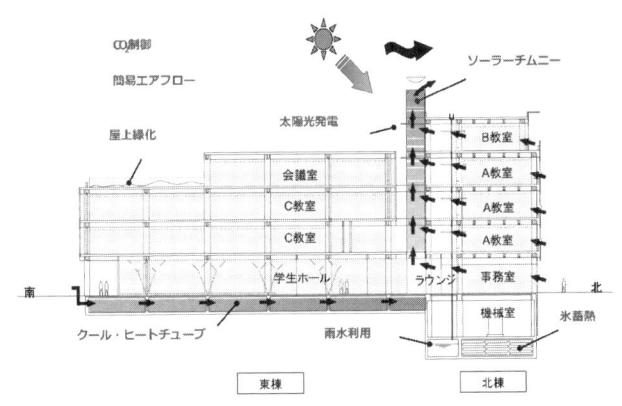

図11 C/Hトレンチ概念図

いる.

　1階床下ピットを利用し約120mのC/Hトレンチを設置した．トレンチ内部には，調湿と脱臭を目的にセラミック炭を敷設している（図12）．C/Hトレンチ内空気温度は，夏季は外気温度−5℃程度，冬季は+7℃程度である．

　外調機の外気導入の予冷・予熱として8,270 kW/年の熱量を処理することにより，外気負荷の29％を削減している．

☞ 更に知りたい人へ
1) 品田宜輝，木村健一：日本建築学会環境系論文集，**74**(636), 169, 2009 および **77**(677), 575, 2012
2) 品田宜輝ほか：空気調和・衛生工学会論文集，No.153, 45, 2009
3) 空気調和・衛生工学会編：空気調和・衛生工学便覧（第14版）1，基礎編，2010
4) 日本建築学会編：環境建築，オーム社，2011
5) 宇田川光弘：パソコンによる空気調和計算法，オーム社，1986

ヴァナキュラー建築

伝統的な建築の知恵

2.3F

1. ヴァナキュラー建築の知恵

ヴァナキュラー建築（vernacular architecture：風土的建築, 土着的建築）は, その地域で得やすい材料を用い, その土地の人々によって長い年月の中で形づくられた気候風土に適応した建築であり, 現代においても参考とすべき多くの知恵を有する.

HI の形成要因の1つが都市におけるエネルギー使用の増大であるならば, 今後の建築・都市づくりにおいてはエネルギーの使用を前提としないで, 建築的形態, 使用する材料, 細部の工夫によって, 厳しい自然環境の中でより快適な生活環境を提供してきたヴァナキュラー建築およびそれらが集まる集落・街を参考とすべきだろう. とくに, HI により過酷化する暑熱環境の緩和策としては暑熱地域のヴァナキュラー建築および集落・街のもつ自然の潜在力を最大限に活かすパッシブクーリング的な知恵を現代的に活用することは有効であろう. また, わが国においては伝統的な民家や町家において受け継がれてきた暑熱への対策技術も参考としたい.

2. 世界のヴァナキュラー建築

まず, 世界のヴァナキュラー建築について, 乾暑地域, 蒸暑地域, 寒冷地域の3地域に大別して, 主に温熱環境調節の面から整理する.

(1) 乾暑地域　砂漠地域などの乾暑地域は, 降水量が少なく低湿であること, 昼間の強烈な日射による気温の上昇, 夜間の大気放射冷却による気温の低下により日較差が大きいことが特徴である. この地域のヴァナキュラー建築は熱容量の大きい石や日干煉瓦を用いた厚い壁で築かれる. これにより強烈な日射の影響や昼夜の気温差を伝熱タイムラグにより和らげている. また, 開口部を小さくすることで直達日射の侵入を防ぎ, 砂塵の侵入防止ともなる.

乾暑地域の伝統住居では中庭をもつものが多い. 地中海沿岸地域などでは中庭に木を植えること以外に, 池や噴水を配して蒸発冷却によって涼しさをもたらす工夫がみられる. また, 同じく地中海沿岸地域では建物の外壁や屋根が石灰で白く塗られ, 街全体が白一色で青い海とのコントラストが目映い. 太陽からの短波長放射を反射し日射による熱取得を低減する工夫であり, カラーコントロールによる暑熱対策である. 図1はギリシャのサントリーニ島の白い街並みである. 日中でも熱容量の大きな壁の蓄冷効果と日射反射率が大きいことで, 壁の表面温度は低く抑えられる. また, 乾暑地域の街は住居が密集して建ち, 狭い迷路のような路地空間が特徴的である. 狭い路地空間は日射が到達せず日陰となることで意外と涼しい.

内陸部の乾暑地域では大地に縦穴を掘りそこから横穴を掘った地中住居がある. チュニジア南部のマトマタ（図2）, 中国の黄土高原の窰洞（ヤオトン）などがその代表である. また, トルコのカッパドキアのように崖に横穴を掘った住居もみられる. 地中およそ5m以深の温度はその地域の年間平均気温でほぼ年中一定温度となる. 日較差の大きい地域および年較差の大きい地

図1 サントリーニ島の白い街並み(ギリシャ)
白い壁は太陽日射を反射し熱取得を軽減する．カラーコントロールによる暑熱対策．青い海とのコントラストが美しくまばゆい．

図2 マトマタの地中住居（チュニジア南部）
地中の温度は年間を通じ安定し，とくに気温の年較差や日較差の激しい場所では安定した熱環境を提供する．

図3 採風塔をもつ建物（ドバイ・アラブ首長国連邦）
四方からの風を室内に取り込む役割を果たす採風塔．風のないときにも煙突効果で高温化を抑制する．

域，すなわち気温変動の大きな地域においても，地中の恒温性を利用することで，1年を通して変動の少ない熱環境が実現できる．

中東では採風塔による暑熱緩和策がみられる．イランやアラブ首長国連邦などでは，図3のように四方からの風を室内に取り込む採風塔がみられ，パキスタンでは一定方向から吹く風の方角にハワ・ダンと呼ばれる風の取入れ口を向けて風を室内に取り込む．風のないときでも加熱された空気が採風塔から煙突効果で排出されることで高温化を抑制する働きをする．また中東の伝統建築ではマシュラビーアと呼ばれる幾何学的な意匠をもつ木製の透かし彫りのスクリーンを開口部に設け，日射を遮りながら通風を促す工夫がみられる．

(2) 蒸暑地域　東南アジアやカリブ海地域など赤道に近い蒸暑地域は，雨量が多く湿度が高い上に，晴天時には日射が厳しい．海が近いために日較差は比較的小さいのが特徴である．日本の夏もこの蒸暑地域の特徴と重なる．この地域のヴァナキュラー建築は植物や竹，木材など軽量の材料を組み立ててつくる架構方式であり，熱容量が小さく開放的なつくりで日射の遮へいと通風に主眼が置かれている．

大きな屋根，深い軒や庇は雨から建物を守ると同時に厳しい日射を遮る役割を果たす．屋根は植物性の繊維材料で葺かれることが多く，空気を内包した材料を厚く重ねることで断熱性をもたせ，さらに雨がしみ込むことで晴天時には水分が蒸発し冷却効果を発揮することで涼しさをもたらす．

壁は繊維材料や土によって構成されるが，断熱性とともに吸放湿性能があり，若干なりとも湿度をコントロールする．開口部は風通しをよくするために大きくとられ，気流による冷却と人体皮膚表面の蒸発を促進させて涼しさを得る．屋根は雨を遅滞なく流下させるために急勾配となる場合が多いが，屋根の一部に煙出しを設ける場合や，屋根端部を反らせることで換気を促

2.3 自然を活かした都市計画，建築による緩和（パッシブな利用）

図4 プノンペン近郊の民家（カンボジア）
日中は日陰となる1階スペースで作業などをしながら生活し，夜には2階の開放的な就寝スペースでくつろぐ．

図5 ノルウェーの草屋根の民家
開口部がきわめて小さく熱の流出を最小限にし，屋根は緑化され断熱性を高めている．

進させる工夫もみられる．インドネシアのスラウェシ島の先住民であるトラジャ族の伝統建物は端部が反り上がった草屋根で構成され，床は地面から離して高くして，湿気を防ぐと同時に風通しをよくしている．これらの高床式の建築は住居ばかりでなく穀物倉庫にも用いられ，温・湿度コントロールだけではなく動物や虫への対策ともなっている．図4はプノンペン近郊の民家であり，1階部分が家畜のスペースや日中の生活スペースで，2階部分が就寝スペースとなっている．熱容量の小さな建物は夜になると冷やされとくに2階部分は過ごしやすい．暑い日中は開放的で日陰となる1階部分が過ごしやすく，そこを作業場などに利用している．また，蒸暑地域では水の上に住居を構える例も多い．熱容量の大きな水は陸地に比べ日中でも温度の上昇が抑えられ，蒸発冷却された風は涼しさをもたらすためである．

（3）寒冷地域　　北ヨーロッパなど高緯度の寒冷地域のヴァナキュラー建築は石や木材を積み上げ組積造でつくられる建物が多い．熱損失を防ぐことに主眼がおかれ，さらに地中熱の利用や日射の取得が図られる．

カナダ・アメリカ極地の先住民イヌイットはイグルーと呼ばれる半球状に氷雪の塊を積み上げたドームを狩猟時の仮住居とする．雪は空気を含むことで断熱性があり，さらに容積に対する表面積が最小となる球体を用いることで，建築資材を最小限にし，かつ建物表面からの熱損失を最小限にする．

北ヨーロッパの建物は寒さから身を守るために厚い壁で築かれ，開口部はきわめて小さい．壁面および開口部は隙間ができないように工夫されている．図5はノルウェーの草屋根の伝統民家である．木造の組積構造で屋根には土が被せられ緑化され，断熱性と気密性を高めている．開口部はきわめて小さく，熱の流出を最小限にしている．

3. 日本のヴァナキュラー建築

わが国は南北に長く，「稚内」と「那覇」の緯度の差は20°に及ぶ．この緯度の差をヨーロッパに重ね合わせると，北ヨーロッパの「ベルリン」と，地中海の南に位置する「アレキサンドリア」に相当する．このように日本は亜寒帯から亜熱帯までの幅広い地域を含んでいる．日本の伝統的な建築は開放的であるといわれるが，夏の平均気温だけをみれば，東京はジャカルタに近く，酷暑に対応する技術が開発され，文化として成熟してきた流れも理解できる．また雨も多く，夏は南東の季節風が降雨をもたらし，冬は北西の季節風が日本海側に雪を降

らせ，世界的にみても多雨地帯である．

四季の変化の中で，日本のヴァナキュラー建築としての伝統建築は限られたエネルギーとさらには社会的な制約を受けつつも，より過ごしやすい生活空間の実現に向けて，進化を続けてきた．また近世においては集落と森林，耕作地などが一体となり，生活と生業の中で循環システムを形成しながら，持続可能な社会を実現していた点も大きな特徴である．地域内での資源・エネルギーの循環，地域気候を活かしたHI緩和方策を考えるにあたり，学ぶ点は多いといえよう．

(1) 民家（農家住宅）　近世の民家（農家住宅）について，温熱環境的な側面を中心にその特徴を考察したい．茅葺屋根や石置き屋根などが一般的であったが，図6にみられるように深い庇は，夏季の日射侵入を防ぐとともに外壁の保護にも寄与した．茅葺屋根の厚さは60 cmを超えるものもあり，夏季においてすぐれた断熱材として機能し，降雨後や夜露のあとには蒸発冷却の効果も得られた．急勾配の屋根は雨水の流下を促進するためにも有効であったが，日射熱を大面積で受けること，夏季夜間に広い面積で放熱ができる点でも効果があった．外壁には一般に土壁を用いていたが，大きな熱容量によって気温の振幅を抑制し，室内環境の安定化に寄与していた．また，木材や畳などとあわせ，吸放湿の効果も得られていたと考えられる．このほかにも伝統民家には多くの環境調節手法があり，その工夫・効果および現代的適用を表1に整理した．

伝統的な日本家屋の夏季における有効な環境調節手法の1つは外部に対する開放性であるが，開口部の設けられ方の地域による差異は気候的側面によるところが大きい．図7に伝統的住宅における各方位の開口部形態（開口比）を指標とした地域区分を示す．寒冷な地域と比較的温暖な太平洋

図6　長野県に所在した民家（現在：日本民家園）
深い庇によって日射を遮へいし，大型の開口部より通風を得ている．縁側は熱的な緩衝空間ともなる．

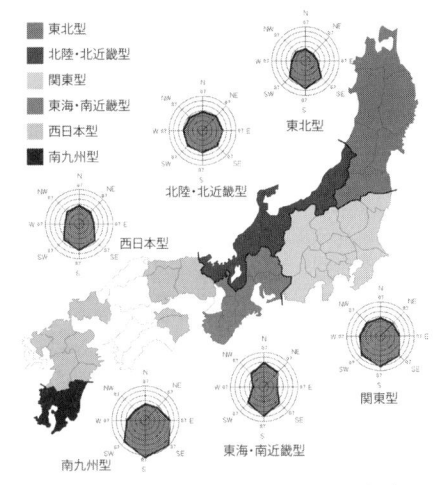

図7　伝統的住宅の各方位の開口部形態（開口比）を指標とした地域区分図

側の地域で各方位の開口部割合は異なっていたことがわかる．九州南部では南東から南西にかけて大きく開口が設けられ，東海・近畿では南北を中心に開口部が設けられている．山間部では谷筋や山地地形に対応して開口部が設けられていた．

また開口部のつくりの工夫として，障子，雨戸，高窓などを挙げることができる．これらによって，日射のコントロール，断熱性の確保，排熱の促進などの環境調節が行われていた．

174　2.3　自然を活かした都市計画，建築による緩和（パッシブな利用）

図8　カイニョに囲まれた民家（富山県砺波）
防風林は，冬の卓越風を緩和するだけでなく，夏は木陰を生み出し，下枝などは煮炊きの燃料となる．水田に浮かび，涼感のある景観を形成する．

図9　町家の坪庭（石川県金沢）
坪庭は見た目の涼しさとともに，空気のゆらぎを生じさせて暑熱を暖和してくれる．

　建物周辺の気候形成のための対策も重要である．風の強い多くの地域では，北，西に建物を配置し，南側に作業用の庭を設け，防風を兼ねた植栽で屋敷を囲む場合が多くみられた（屋敷林・森という）．中高木を含む防風林は冬の季節風を防ぐとともに夏には日陰をつくり，厳しい気候の緩和に役立った．防風林の下枝や落ち葉は煮炊きの燃料であり，建築用材ともなり，また鑑賞庭でもあった．林と住居が一体となって環境を形成しており，夏季，冬季の厳しい気候を緩和する装置ともなっていた．

　事例として砺波の散居村を挙げる（図8）．南からのフェーン風が厳しい砺波平野では，カイニョと呼ばれる（10mを超える）杉の高木を主体とした屋敷林を，南西側を中心に設けていた．そのためにアズマダチと呼ばれる妻入りの母屋は正面を東に向け，東側にアプローチを設けるものが多い．水田の中にカイニョに包まれた住居が点在する涼感のある景観が形成されている．このほかにも東北の平野部にみられる「イグネ（居久根）」，出雲・簸川平野の「築地松」，沖縄の「フクギ（福木）」など，樹種や刈込みの異なる地域性豊かな防風林が美しい気候景観を形成している．

　(2) 町家　　伝統的町家における夏季の観測事例では，日の当たる坪庭と日の当たらない坪庭で温度差が生じ，これに挟まれた居室に気流が発生することが報告されている．都市部など外部の気流が期待しにくい立地では，敷地内に坪庭を配置することで空気のゆらぎを生み出して暑熱を緩和していた（図9）．また，庭木に覆われた坪庭からは室内への冷放射や視覚的な涼感も期待できた．

　吹抜けを有する民家を対象として行った実測では，民家の吹抜け部において上昇気流が認められ，居住域において気温上昇を緩和する効果があることが確認されている．このように温度差換気を利用した通風計画は古くから行われていた．

　格子戸や無双窓，簾戸など様々な建具の工夫もなされてきた．視覚的な涼感だけではなく，防犯に配慮しながら夜間通風を実現する工夫としては現代にも応用可能なものである．また，すだれやよしずも日射を遮へいしながら涼感を得られる手法として古くから用いられてきた．

　以上のように，ヴァナキュラー建築に見られる環境調節手法は自然素材を用いてパッシブに環境をコントロールするものであり，現代の HI の緩和方策としても応用可能なものといえる（表1参照）．

☞ 更に知りたい人へ

1) 木村建一編：民家の自然エネルギー技術，

表1 伝統民家における環境調節の工夫・効果と現代的適用

部位	民家の工夫	機能・効果	現代的適用
建物周辺	防風林 庭木	季節風対策,冷熱源 照り返し防止,風の偏向・誘引 日射遮へい	植栽
	立地選択	季節風対策,日射取得	敷地選択
屋根	急勾配の屋根	日射を大面積で受ける 夏季夜間の放射面積大	屋根・天井の断熱強化
	茅葺屋根 素焼き瓦屋根	雨水吸水による蒸発冷却	屋根緑化
	置き屋根	屋根裏外気自然排熱	屋根通気工法
	煙出し,腰屋根	排煙,垂直方向の通風	腰屋根
外壁	白色の漆喰壁	日射を反射 夜間の長波長放射	白色の外壁
	土壁	吸放湿による調湿	土壁 コンクリート,煉瓦
		大きな熱容量	
	板壁	吸放湿性	板壁 透湿防水シート
		壁体内の水分放湿	
床	畳	即効吸放湿	畳
		接触冷感　温感	
	板床	接触冷感　温感	無垢材フローリング
	簀子床	床下冷気	床面換気口
	土間	吸放湿	土間
開口部	雨戸	防雨,防犯,断熱	雨戸,シャッター
	障子	拡散光,断熱	障子,カーテン
	高窓	熱気排出,採光	高窓,天窓
日除け	南面の庇	冬季のダイレクトゲイン, 夏季の日射遮へい	庇,バルコニー
	すだれ,よしず		よしず,すだれ,オーニング 外付けスクリーン
	格子	日除け,通風,防犯	格子,採風シャッター
用いることのできる現代技術・素材		ダイレクトゲイン 断熱 気密	透明ガラス,高機能ガラス 断熱技術,断熱材 気密技術,気密素材

彰国社,1999
2) バーナード・ルドフスキー著,渡辺武信訳:驚異の工匠達—知られざる建築の博物誌,鹿島出版会,1981
3) 坊垣和明:民家のしくみ—環境と共生する技術と知恵,学芸出版社,2008
4) 小松義夫:地球生活記—世界ぐるりと家めぐり,福音館書店,1999
5) 宇野勇治,堀越哲美:日本建築学会計画系論文集,**538**,37-43,2001
6) 石田秀樹ほか:日本建築学会計画系論文報告集,**408**,23-32,1990

クールルーフ

2.3G

涼しさを呼ぶ屋根

1. 屋根の役割

屋根は建物の中でも最も太陽に曝される要素の1つである．とくに都市部のような高密度地域においては土地被覆面積の多くを占め，吸収された日射熱がHI現象の要因の1つとなる．室内へ伝わる熱が多すぎて空調設備を使用せざるをえなくなれば，その分の排熱もまた要因となる．適切な構法・材料によって屋根を計画することは，室内熱環境の形成・HI対策の双方にとって肝要である．

屋根の外表面温度は，外気温に依存するほか，日射を受ければ上昇し，表面の水分が蒸発すれば下がる．熱の一部は屋根自身に蓄えられ，さらに室内へと伝わる（図1）．

屋根外表面における熱収支式は，次式で表される．

$$I_{dir}+I_{sky}+R_{surr}+R_{sky}=I_{ref}+C+R_{surf}+lE+Cd+S$$

ここに，I_{dir}：直達日射量，I_{sky}：天空日射量，I_{ref}：反射日射量，C：対流による放熱量，R_{surr}：周囲からの長波長放射量，R_{sky}：大気放射量，R_{surf}：屋根表面からの長波長放射量，lE：蒸発による放熱量，Cd：室内への伝導熱量，S：蓄熱量である．

左辺は屋根への受熱量，右辺第1～5項は屋根からの放熱量，Sは屋根自身に保持される熱量で，プラスであれば屋根の温度が上がり，マイナスであれば下がる．したがって，いかに受熱量を少なく，放熱量を多くするかが屋根を涼しくするための基本原則である．

2. 屋根材の選択

（1）日射（短波長放射）を反射させる

材料の性質によって日射（短波長放射）の吸収のしやすさは異なる．日射吸収率が a (−) であれば，入射日射 I (W/m²) に対して aI だけ熱が吸収される．外気側の熱伝達率を h_{out} (W/m²·K) とすると，外気温 t_{out} (℃) がさらに aI/h_{out} だけ高いときと同じ量の熱が室内へと伝わる．そのため，次式の t_e (℃) は相当外気温度と呼ばれ，日射を加味した見かけの外気温を意味する．

$$t_e = t_{out} + \frac{aI}{h_{out}}$$

中心市街のように風が抜けない地域の h_{out} を 15 W/m²·K とすると，外気温が30℃であっても，日射吸収率0.75の屋根に800 W/m² の日射量が入射すれば，外気温が70℃のときと同じだけの熱量が室内に流れることになる．しかし，日射吸収率が0.3であれば相当外気温度は46℃となり，材料の選択によって大きく高温化を抑えられることがわかる．

一般に，明るい色は反射しやすく，暗い色は吸収しやすい（図2）．地中海沿岸の多

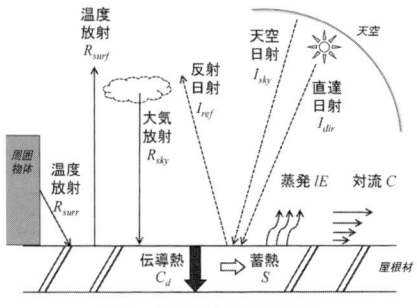

図1 屋根面での熱収支

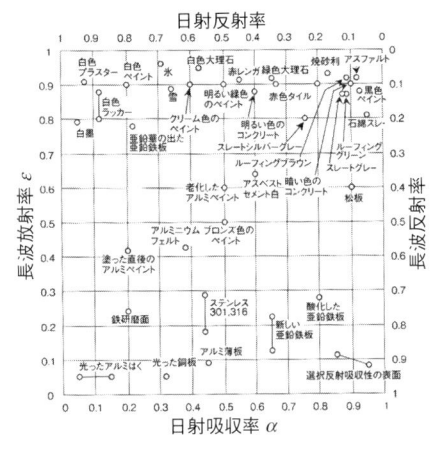

図2　各種材料の日射・長波長放射率[1]

くの街では図3のように屋根や壁を漆喰で仕上げた白い建物をよく見かけるが，表面温度の上昇および室内への伝熱量を抑えることができる伝統的な工夫として知られる．ただし，見た目の明るさと対応するのは可視光（380〜780 nm の波長）の反射率すなわち視感反射率であり，見た目が明るいからといって 2,500〜3,000 nm 程度までの短波長放射（近赤外域）を含む日射反射率も高いとは限らない．近年は同等の視感反射率を保ちながら日射反射率を高めた塗料の開発も進んでいる（2.7B 参照）．

高日射反射率塗料は既存建築物であっても施工が容易であるが，経年劣化により反射率が低下するため[2]，清掃や塗替え等の定期的な維持管理が欠かせない．そもそも反射された日射が悪影響を及ぼさないか，導入前に検討しておく必要がある．人が屋上を利用する場合には，表面温度が低くても反射日射量が多い分，平均放射温度はそれほど低くならない[3,4]．塗布した屋上面より高い位置にある建物も，反射日射の影響を受け表面温度がより上がることになるため，注意が必要である．

（2）蒸発冷却を利用する　屋根面が水分を含むことのできる材質なら，水が水蒸気となる際に気化熱（潜熱）を奪うため，屋根を冷やすことができる．

$$lE = lh_w\beta(p_{surf,s} - p_{out})$$

ここに l：水の蒸発潜熱（J/g），E：屋根からの蒸発水量（g/m²·s），h_w：湿気伝達率（g/m²·s·Pa），β：蒸発効率（−），$p_{surf,s}$：屋根外表面温度での飽和水蒸気圧（Pa），p_{out}：外気の水蒸気圧（Pa）である．

屋根外表面温度が 60 ℃，外気が 30 ℃・70 % のとき，蒸発効率 1，静穏気流時の湿気伝達率を 20×10^{-6} g/(m²·s·Pa) とすると，蒸発による放熱量は約 850 W/m² にもなる．先の日射受熱量 800 W/m² の計算例と比べれば，蒸発の効果の大きさを容易に推察できよう．しかも気化熱は水の相変化のみに使われ水蒸気自身に蓄えられるため，雲（液体）になるなど再び凝結して熱を放出しない限り気温を上昇させることはない．その点においても蒸発による冷却は HI 対策上有利な手段である．

蒸発を利用した最も有効な手法の1つに，屋上緑化が挙げられる（2.2F 参照）．土壌や植生は多くの水分を長時間にわたって蓄えることができるため，蒸発によって表面温度を低く保つことができる．さらに，土壌を含め屋根に断熱層が加わるため室内への伝熱量が減り，空調排熱の減少にもつながる．ほかにも生態系の保全や緑から得られる心理的効果など，メリットは多岐に

図3　屋根面に漆喰を塗り直す様子（チュニジア）

図4　体験学習施設ぐりんぐりん（福岡市）
自由曲面構造のため地盤面から屋根部まで連続的に緑化されている（伊東豊雄）.

わたる（図4）.

しかし，新築時であれば付加される荷重を見込めるため，高木のような積載荷重の大きい緑化が可能だが，既存建築物に導入するには建築時に設定した耐荷重の範囲内に収めるか，耐震補強工事を行わなければならない．そのため，薄層軽量の緑化に限定されるケースも少なくない．建物の防水にも十分な配慮を要する．アスファルトルーフィングなどの防水層を根が突き破ったりシール部分に侵入すると漏水の原因となる．そのため防根シートを設けるか防根性の高い一体型防水シートの施工が必要である．ドレンの目詰まりは排水機能の低下を引き起こすため，定期的な清掃も欠かせない．

緑の生育面でも維持管理の手間がある．植種にもよるが適切に灌水しなければ生育に支障をきたすだけでなく，蒸発冷却効果も小さくなる[3,4]．剪定や除草なども適宜行わなければならない．

緑化以外には，2.6Aに示すような保水性舗装と同じように，通常よりも空隙を大きくし保水機能を高めた保水性建材を屋根面に利用する方法がある．バルコニーなどに手軽に敷き詰められるタイルユニットタイプは保水量は多くないが，軽量で容易に導入できる．

(3) 断熱する　表面温度を上げない方策だけでなく，室内への伝導熱量を小さくすることも，室内冷房負荷を軽減し，その排熱量を減らすために重要である．屋根材の熱伝導率が小さいほど，また厚みがあるほど，室内へ熱を伝えにくい．表1に示すように，空気の熱伝導率はきわめて小さい．古くからある茅はその空気をストロー状に小さく閉じ込め，しかもそれを分厚く葺くので，非常に断熱性能が高い屋根材である．加えて雨に曝されたときにいくぶんかの水分を蓄えるため，その蒸発に伴い表面温度が下がる点でも有利である．図5は茅葺き住宅と鉄板葺き住宅の夏季における室内気温を比較したものである．鉄板葺きに比べて茅葺きでは日変化が小さくより低温に抑えられている．現在の日本では茅葺き屋根

表1　各種材料の熱伝導率・容積比熱[1,5]

材料	熱伝導率 λ (W/(m·K))	容積比熱 (kJ/(m³·K))
セメントモルタル	1.5	1,600
コンクリート	1.6	1,940
ALCパネル	0.17	550〜770
かわら・スレート	0.96	1,520
苆入り荒木田土	0.78	1,570
かや草	0.07	237
銅	370	3,150
鋼材	53	3,760
ステンレス鋼	15	3,400
フロートガラス	1.0	1,930
アクリルガラス	0.20	1,540
PVC（塩化ビニル）	0.17	2,340
天然木材　1種	0.12	640
天然木材　2種	0.15	840
天然木材　3種	0.19	1,100
合板	0.16	550〜860
木毛セメント板	0.10	600〜900
石こうボード	0.22	790〜900
グラスウール 10K	0.050	8.4
グラスウール 32K	0.036	26.9
空気（静止）	0.022	1.3
水（10℃）	0.60	4,190

とする家屋は数を減らしたが一部には今なお残り，ヨーロッパでは高級仕上げ材として新築物件に採用される例も少なくない．茅や職人の不足，葺替えの手間など多くの問題を抱えるが，活用したい手法の1つである．

瓦屋根やRC造の屋根は，表1の熱伝導率からわかるように茅葺き屋根ほどの断熱性は期待できないため，断熱材や高日射反射率塗料等による方策をとるのが望ましい．

熱伝導率と合わせて考えなければならないのは熱容量である．熱容量は容積比熱（表1）と容積との積で表され，材を1K上昇させるのに必要な熱量のことである．すなわち，熱容量が大きいほど温まりにくく冷めにくい．熱容量の大きな材を使用することによって日中に吸収した日射熱を夜間にゆっくりと放てば，1日の温度変化が小さく安定した室内熱環境が形成され，とくに冬季には室内の暖房負荷低減にも貢献する．

しかし，夏季にはその放熱がHI現象を促進させる．熱帯夜日数の減少にみられるように[7]，近年の都市温暖化が昼間よりもむしろ夜間に顕在化していることを考慮するなら，RC造のような夜間に高温に保たれやすい材[8]の場合は，外断熱工法としたり表面温度低下方策と組み合わせるなどを検討する必要がある．

3. 屋根形態

建物の屋根形態は様々ある（図6）．屋根面が直達日射を受けるとき，入射角が直角に近いほど受熱量は多くなるため，屋根の傾斜方向や方位によって入射日量は大きく異なる．周囲建物壁面に対しても，反射日射や長波長放射が影響しうることを理解しておく必要がある．

適度に換気を行うことも冷房負荷を下げHI現象の緩和に貢献しうるが，その換気量も屋根形態に左右される．室内外温度差がある場合に生じる重力換気量は開口部間の高低差の平方根に比例するため，越屋根，入母屋，切妻，片流れなどは換気量を確保しやすい．逆に寄せ棟屋根は軒裏に小屋裏換気口を取ることになり小屋裏分の高さがなく，陸屋根とともにこの中では換気量が少ない．煙突等によって換気経路を設けることは，開口部の高低差をより大きく取ることができ，重力換気の確保の面で有効な手段となる（図7）．風力換気量も，吸排気

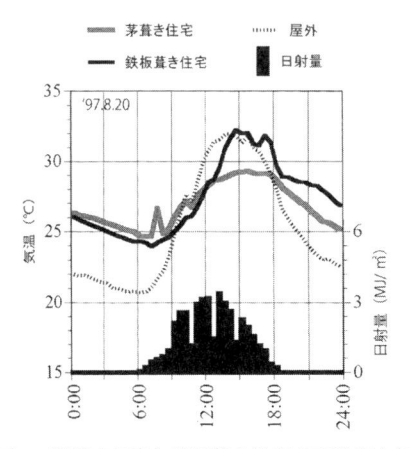

図5　茅葺き民家と鉄板葺き住宅の夏季室内気温の比較[6]

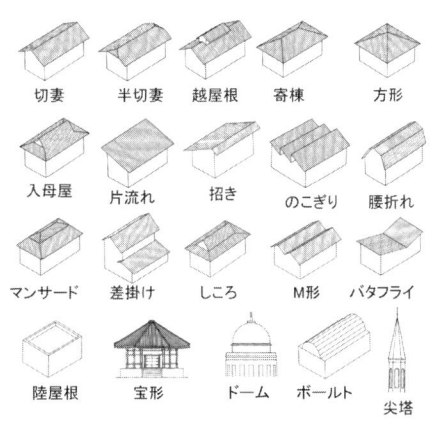

図6　屋根形態の種類（日本建築学会：構造用教材，1995）[9]

図7 カサバトリョ（バルセロナ）の換気塔
屋上には各室からつながる換気塔が建てられている（A. Gaudi）.

図9 コルビュジェセンター（チューリヒ）
パラソルルーフと呼ばれる屋根が建物躯体の上に被さる（Le Corbusier）.

口の風圧係数差が大きいほど多い．その風圧係数は位置・方位・形状によって決まるため，ある程度風が期待できる場所では重要な要素である．

4. 屋根構造

（1）二重屋根　図8の蔵のように屋根を二重にすれば，上部が下部への日射を遮る．二重構造の間を空気が流れることで日射によって熱せられた上部の屋根の熱は対流により放熱され，下部ひいては室内への伝熱量を抑えることができる．置き屋根は古くは日本の蔵などに用いられてきた技法であるが，現代住宅でも二重構造とする応用事例は多い．屋根が二重構造になっているという意味では，ル・コルビュジェ（Le Corbusier）によるパラソルルーフも日射遮へいの役目を果たしている（図9）．工場等の折板鋼材屋根用には，上に被せるポリエステル製の遮光網も実用化されている．

単に通気層を設ける場合には，間に長波長放射率の低いシートを挟む方法がある．平行な位置関係にある2面間の放射熱交換量 $Q_{12}(\mathrm{W/m^2})$ は次式で表される．

$$Q_{12} = \frac{\varepsilon_1 \varepsilon_2 \sigma}{\varepsilon_2 + \varepsilon_1(1-\varepsilon_2)}(T_1^4 - T_2^4)$$

ここに，ε_1, ε_2：材1，2の長波長放射率（－），σ：ステファン・ボルツマン定数（$\mathrm{W/m^2 \cdot K^4}$），T_1, T_2：材1，2の表面温度（K）である．

図1に示すように，多くの建材の長波長放射率は0.9前後である．材1，2とも長波長放射率0.9のどちらか一方だけでも長波長放射率0.1のシートを張れば，元の放射熱量の約12%となり，大幅に伝熱量を抑えることができる．瓦屋根には野地板と瓦の間に張るシートが流通している．

（2）ルーフポンド　図10のように屋根に水を張り池状にする方法である．水は表1に示すように明らかに比熱が大きく，池のような容積の大きい場合には熱容量がきわめて大きい．そのため夏季の日中でも日射や外気温の影響をあまり受けず低温を維持することができる[10]．しかし当然なが

図8 置き屋根構法の蔵（滋賀県五個荘）

図10 本福寺水御堂（兵庫県淡路市）
屋上に雨水を溜めた蓮池を備える（安藤忠雄）.

ら，積載荷重や室内への漏水に対する配慮はより厳重でなければならない．

5. アクティブ手法の併用

厳密にはパッシブな手法ではないが，屋上緑化では散水を機械的に制御しデメリットの改善を図る例は少なくない．二重屋根構造の応用としては，ファンを取り付け効率的に放熱する方式がある[11]．また，H. Hayが1960年代に開発し特許を取得したルーフポンド方式[12]は，PVC製の袋に水を充填して屋根に敷き詰め，その上から可動式の断熱パネルで覆うものである（図11）．昼間はパネルを閉じておけるので，日射による熱負荷がより小さい．

アクティブ手法の導入は，期待できる熱負荷削減効果の向上に対して，機械設備のエネルギー使用量，設備投資・耐用年数等が見合うものであれば，十分に検討に値する．

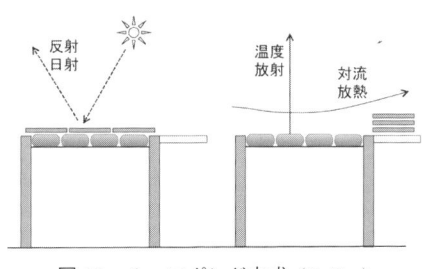

図11 ルーフポンド方式（H. Hay）

☞ 更に知りたい人へ
1) 日本建築学会編：設計のための建築環境学，彰国社，2011
2) 中林俊喜ほか：日本建築学会大会学術講演梗概集 D-1, 895-896, 2014
3) 志村恭子ほか：日本建築学会大会学術講演梗概集 D-1, 863-864, 2012
4) 長野和雄ほか：日本建築学会大会学術講演梗概集 D-1, 865-866, 2012
5) 日本建築学会編：建築設計資料集成，丸善，1960
6) 宇野勇治ほか：風土と建築，からだと温度の事典，朝倉書店，417-419, 2010
7) 鍋島美奈子，谷口一郎：大阪の現状，ヒートアイランドの対策と技術，学芸出版社，26-32, 2004
8) 梅干野晁ほか：日本ヒートアイランド学会誌, **2**, 4-9, 2007
9) 日本建築学会編：構造用教材，技報堂，1995 建築環境技術研究会：環境エンジニアリング4 空間・衛生設備計画，鹿島出版会，13, 2000
10) 篠塚麻貴，吉田伸治：日本建築学会大会学術講演梗概集 D-2, 483-484, 2010
11) Givoni, B：Passive and Low Energy Cooling of Buildings, John Wiley & Sons, 1994
12) Yannas, S et al.：Roof Cooling Techniques：a Design Handbook, Earthscan, 2006

コラム：橋の上で夜，涼しいのはなぜか

体感温度を決める要素に着目

暑い日中から夜の帳が降りる頃，川の近くに行くと夜風が吹き渡り，涼しさを感じる．京都の鴨川では河原で川に向かいカップルが三々五々集まって，並んで座っている姿が風物詩となっている．川の涼しさを感じてのことであろう．しかし，それにもまして，三条や四条の橋の上に立って暮れなずむ中，遠く東山や比叡の嶺を眺めると，何ともいえない心地よい涼しさを感じる．広重の「京橋竹かし」にも7月満月の橋が描かれている．この涼しさを突き止めてみよう．

夏の夜の橋の上は，市街地とは体感温度で差があると考えられる．市街地と橋の上の熱環境を図1に示す．

市街地ではビルの谷間となり，天空率が小さく，天空放射量が少ない．一般的に風は静穏である．建物や道路面の表面温度が熱容量によって，夜間まで日中の高温をもち越し，気温も高温になる．表面が高温なので平均放射温度は比較的高く，風速が弱いので人からの対流放熱量も少ない．

これに対して，橋の上は，河川という連続したオープン空間なので天空率は大きく，夜の天空放射量は大きい．河川の水面は日中にも水温が上昇せず，平均放射温度は低い傾向になる．河川上は風が吹走しやすく，夜間遅くには冷涼な山風が吹走する．水面からの蒸発効果も期待され，河川周囲は相対的に冷涼な気温となる．これを体感温度要素で考えると次のようになる．

① 気温：市街地の方が建物等の熱容量と日射吸収で気温が高い．
② 風速：橋上の方が速く，冷却力が強い．
③ 放射：市街地の方が地物の表面温度が高く天空率が小さい．それに対して橋上では水面温も低く天空率は大きく，全体として平均放射温度が低い．
④ 蒸発：湿度は，橋上の方が高いが，風速が速く蒸発速度は大きい．

体感温度を構成する要素はすべて橋の上の方が低くなる効果をもっていることから，夜の橋の上では涼しさが体感できるといえるのではないか．速く流れる水は，より一定の冷涼さをもっていて水面の効果はより大きい．岐阜県の郡上八幡は水の城下町として知られている．ここでの橋上の夜の涼しさは，格別である．湧き水による低い水面の効果とともに，山風の冷たさと山地からしみ出る冷気の流れが，別世界のような効果を生み出すのを体験した．

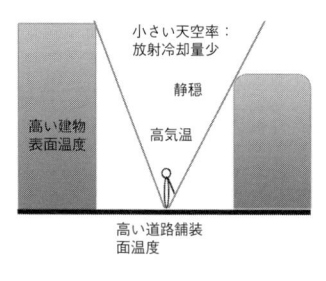

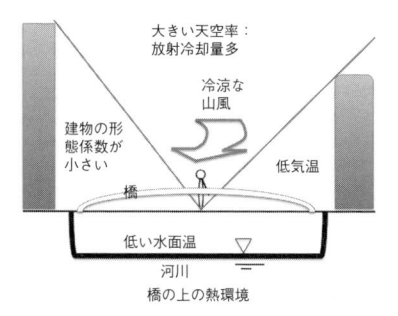

図1 夜の市街地と橋の上における熱環境の比較

2. ヒートアイランド対策

2.4 自然を活かした設備機器による緩和
（アクティブな利用）

- A. 太陽光発電
- B. 太陽熱給湯・冷暖房
- C. 空気熱源ヒートポンプ
- D. 大地熱源ヒートポンプ
- E. 河川水熱源ヒートポンプ
- F. 雪氷冷熱エネルギーの活用

太陽光発電

2.4A

自然エネルギーを電気にかえる

1. 歴史

現在最も多く使われている結晶シリコン太陽電池は1954年にアメリカで発明された．発明当時の変換効率は6%だった．世界で最初の太陽電池の応用は人工衛星の電源である．日本でも1955年に太陽電池の開発が始まり，日本初の太陽電池の応用として1958年に無線中継所の電源に太陽電池が使われた．

1992年からは太陽光発電システムの電力系統への連系が認められ，住宅の屋根への太陽光発電システムの設置が始まった．日本国内では2012年に開始された再生可能エネルギーの固定価格買取制度により，太陽光発電システムの導入量が飛躍的に伸びている（図1）[1]．

2. 原理とシステム構成

太陽電池としてシリコン（ケイ素）が多く使われている．シリコン原子に光が当たると，シリコン原子中の電子にエネルギーが与えられると同時に電子がいた場所に正孔ができる．電子と正孔は太陽電池の負極と正極に集まり，両電極を結ぶと外部に電流が取り出せる．

結晶シリコンウェハから作られたセル（10～15cm角の薄板）を数十枚接続して作られたものを太陽電池モジュールと呼ぶ．太陽電池モジュール1枚の出力電力は100～300W程度，電圧は数十V程度である．複数の太陽電池モジュールを直並列接続することで太陽電池アレイを構成し，必要な電圧，電流を得る．なお，住宅用や大規模発電用によく用いられている結晶シリコン太陽電池モジュールの変換効率は15～18%程度である．

太陽光発電システムは太陽電池アレイ，接続箱，パワーコンディショナ，太陽電池架台（基礎コンクリート等含む）から成る（図2,3）．太陽電池アレイで発電された直流電力は接続箱で集約され，パワーコンディショナに供給される．太陽電池の出力は日射強度やモジュール温度などの環境条件に左右されるため，常に太陽電池から最大

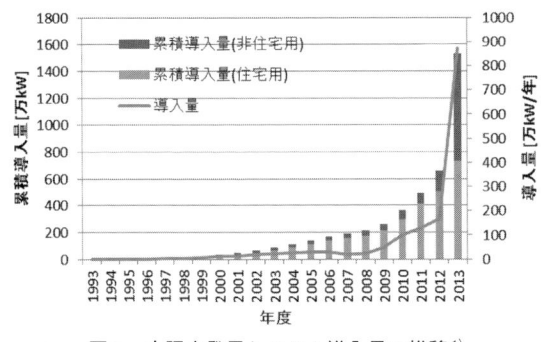

図1 太陽光発電システム導入量の推移[1]

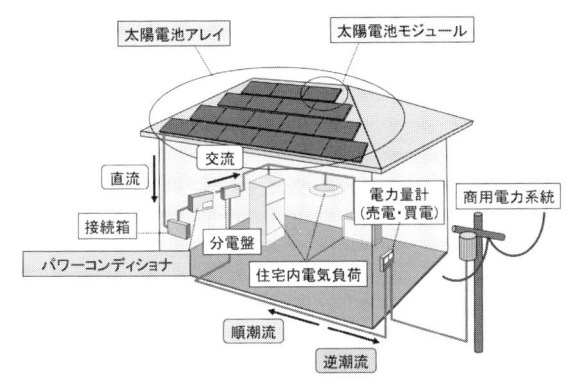

図2 住宅用太陽光発電システムの構成

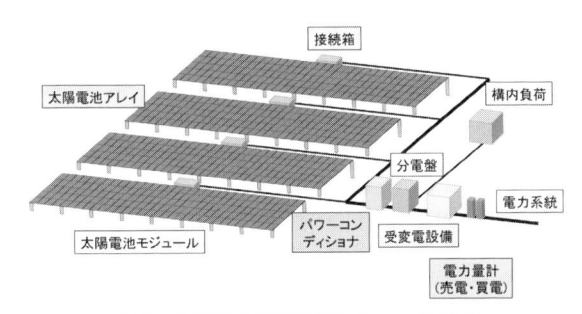

図3 大規模太陽光発電システムの構成

出力が得られるようパワーコンディショナでは太陽電池の動作電圧を制御している．

電力系統に連系されるシステムでは太陽電池からの直流電力がパワーコンディショナで交流に変換される．交流電力は設備内負荷に供給される場合と電力系統に逆潮流される場合がある．

電力系統に連系されず独立型システムとして使用される場合，パワーコンディショナに代わって，太陽電池動作電圧を負荷の入力電圧に適した電圧に制御するための回路が使用されることが多い．

3. 導入方法と注意点

太陽光発電設備は主として電気事業法と関連法令（電気設備に関する技術基準を定める省令，等）に基づいて設置される．これら法令の目的は感電防止，火災防止，公害等の防止といった安全確保に関するものである．電気事業法では50 kW未満の太陽光発電設備は「一般用電気工作物」，50 kW以上の太陽光発電設備は「事業用電気工作物」に区分される．「事業用電気工作物」のうち電気事業用でないものを「自家用電気工作物」と呼ぶ．

太陽電池モジュールの支持物はJIS C 8955 (2004)「太陽電池アレイ支持物設計基準」に規定される強度をもつことが要求され，支持物高さが4 mを超える場合にはさらに建築基準法に基づく構造強度の規定に適合しなければならない．建物屋上等の高所に設置する場合，JIS規格のみならず建築

基準法の規定に適合する必要があることに留意しなければならない．

太陽光発電システムを長期にわたって発電設備として安全に運用するには，電気設備としての回路設計はもちろん必要であるが，JIS規格または建築基準法に基づく太陽電池アレイにかかる風荷重（外力）の算出とそれを上回る耐力の算出，そしてそれらに対応する適正な構造設計と施工が必要不可欠である．

また，近隣の建物や樹木などによる日陰の影響も考慮して設置場所を検討すべきである．メガソーラシステムでは，設置場所への電力系統の敷設状況（追加工事の有無）の確認も必要な場合がある．いずれの場合も，設置場所での気象データに基づいた事前シミュレーションにより，期待発電量を見積もっておくことが望ましい．

なお，システム容量（kW）は太陽電池モジュールの定格値の和であり，定格値の測定条件（標準試験条件，日射強度：1,000W/m^2，モジュール温度：25℃，日射スペクトル：エアマス1.5相当）と実システムの運転条件（日射強度：0（夜間）〜1,000W/m^2以上（晴天かつ太陽電池アレイに対して太陽が正対時），モジュール温度：外気温程度〜70℃程度，日射スペクトル：天候・太陽高度によって異なる）が異なることから，システム容量と同じ出力が得られることは稀であることに留意しなければならない．

4．運用方法・保守・管理方法と注意点

太陽光発電設備の保安については，50kW未満の「一般用電気工作物」と50kW以上の「事業用電気工作物」とでは主任技術者の選任や保安規程の策定等に違いがある（電気事業法）．「一般用電気工作物」では主任技術者の選任を必要とせず保安規程の策定も不要である．一方，「事業用電気工作物」では主任技術者の選任が必要で，さらに設備規模によって主任技術者の兼任や外部委託等の条件が異なる．また，保安規程の策定も必要である．

一般社団法人太陽光発電協会では，主任技術者の選任や保安規定の策定が不要な50kW未満の太陽光発電設備に向けて，10kW未満の住宅用保守点検ガイドライン[2]と，10kW以上50kW未満の一般用電気工作物向けの太陽光発電システム保守点検ガイドライン[3]を作成して，保守・点検の項目や要領を定めている．

経済性の確保（発電量の維持）と安全性の確保（事故の防止）の観点から，システム中の不具合を早期に発見する必要があることはいうまでもない．太陽光発電システムの発電量は日射強度や太陽電池温度によって刻一刻変化するため，瞬間的な発電量を見ただけでは性能低下や不具合等の発見は難しい．そこで，施工時の初期運転データを記録することや定期的に発電量を記録することが，性能変化を把握しシステム異常を見つける手がかりとなる．

いくつかの観察手法や測定手法を用いて不具合の発見が可能であるが，太陽電池は屋根上など検査しにくい場所に設置されていることが多く，また，大規模システムになると設置される太陽電池は数万枚に及ぶことも多く，1枚ずつ検査することは現実的に不可能である．通常の運転時には検知されない不具合もあり，実システムで散見される不具合に対応した検出手法の早急な開発が望まれる．なお，現在広く使われている結晶シリコン太陽電池の出力低下はおおむね1年当り0.5％である[4]．

太陽電池は光があたっていれば常に電圧を発生する．このことは，日中，太陽光発電システムが付帯する建築物に火災が発生した場合，たとえパワーコンディショナの運転を停止したとしても，太陽電池が発生する電圧により，消火活動や残火確認中の消防隊員が感電するリスクが存在することを意味する．

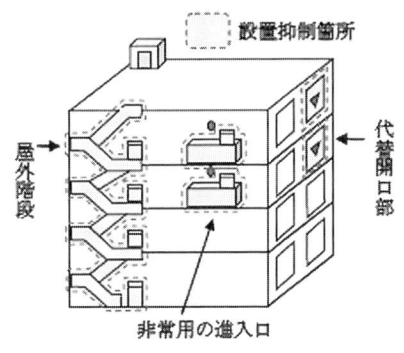

図 4a　消防隊員が活用する施設周囲への設置抑制[5]

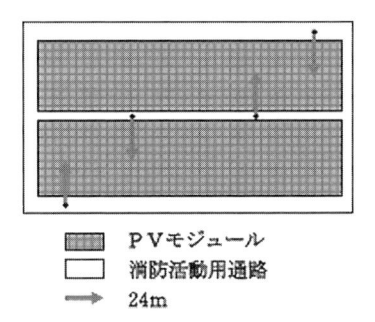

図 4b　消防活動用通路の設置例（建物屋根上）[5]

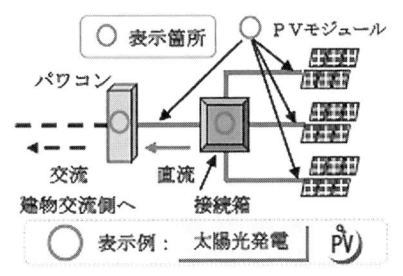

図 4c　表示が必要な範囲[5]

太陽光発電設備の防火安全対策については，東京消防庁が建物へ求める防火安全対策と消防隊の消火活動中の感電防止対策について検討を行い「太陽光発電設備に係る防火安全対策の指導基準」を策定し，2014年10月1日から運用を開始している[5]．この指導基準には，太陽光発電設備を設置する建物に必要な防火安全対策として，太陽電池の設置抑制基準や設置方法，設置場所，感電防止対策が記載されている（図4）．

5. ヒートアイランド対策としての効果

太陽光発電システムは太陽電池をはじめとした設備機器の製造時にはエネルギーの投入が必要だが，運転を開始してからは燃料として追加投入されるエネルギーはない．したがって，燃料の燃焼による排熱や地球温暖化ガスの排出はない．また，太陽光発電システムの最大出力は南中時刻付近で得られることが多く，同時間帯の既存の発電所の出力を低減できる．これにより，既存発電所の燃料消費を低減，ひいては温室効果ガスの低減に寄与できる．

太陽電池を屋根材等の建材に用いれば，建物内に侵入するエネルギーの一部を電気に変換するものとなるため，建物内の熱負荷の低減になる．太陽電池裏面を開放したシステムの実測によると，好天時の太陽電池モジュール温度は外気温よりも 20～40 ℃ほど高くなっている（図5）[6]．太陽から降り注いだエネルギーのうち，太陽電池により電気エネルギーに変換されなかったエネルギーが，太陽電池を温めた結果として高温となっているものであり，エネルギーバランスの観点からこの熱が HI 現象を助長するものとは考えにくい．

6. 廃棄方法と注意点

太陽光発電システムは（1）システム構成機器の寿命到来時，（2）搭載する住宅が解体される場合，（3）発電設備が廃止・撤去される場合に廃棄される．システム構成機器のうち，接続箱，パワーコンディショナ，架台，基礎コンクリートは従来から類似機器があるため，これらの廃棄は従来機器に準じた取扱いとなる．

188   2.4 自然を活かした設備機器による緩和（アクティブな利用）

一方，太陽電池は産業廃棄物として処理される．太陽電池の処理の例は以下の通りである（図6）[7]．(1) 太陽電池モジュールからアルミ枠やネジ，ケーブルを外す．外したパーツは既存の処理を行う．(2) 残った太陽電池セル，ガラス，バックシートが固着したものは細かく粉砕し非鉄精錬所の炉に投入し，金属で回収または残渣スラグをセメント材として活用する．

太陽光発電システムの撤去・運搬・処理における留意事項は以下となる．

撤去時：電力系統から切り離す際の感電，高所作業における墜落・転落，太陽電池モジュールの取外し時の感電・破損によるけが，パワーコンディショナや接続箱撤去時の感電

運搬時：ガラス破損によるけが，太陽光照射による感電

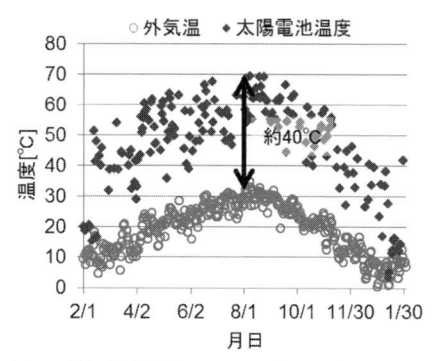

図5　外気温と結晶シリコン太陽電池モジュール温度（佐賀県鳥栖市における測定，日射強度700 W/m^2 以上時）[6]

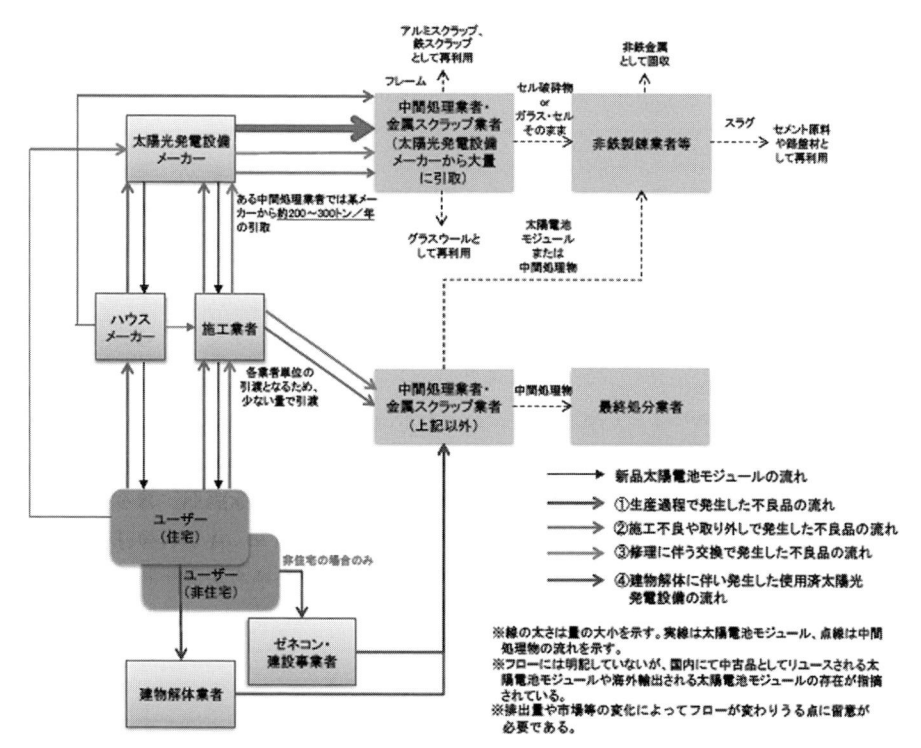

図6　使用済太陽光発電設備等の撤去から処分までのフロー[7]

処理時:ガラス破損によるけが,太陽光照射による感電

上記のように,廃棄時にもガラス破損によるけがや,太陽電池そのものの特性である光照射により電圧を発生することによる感電に留意しなければならない.

太陽光発電システムは急速に普及が進んでいるが,10年後から20年後には住宅用設備や事業用設備が更新時期を迎える.資源の有効利用の観点からは,太陽電池のリユースやリサイクル技術の開発が必要であろう.

☞ 更に知りたい人へ

1) 資源エネルギー庁ウェブサイト
http://www.enecho.meti.go.jp/category/saving_and_new/ohisama_power/about/donyujirei.html

2) 太陽光発電システム保守点検ガイドライン【住宅用】,一般社団法人太陽光発電協会,2012.8

3) 太陽光発電システム保守点検ガイドライン【10kW以上の一般用電気工作物】,一般社団法人太陽光発電協会,2014.5

4) Jordan DC, Kurtz SR:Photovoltaic Degradation Rates-an Analytical Review, *Progress in Photovoltaics:Research and Applications*, **21**, 12-29, 2013

5) 東京消防庁ウェブサイト
http://www.tfd.metro.tokyo.jp/hp-yobouka/sun/

6) NEDO技術開発機構平成21年度研究協力事業「太陽電池寿命評価技術の研究開発」成果報告書,2010

7) 環境省/経済産業省:使用済再生可能エネルギー設備のリユース・リサイクル・適正処分に関する調査結果,2014

太陽熱給湯・冷暖房

2.4B

太陽の熱から作るお湯で一石二鳥

太陽熱は，紀元前から人類が活用してきた最も身近で歴史のある再生可能エネルギーの1つであり，「低炭素社会」を今後実現する上で，これまで以上の活用が期待されている．太陽光発電は送電網が整っており余剰の電気を他の施設に供給することもできるが，太陽熱利用は他の施設や住宅に熱供給するための配管網がない場合が多く，同一敷地内の住宅や施設で消費することがほとんどである．すなわち，太陽熱利用は熱を各自が生産し，その場で自ら消費する「自産自消」のエネルギーといえる．

太陽熱利用システムは，電磁波として地上に降り注ぐ太陽放射を能動的（アクティブ）に熱に変換して取得し，供給することで，住宅等の熱需要の一部をまかない，エネルギー消費を最適，最小化する．このため，居住者や利用者は無理なく省エネルギーと従来どおりの快適な暮らしを両立させることができる．

1. 太陽熱利用システムとは

太陽熱利用システムは，太陽熱を集熱して，給湯や暖房，冷房，発電などの用途に使用する一連のシステムをいう．太陽熱利用で最も需要が多く，導入量が大きいのは住宅用や建築用の給湯，暖房，冷房用途である．住宅用の太陽熱利用は給湯や暖房が中心で，1件当りのシステム規模は小さいが，住宅戸数が多いので，エネルギーやCO_2の削減ポテンシャルが大きい．また，利用温度レベルが比較的低いので，光から熱へのエネルギー変換効率が高い．

業務用では吸収式冷凍機や吸着式冷凍機を用いた太陽熱冷房システムも実用化されており，空気集熱器を用いたシステムではデシカント冷房を行うなど技術的にはほぼ完成されている．

一般に集熱器の設置は，受熱面日射量が最も多くなる南面（方位角0°）で，給湯システムでは傾斜角を設置場所の緯度程度に，また暖房システムでは傾斜角を緯度よりも大きく，冷房システムでは傾斜角を緯度よりも小さく設置するとよい．しかし，方位角や傾斜角が最適値から多少ずれても集熱量の大きな減少は生じない．

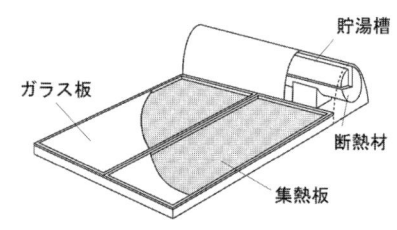

（1）太陽熱温水器　太陽熱温水器は，太陽光を熱に変換し水を加熱する集熱器と，生成された温水を貯蔵する貯湯槽が一体構造となっている．代表的な太陽熱温水器は，図1のような構造の自然循環式太陽熱温水器である．自然循環を行うために，集熱器と貯湯槽の設置位置が制約され，設置の自由度が小さく，比較的小型のものが多い．屋根荷重やデザインに課題があるが，比較的安価なため市場は大きく，住宅への利用に適している．

図1　太陽熱温水器

（2）ソーラーシステム　ソーラーシステムは図2のように集熱器と貯湯槽を別置

きとし，両者間にポンプ等で水や不凍液を循環させて集熱する強制循環式の太陽熱利用設備である．設置の自由度が高く，業務用の大きなシステムにも対応できる．屋根に設置するのは集熱器だけであるため屋根にかかる負担が小さく，外観に優れている．また，集熱器の設置枚数も負荷や屋根面積に応じて比較的自由に設計できるので，負荷に対応した適切な設備にすることができる．このため，ソーラーシステムは住宅だけでなく，業務，産業の用途にも適用しやすい．

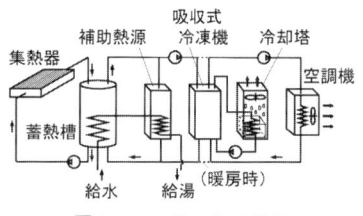

図2　ソーラーシステム

集熱器には図1の太陽熱温水器から貯湯槽を除いた構造の平板型集熱器，あるいは真空ガラス管型集熱器や複合放物面集光（CPC）型集熱器等が用いられる．平板型は比較的安価で薄いため屋根の違和感が小さく，温暖地で多用されている．真空ガラス管型は低温での放熱損失が小さく，寒冷地に向いている．CPC型は寒冷地あるいはとくに高温での集熱が必要な場合に用いられる．集熱システムは熱媒体として水や不凍液，または空気を用いるものがある．

ソーラーシステムは太陽熱温水器と異なり，集熱ポンプや動力，計測制御機器が必要なので，比較的高価になる．住宅用には集熱面積 $4 \sim 10 \mathrm{m}^2$，貯湯量 $200 \sim 360 \mathrm{L}$ 程度の機器が使用される．ポンプ動力は一般に系統電力が用いられるが，太陽電池を用いてパッシブ的な運転をするものもある．

2. 太陽熱利用の現状

（1）太陽熱利用の市場　　近年の住宅用の販売状況を図3に示す[1]．2013年の販売数は太陽熱温水器が3.7万台/年，ソーラーシステムが4.7千台/年程度であり，太陽光発電の導入が増加している中，漸減傾向にある．業務用のソーラーシステムは年間数十〜100件程度と見られる．

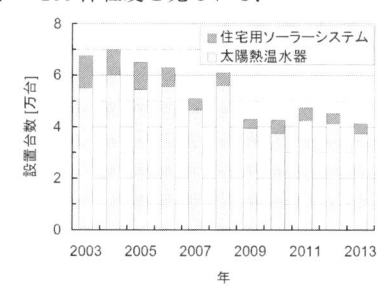

図3　太陽熱利用システムの設置台数

（2）太陽熱利用システムの構成　　太陽熱利用システムの構成や利用形態は，戸建住宅であろうと集合住宅であろうと，また業務用ビルの用途が事務所，病院，スポーツ施設，福祉施設など異なっても，大きな違いはない．用途や負荷の大きさ，負荷パターンに合わせて必要な機器を組み合わせて構成することになる．

太陽熱利用給湯システムは図4に示すように，補助燃料にガスや灯油を用いる組合せと，電気を用いる組合せがある．また，給湯器一体のシステムと，既存の給湯器を利用してシステムを構成する方法もある．

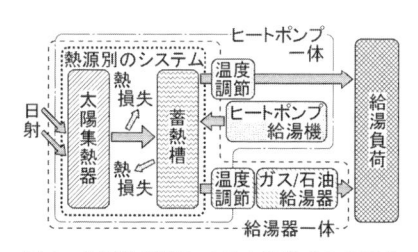

図4　太陽熱利用システムの構成の多様化

ここ数年の太陽熱利用は住宅用，業務用を問わず新しい商品やシステムが投入され

多様化している．住宅用ではガス給湯器やヒートポンプ給湯機等の熱源と太陽集熱器・蓄熱器とを一体化した熱源一体型商品や，屋根に直付けできる集熱器が商品化されている．業務用では，集合住宅の屋上やバルコニーに設置できる太陽熱利用システムや事務所ビルなどの太陽冷房システム，信頼性の向上やコストダウンのために集熱器をユニット化した商品や太陽熱利用システムのパッケージ商品なども見られるようになった．

(3) 各種の太陽熱利用　ガスや灯油熱源の給湯器と主に組み合わせて使用する補助熱源別の太陽熱給湯システムや，補助熱源機（給湯器）一体の太陽熱給湯（暖房）システムの製品例を図5に示す．集熱面積4m^2，貯湯槽200L程度のものが多く，多くのメーカーで複数の商品が販売されている．補助熱源があれば，曇天日で集熱温度が低い場合でも補助熱源機で不足分のみを昇温すればよいので，無駄のない給湯ができる．集熱器と太陽電池を1つのモジュールに合体させ，集熱と光発電を同時に行えるようにした光熱複合型の集熱器もある．

図5　ガス給湯器と組み合わせた太陽熱利用機器の製品例

ヒートポンプ給湯機と一体の太陽熱利用システムの製品例を図6に示す．補助熱源として深夜電力を利用するので，明け方にヒートポンプで沸上げを完了させると貯湯槽が高温になり，日中の太陽熱の集熱効率が低下してしまう．このため天候予測を行い，翌日が晴れと予測したときには沸き上げ量を少なくし，逆に翌日が雨と予測したときには湯切れを起こさないように沸上げ量を多くする機能をもたせている．さらに，給湯使用量の学習機能と組み合わせることで制御の最適化を図り，太陽熱を有効利用できるようになっている．また，入浴した後の浴槽の熱を貯湯槽に回収し，有効利用する機能も備えている．

項目	CH社	Y社
HP加熱能力	4.5kW	4.5kW
集熱面積	4.12m^2	2〜6m^2
蓄熱槽容量	460L	420L
制御	はれセーブ、風呂熱回収	天候予測、学習機能、風呂熱回収
見える化	太陽熱利用量、他	エコ表示、CO$_2$表示、他
外観		

図6　ヒートポンプ給湯機一体型の太陽熱利用システムの製品例

(4) 住宅用太陽熱利用機器の価格　集熱面積をグラフの横軸として，住宅用の太陽熱利用機器のセット価格をプロットすると図7のようになる[2]．集熱面積が大きくなれば価格が高くなるが，同じ集熱面積でも機器の仕様や機能の違いにより価格が大きく異なる．また，補助熱源機一体のものは熱源機分の価格が追加され，より高額になる．

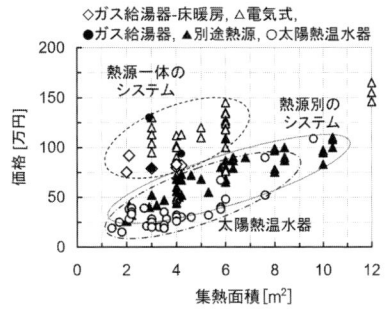

図7　住宅用太陽熱利用機器のセット価格

(5) 一次エネルギー削減効果　住宅・建築物の省エネルギー基準および低炭素建築物の認定基準は，建物全体の一次エネルギー消費量によって評価される．住宅および非住宅建築物に対しては，太陽熱利用の削減効果を簡単に客観的に評価できる無料の計算支援プログラムが Web サイトに公開されている[3]．

各種給湯器と太陽熱利用機器の組合せによる住宅の給湯一次エネルギー消費量の計算例を図8に示す．集熱面積が4 m^2 程度の太陽熱利用システムを使用することで，5200～5400 MJ/年・戸の一次エネルギー削減効果 (300～400 kg-CO_2/年・戸の CO_2 削減効果) が期待できる．

太陽熱利用で冷暖房・給湯に有効利用された後の熱は大気へ放出される．しかし，利用後の熱は，太陽熱利用がなければ元々大気へ放出されていた熱に相当する．すなわち，太陽熱利用は化石燃料等の消費で都市内に放出されていた顕熱フラックスを減少させ，HI 緩和に寄与する．

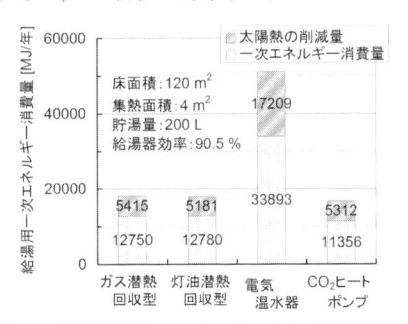

図8　太陽熱利用の一次エネルギー削減効果の計算例

3. 太陽熱利用システム設置例

(1) 住宅への設置例　太陽熱利用システムの設置件数が最も多いのは住宅である．住宅では比較的低温の熱でまかなえる給湯や暖房の熱需要が大きく，集熱した熱を直接給湯や暖房に使えるので太陽熱利用の効率が高く，比較的安価なので利用者が多い．

環境省のモデル事業によって建築されたソーラーシステムと太陽電池が併設された住宅の例を図9に示す．CO_2 ヒートポンプ給湯器と一体のシステムで，屋根上中央に集熱器3枚 (6 m^2) を設置し，貯湯槽 (420 L) とヒートポンプは地上に設置されている．

図9　太陽光熱利用システムの設置例

集合住宅の各戸のバルコニーに集熱器 (3 m^2) と貯湯槽 (100 L) を設置した例を図10に示す．バルコニーの手すりに太陽集熱器を垂直に設置しているため，集熱量は冬季に多く夏季に少ない．集合住宅ではこの他にも屋上に集熱器をまとめて設置し，戸別給湯する事例や，セントラル給湯 (暖房) を行う事例がある．施設や用途，使い方によって適切なシステムが選択されている．

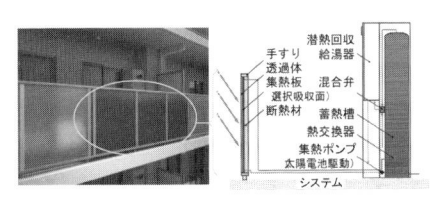

図10　集合住宅のバルコニーへの設置例

空気集熱で暖房や給湯を行う住宅の例を図11に示す．空気集熱器は主に屋根面に設置され，軒先より空気を取り込み，屋根に

沿う通気層を通過させて太陽熱で加熱した後，床下に送り暖房に利用する．新鮮空気を取り込むため換気を行っていることにもなる．また，夏季は集熱温度が高くなるので，空気-水熱交換器を用いて温風で水道水を温め給湯に利用することができる．図11の住宅の例では，南側壁面中央にガラスのない空気集熱器（黒壁部分）を備え，冬季の換気予熱や暖房に利用している．

図11　空気集熱器による暖房給湯例

（2）業務用の設置例　業務用の太陽熱利用は，経済性の点から給湯システムが最も多いが，太陽熱暖房や冷房を行う施設もある．集熱器の設置は屋根や屋上への設置が最も多いが，バルコニーや壁面，地上への設置もあり，それぞれの施設の特徴や用途に適合する方法で設置されている．

老人福祉施設に設置した太陽熱給湯システムの例を図12に示す．建物の屋上に集熱器（$2m^2$）5枚＋貯湯槽1台（200L）から成るユニットを8セット設置し，施設にある既存の給湯システムに接続して太陽熱を利用している．住宅用をベースにした太陽熱利用機器を用いているため比較的安価で，設計や施工等の手間が省け，設置が容易である．

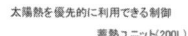

温水焚吸収式冷凍機を用いた太陽熱冷暖房システムの例を図13に示す．図書館の屋上に集熱器（$92m^2$），蓄熱槽（$2.2m^3$），温水焚吸収式冷凍機（35.2kW）を設置し，太陽熱を熱源にして吸収式冷凍機で冷水を作り，館内に送水して冷房を行う．吸収式冷凍機で作った比較的高温の冷水で外気処理した空気を冷却し，建物の冷房負荷の一部をまかなうことにより太陽熱を効率よく利用することができている．

図13　太陽熱冷暖房システムの設置例

4. 平成26年度の主な導入補助事業

太陽熱利用の導入促進策として，政府，自治体が各種の補助事業を実施している．平成26年度の主要な公的補助の例を表1に示す．表1のほか同様の補助事業を実施する自治体も多いが，導入が低調で補助が有効に活かし切れていないのが実状である．

5. グリーン熱証書

太陽熱，雪氷熱，バイオマス燃焼熱の利用促進策として，グリーン熱証書制度が2009年から実施されている．同制度は，太陽熱利用等によるCO_2排出削減効果を環境価値として取引可能とするものである．

図12　老人福祉施設屋上に設置された機器

表1 平成26年度の主要な導入補助事業

事業名称	概要	補助対象	経費補助率
(1) 再生可能エネルギー熱利用加速化支援対策補助金（経済産業省）	太陽熱利用，温度差エネルギー利用，バイオマス熱利用，バイオマス燃料製造，雪氷熱利用，地中熱利用設備導入促進		
(1a) 地域再生可能エネルギー熱導入促進対策事業	地域の取組みとしての先進性等がある再生可能エネルギー熱利用設備の導入促進	地方公共団体，非営利民間団体等	1/2
(1b) 再生可能エネルギー熱事業者支援対策事業	再生可能エネルギー熱利用の加速的促進を図るための先進的熱利用設備の導入促進	民間事業者	1/3
(2) 住宅・ビルの革新的省エネルギー技術導入促進事業	ネット・ゼロ・エネルギー・ハウス（ZEH）およびビル（ZEB）の普及促進による住宅やビルの省エネルギー化推進		
(2a) ネット・ゼロ・エネルギー・ビル実証事業（経済産業省）	ZEBの実現に資するような省エネルギー性能の高い建物（新築・既築）に対する高性能設備機器等の導入促進	建築主等（所有者），ESCO事業者，リース事業者等を予定	事業効果に応じた段階的設定
(2b) ネット・ゼロ・エネルギー・ハウス支援事業（経済産業省）	高断熱建材，高性能設備機器と制御機構等との組合せによる年間一次エネルギー消費量がネットでゼロとなるシステムの新築・既築住宅への導入促進	建築主または所有者	1/2以内（限度350万円/戸）
(2c) 住宅のゼロ・エネルギー化推進事業（国土交通省）	住宅の躯体・設備の省エネ性能の向上，再生可能エネルギーの活用等によるネット・ゼロとなる新築・既築住宅の導入促進	中小工務店	1/2以内（限度165万円/戸）
(3) 集合住宅等太陽熱導入促進事業（東京都）	太陽熱利用システムの導入拡大（平成23~27年度，平成26年度からは住宅に加えて社会福祉施設，医療施設も対象）	都内の建築主，建築事業者等	1/2（限度10万円/集熱m²）

グリーン熱の生成設備をもつ事業者から環境価値を購入することで，購入事業者はグリーン熱を使用したことになり，逆に設備をもつ事業者は運用のための資金援助を受けることができる．

6. 今後の展望

メーカー各社が新製品開発やコストダウンを図る中，ソーラーシステム振興協会では「施工士認定登録制度」や「優良ソーラーシステム認証制度」により太陽熱機器の性能・品質の認証や施工士に対する認定事業を推進している．また，普及拡大に向けた基盤整備も進めている．低炭素社会における太陽熱利用の社会的価値や商品の魅力，メリットを正しく消費者に伝え，官民が歩調を合わせた拡大への取組みを行うことで加速度的な普及拡大が期待される．

☞ 更に知りたい人へ

1) ソーラーシステム振興協会：太陽熱利用機器販売台数推移，http://www.ssda.or.jp, 2015/2/16 確認
2) ソーラーシステム研究所：太陽熱利用システム 2012，ソーラーシステム 127, 2012
3) 建築研究所：一次エネルギー消費量算定用 Web プログラム，住宅・建築物の省エネルギー基準及び低炭素建築物の認定基準に関する技術情報，http://www.kenken.go.jp/becc/#TechnicalReportForBuildings, 2015/2/16 確認

空気熱源ヒートポンプ

2.4C

大気の熱を適所に振り分け利用

1. 特徴と基本性能

空気熱源ヒートポンプ（air source heat pump）とは，従来，低温熱源あるいは高温熱源として外気を利用する冷暖房システム（2.1Fの図1参照）を意味してきた．しかしながら近年は，2.1Fに述べられているように，ヒートポンプの適用先が給湯機や乾燥機・蒸気発生機などに拡大してきたこと，また，業務用空調に使用されているターボ冷凍機の普及が目覚ましいことから，文字どおりに，低温熱源が空気である場合を指して使用されるようになってきた．

ここでは，家庭用の冷房・暖房兼用のルームエアコンを例にとり，空気熱源ヒートポンプの機器構成を説明する．

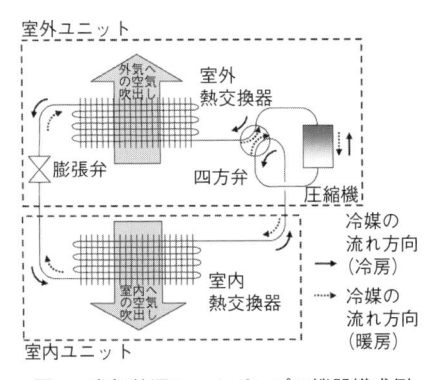

図1 空気熱源ヒートポンプの機器構成例

図1はルームエアコンの機器構成と冷媒の流れを示したものである．ルームエアコンは，圧縮機と2つの熱交換器（室内機用ならびに室外機用）および膨張弁で主に構成されており，2つの熱交換器は，冷房運転または暖房運転により，凝縮器あるいは蒸発器として動作する．これら主要機器内を作動物質の冷媒が流れ，冷媒を介して室内空気と室外空気との間で熱の移動を促している．ルームエアコンは，主に住宅や小規模事務所などで使用されている．室外機1台に対して室内機が1台の組合せで設置され，冷房能力は2.2〜5.0kW程度である．近年，トップランナー制度の導入によりルームエアコンの性能は大幅に向上し，COP（Coefficient of Performance，成績係数）が6を超える高効率機も登場している．

図1に示すルームエアコンにおいて，接続配管における放熱や圧縮機における摩擦などの内部損失が無視でき，理想的な逆カルノーサイクルとして動作するものと仮定すると，低温熱源の温度 T_H と高温熱源の温度 T_H を用い，冷却（＝冷房・冷凍）目的の場合のヒートポンプの理論 COP_{TH} を求めると式（1）で表される．

$$COP_{TH} = \frac{Q_L}{L} = \frac{T_L}{T_H - T_L} \tag{1}$$

この式を用いて，低温熱源の温度を0℃から30℃の間で変化させ，冷凍・冷房時

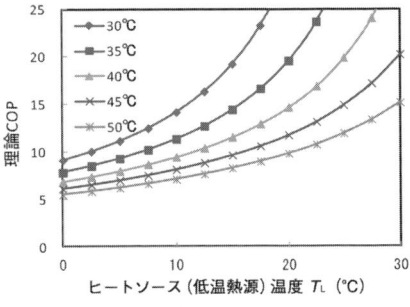

図2 ヒートポンプの理論COP（冷凍・冷房）

の理論成績係数（冷房COP）を求めた結果を図2に示す．

図の横軸の低温熱源温度は冷房/冷凍時には室内あるいは冷蔵庫内の温度を意味する．一方，図中に凡例で示す30～50℃の高温熱源温度は外気温度を意味する．外気温度が50℃とは非現実的に聞こえるが，ここでいう外気温度とは，ヒートポンプの室外機に吸入される屋外空気温度のことであり，屋上に室外機が多数設置されている業務用や商業用のビルでは，集中設置によるショートサーキットなどの発生により，吸入空気温度が周辺外気よりも15℃近く上昇した事例[1]が報告されている．

また，同図よりヒートポンプの性能は低温熱源温度が高いほど，また，高温熱源温度が低いほど向上することがわかる．しかしながら，HIが顕在化しつつある東京や大阪などの大都市においては，高温熱源となる外気の温度は上昇し，一方で，低温熱源となる室内は電化製品の増加に伴う内部熱負荷の増加により，政府などが推奨している28℃よりも低めの温度に設定されることが多い．このため，ヒートポンプの性能は低下し，結果として外気への空調排熱量が増加することになる．

2. 利用目的と種類

動作温度と冷房あるいは暖房の能力によりヒートポンプの利用用途を分類した結果を図3に示す．図3より，ヒートポンプは生活に身近な冷蔵庫，空調機，給湯機，および衣類乾燥機などとして，おおよそ0～100℃の間で使用されるばかりでなく，冷凍用途では−100℃以下で，また蒸気発生用としては100℃以上でも利用されていることがわかる．

以上より，ヒートポンプは，−100℃以下～100℃以上まで幅広い温度範囲で冷凍・冷房や暖房・加熱に利用されており，外気がヒートソース（熱源）あるいはヒートシンク（吸熱源）として機能していることが理解される．また，利用用途からみると，空気熱源ヒートポンプは，空調機としてばかりでなく，給湯機，乾燥機，さらには産業用蒸気発生機（蒸気再圧縮（VRC：Vapor Re-Compression）式ヒートポンプ）として活用されていることがわかる．

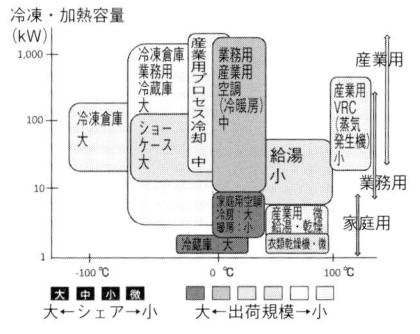

図3　ヒートポンプの動作温度別分類

3. ヒートポンプによる冷房の原理
　　（HIと空調の関係理解　その1）

ここでは，空気熱源ヒートポンプの中でも夏季のHI現象と密接な関係にある家庭用のルームエアコンや業務用のビル用マルチエアコンを例にとり，圧力-エンタルピー線図を用いて，冷房の原理を説明する．図4にヒートポンプ用の代表的な冷媒であるR410Aの圧力-エンタルピー線図を示す．図中，実線は冷媒のサイクルを示している．一方，破線は室内外の空気温度を表している．

図中，低圧側が室内を，高圧側が室外(戸外)を意味する．冷媒は，室内機において，それよりも温度の高い吸込み空気により加熱されて蒸発する．この際，吸込み空気は熱を奪われて冷却される．一方，室外においては，高圧蒸気に圧縮された冷媒がそれよりも温度の低い外気により冷却されて凝縮し，液体状態となる．この際，外気は，冷媒の凝縮熱により加熱される．これが，空調排熱であり，通常，外気よりも7～10

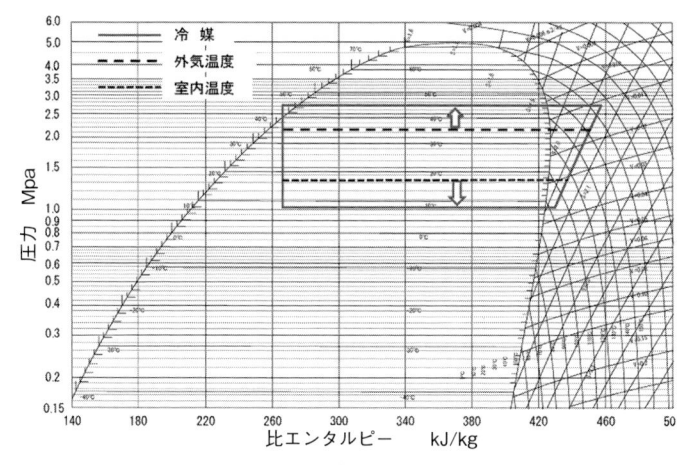

図4　R410A の圧力-エンタルピー線図

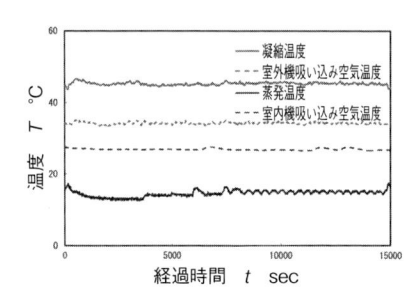

図5　蒸発器と凝縮器における冷媒温度と室内・室外における空気温度の測定結果例
（外気温度 34.5°C, 室内設定温度 27°C）

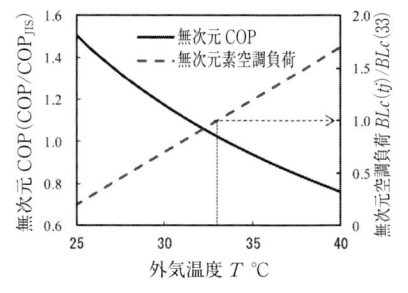

図6　ルームエアコン性能（COP）と空調負荷の外気温依存性

°C 程度高い状態で室外機より放出される．ルームエアコンの運転時における冷媒の蒸発温度と凝縮温度，ならびに室内の空気温度および室外機への吸込み空気温度の実際の測定結果例を図5に示す．このときの外気温度は約 34.5°C，室内設定温度は 27°C である．なお，このときの凝縮器入口の冷媒温度は平均 64.5°C で，外気温度に比べてかなり高くなった．

4. 気温とヒートポンプ性能の関係
（HI と空調の関係理解　その2）

上記のように，空気熱源ヒートポンプを利用して冷房を行う場合には，外気温よりも 10°C 程度高い空調排熱が排出されることがわかる．ここで，もう1つ問題となるのは，それではどれくらいの量の排熱が排出されるかということである．この答を導くためには，気温とヒートポンプの性能の関係を明らかにしなければならない．筆者らは外気温度がルームエアコンとビル用マルチエアコンの性能に及ぼす影響を理論的に調べた[2]．ルームエアコンの場合の結果を図6に示す．

同図の左縦軸に示す無次元 COP は，ルームエアコンに関する JIS 規格（JIS C

9612)に定められた定格試験条件(外気温度 35 °C, 外気湿球温度 24 °C, 室内温度 27 °C, 室内湿球温度 19 °C) における性能を COP_{JIS} として, 実際の動作条件の性能である COP との比をとったものである. また, 同図の右縦軸に示す無次元空調負荷は, ルームエアコンに関する上述の JIS 規格に基づき, 次式 (2) により求めたものである. 外気温が 33 °C のとき, 無次元空調負荷は 1 となり, 23 °C のときに 0 となる.

$$\frac{BL_C(t_j)}{BL_C(33)} = \frac{t_j - 23}{33 - 23} \quad (2)$$

図 6 より, 外気温度が高くなるほど COP は低下することがわかる. また, 式 (1) において外部からの投入仕事 L がルームエアコンの総消費電力 E に等しいと仮定すると, 空調排熱量 Q_{EX} は次式 (3) で与えられる.

$$Q_{EX} = Q_L + E = Q_L \left(1 + \frac{1}{COP_C}\right) \quad (3)$$

ここで式 (3) の冷房負荷 Q_L を図 6 に示す外気温度が 33 °C における空調負荷と等しいと考えると, メーカーカタログ記載の定格冷房能力を意味することになる. したがって, 夏季の冷房期間における空気熱源ヒートポンプからの空調排熱は, 図 6 ならびに式 (3) から, 外気温の上昇に伴う COP の低下により増大することがわかる.

しかしながら, これまでの HI に関する人工排熱の推定においては, この点が十分に理解されているとはいいがたく, 今後改善すべき点であろう.

5. 除湿運転ならびに空調負荷率がヒートポンプ性能に及ぼす影響
(HI と空調の関係理解 その 3)

4 節に述べたように, 外気温は空気熱源ヒートポンプの性能に大きな影響を及ぼす. しかしながら, 性能に及ぼす因子は外気温ばかりではない. 夏季においては, 気温が高いために空気中に多くの水分が含まれており, この多量の水分が発汗による体温調節を阻害し, 不快感や熱中症を招いている. そのために, 除湿運転が行われる. 除湿のためには室内機における冷媒の蒸発温度を下げ, 空気中の水分を熱交換器表面で凝縮させ, ドレン水として室外に排出しなければならないが, 図 4 よりわかるように, COP の低下を招く.

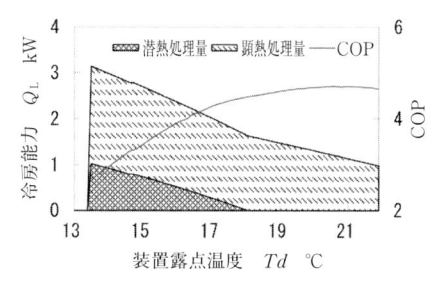

図 7 除湿運転がルームエアコン性能に及ぼす影響

図 7 は横軸に装置露点温度 (≅冷媒の蒸発温度) をとり, 露点温度に対する冷房能力 (左縦軸) と COP (右縦軸) の変化を示したものである. 同図より, 除湿 (潜熱処理) を行うためには, 冷媒蒸発温度を 18 °C 以下に下げなければならないこと, またそれに伴い性能が低下することがわかる.

ところで, 空気熱源ヒートポンプの性能には, 空調負荷率 (定格冷房能力に対する実際の冷房処理熱量) も大きな影響を与える. 筆者らはルームエアコンの能力について, 式 (4) に示すように, 外気温 T_{od} (°C), 室内設定温度 T_{id} (°C), 空調負荷率 ζ (-), および室内空気風量 V などの関数として比 COP (実運転時の COP/定格試験条件における COP_{JIS} の比) の推算式をシミュレーションにより求めた. 計算結果を図 8 に示す.

$$\frac{COP}{COP_{JIS}} = a \left(-0.14 + 11 T_{od}^{-0.84} \cdot T_{id}^{0.46} \cdot \right.$$
$$\left. \zeta^{0.47} - 1.9 T_{od}^{-0.45} \cdot T_{id}^{0.39} \cdot \zeta^{1.79}\right)$$

$$a = -0.7368\left(\frac{V}{V_{\max}}\right)^2 + 1.6374\left(\frac{V}{V_{\max}}\right)$$
$$+ 0.0994$$

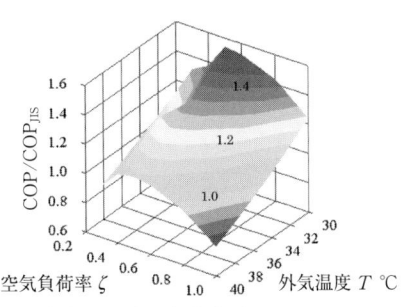

$(24 \leq T_{od} \leq 40,\ 23 \leq T_{id} \leq 28,\ 0.3 \leq \zeta \leq 1.0)$ \hfill (4)

図8 外気温と空調負荷率がルームエアコンの性能に及ぼす影響

図8より，外気が高温化するほど，また空調負荷率が増大するほど比 COP は低下することがわかる．外気温および空調負荷が標準条件である 35℃，空調負荷率 1.0 の場合に対し，外気温 40℃，空調負荷率 1.0 における比 COP は 0.80 となり，外気温 30℃，空調負荷率 0.3 における比 COP は 1.31 となる．また，外気温に対する COP の感応度としては，空調負荷率 1.0 の場合，基準の外気温 35℃ から外気温が 5℃ 上昇すると，先に述べたとおり，比 COP は 1.00 から 0.80 へと低下し，逆に 5℃ 低下すると 1.24 へと上昇する．一方，空調負荷に対する感応度としては，外気温が 35℃ の場合，空調負荷率が 1.0 から 0.5 へと低下すると，比 COP は 1.00 から 1.29 へと上昇する．

6. 高効率ヒートポンプや潜熱・顕熱分離空調の導入による空気熱源ヒートポンプのヒートアイランド対策技術

以上の検討から，空気熱源ヒートポンプの主な HI 対策としては，

① 高 COP ヒートポンプ（高効率機）の導入

② 室外機への散水・水噴霧による COP 改善と空調排熱の潜熱化

③ 潜熱・顕熱の分離空調による COP の向上と顕熱排熱量の低減

④ 空気熱源ヒートポンプ型給湯機の導入

が挙げられる．筆者らが行った大阪市域における空調排熱量の時空間分布の結果からは，単位土地面積当りの空調排熱量がきわめて多い都心において，商業施設やオフィスなどの業務用建物で使用されている業務用空調機（パッケージエアコンやビル用マルチエアコン）への対策を実施すると効果が大きいと予想される．業務用空調機に関しては，昨今の電力事情から②に挙げた室外機への散水・水噴霧による COP 改善が注目を集めている．この対策技術に関しては，2.5B で詳述されるので，ここでは，他の対策技術について述べる．

(1) 高効率ヒートポンプの導入　高 COP のヒートポンプを導入することで，式(3) からわかるように空調排熱量を削減することが可能となる．1998 年の改正省エネルギー法に基づき導入されたトップランナー方式の実施により，ルームエアコンの期間性能は図9（省エネ性能カタログに記載の定格冷房能力が 2.8kW のルームエアコンのトップランナー機）に示すように，近年，確実に向上している．

ところで，ルームエアコンの平均耐用年数は 13～15 年程度（国立環境研究所調査）であることが知られている．したがって，2000 年製造のルームエアコンを最新型に置き換えると，理論上約 4% の空調排熱が低減可能となる．

(2) 潜熱・顕熱の分離空調の導入　図7に示したように，冷房運転時に除湿操作を行わない，いい換えると冷媒の室内機における蒸発温度を高めるとエアコンの性能は格段に向上する．この点に着目して，エ

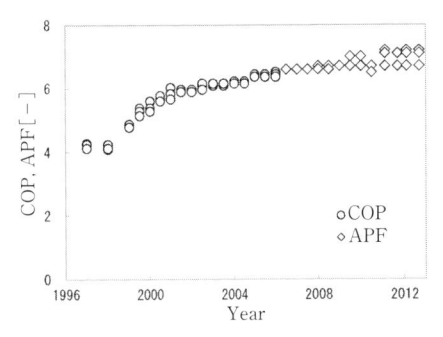

図9 トップランナー方式導入によるルームエアコンのエネルギー消費効率の推移

アコンでは室内空気の冷却による温度低下（顕熱処理）のみを行い，除湿は別の装置で行う潜熱・顕熱分離空調システムが，近年商品化されている[3]．

潜熱・顕熱分離空調システムの構成と特徴を図10に示す．このシステムの特徴は，上述のように，湿度処理を目的とする調湿用外気処理機（図中のヒートポンプデシカント）を利用することで，湿度と温度を別々にコントロールして，エアコンの高COP運転を可能にしたことである．メーカー報告に基づきCOP変化を逆算すると3.7から4.6への向上が得られ，空調排熱量は

$$\text{空調排熱低減率} = \frac{1}{3.7} - \frac{1}{4.6} \approx 5.3\%$$

と約5%強低減される．この値は(1)項に述べた高COPヒートポンプの導入による空調排熱の低減効果とほぼ等しい．

(3) 空気熱源ヒートポンプ型給湯機の導入　HI現象は，気温が高く日射量の多い昼間ばかりでなく，夜間にも生じている．この夜間におけるHI対策として注目されているのが，空気熱源ヒートポンプ型給湯機を用いたエネルギー消費の時間シフトと，運転時間帯における外気冷却効果である．

空気熱源ヒートポンプ型給湯機は運転時に大気からの吸熱があるので，空調排熱の推算においては吸熱分を差し引く必要がある．給湯機の給湯負荷をQ_H，大気からの吸熱量をQ_{SUC}，ならびに給湯機のCOPをη，消費電力をEとすると，吸熱量Q_{SUC}は次式で与えられる．

$$Q_{SUC} = Q_H - E = \eta \cdot E - E = E(\eta - 1)$$

給湯機の定格加熱能力を4.5kWとし，夏季の運転を考慮して実働時のCOPを3.7とすると[3]，稼働時である深夜帯には，約12kWの外気冷却効果が期待できる．

☞ 更に知りたい人へ
1) 木下　学ほか：日本建築学会計画系論文集，**541**，31-36，2001
2) 四宮徳章：大阪市立大学博士論文，2009
3) 空気調和・衛生工学会編：ヒートアイランド対策―都市平熱化計画の考え方・進め方，オーム社，74-78，2009

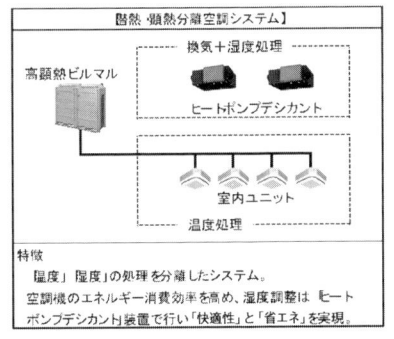

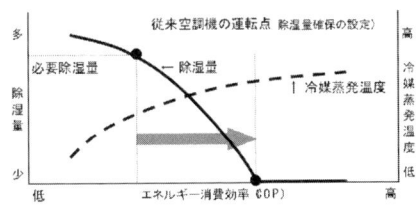

図10 潜熱・顕熱分離空調システムの概要

大地熱源ヒートポンプ

2.4D

地中の土や水，地表の水の熱をアクティブに活用

1. 大地熱源ヒートポンプとは

大気と比べて時間的，季節的温度変動が小さい大地は，夏季には外気よりも低温の熱源として，冬季には外気よりも高温の熱源として活用することができる．大地熱源ヒートポンプ（Ground-Source Heat Pump：GSHP，GHP）は，大地の浅い部分の土壌や地下水，地表水を熱源（ヒートソース）や放熱先（ヒートシンク），あるいは蓄熱体に利用して，冷暖房や給湯，温水供給を効率的に行わせるための設備である．GSHPのうち地中の土を主熱源とするものは，地中熱源ヒートポンプあるいは土壌熱源ヒートポンプと呼ばれることも多い．GSHPによれば，例えば表1のような種々の対象に対して，効率的な熱供給が可能になる．

GSHPの普及は，空気熱源では効率が著しく低下する寒冷地の暖房用途を中心として，これまで進んできた．しかし，エネルギー利用の増大による温暖化が顕在化してきた近年は，GSHPの運転効率の高さが再評価され，冷房への適用事例も見られるようになってきた．とくに，GSHPによる冷

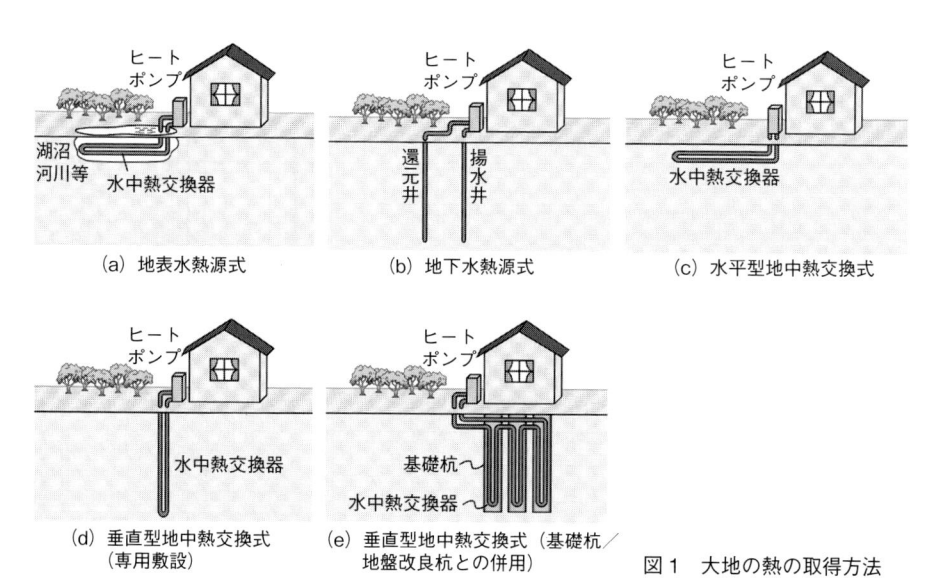

表1 大地の熱の適用対象例

適用対象例	用途
病院，福祉施設，住宅，厩舎，温室	冷暖房
温泉，浴場，温水プール，住宅，養殖場，曝気槽	給湯
道路，歩道，駐車場	融雪
食品加工，衣類乾燥	乾燥
食品保管庫	冷蔵
バイナリー発電	発電

(a) 地表水熱源式
(b) 地下水熱源式
(c) 水平型地中熱交換式
(d) 垂直型地中熱交換式（専用敷設）
(e) 垂直型地中熱交換式（基礎杭／地盤改良杭との併用）

図1 大地の熱の取得方法

表2 採熱方法の長所と短所

採熱方法	仕組み	長所	短所	適所
(a) 地表水熱源式	・池，湖沼，河川等の地表水に浸漬された配管とヒートポンプとの間で水が循環され，熱供給される ・取水と排水に問題がなければ，熱交換後の水が別水系に排水される開ループ型も可能	・設置，補修の容易さ	・場所の制約 ・豊富な水量が必要 ・外気温の影響を受けやすい	温暖地～蒸暑地の湖沼，河川近隣
(b) 地下水熱源式	・地下水がヒートポンプに供給され，熱交換後に，揚水井から適度に離れた還元井に戻される ・地盤沈下の恐れがなければ，熱交換後の水が地表に排水される開ループ型も可能	・水利用との兼用性（既存井戸の活用）	・豊富な水量が必要 ・水質，還元性保守対策必要 ・開ループでは地盤沈下対策必要	農村地，扇状地
(c) 水平型地中熱交換式	・水平に張りめぐらされた地中埋設管とヒートポンプとの間で水が循環され，熱供給される ・地温の安定する地下3m程度より深いことが望ましい	・設置の容易さ	・設置面積の大きさ ・植生への影響	農村地
(d) 垂直型地中熱交換式（専用敷設）	・鉛直あるいは斜めに深く挿入された地中埋設管とヒートポンプとの間で水が循環され，熱供給される	・狭小地でも可能 ・地中熱交換器長の自由さ	・坑井掘削費 ・地中熱交換器修理困難	都市域
(e) 垂直型地中熱交換式（基礎杭/地盤改良杭との併用）	・上記(d)の一種で，建物基礎杭や地盤改良杭に熱交換配管が併設される	・狭小地でも可能 ・坑井掘削費の削減	・地中熱交換器長の制約 ・地中熱交換器修理困難	都市域

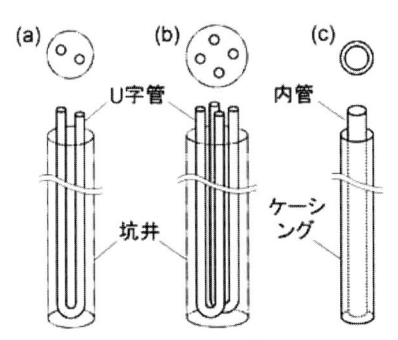

図2 垂直型地中熱交換器の構造
(a) シングルU字管型，(b) ダブルU字管型，(c) 同軸管型（2重管型）[1]

表3 垂直型地中熱交換器の特徴

熱交換器形状	長所	短所
シングルU字管	低コスト，高施工性	低効率
ダブルU字管 同軸管（2重管）	施工性 高効率	掘削費増 高設備費，低施工性

房は，運転効率向上のみならず，大地への放熱によって結果的に大気を冷却する作用もあることから，夏季のHI緩和対策としての効果にも注目が集まっている．

2. 大地の熱の利用方法

大地の熱を積極的に利用するためには，熱源から熱利用施設へ管路を敷設し，空気や水を媒体とする強制的な熱交換・熱輸送を行う必要がある．熱源と熱交換・熱輸送手段の違いから，大地の熱の取得方法を分

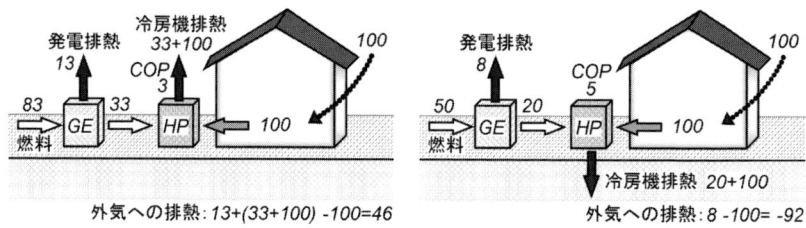

204   2.4 自然を活かした設備機器による緩和（アクティブな利用）

図3 夏の冷房排熱の比較

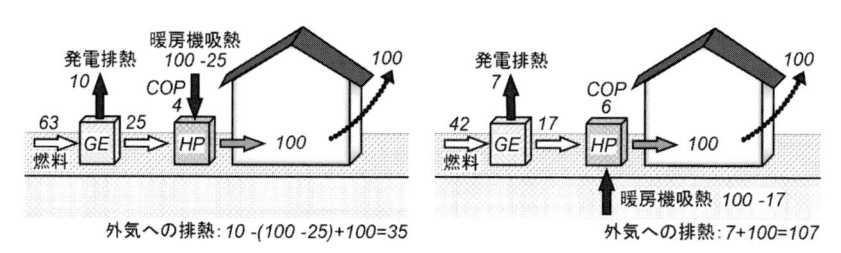

(a)空気熱源式
発電排熱 13
冷房機排熱 33+100
COP 3
燃料 83 → GE → 33 → HP ← 100
100
外気への排熱: 13+(33+100) -100=46

(b)大地熱源式
発電排熱 8
COP 5
燃料 50 → GE → 20 → HP ← 100
100
冷房機排熱 20+100
外気への排熱: 8 -100= -92

図4 冬の暖房排熱の比較

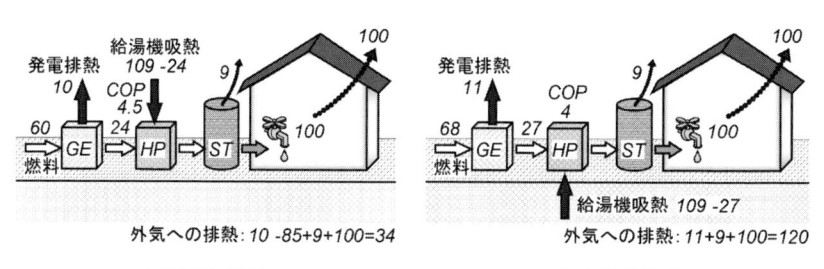

(a)空気熱源式
発電排熱 10
暖房機吸熱 100 -25
COP 4
燃料 63 → GE → 25 → HP → 100
100
外気への排熱: 10 -(100 -25)+100=35

(b)大地熱源式
発電排熱 7
COP 6
燃料 42 → GE → 17 → HP → 100
100
暖房機吸熱 100 -17
外気への排熱: 7+100=107

図5 夏の給湯排熱の比較

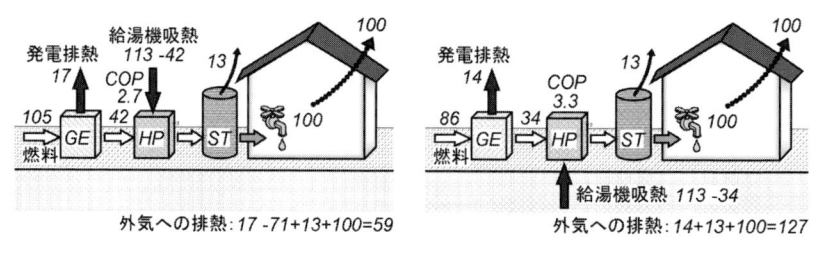

(a)空気熱源式
発電排熱 10
給湯機吸熱 109 -24
COP 4.5
燃料 60 → GE → 24 → HP → ST → 9 / 100
100
外気への排熱: 10 -85+9+100=34

(b)大地熱源式
発電排熱 11
COP 4
燃料 68 → GE → 27 → HP → ST → 9 / 100
100
給湯機吸熱 109 -27
外気への排熱: 11+9+100=120

図6 冬の給湯排熱の比較

(a)空気熱源式
発電排熱 17
給湯機吸熱 113 -42
COP 2.7
燃料 105 → GE → 42 → HP → ST → 13 / 100
100
外気への排熱: 17 -71+13+100=59

(b)大地熱源式
発電排熱 14
COP 3.3
燃料 86 → GE → 34 → HP → ST → 13 / 100
100
給湯機吸熱 113 -34
外気への排熱: 14+13+100=127

類すると，図1 (a) ～ (e) のようになる．各採熱方法の特徴は表2のようになる．HIが重大な問題となっている温暖地，蒸暑地の都市では，場所を選ばず狭小地でも適用可能な図1 (b) の地下水熱源式，図1 (d)，(e) の垂直型地中熱交換式が有利である．

垂直型地中熱交換器には，図2の種類があり，表3の特徴がある．GSHPシステムでは，設備費全体に占める地中熱交換設備の設置費の割合が大きくなりやすい．このため，地中熱交換器には施工性や設置費の点で有利なU字管型が多用されている[1]．

3. 大地の熱の利用効果

大地の熱は再生可能な自然エネルギーの1つであり，その導入によって化石燃料の消費量を削減し，HIの原因となる人工排熱を削減することができる．空気を熱源とする場合と大地を熱源とする場合のヒートポンプ冷房，暖房，給湯の温暖地での顕熱収支を，一定の仮定のもとに計算すると，図3～6のようになる（図中記号 GE：都市圏内の発電所の発電施設，HP：ヒートポンプ，ST：貯湯槽．設備性能，需要量，温度条件等，計算仮定が変われば結果も変わることに注意）．

HIに直接影響する外気への排熱は，発電排熱，ヒートポンプ排熱，建物空調/給湯利用後の排熱の合計であり，例えば図3 (b) のGSHP方式では，100の冷房負荷を得るために，地中に120の熱が捨てられ，外気には－92の熱が捨てられる（すなわち，92の大きさで外気が冷却される）．冬季は夏季に蓄積された熱を放出することになるので，GSHPの方が空気熱源ヒートポンプよりも排熱が大きい．

GSHPシステムの効果の目安をまとめると，表4のようになる．HI対策としては，冷房だけに適用するのが最も効果的である．しかし，大地の熱の安定性や設備稼働率を考慮すれば，冷房と暖房を上手く組み合わせるのが現実的である．

表4 大地熱源ヒートポンプの効果

用途	適地	CO_2削減	HI緩和
冷房	蒸暑地	高	高
暖房	寒冷地	高	低
冷房＋暖房	温暖地	高	適度
給湯	寒冷地	適度	低
冷房＋給湯	蒸暑地	高	適度
暖房＋給湯	寒冷地	適度	低
冷房＋暖房＋給湯	温暖地	適度	適度
融雪	寒冷地	高	低

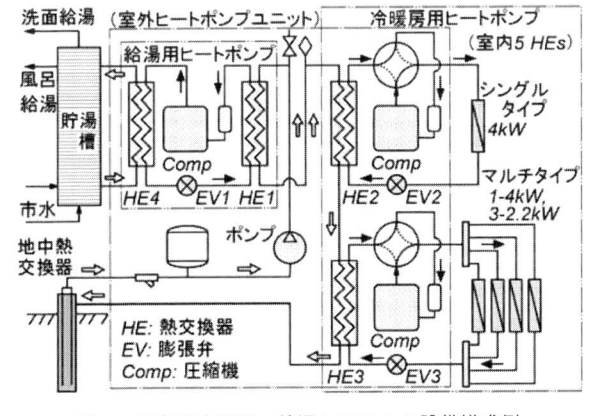

図7 住宅用冷暖房・給湯システムの設備構成例

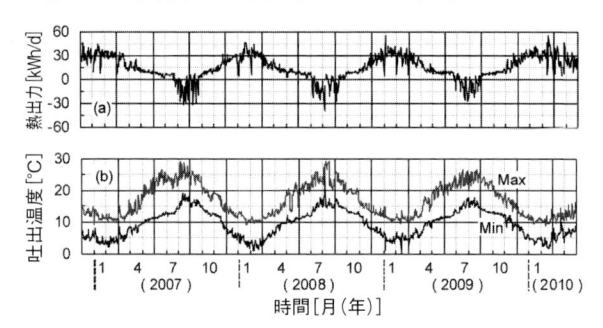

図8　住宅用冷暖房・給湯システムにおける（a）地中熱交換器の日積算出力，（b）熱交換器吐出水温の日変化例

4. 大地熱源ヒートポンプの適用事例

　GSHPシステムは，これまでは気候やエネルギー価格，施工費等の関係から，主に欧米寒冷地の暖房を目的として普及してきており，HI対策を目的とする適用事例は今後に待たれる．ここでは，省エネルギー対策としての適用が，結果としてHI対策にもなっている例を挙げる．

　（1）住宅用冷暖房・給湯システム　図7は都市域の住宅に設置されたGSHP冷暖房・給湯システムの設備構成を示している．この例では，長さ70mの図2（c）に示す同軸型地中熱交換器（DCHE）1本を，駐車場の地面に図1（d）のように垂直に設置することで，冷暖房・給湯に必要な熱を賄わせている[2]．

　図7のシステムの地中熱交換器の日積算出力は図8（a）のようになる．負の熱出力は冷房による地中への熱の注入を意味し，夏季のHI現象を緩和する．

　図8（b）は地中熱交換器へ注入し，採熱後に抽出された循環水の日最高/最低温度を示している．地中の温度は，何もしなければ地下10～15m以深では年間を通してほぼ一定しているが，熱を抽出/注入した場合には，熱交換器周囲の地温が抽出/注入量に応じて低下/上昇する．その結果，図8（b）のように吐出水温が日ごと，季節ごとに大きく変動する．

　地中へ注入する冷房排熱が大きくなると地温の回復は困難になり，熱交換器の吐出水温が上昇し，ヒートポンプの運転効率が悪化する．その結果，HI対策としての効果も薄れる．このため，GSHPシステムの導入には，長期的な採熱可能量と需要予測に基づいた適切な地中熱交換器の設計，施工と運転計画，管理が重要になる．

　（2）事務所ビル用冷暖房システム　図9は都市内の事務所ビルにGSHPシステムを設置した場合の例で，駐車スペースに70～100m程度の長さの垂直型地中熱交換器を複数本設置することによって，冷暖房の熱を賄わせている[3]．都市内の事務所ビル

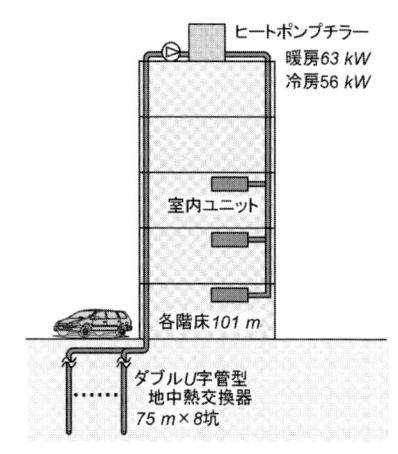

図9　事務所ビル用冷暖房システムの例

表5 大地熱源ヒートポンプシステムの課題と対策

課題	内容	考えられる対策例
坑井掘削費	・地中熱交換方式での地層変化に富むことによる掘削コスト増	・掘削技術の改良 ・同一地域での複数本設置
設備費	・初期投資の大きさ	・維持費も考慮した助成 ・長期賃貸借
採熱量	・地中熱交換器の単位長さ当りの熱抽出/注入量の限界((運転時間)×(採熱量)に限界)	・需要側の省エネ化 ・間欠的, 効率的な採熱計画
設置スペース	・水平型はもとより, 垂直型でも地中熱交換器の設置工事に適度な設置面積が必要	・熱交換器の長大化, 傾斜化
ヒートポンプ効率	・ヒートポンプの原理上, 暖房よりも冷房の方が同一負荷でより多くの採熱が必要 ・空気熱源式に比し概して低効率	・水熱源ヒートポンプチラーの高効率化 ・冷媒直接膨張式の開発
設計	・設備, 運転計画の最適化が重要	・規格化 ・汎用シミュレーションソフト開発
保守	・設置後の地中熱交換器の保守困難 ・未成熟な保守体制(含地域性)	・確実な施工 ・事業者への公的支援
エネルギー価格	・高電力価格での電動ヒートポンプ効率向上による省エネ効果の出にくさ	・CO_2排出量や(基本契約でなく)エネルギー使用量が反映しやすい課金制度
熱害	・隣地との熱干渉の可能性	・適切な設置計画 ・法的規制
地盤沈下	・開ループでの地下水利用による地盤沈下	・還元井による閉ループの構築
廃棄	・地中熱交換器, とくに垂直型熱交換器の撤去の困難性	・社会的なコンセンサスの構築 ・公共資産化

は, 一般に給湯負荷が小さく, 冷暖房需要, とくに冷房需要が比較的大きい. したがって, 事務所ビルへの大地の熱利用は, HI対策として有望である.

5. 大地の熱利用の課題

欧米に比べて, 日本ではGSHPの活用が後れている. GSHPには表5のような種々の課題があり, 図1に示した採熱方式ごとに関係する事項は異なるが, 適切な対策が求められる. たとえば, 垂直型地中熱交換器は構造的に狭小地に向いているが, その設置には掘削機器搬入, 据え付け作業のためのスペースが必要であり, どこでも容易に設置可能というわけではない.

地中熱交換器を既存の住宅, ビル等に設置するには, 周囲環境への配慮とともに, このような施工上の物理的制約も問題となるので, 可能な限り新築時からの計画的な導入が求められる.

☞ 更に知りたい人へ

1) 盛田耕二:地熱開発のニューフロンティア ―未利用地熱資源の開発と利用(その2)―地熱エネルギー, **26**(1), 24-46, 2001
2) 平野 聡ほか:平成23年度日本太陽エネルギー学会・日本風力エネルギー学会合同研究発表会講演論文集, 論文32, 2011
3) 笹田政克:日本地熱学会平成21年度学術講演会講演要旨集, 論文A11, 2009

河川水熱源ヒートポンプ

2.4E

河川の熱で効率的に冷暖房

1. 河川水熱源ヒートポンプとは

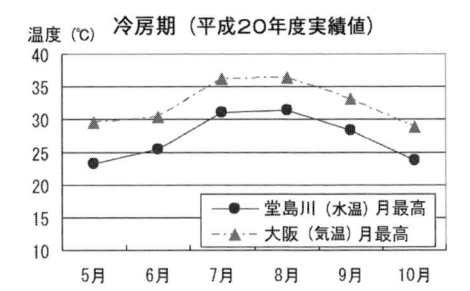

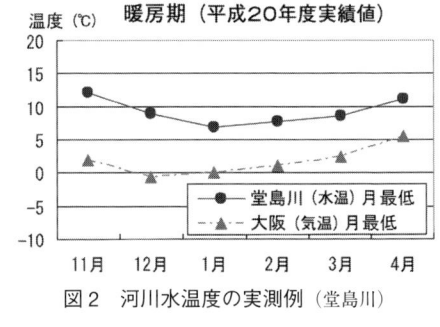

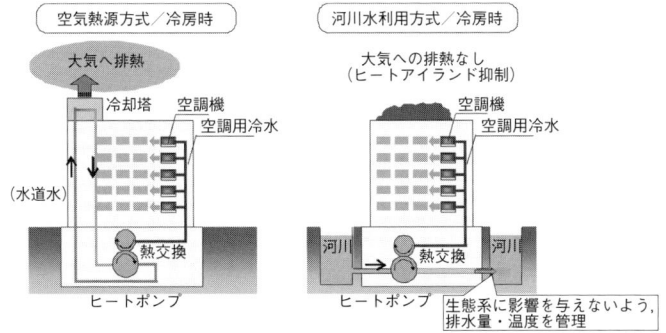

(1) 河川水熱源ヒートポンプの概要
建物の冷(暖)房はヒートポンプなどの熱源機により冷水(温水)を製造するが,そのとき,一般的には室外機から冷房時は大気中へ熱を放出し,暖房時は大気中の熱を汲み上げる.河川水熱源ヒートポンプの場合この熱の放出先,汲上げ元として河川水を利用して行う(図1).

これにより,効率の高い運転が可能である.また,夏季冷房時に空調排熱を大気に直接排熱しないのでHI対策効果がある.また冷却水に水道水を使わないので,冷却塔を用いる場合に比べ節水効果もある.

(2) 河川水の熱ポテンシャル 河川水温度レベルは5~30℃程度であり,外気よりも冷房期は低く,暖房時は高くヒートポンプの熱源として有効に活用できる(図2).

日本における河川水熱の賦存量は6,297,806TJ/年,利用可能量は1,299,484TJ/年と見積もられている.この利用可能量は民生用のエネルギー消費量の約1/4に当たる量である[1].そのうち熱供給事業での利用量は227TJ/年である[2].

図2 河川水温度の実測例(堂島川)

図1 河川水熱源ヒートポンプのイメージ

(3) 河川水利用（熱供給）の歴史　古くから工業用水や建物で使用する雑用水として河川水を利用する例がみられたが，隅田川の河口近くにある箱崎地区で1989年に日本で初めて河川水熱源ヒートポンプを用いた熱供給が開始され，現在では4地点で河川水熱源ヒートポンプを用いた熱供給が行われている．いずれも都市内を流れる渇水のおそれの少ない河川の下流域である（表1）．

2. 導入に当たっての留意事項

(1) 立地条件について　立地に当たっては，年間を通じて河川水を安定して熱源水として利用可能であることが最も重要である．そのため，流量が年間を通じて安定しており渇水のおそれ（取水口が露出しないこと）がなく，取水量に対して十分な流量であることが必要である．これらを満たす地域は必然的に河川の下流部の場合が多い．

次にコスト面から河川水導管を短くする必要があり，河川と熱需要が高い場所との距離が近いことが必要である．既導入の各地区はいずれも河川に隣接する地域となっている．

(2) 河川法等の許可について　河川水の利用に当たっては河川管理者の許可を得る必要がある（図3）．その許可に当たっては，以下のような条件を満足する必要がある．

① その水利使用の目的が社会全体から見て妥当性および公益性があること

公益事業である熱供給事業等には利用が認められるが単独のビルの私的利用については認められない（河川水利用の既得権をもっている建物もある）．

② 申請された水利使用の内容が実際に

表1　河川水利用熱供給地点一覧

地区名	所在地	利用河川	供給開始年
箱崎地区	東京都	隅田川	1989年
天満橋地区	大阪府	大川	1996年
富山駅北地区	富山県	いたち川	1996年
中之島二・三丁目地区	大阪府	堂島川・土佐堀川	2005年

河川法	第23条	流水の占用の許可
	第24条	土地の占用の許可（河川区域内）
	第26条第1項	工作物の新築等の許可（〃）
	第55条第1項	河川保全区域における行為の制限

申請
・河川法施行規則第11条（水利使用の許可の申請）に規定された書類
　　許可条件にかかる事項，　使用水量の算出根拠，
　　使用水量と河川流量等との関係，　治水・他の河川使用者・船舶の航行等への影響と対策，
　　他の必要な許認可等を受けている又は確実であることを示す書面　など
・河川水域環境影響調査報告書（上記書類に添付）
　　温（冷）排水による河川流況・水温変化を予測し，河川水質，水生生物等に対する影響を評価

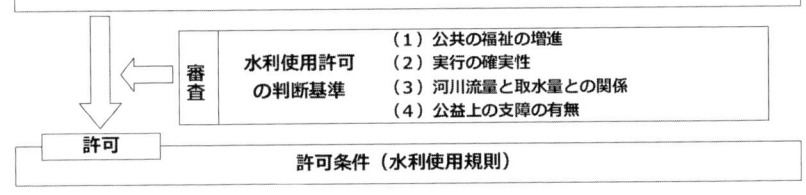

審査　水利使用許可の判断基準
（1）公共の福祉の増進
（2）実行の確実性
（3）河川流量と取水量との関係
（4）公益上の支障の有無

許可　許可条件（水利使用規則）

図3　河川水利用の許可申請

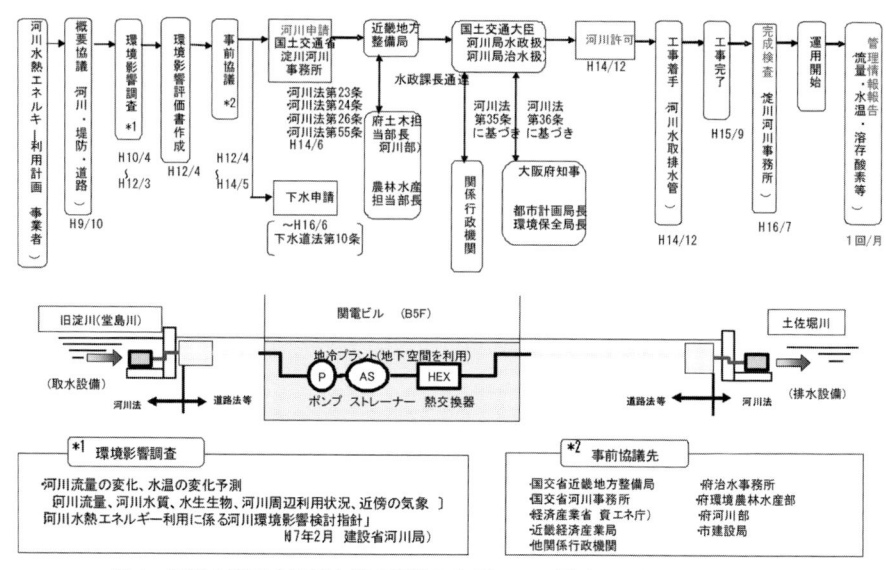

図4 河川水利用の許可申請の実施スケジュール例（中之島三丁目プラント）

実行される確実性があること
　取水等に関する事業についての関係法令の適用の有無，地域の水需給の見通し，取水する水の量の算出根拠を審査され，適切でない場合は許可されない．
　③河川から取水する予定量が，取水する河川の流水の状況に照らして安定的に取水が可能であること
　とくに河川の流量が減少または枯渇した渇水時の流況，他の水利使用の状況，河川の流れを維持するために必要となる用水の状況等を検討した結果，その取水が安定的に取水できるものでなければ，水利使用は認められない．
　④河川から取水を行うための工作物の設置または工事により，治水上その他公益上の支障が生じるおそれがないこと
　取水のために設置される施設（工作物）と治水のための工事計画との整合性，堤防など河川を管理するための施設への影響，洪水時の障害等について検討し，適切なものでなければならない．

　河川水熱源ヒートポンプを用いる場合には「河川水熱エネルギー利用に係る河川環境影響検討指針」により調査検討を行う必要がある（図4）．その内容は，河川流量，河川水質，水生生物，河川周辺利用状況，近傍の気象を調査し，河川流況の変化，河川水温の変化を予測する．河川流況の変化については利水，船舶等の航行，水生生物に与える影響を水温変化については原則として河川水温度の上昇または下降の温度が3℃以上の範囲について水生生物，利水等への影響を検討する（図5）．
　新たな地点においてこの検討を行う場合，年間の河川流量，河川水温度等を実測調査する必要があるため，時間とコストがかかるのがネックとなる．
　このほか河川水配管が公道を通過する場合，道路管理者等との協議調整が必要となる．

（3）河川水利用設備について　取水口，排水口の設置位置に関しては，排水した水がショートサーキットして再び取水しない

流速変化は放水口前面で最大約7cm/sであり、流況変化は、
放水口から離れるに従って急激に小さくなっている。
1cm/s以上の流速変化を及ぼす範囲は放水口の沖合約15m程度の範囲までである。

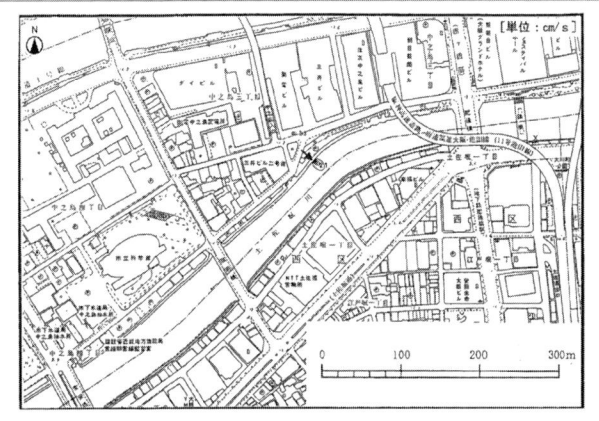

図5　河川環境影響評価の例（中之島三丁目プラント）

ように配置に留意する．とくに潮の干満の影響を受ける地域では河川の流れる方向が変わるため，時刻によって取水と排水を切り替えるなどの工夫が必要である．また，河川水ポンプ設置位置は河川の低水位レベル配管抵抗等を考慮し，キャビテーションを起こさない位置に設置する．

　河川水を利用する場合には，水中の浮遊物や生物の処理が必要となる．中之島三丁目のプラントでは，取水口にスクリーンを設置し大きな浮遊物・生物等を金網等で取り除いた上で，残りをオートストレーナで除去した後，熱交換器に通し熱を利用する．河川水はオートストレーナで固形物を除去しているが，パイプの内面にスケールスライムが付着し熱交換効率が低下したり，貝の卵等がストレーナを通過し熱交換器内で繁殖し熱交換チューブが閉塞したりするトラブルが発生することがあるため，定期的に熱交換チューブの中にスポンジボールを流したり，ブラシ洗浄したりして健全に保っている（図6）．

　配管や熱交換器の材質決定に当たっては，河川水質，想定寿命，メンテの容易性，コスト等を勘案し決定する．中之島三丁目の例では取水側は樹脂管（主に取水側），エポキシライニング鋼管（主に機械室内），ダクタイル鋳鉄管（主に排水側）等を使い分けている．熱交換器の材質はチタンが高価であるため，交換を前提にアルミ黄銅製，キュプロニッケル製を使用している．

3. 運用時の留意事項

　(1) 河川法許可条件の遵守　　河川法の許可条件である取排水量（瞬時量および日量），排水温度（夏季+5℃以下，冬季-3℃以上）を遵守する必要があり，取水量，取水・排水水温，溶存酸素量等を毎正時測定し，毎月1回河川事務所に報告している．

　取水する河川水温度は船舶の航行や満潮時の海水の遡上等により急激に変化する場合がある．そのときにも排水温度許可条件を遵守しなければならない．温度超過を防ぐために流量を多くし温度差が小さい運転を行うと，搬送動力の増加や取排水量の上限の制約に抵触するので，通常時は許可さ

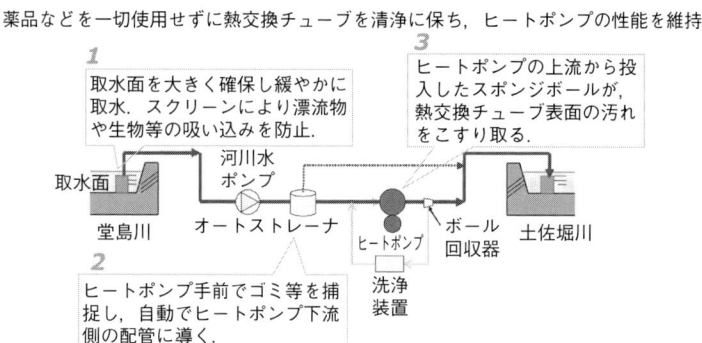

薬品などを一切使用せずに熱交換チューブを清浄に保ち，ヒートポンプの性能を維持

1 取水面を大きく確保し緩やかに取水．スクリーンにより漂流物や生物等の吸い込みを防止．

3 ヒートポンプの上流から投入したスポンジボールが，熱交換チューブ表面の汚れをこすり取る．

2 ヒートポンプ手前でゴミ等を捕捉し，自動でヒートポンプ下流側の配管に導く．

図6　河川水利用システムの例

れている温度差よりも若干低い温度差を保ちながら運用する必要がある．

(2) 機器の運用・メンテナンス　通常の熱源機器のメンテナンスに加え河川水利用設備の運用・メンテナンスが必要となる．

河川の浮遊物は大雨の後に増加するため大雨の後にはオートストレーナの連続運転を行うことや取水口スクリーンの定期的清掃，河川水熱交換器を定期的に開管し内部の洗浄，熱交換チューブの健全性の確認を行うことが必要である．また配管についても漏水がないか定期的に点検を行うことにより河川水システムの健全性を確保する．とくに中之島二・三丁目地区では河川水熱源以外にバックアップの設備はないが，運用・メンテナンスにより供給支障は発生していない．

4．導入例（中之島二・三丁目地区）

(1) 地区の概要　中之島二・三丁目地区は2005（平成17）年1月に供給を開始し，順次供給エリアを増やし現在の供給床面積は，約39万m^2，供給能力は約11,000冷凍トンである（図7）．熱源は100％河川水を利用しており，空冷機やバックアップの冷却塔等は設置していない．供給エリアならびに機器リストは図7に示す．

(2) プラントの効率　河川水を利用した熱源システムであるため高効率な運転を行っている．

三丁目プラントの運転実績では日本の地域冷暖房の平均に比べて約30％の省エネルギーが達成できている．また，2012（平成24）年11月に供給を開始したフェスティバルタワープラントでは40％以上省エネルギーが可能となっている．

(3) HI抑制効果の試算　熱供給プラントとAビルを含む仮想閉空間の熱収支を2005年7月31日の実績値を用いて試算した．その結果を図8に示す．

入力は受電量，出力は河川への排熱量，その他若干の人体発熱や給湯排熱等があり，その収支の差分が周辺の大気との熱の

河川水100％利用，供給床面積：約39万m^2，供給能力（冷熱）：約11,000冷凍トン

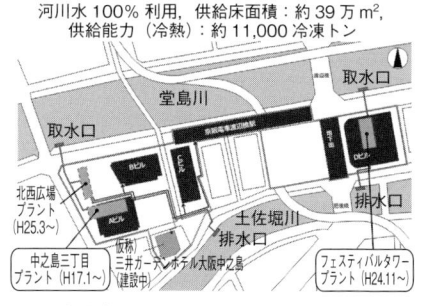

図7　中之島二・三丁目地区地域冷暖房事業エリア

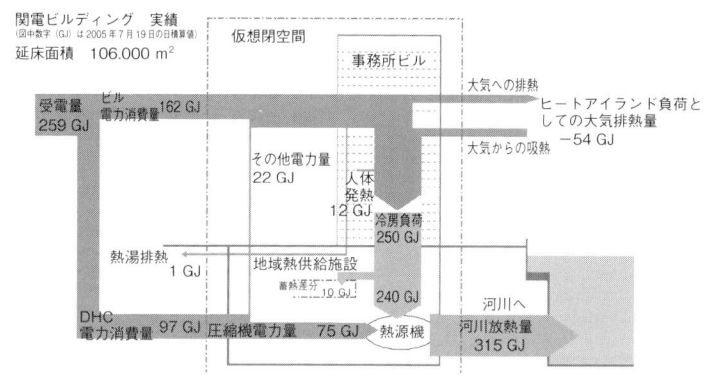

図8 夏季代表日における熱収支

やり取りであると仮定して計算すると，この日は−54 GJ となり，大気から吸熱しこのビルが周辺空間を冷却している結果となった．

同様に7月から9月までの夏季3か月間の熱収支の試算結果を図9に示す．

盛夏時の平日の熱収支は大気からの吸熱側になっており，HI 抑制効果が大きいことがわかる．大気への排熱側になっている日も通常の空調と比べると河川放熱量に相当する熱量の大気放熱は削減されている．

河川水からの大気への再放熱も考えられるが，排水はすぐに河川水に希釈され域外に流れていくためその影響は少ないと考えられる．

5. 更なる普及に向けての課題

河川水熱源ヒートポンプを用いると省エネルギーであり，冷房排熱を大気に放熱するのに比べ HI 抑制効果もある．さらに冷却塔補給水が不要になり節水効果もあるが，現時点で導入されている地点は少ない．その原因は以下のような項目が考えられる．

・立地が河川近傍に限られ，個別のビル単体では利用できない
・取水設備，導管，防食対策，夾雑物対策設備に費用がかかる
・防食対策，夾雑物対策などの管理費が増大する
・河川流量等のデータベースが少なく調査に費用と時間がかかる

これらの項目が解決すれば更なる普及が促進される．

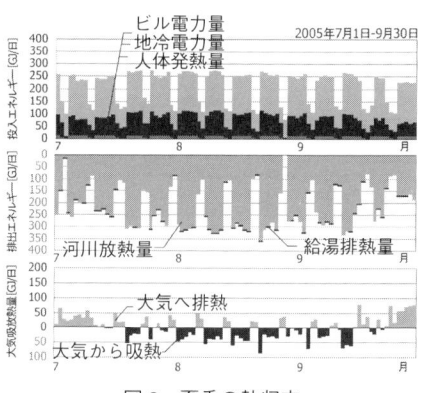

図9 夏季の熱収支

☞ 更に知りたい人へ

1) 経済産業省資源エネルギー庁：未利用エネルギー面的活用熱供給導入促進ガイド，平成19年3月
2) （社）日本熱事業協会：再生可能エネルギー等の熱利用に関する研究会ヒアリング資料—熱供給事業における河川水熱および下水熱利用について，2010年11月4日

雪氷冷熱エネルギーの活用

2.4F

冬の雪氷で夏を冷やす

1. 雪利用の鳥瞰

雪氷の利用，とりわけ雪の利用「利雪」が，わが国の雪国で進んでいる．環境保全，省資源，省エネルギーを地盤とした身の丈に応じた生活の第一歩として「雪」の利用を薦めたい．雪の利用は21世紀の雪国の発展への大きな起爆材として期待され，既にその実施が始まっている．世界を見渡しても，夏暑く，冬これほど豊かな雪に恵まれた地域は他に例がない．日本の雪国に住む私達にだけ与えられた「雪氷の恵み」の恩恵を得るに至ったのである．雪が単にエネルギーとしてだけではなく，雪国の生活と直に響き合うことに，利雪の意義深さを感じる．

雪国の雪と，夏に雪のある風景を鳥瞰しよう．以下，少々読みにくいので，まずカッコの中を飛ばし読んでいただきたい．次にカッコの中を読んでほしい．

毎年毎年（持続性）いやになるほど（量の確保）降る雪，春までの我慢．春になれば雪は解け，田畑を潤す（循環性．水資源．国土の保全）．"冬"の雪はやっかいだ（交通の阻害，暖房，除雪などでのエネルギー消費，心を萎えさせる）．しかし，"暑い夏"に雪があるとしたなら，それは立派な（雪の市民権獲得）冷熱エネルギー資源（高い省エネルギー効果と環境保全効果）である．世界中至る所に，氷室の跡がある（普遍性）．冬の寒冷エネルギーは古くから（技術の簡素性），量の多少はあれ（夏の冷熱は貴重），半年間蓄熱され（潜熱蓄熱による良好な貯蔵性）貴重な夏の涼として利用されていた（冷熱は高価．直接的な利用形態）．今，あらためて古くからの雪の保存と利用の技術を見直し，現代の技術，社会背景と程良い融合を図ると，"雪国の新しい時代"が見えてくる（質素で活気ある社会の構築，経済効果，食を通した世界への貢献）．

雪国では，真夏に数万トンから数百万トンの雪（密度の低い氷）を利用することが既に可能となっており，冬の雪氷で夏を冷やすことにより非再生型の冷熱エネルギーの消費を抑制し，HI現象を回避し，また，環境に大きな負荷を与えずに巨大な冷熱産業の構築を望むことができる．

2. 雪利用の基本技術と効果

夏において冷たい熱として雪氷を用いる例が多い．このため，夏までの雪の保存と雪氷からの冷熱の採取に技術が必要である．また，冷凍機を雪氷で置き換えた場合の省エネと環境保全の効果を明らかとしておく．

（1）雪の保存　　貯雪庫による方法と雪山による方法がある（図1参照）．魔法瓶に氷を入れておくと長持ちする．これと同じく，多くの家で壁中に入れてある15cmの断熱材で囲い倉庫（貯雪庫）とする．また，雪堆積場（雪捨て場）を30cmの樹皮（バーク）で覆うだけで，雪の融解量を年間で1.5mに抑制できる．図1の雪山の9割以上を利用でき，それはあたかも真夏の街中に現れた氷山である（札幌市の大谷地雪堆積場での例，朝日新聞社提供）．

（2）雪の冷熱の利用方法　　雪を農産物の貯蔵室に同時に入れておく図2に示す氷室は広く用いられている．雪氷の融解温度

2.4F 雪氷冷熱エネルギーの活用　215

図1　雪の保存方法

1. 貯雪庫による保存
   断熱材 150mm

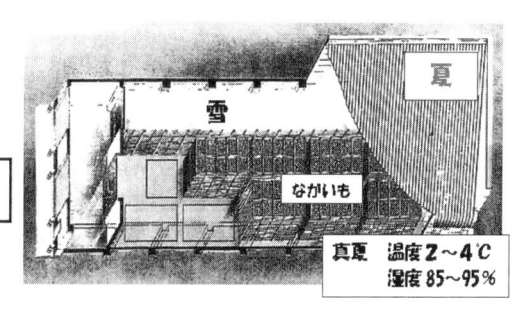

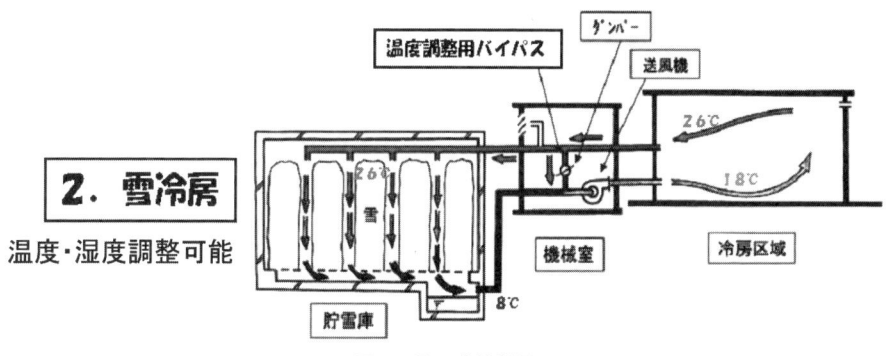

2. 雪山による保存
   バーク材で被覆 300mm

図2　雪の冷熱利用

1. 氷室
   低温・高湿度
   真夏　温度 2～4℃
   　　　湿度 85～95%

2. 雪冷房
   温度・湿度調整可能
   温度調整用バイパス，ダンパー，送風機，機械室，冷房区域，貯雪庫

は0℃であるため，多くの農産物の貯蔵において凍害の恐れのない低温が保たれ，また，融解水により保存環境の高湿度が保たれるため良好な貯蔵環境を実現できる．なお，氷室内への雪の投入は，正月野菜，春野菜が出荷されたあとの倉庫内の空間へ晩冬から早春にかけて行い，倉庫空間の通年にわたる有効な利用を図る．

氷室では温度，湿度の調整はできないが，これらを可能としたシステムが図2の雪冷房である．冷房区域からの温風（還気）を貯雪庫からの冷風に適当に混合することに

省エネルギー効果＝雪1トン(2m³)で石油10リットル節約
環境保全効果＝　　　　CO₂を30キログラム抑制

雪1トン ＝ 石油10リットル

100万トンの雪 ＝ 5万本の石油のドラム缶が捨てられているとゎ！

図3　利雪の効果

・低温倉庫として冷凍機を必要としないため、経済的には圧倒的に優位
・安定した低温(通年　2〜4℃)、高湿度(85〜95%)により安全・安心な貯蔵を実現
・高湿度にもかかわらず貯蔵物に結露することがない
・素人でも運用できる
・投雪以外には、基本的に電力・動力を必要としない
・ストア商品の予令庫、備蓄倉庫として堅牢
・雪国の基幹産業「農業」を支える「自然エネルギー」の代表
・燃料・電力の高騰化を乗り越える

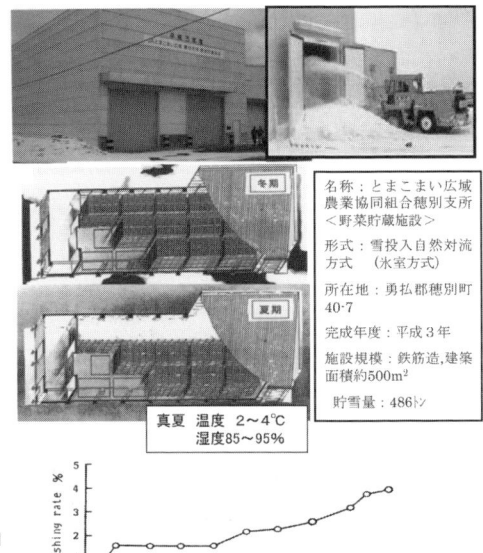

冬期／夏期

真夏　温度 2〜4℃
　　　湿度85〜95%

名称：とまこまい広域農業協同組合穂別支所
＜野菜貯蔵施設＞
形式：雪投入自然対流方式　（氷室方式）
所在地：勇払郡穂別町40-7
完成年度：平成3年
施設規模：鉄筋造、建築面積約500m²
貯雪量：486トン

「ながいもの長期貯蔵試験結果」

電気冷凍機での場合の1/10しか減耗しない

ながいもの減耗率の変化

図4　氷室とその特性

より求める温度の冷房区域の入口空気を得ることができる．湿度においても同様の操作を施し制御する．

(3) 利雪の省エネルギーと環境保全効果

図3にこれらの効果を示す．雪は密度の低い氷であり，これを作り出すための冷凍機の電力，および冷凍機を動かすのに必要な電力，エネルギーを考慮し，図3の結果を導いた[1]．省エネルギー効果，環境保全効果はともに小さな値ではない．

3. 利雪施設の例

氷室の特性を図4に示す．通年2～4℃，湿度90%以上の安定した貯蔵環境を簡単に作り出せ，また，既設の倉庫の改造によっても容易に作ることができるため，とくに畑作を中心とした地域において広く利用されている．

全空気式雪冷房の米穀低温貯留施設への適応を図5に示す．冷房系には冷凍機や湿度調整器などはなく，主機は送風機であり，システムは至って簡明である．米籾の長期貯蔵に適した温度（5～7℃），湿度（75～65%）の状態を安定して実現できており，省エネルギー効果も著しい．

都市部における利雪の例として冷水循環式の雪冷房を図6に示す（Cool ENERGY 5より引用）．HIの出現の小さな郡部だけでの雪利用ではなく都市部での雪の利用も始まっている．

全空気式の雪冷房を使用したメディアセンターを図7に示す（竹中工務店提供）．貯

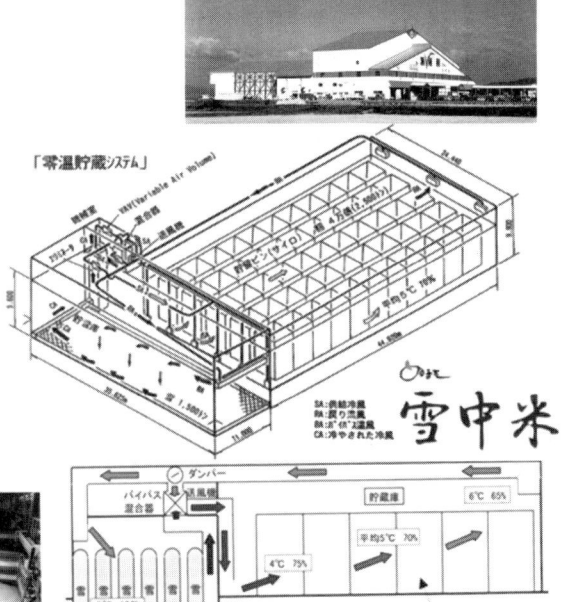

図5 全空気式雪冷房

218　2.4　自然を活かした設備機器による緩和（アクティブな利用）

冷たい雪解け水を使って冷房することもできます。雪国も夏は暑い。マンション、集合住宅、団地での「雪冷房」はこれから普及するでしょう。

集合住宅 1999

雪冷房マンション

＜賃貸マンション「ウエストパレス」＞　　雪搬入　　熱交換冷水循環方式

マンション各室の冷房に使用。熱交換器を介して、冷水が循環する一次系統と、防腐剤入り不凍液が循環する二次系統に分かれている。一次系統では冷水槽からの冷水が熱交換器に送られ、戻り水が貯雪庫に運ばれシャワーとなって雪を強制的に溶かす。二次系統は不凍液が各室のファンコイルユニットに運ばれ、熱交換器に戻る。なお、冬期間はボイラーにより不凍液を加温し、暖房システムとしても利用している。

外観

資源エネルギー庁長官賞
導入事例の部
美唄雪冷房マンション
「ウエストパレス」

所在地：美唄市西5条南1丁目
完成年：平成11年度
施設規模：地上6階建て24室
　　　　　延床面積　約1,944㎡
　　　　　冷房延面積　約600㎡
貯雪量：約100t

室内　　機械室　　貯雪庫

●施設の特徴
1. 世界ではじめて雪冷房を導入したマンション
2. 多くの室を備えた建物に適する
3. 冬期はクリーンで安全な暖房との切り替えが可能

冷水循環式

自然環境中核都市
美唄の可能性

このマンションが建設されるまでの利雪は農業分野が主でしたが、このマンションのお陰で都市生活者の方々の興味も引き付けるきっかけとなりました。

図6　冷水循環式雪冷房

北海道洞爺湖サミット2008
留寿都国際メディアセンターの雪冷房

2008年に開催された洞爺湖サミットにおいて使用された国際メディアセンター。7000トンの雪を床下に保存し、11000㎡の冷房を行った。

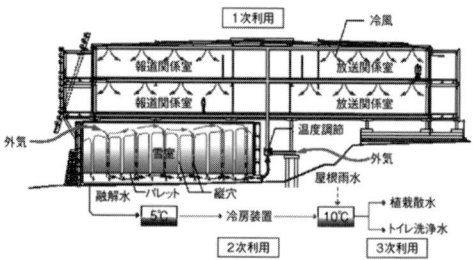

1次利用　　冷風
報道関係室　　放送関係室
報道関係室　　放送関係室
外気　　温度調節
　　　　　外気
　　　　　屋根雨水
融解水　パレット
縦穴　　　　　　　植栽散水
5℃　　冷房装置　10℃　トイレ洗浄水
2次利用　　3次利用

図7　洞爺湖サミットにおいて利用された雪冷房

蔵した雪に垂直の複数の孔をあけ，これを通し空気を冷やす．構造が簡単で，空気を冷やす能力も高い．このシステムを用いた大型のデータセンターの冷房も計画されている．

4. 雪利用の一般的な特徴のまとめ

(1) 雪の融解熱が大きいため，夏までの保存は比較的簡単な断熱構造体を用い容易に行うことができる．

(2) 雪の融解温度が0°Cであるため，低温の安定した熱環境を作り出すことができる．

(3) 雪の表面積は広いため，空気を用いても水を用いても簡単な装置により冷熱を抽出することができる．

(4) 冷熱を使用しても冷凍機によるような温排熱を排出しない（HI形成に関わらない）．

(5) 融解しつつある雪の表面で水溶性のガスと塵埃の吸収除去ができる．

(6) 雪の冷熱を利用する装置，システムは簡素な構造とできるため安価であり，維持・管理は容易である．

(7) 電力（化石燃料など）の大幅な節約ができる（1トンの雪利用で13Lの石油を節約し，35kgのCO_2削減）．

(8) フロンガスを使用しない．

(9) 除雪と組み合わせることにより，雪対策に費やした経費，エネルギーを回収できる．

(10) 0°C以下の状態を冷凍機との組み合わせ，あるいは，寒材を利用することにより作り出せる．

(11) 太陽熱など他の自然エネルギーとの組み合わせ利用が可能である．

ただし，

(12) 夏まで保存する貯雪庫，貯雪槽，雪山が必要である．

(13) 毎年，雪を集める必要がある．

5. 種々ある氷や雪の利用方法の例

ここに示した氷室や雪冷房，雪山での雪の利用方法は例である．手間をかけたくない強い希望のある場合もあるし，また，寒くとも雪の少ない地域での寒冷気の利用を希望する場合もある．そのような場合に対応する技術のいくつかが既に試され，実用化されたものもある．それらの例を図8に示す．

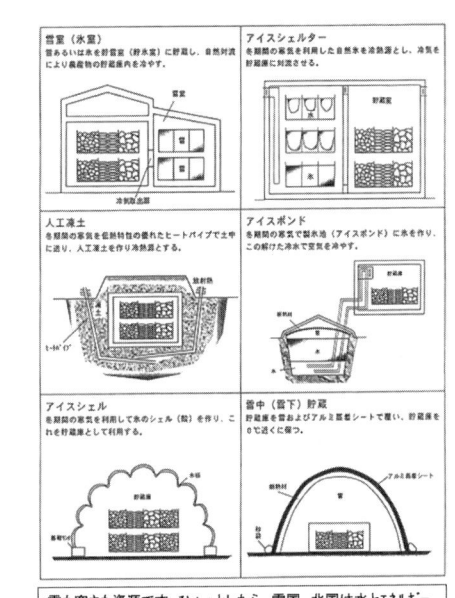

図8 種々ある氷や雪の利用方法

6. まとめ

雪氷を用いた冷房は使用する周囲も含め温熱を吸収する．クーラーのように利用する人だけが快適な環境を享受するのとは大いに異なる．

雪や氷の利用は，原則，地産地消である．HIに苦しむのであれば，一度，ひなびた雪国や寒冷地での生活を想像してみてはいかがだろうか．今までのつけをこれからの借金で賄うのは無理がある．

☞ 更に知りたい人へ

1) 媚山政良：雪資源の石油エネルギー換算とCO_2低減効果，室蘭工業大学紀要，第53号，3-5，2003

2. ヒートアイランド対策

2.5 排熱削減による緩和

A. 省エネルギー機器による排熱の削減
B. 水の蒸発冷却による空調排熱の削減
C. 地域熱供給の導入効果
D. 下水による熱交換
E. 産業排熱, 都市排熱の有効利用

省エネルギー機器による排熱の削減

2.5A

省エネタイプは排熱も少ない

1. 機器からの排熱

機器への入力である燃料や電力は機械仕事や熱に変換されて使用されるが,最終的にはすべて熱となる.機器からの排熱は入力エネルギーに等しいため燃料の低位発熱量または電力の熱量換算値に等しい(図1).

これらの熱は気圏,水圏,地圏に排出される.本項は主として民生部門の建物における排熱を対象とする.建物における排熱のうち,冷房排熱は大気中に排出されるが,建物に外気より流入する熱は,大気を冷却するので,排熱より除去する必要がある.環境へ排出する熱の削減量は省エネルギー機器使用による入力エネルギーの低減量に等しいが,排出先(気圏,水圏,地圏)のうち,気圏へ排出されるものが HI 現象を引き起こす原因となる.

機器からの排熱は排出先に加えて,排出位置,顕熱,潜熱の別により,熱汚染や大気熱負荷の原因となりうる.その排熱量や排熱削減量を分析するにはエネルギーフローが有効である.

2. 省エネルギー機器のエネルギーフロー分析[1]による大気熱負荷への影響評価

エネルギー収支を分析する境界(コントロールボリューム)として機器境界と建物境界を設定する.

図2は室内に置かれた家庭用冷凍・冷蔵庫のエネルギーフローである.機器境界は破線,室境界を一点鎖線で示している.機器境界では機器排熱が冷凍機から放出されると同時に室内から庫内への侵入熱がある.室境界での排熱は冷凍・冷蔵庫の排熱ではなく,機器排熱から庫内への侵入熱を差し引いた熱,すなわち入力エネルギー相当の熱量になる.図3はガス給湯機のエネ

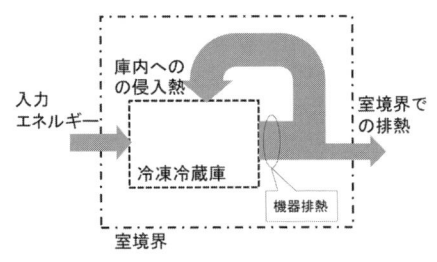

図2 室内に置かれた冷凍・冷蔵庫のエネルギーフロー

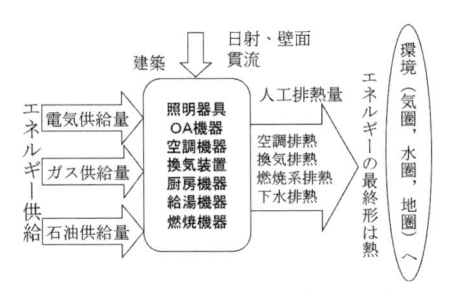

図1 機器へのエネルギー供給と人工排熱

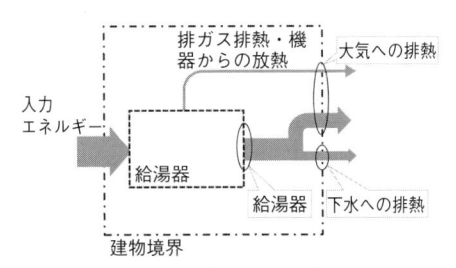

図3 ガス給湯機のエネルギーフロー

ルギーフローであり，給湯熱，排ガス熱，給湯機本体からの放熱分が排出される．給湯熱は浴槽からの蒸発などで大気に放散される熱と，下水へ排出される熱があり，大気に排出される熱と排ガス排熱機器からの放熱分が大気熱負荷となる．

人工排熱の詳細なエネルギーフローは文献1)を参照されたい．

各種省エネルギー技術を適用することによって，削減される熱負荷の絶対量を予測することは人工排熱抑制対策については比較的容易である．しかし，同じ排熱でも夜間は大気が静まるために気温への影響が昼間より大きくなるなど，大気熱負荷が気温に及ぼす影響は熱の排出時刻により変わることを考慮する必要がある．空気熱源ヒートポンプ給湯機採用による人工排熱低減対策などに，この重み付き大気熱負荷評価手法[2]の研究成果[3]を適用した事例を次節で紹介する．

3. 省エネルギー機器による排熱の削減

都市内の施設で使用されるエネルギー消費機器はその高効率機器の使用により排熱を低減できるため，対象機器は受変電設備，照明設備などの電気設備，給排水衛生設備，空気調和設備など多岐にわたる．

(1) 照明器具　表1に光束当りの消費電力と寿命の比較例を参考に示す．白熱電球を同じ光束の電球型蛍光灯に交換することにより消費電力が下がるため排熱を低減できる．LEDは蛍光灯よりさらに効率が高いためLEDに交換すると，わずかではあるが排熱を低減できる．その他水銀灯からメタルハライド灯への変更や街灯のLED化などの対策がある．

(2) 高効率空冷空調機への更新　冷房時の空調負荷をQ，入力エネルギーを電力Eとすると，効率（成績係数COPと呼ばれる）はQ/Eとなる．このとき，大気排熱Hは$E \times (COP+1)$ すなわち

$$H = Q(1+1/COP)$$

となり，室外機より排出される．

空調機の効率（成績係数）と空調負荷当りの排熱量の関係を図4に示す．高効率空調機へ更新し，空調機の効率，すなわち成績係数が高くなると排熱量は減少し空調負荷に漸近することがわかる．図5に大気熱負荷削減量の計算例を示す．夜間集合住宅の削減量が大きいことが注目される．

表1　照明器具の光束当りの消費電力と寿命

器具	消費電力（W/lm）	寿命（h）
白熱電球	0.067	1,000
電球型蛍光灯	0.015	6,000
蛍光灯（Hf）	0.011	12,000
LEDライト	0.0093	40,000

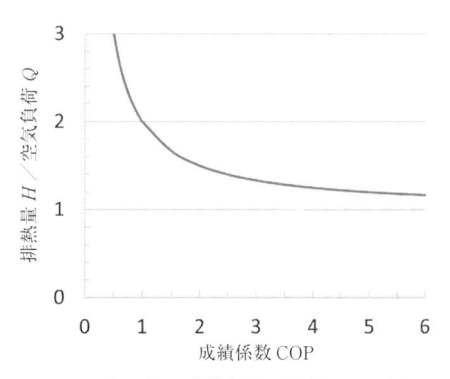

図4　空調機の成績係数と排熱量の関係

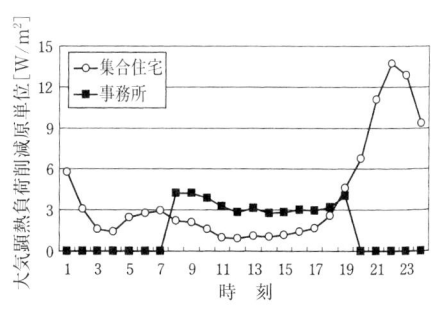

図5　大気熱負荷削減量[2]（高効率空冷空調機への更新，大気熱負荷評価手法による）

(3) 空気熱源ヒートポンプ給湯器の使用
　大気を熱源にヒートポンプで水を加熱しお湯を製造する装置である（図6）。外気から吸熱するため，室外の空冷ユニットは外気温より低い温度の空気を排出する．室外機近傍の外気温は低下するので，近傍に置かれた冷房用室外機の効率は上昇する可能性がある（暖房時は逆に低下する可能性あり）．温水生成時のヒートポンプ成績係数（COP）は夏季には5，冬季には3程度となり，大気顕熱負荷削減効果のみならず省エネルギー効果も期待されるが，追炊き機能を多用すると効率は低下する．通常深夜電力を利用するため料金を低減できるが，蓄熱タンクを利用するため，放熱による損失は避けられない．

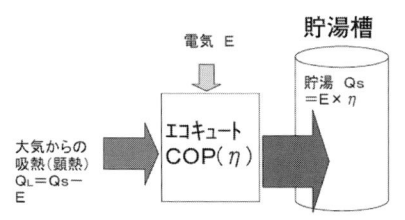

電気 E　貯湯槽
大気からの吸熱（顕熱）
$Q_L = Q_S - E$
エコキュート COP(η)
貯湯 $Q_S = E \times \eta$

◎機器システム（エコキュート）のエネルギーフロー：
エコキュートの運転時における大気からの吸熱量は以下のとおり．
COP=ηとすると
貯湯熱量：$Q_S = E \times \eta$
吸熱量：$Q_L = Q_S - E = (E \times \eta) - E = E(\eta - 1)$

図6　空気熱源ヒートポンプ給湯機

大気顕熱負荷削減効果について説明する．
　対策前の給湯機を空気熱源ヒートポンプ給湯機に変更する．対策後の沸上げパターンを午前3時に33%，4時に33%，5時に34%とし，その他の時間帯は0%と設定した．給湯機のCOPは修正M1モードによる実機試験データ（D社製2006年製モデル使用）の結果から3.7と設定した．その結果として，次式

$$WE_h = \frac{WL_{day} \times P_h}{COP}$$

（WE_h：時刻別給湯エネルギー消費量，WL_{day}：日積算給湯負荷，P_h：時刻別沸上げパターン，COP：機器成績係数（3.7））
により対策導入後の時刻別給湯エネルギー消費量を算出する．また，空気熱源ヒートポンプ給湯機は回収した熱を100%熱交換できるので，お湯使用時の室内外大気への熱損失と機器自身のエネルギー消費量を足したものが大気中に放出される排熱と考えられる．お湯使用時の熱損失率は37.4%，給湯機のCOPを3.7，そのうち1.0のエネルギーが機器自身に必要なエネルギー消費量と設定すると，時刻別対策後大気顕熱負荷は以下の式により求められる．

$$TL_h = H_a - H_b = WL_h \times 0.374 - WE_h \times (3.7 - 1)$$

（TL_h：時刻別対策後大気顕熱負荷，H_a：大気中へ放出される排熱量，H_b：吸熱量，WL_h：時刻別給湯負荷，WE_h：時刻別給湯エネルギー消費量）

重み付き大気熱負荷評価手法を適用した

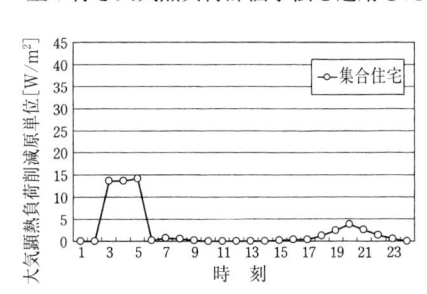

図7　空気熱源ヒートポンプ給湯機の大気熱負荷削減効果（重みなし評価）[2]

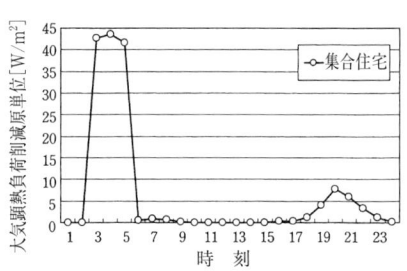

図8　空気熱源ヒートポンプ給湯機の大気熱負荷削減効果（重み付き評価）[2]

場合に，対策技術の性能評価がどのように変化するのかを示す[2]．

集合住宅を対象とした空気熱源ヒートポンプ給湯機の重みを評価しない場合（図7）と重みを評価した結果を示す（図8）．重み付き評価により夜間の削減量が増加することがわかる．本結果から空気熱源ヒートポンプ給湯機は夜間の大気顕熱負荷削減に非常に有効である．夜間は大気が沈静化するため，人工排熱が大気熱負荷に与える影響が大きく，熱帯夜対策として，夜間の人工排熱を低減することが有効であることが重み付き評価により示されている．

（4）高効率給湯器　通常のガス給湯器（図9）は，水が銅製の熱交換器を通過するときに燃焼排ガスと熱交換することにより加熱され，温水となって供給される構造となっている．排気温度は約200°Cで，熱効率（＝水の温度上昇エネルギー/消費ガスのエネルギー）は約80%程度である．高効率給湯器（潜熱回収型給湯器）では，1次熱交換器の下流側に専用の2次熱交換器を搭載し，排気からの熱回収量を大きくすることにより，給湯の熱効率を95%程度にまで向上させることを可能としている．

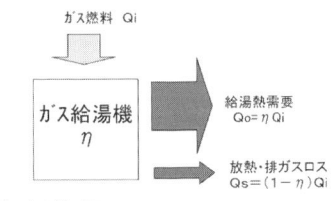

図9　ガス給湯機

なお，図10, 11のエネルギーフローの最終的な排出先であるが，使用時の損失以外は一部埋設配管で土壌に排出され下水に到達する．

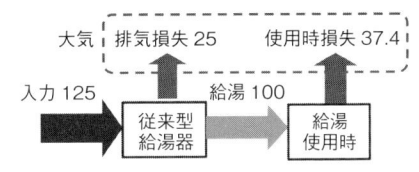

図10　エネルギーフロー（従来型給湯器）

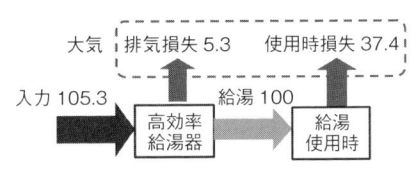

図11　エネルギーフロー（高効率給湯器）

（5）水冷式空調システムの採用　水冷式熱源を使用し冷房時の空調排熱を水冷式冷却塔により大気に放熱する．冷却水の蒸発潜熱の冷却効果を利用することにより空冷式室外機に比べて，冷凍機の効率が向上することに加えて，顕熱の排出量を大幅に削減させることができる．これを人工排熱の潜熱化と呼ぶ．

冷却水の蒸発による潜熱化の割合は，冷却水量と冷却風量および冷却水温度と入口空気の温度により異なるがおおむね9割程度であり，大気顕熱負荷を大幅に削減することが可能となる（表2）．

圧縮式冷凍機においては水冷冷却方式を採用することにより凝縮温度を下げることができるため成績係数（冷凍機の効率）が向上する．その結果，潜熱化効果に加えて，省エネルギー効果も含めた総排熱量の低減効果が期待できる．

表2　空調システムの排熱特性

空調システム	潜熱割合（%）	顕熱割合（%）
空気熱源ヒートポンプ	0	100
ターボ冷凍機＋冷却塔	87.5	12.5
吸収式冷温水発生機＋冷却塔	88.7	11.3

水冷式空調システムの場合は排熱潜熱化の割合に応じて大気への顕熱熱負荷が低減される．

(6) トップランナーモータの採用
1998年に制定された省エネ法の中で，民生部門のエネルギー消費の増加を抑えるための機器の省エネルギー性能の目標が設けられた．エネルギーを多く使用する機器ごとに省エネルギー性能の向上を促すための目標基準（トップランナー基準）が設けられている．2013年11月1日に公布・施行された「省エネ法」の改正（交流電動機の追加等）において，製造事業者および輸入事業者がモータの性能について，目標基準値を達成すべき時期が2015年4月となった．トップランナーのモータはJIS C 4210 (2010) 規格値と比較すると約35%の損失低減効果が期待されている．トップランナー化により，JIS C 4210 (2010) 規格品がすべて高効率機器に置き換えられたとすれば，期待される電力削減量は，わが国の全消費電力量の約1.5%に相当する155億kWh/年間になると試算されており，省エネルギー化とともに人工排熱の低減にもつながる．

4. 家庭の省エネルギー

(1) 省エネ型の機器を使う　家庭用のガス機器，石油機器，家電機器は逐次技術進歩により効率が向上している．エアコンは冷凍サイクルの制御や熱交換器の性能向上などにより効率が向上しており，ガス機器や石油機器は燃料の燃焼熱から温水や温風への熱の変換効率が改善されている．

家庭用の電気機器の多くは，コンセントに接続しているだけで，電気を消費する．これを待機時の消費電力と呼ぶ．近年，待機時の消費電力が削減された家電機器が増えている．これらの家電機器の採用により，待機時消費電力を削減できる．

エネルギー効率の高い機器を選択することにより，排熱量を低減できるのは当然であるが，室内にある機器の排熱が少なくなると，冷房負荷が小さくなり，空調機の消費電力も低減できる．

省エネルギー機器を，購入・使用することが肝要である．

(2) トップランナー家庭用機器の採用
省エネ法制定以降，逐次，対象機器の品目が追加され，2014年夏時点で28品目となっている．

対象機器は特定エネルギー消費機器と呼ばれており，これらを表3に示す．表3で●印は室内で使用される機器であり，その発熱は冷房負荷になる．したがって，省エネルギー効果としての発熱量の低減だけでなく，発熱量の低減に冷房負荷の減少が伴うため，空調用の消費エネルギーも減少する．

表4に基準エネルギー消費効率を示す．エネルギー消費効率を区分ごとに出荷台数により加重平均した数値が，基準エネルギー消費効率を下回らないようにする必要がある．製造事業者および輸入事業者が特定機器について，目標基準値を達成することを前提に，基準を達成した機器を採用することが排熱低減につながるのである．

表3　特定エネルギー消費機器

○乗用自動車	●エアコン
●照明器具※	●テレビ
●複写機	●電子計算機
●磁気ディスク装置	○貨物自動車
●VTR	●電気冷蔵庫
●電気冷凍庫	●ストーブ
●ガス調理機器	●ガス温水機器
○石油温水機器	●電気便座
○自動販売機	●変圧器
●ジャー炊飯器	●電子レンジ
●DVDレコーダー	●ルーティング機器
●スイッチング機器	●複合機
●プリンター	●電子温水機器
●交流電動機	●電球形LEDランプ

※蛍光灯のみを主光源とするもの．

表4 基準エネルギー消費効率

機器名		エネルギー消費効率の出荷台数による加重平均値の改善率（実績）
磁気ディスク装置		85.7%（2001→2007年度） 75.9%（2007→2011年度）
電子計算機		80.8%（2001→2007年度） 85.0%（2007→2011年度）
エアコン※		67.8%（1997→2004年度） 16.3%（2005→2010年度）
電気冷蔵庫		55.2%（1998→2004年度） 43.0%（2005→2010年度）
照明器具※	蛍光灯器具	35.7%（1997→2005年度） 14.5%（2006→2012年度）
	電球形蛍光ランプ	6.6%（2006→2012年度）
テレビ		29.6%（2004→2008年度） 60.6%（2008→2012年度）
電気冷蔵庫		29.6%（1998→2004年度） 24.9%（2005→2010年度）
電気便座		14.6%（2000→2006年度） 18.8%（2006→2012年度）

※印を付した機器については，省エネ基準が単位エネルギー当りの能力で定められており，※印を付していない機器については，エネルギー消費量（例：kWh/年）で定められている．上表中の「エネルギー消費効率改善」はそれぞれの基準で見た改善率を示している．

☞ 更に知りたい人へ

1) 東京都：建築物環境計画書制度マニュアル（第4版），第2章 Ⅳ評価基準と手法の解説：ヒートアイランド現象の緩和 http://www7.kankyo.metro.tokyo.jp/building/doc/060_h_2010_7.pdf
2) 空気調和・衛生工学会編：ヒートアイランド対策―都市平熱化計画の考え方・進め方，オーム社，2009．各機器の排熱削減量検討は本文献からの引用による．
3) 照井奈都，鳴海大典，下田吉之：人工排熱の排出特性が都市熱環境の再現に及ぼす影響―京阪神地域を対象とする感度分析，日本ヒートアイランド学会論文集，4，15-25，2009
4) 経済産業省ウェブサイト，http://www.meti.go.jp/committee/sougouenergy/shou_energy_kijun/sansou_yudou/report_01.html，2015年2月

水の蒸発冷却による空調排熱の削減

2.5B

水の蒸発冷却で効率を上げる

1. 水の蒸発冷却による空調排熱（顕熱）の潜熱化

水は空気中で気化熱（蒸発潜熱）により周囲の熱を奪い蒸発する．熱を奪われた周辺空気は乾球温度を低下させる．これが蒸発冷却の基本的なメカニズムである．

水の蒸発潜熱は 1 気圧，水温 20℃ としたときには 2,451 kJ/kg となる．

水散布での蒸発による空気温度低下の関係式は以下の式（1）のようになる．

$$F \times Y/100 = C_p \times \rho \times V \times \Delta T / L_w \quad (1)$$

ここに，Y：ミストの蒸発率（％），F：散布量（kg/h），C_p：空気比熱（kJ/kg・K）（= 1.006），ρ：空気密度（kg/m^3）（= 1.2），V：風量（m^3/h），ΔT：空気温度低下（K），L_w：水の蒸発潜熱（kJ/kg）（= 2,451）である．

例えば，空冷ヒートポンプパッケージ空調機屋外機のファンにより排気される空気量が 10,000 m^3/h あるところに水散布を 30 L/h 行い，散布した水がすべて蒸発した場合，6.1℃ 排気温度が低下することとなる．

こうした蒸発冷却の技術を応用し，HI 現象の抑制につなげることができる．具体的な空調排熱の削減策としては，

・新築や大規模改修 ⇒ 冷却塔の採用
・既設空冷空調機 ⇒ 蒸発冷却装置付加

が挙げられる．蒸発冷却装置を付加する方式には

・冷房により生成するドレン水の活用
・噴霧散水冷却方式
・水散布方式
・間接散水方式
・ミスト散布方式

などがある（図 1 参照）．

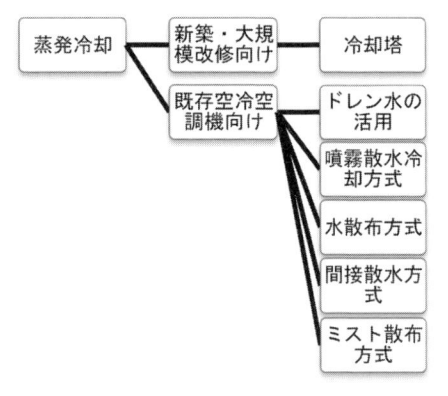

図 1 蒸発冷却利用システムの適用

2. 新築建物や大規模改修時の対策例：冷却塔の採用

空調熱源設備機器において蒸発冷却の技術を用いているものの 1 つに冷却塔がある．

近年一般空調熱源向けに採用されている冷却塔は設置面積の小さな強制通風型が多く見られており，強制通風型の冷却塔の中でも密閉式冷却塔で，蒸発冷却の原理を利用している．

密閉式冷却塔は冷却水を通水した多管式やプレート式などの熱交換器の外表面に水を散布し，その水が蒸発する際の蒸発潜熱により管内冷却水を冷却する仕組みである．

3. 既設空冷空調機の対策[1]

一定規模以下のビルの空調には空冷ヒートポンプ式のパッケージ式の空調機が採用されているケースが多く，冷却塔のような

蒸発潜熱利用のシステムが採用されにくい．このため，既設機器向けの蒸発潜熱利用のシステムが各種開発されている．

(1) ドレン水の活用　室内機より排出される冷房時のドレン水をいったん貯留して屋外機の熱交換器部分へ散布することで，熱交換器表面を蒸発潜熱により冷却して屋外機から排出される空気の温度を下げる装置である（図2）．

散布する水は室内機で排出される凝縮水であるため，室内機からの配管や貯留部分で混入する不純物以外のカルキ分など一般の上水に溶存しているものがないため，熱交換器表面に付着物が付かないものの，水の蒸発冷却効果を得ることができる点が大きな特徴となる．

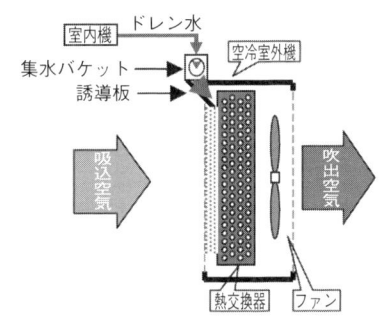

図2　ドレン水の活用のシステム概略（(株)ハンシン）

また，室内凝縮水を利用するため，一般的な同様のシステムで必要となる水を利用するための費用が掛からない点もランニングコスト上，大きなメリットとなっている．

対して，室内凝縮水により冷却するため，凝縮水の発生が少ない状況では屋外機排気温度の低下，消費電力の低下のメリットが得られない可能性がある．

(2) 噴霧散水冷却方式　屋外機熱交換器手前に散水による水膜を形成し，散水水勢，散水膜で1次，2次冷却を行い，散水した水が熱交換器上部より熱交換器を伝い下部まで流れる際に3次冷却を行い，屋外機排気温度を低下させるシステムである（図3）．散水のための水は上水や工水を利用するため前項のシステムと異なり水道料金が別途必要となる．

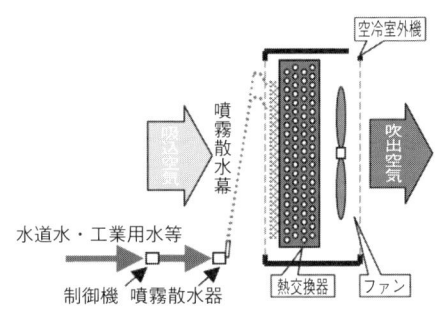

図3　噴霧散水冷却方式のシステム概略（(株)ハンシン）

散布水の水質によっては熱交換器への付着物も問題になるケースもあるが，10年以上の市場実証においてスケールの付着および熱交換器のフィン腐食でエアコン能力を阻害するものはないものの，ブラッシングによるスケール除去が推奨されている．

また，水散布によりエアコンや汎用空調機の高圧カットによる保護機能の作動が少なくなり，また凝縮器の放熱量向上によりコンプレッサの負荷軽減が実証され，機器の長寿命化効果があるとされている．

(3) 水噴霧方式　空冷屋外機に直接水を噴霧し高温の熱交換器と接触させることで水の蒸発を促進させ，蒸発潜熱により熱交換器を冷却し屋外機排気温度を低下させる（図4）．

前項のシステムと同様に上水を散布するため，使用水質に一定の基準を設けている．また，熱交換面に上水の散布を行う他の方式と同様，熱交換器のフィンの腐食，スケール付着の対策や洗浄が必要である．

水の散布は間欠的であり，自動制御で行われている．一定時間ごとに連続散布を行

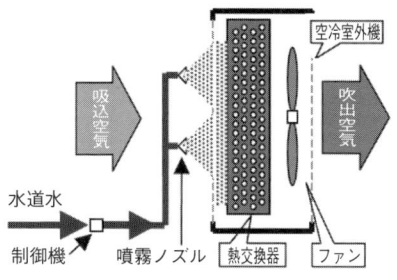

図4 水噴霧方式のシステム概略(オーケー器材(株))

うことで付着物や濃縮した腐食成分を洗浄，抑制する制御が組み込まれている．

また屋外機排気温度を抑制できることから，屋外機の設置に必要なスペースを縮小できる効果もあるとされている．

（4）間接散水方式　屋外機の吸込み側に取り付けたマットに散水し，マットを通過した空気が蒸発潜熱により冷却され，排気温度を低下させる技術である（図5）．

前出のシステムと異なり，屋外機熱交換器に直接水を散布しないため，熱交換器にスケールの付着や腐食のおそれがないことが特徴となる．反面，マット部分のメンテナンスが必要となる．

散布水は上水を使用するため，別途水道料金が掛かる．屋外機吸込み口を適切にマットで囲い，全面に水を散布することがで

きれば，ショートサーキットなどの影響もないことがメリットとなる．

4. 既設空冷空調機対策の効果[1]

前項に述べた各種対策方式の効果を下記に整理する．なお，試験条件1はJIS B 8615-1 T1によるもの，試験条件2は夏季の一般的な条件にて行っている．

（1）ドレン水の活用　大阪府環境情報センターの実証試験（以降センター実証試験と表記する）では顕熱抑制効果は15％前後，消費電力削減効果は3.5％程度となっている（表1）．

表1　ドレン水の活用の対策効果（(株)ハンシン）

作動条件	試験条件1	試験条件2
顕熱抑制率	15.2%	13.1%
冷房能力向上率	-3.3%	-2.6%
消費電力削減率	3.6%	3.4%

【参考値】作動条件	試験条件1	試験条件2
冷房COP向上率	0.3%	0.9%
潜熱化率	5.7%	5.9%
水への熱移行率	0.0%	0.0%

（2）噴霧散水冷却方式　センター実証試験では検証方法によるが大きいもので80％程度の顕熱抑制効果と15％程度の消費電力削減効果が確認されている（表2，別途水道料金が必要）．

（3）水噴霧方式　センター実証試験では最大47％程度の顕熱抑制効果，消費電力削減効果は9％程度となっている．前出の2項では冷房能力の向上効果は確認できなかったが，当システムでは3％程度の冷房能力向上も確認されている（表3）．

（4）間接散水方式　センター実証試験では顕熱抑制率が最大で14％強，消費電力削減率が3％程度となっている．また前項と同様冷房能力の向上も3％強確認されて

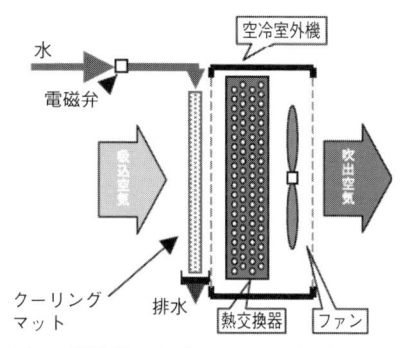

図5　間接散水方式のシステム概略（(株)不二工機）

表2　噴霧散水冷却方式の対策効果（(株)ハンシン）

作動条件	試験条件1	試験条件2
顕熱抑制率	80.1%	37.7%
冷房能力向上率	-4.3%	-4.8%
消費電力削減率	15.8%	10.0%

【参考値】作動条件	試験条件1	試験条件2
冷房COP向上率	13.6%	5.8%
潜熱化率	73.3%	37.1%
水への熱移行率	0.0%	-0.1%

表3　水噴霧方式の対策効果（オーケー器材(株)）

作動条件	試験条件1	試験条件2
顕熱抑制率	47.3%	34.5%
冷房能力向上率	3.4%	2.5%
消費電力削減率	9.5%	6.9%

【参考値】作動条件	試験条件1	試験条件2
冷房COP向上率	14.3%	10.1%
潜熱化率	44.2%	23.6%
水への熱移行率	0.2%	0.2%

表4　間接散水方式の対策効果（(株)不二工機）

作動条件	試験条件1	試験条件2
顕熱抑制率	14.6%	8.1%
冷房能力向上率	3.4%	2.3%
消費電力削減率	3.0%	2.2%

【参考値】作動条件	試験条件1	試験条件2
冷房COP向上率	6.7%	4.6%
潜熱化率	23.8%	0.1%
水への熱移行率	0.4%	-0.1%

いる（表4）．

5. 実施事例（ミスト散布）

オフィスビルの屋外機周辺でミスト散布を実施し，効果を計測した事例を図6に示す．

図6　ミスト散布状況（大阪市内のビル）

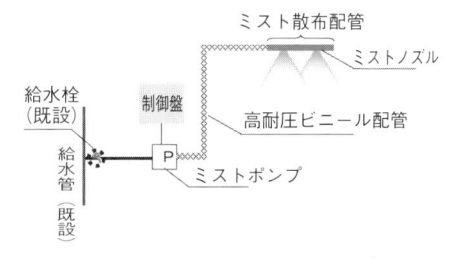

図7　ミスト散布システムの概略

図8　ミストノズル

（1）設置システム概略　市水給水管より分岐させ，ミストポンプに給水し，ミストポンプからは高耐圧ビニル配管にてノズルに結合している（図7）．ミストノズルの外観を図8に示す．

ミストポンプは下記散布条件にて稼働す

232　2.5 排熱削減による緩和

るよう制御されている．
① カレンダ制御：空調機が稼働する平日に散布．効果検証のため平日にも週1日ミスト散布を停止した．土日は停止．
② タイマー制御：8時から17時の間に運転する．
③ 乾球温度制御：乾球温度が27℃以上で運転する．
④ 相対湿度制御：相対湿度が70% RH以上で停止する．

当システムはコイル表面へのスケール付着の対策として，ミストノズルとコイルまでの距離を十分にとり，また，設置対象屋外機周辺の卓越風向を事前調査し，散布した水がコイル表面に到達するまでに蒸発するようノズルの配置等の検討を十分に行った．当該事例の場合，卓越風はほぼ南から北へ流れていることがわかった．

図9にミストシステム設置平面概略図を示すが，屋外機（PAC 4-1〜4-4）は西側側面から外気を吸い込み，上面へ排気するもので，東西に4セットが並んでいる．ミストノズルは平面的にはL字形に配置されており，西側はPAC 4-4の吸込み側全面に吹き付けている．それ以外のPAC 4-1〜4-3は風上からミストを吹き付け，屋外機の間を通り抜けながら吸込み面に吸い込まれる．

(2) 蒸発冷却特性　外気温度，屋外機の吸排気温度，屋外機コイルフィンの表面

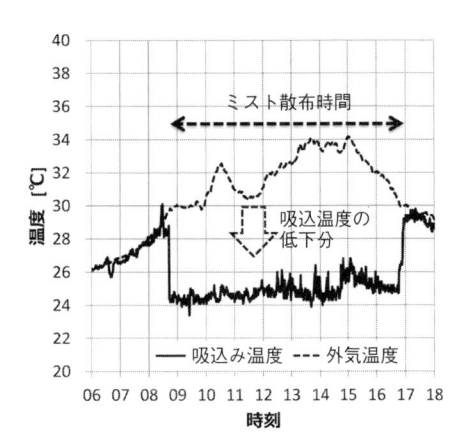

図10　吸込み温度の低下例時系列グラフ

温度等を計測することにより，散布したミストの蒸発冷却特性について検討を行った．

図10は測定データの一例であり，ミスト散布影響範囲外で測定していた外気温度と屋外機吸込み口において測定していた空気温度の差をとることにより，吸込み温度の低下分を算出した．

ミスト散布での水蒸発による空気温度低下について，1項にて提示した式 (1) より算定した値と今回の検証において計測された値の比較検証を行った．実測値でミスト散布の場合おおむね吸込み温度が外気温度に比べて5℃前後低下する結果となった．

式 (1) により算出された低下温度 (ΔT) を散布ミストが100%蒸発しすべて温度の低下に寄与した場合の理想計算値（以降計算値とする）とし，実測値を計算値で割った値をミスト冷却寄与率として，散布水量のどの程度が冷却に寄与できたのかを整理した．低下吸込み温度の計算値，実測値およびミスト冷却寄与率の関係を図11に示す．

(3) HI対策効果　ミスト散布によるHI対策の効果を示す．
① 大気顕熱負荷削減効果：ミストとし

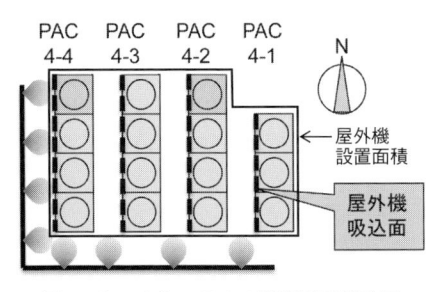

図9　ミストシステムの設置平面概略図

2.5B 水の蒸発冷却による空調排熱の削減　233

図11　吸込み温度の低下

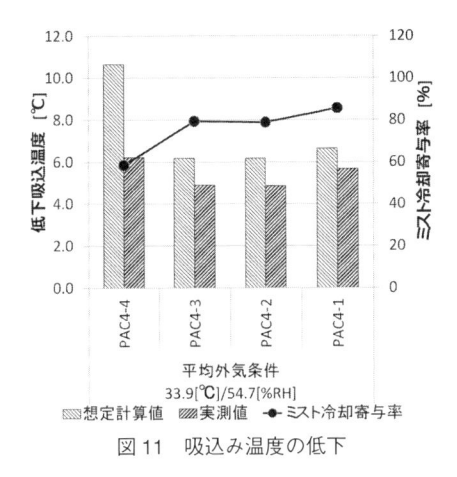

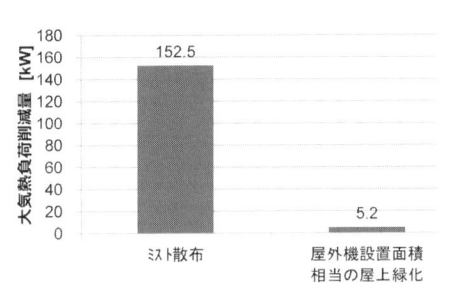

図12　ヒートアイランド対策効果の比較

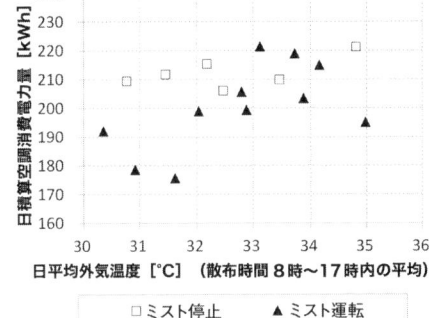

図13　排出熱量（顕熱）の比較

図14　ミスト停止時と運転時の外気温度と消費電力量の関係

て散布した給水がすべて蒸発したものとして，時間当りの蒸発潜熱を求めて，屋上緑化の効果との比較を行った．屋上緑化を行った場合，整備面積 $48 m^2$ とした場合において一般的な陸屋根と比較して単位面積当りの熱負荷削減量は時間当りのピーク値で 160 W/m^2 とされている（図12）．

② 熱汚染対策効果：ミスト非散布と散布の排熱量を次式で算出し比較した．

排熱量＝(室外機吐出温度－外気温度)×室外機負荷率×定格排気風量×空気比熱

ただし，室外機負荷率＝計測消費電力/定格消費電力である．

図13からミスト散布により

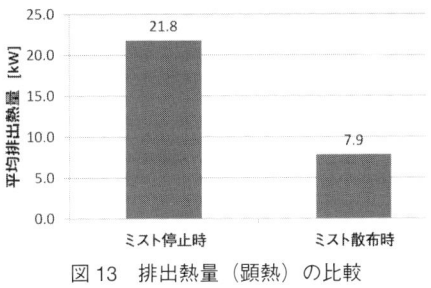

$$21.8 - 7.9 = 13.9 \text{（kW）}$$

の排出熱量が抑制されている．

(4) エネルギー消費量削減効果　ミスト散布によるエネルギー削減効果を整理する．図14にミスト停止時と運転時の日平均外気温度と日積算消費電力量の散布図を示す．

散布時は非散布時に比べて，日積算電力量の平均で7%程度少なくなっている．

☞ 更に知りたい人へ

1) 平成16年度環境技術実証モデル事業　ヒートアイランド対策技術（空冷室外機から発生する顕熱抑制技術）実証試験結果報告書（概要版），大阪府環境情報センターの実証試験報告書
2) 空気調和・衛生工学会編：ヒートアイランド対策—都市平熱化計画の考え方・進め方，オーム社，2009

地域熱供給の導入効果 　　　　　　　　2.5C
ネットワークで考える

1. 地域熱供給—エネルギー面的利用—

「地域熱供給」とは「1か所または数か所のプラントから複数の建物に，地域配管を通して冷水・温水，蒸気等の熱媒体を送り，冷房・暖房・給湯を行う施設」で，「地域冷暖房」とも称される（図1）．加熱能力が毎時21 GJ以上の熱供給事業は，熱供給事業法適用の対象となり，公益事業と位置づけられる．わが国の地域熱供給は，1970（昭和45）年に日本万国博覧会ならびに千里中央地区で，「熱を販売する事業」として，初めて導入された．1972（昭和47）年には，熱供給事業法が制定され，本格的な地域熱供給の歴史が始まった．図2にその普及動向を示す．2011（平成23）年11月現在，84事業者により141地区で熱供給事業が行われている．

なお，京都議定書目標達成計画では，エネルギーの面的利用が取り上げられ，「点から面への視点」の拡大がうたわれた．これを受けて，資源エネルギー庁「エネルギー面的利用促進委員会」(2004年度)では，省エネ・省CO_2を図り，地球温暖化防止対策やHI対策等のさらなる促進のために，個々の機器や建物の省エネ性等向上の施策のみでなく，都市や地域，街区レベルでの一体的な取組みや熱ネットワーク形成による「エネルギー面的利用」としての効果に注目し，その基本形を表1のとおり示し，地域熱供給を位置づけている．すなわち，「複数の施設・建物への効率的なエネルギー供給

図1　地域熱供給（地域冷暖房）概念図[1]

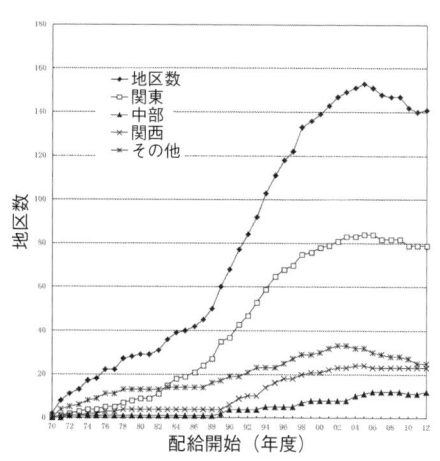

図2　地域冷暖房の全国および地区別普及動向
2011年11月現在，供給地区141地区

表1　エネルギーの面的利用の類型

分類	規模
① 熱供給事業型 （広大な供給エリアへ大規模エネルギープラントから供給）	大
② 集中プラント型 （小規模な特定地域内へ集中的なエネルギープラントから供給）	中〜小
③ 建物間融通型 （近接する建物所有者が協力し，エネルギーを融通や供給利用）	小

出典：エネルギーの面的利用促進に関する調査報告書（平成17年3月），資源エネルギー庁

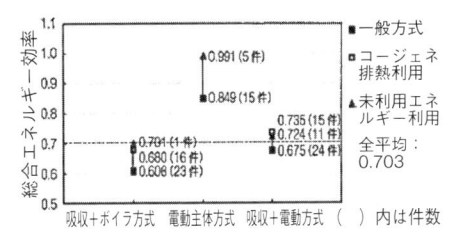

図3　地域熱供給と個別熱源の総合エネルギー効率比較[5]

（建物間融通型），施設・建物間でのエネルギー融通（集中プラント型），未利用エネルギー等活用による地域熱供給が期待され，積極的に導入普及を図る」とされ，地域熱供給の更なる導入促進がうたわれている．

一方，2011年3月11日の東日本大震災後，わが国のエネルギー基本計画の見直しが行われることになった．とりわけ，CGS（コージェネレーションシステム）の導入割合として15％を目指す方向が検討され，今後CGSの導入普及が期待されている．しかしながら，その導入促進のためには，CGSからの排熱を受け入れる導管ネットワークが不可欠である．いわゆる，下水道に相当するHI防止等への対応を含めて，静脈系としての排熱処理のためのネットワークが必要である．

2. 地域熱供給の省エネルギー等導入効果

地域熱供給を導入することにより，以下のような様々な効果が期待できる．

（1）省エネルギー効果　熱源設備の集約化による高効率機器採用や適正な台数分割による部分負荷対応等個別建物に比して高いエネルギー効率が得られる（図3）．また，河川，海水，ゴミ焼却排熱，下水熱等都市排熱やコージェネレーション排熱等の未利用エネルギー活用が広域的に可能となり，高い省エネルギー効果が得られる．2007年度（平成19年度）の資源エネルギー庁が実施した調査（図4）では，個別熱源に比して未利用エネルギー活用地域熱供給は，21.6％の省エネルギー効果があると評価されている．

（2）環境保全効果　エネルギー有効利用や高効率化による省エネルギーや集約化による高度な汚染物質削減により，CO_2，NO_X，SO_X 等は大幅に削減可能となる．また，未利用エネルギー活用によるエネルギー消費量の削減や，都市内の下水道と同じように，冷房排熱の捨て場としての広域ネットワーク導入により，HI防止対策としても有効である．地球温暖化防止や地域・都市環境保全に大きな効果が期待できる．

（3）都市防災機能性や事業継続性向上効果　火災の発生源削減やプラントに設置される蓄熱水槽を活用して地域防災性能が向上される．また，コージェネレーションシステム導入による電力の自給率を向上し，停電等の影響を受けにくくない，事業継続（BCP）機能の向上が図れる．

（4）その他の効果　地域熱供給導入により，多様なエネルギー源が供給されエネルギーセキュリティが向上する．また，煙突や冷却塔がなくなり都市景観が向上され，省スペース化によりスペースの有効活用が図れるなど，様々な効果が期待できる．

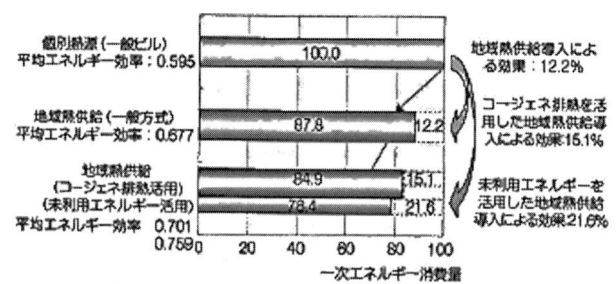

図4 個別建物と地域熱供給の省エネルギー評価[4]

表2 地域熱供給で活用される未利用エネルギーの種類と特徴[2,6]

3. 未利用エネルギー活用と地域熱供給

　未利用エネルギーとは、「都市活動に伴って排出されるゴミ焼却排熱、工場排熱、下水排熱、ビル排熱等」や「自然界に存在する海水、河川水に賦存する熱」で、従来、熱源としてあまり利用されてこなかったエネルギーの総称である。わが国では、未利用エネルギーは新エネルギーの1つに位置付け、その導入を推進している。

　未利用エネルギーは、地域・都市内に広く薄く賦存していることが特徴である。そのため、地域熱供給は、その未利用エネルギーを導管ネットワーク活用により回収・供給するシステムとして期待され導入が図られている。表2に未利用エネルギーの種類と特徴を示す。

　現在、地域熱供給で利用されている未利用エネルギーは、ゴミ焼却排熱等の廃棄物エネルギー、工場排熱・変電所排熱・地下鉄排熱等の都市排熱・海水・河川水・下水等の温度差エネルギーがある。ゴミ焼却排熱や工場排熱は高温系排熱で直接利用でき、変電所・地下鉄排熱や海水・河川水・下水は、温度レベルが様々で低いため、ヒートポンプ等の技術によって利用する「都市排熱処理システム」としての地域熱供給の視点が注目されている。表3に、未利用エネルギー活用熱供給の事例を示す。

　未利用エネルギー活用の地域熱供給の普及には、様々な課題を有している。例えば、未利用エネルギーの賦存場所と熱需要地区との距離が離れているため、導管の敷設コスト負担により事業性が課題となる。また導管の道路下埋設に様々な制約があり、必ずしもスムーズに実現できないことも普及の阻害要因となっている。今後は新たな視

表3 未利用エネルギー活用の地域熱供給事例[3]

活用形態	導入地区名	区数
ゴミ焼却・工場排熱活用型	札幌市真駒内，いわき市小名浜，日立駅前，千葉ニュータウン都心，東京臨海副都心，練馬区光が丘団地，品川八潮団地，大阪市森之宮	8
地下鉄排熱活用型	新宿南口西	1
変電所・変圧器排熱活用型	盛岡駅西口，東京都新川，宇都宮市中央，中之島二・三丁目，りんくうタウン，西鉄福岡駅再開発	6
廃棄物・再生油熱源活用型	札幌市厚別，北広島団地，北海道花岬団地	3
発電所抽気熱源活用型	和歌山マリーナシティ，神戸市西郷	2
中水熱・下水熱等熱源活用型	盛岡駅西口（前掲），千葉問屋町，東京都後楽1丁目，幕張新都心ハイテク・ビジネス，高松市番町，下川端再開発	6 (1)
河川水熱活用型	箱崎，富山駅北，中之島二・三丁目（前掲），天満橋1丁目	4 (1)
海水熱活用型	中部国際空港島，大阪南港コスモスクエア，サンポート高松，シーサイドももち	4
地下水熱活用型	高崎市中央・城址，高松市番町（前掲）	2 (1)
木質バイオマス活用型	札幌市都心	1
合　計		37 (3)

注：括弧内は，複数の熱源を利用している地域で内数．

点からの検討が望まれている．

4. 自立分散型エネルギー供給システムと広域排熱ネットワーク構想

2011年3月11日の東日本大震災等により，わが国のエネルギーのあり方は自立分散型，エネルギーベストミックス，エネルギーセキュリティの視点から，抜本的に見直されることとなった．都市においても，地球温暖化防止対策やHI防止対策はもとより，エネルギーの自立性，機能維持性（ロバスト性）による事業継続性が都市インフラとして求められている．震災時，次項で紹介する六本木ヒルズの電力・熱供給システムが非常に注目された．実は，この自立分散型のコージェネレーションシステム導入は，排熱の有効活用が，地球温暖化防止やHI防止対策の有効性を左右するといえ，そのための排熱処理システムとしての熱ネットワークが不可欠となっている．

こうした背景から，新しいインフラのあり方として，2011年6月に「東京における広域排熱ネットワーク構想」を提案・発表したので，紹介する（図5）．都心部の大丸有，池袋，新宿，霞ヶ関・六本木等々は，建物集積が著しく，HI防止，低炭素化やエネルギーセキュリティを確保した安全街区形成やBCPは不可欠である．一方，地域冷暖房施設が，既に都心部には39か所あり，都内に77か所があり，分散型エネルギー（CGS）プラントの立地が可能である．これらの地区の地域冷暖房施設やその近傍等に，耐震性に優れた中圧ガス導管を活用した3万〜10万kWクラスの「分散型エネルギーシステム」を導入し，既存の電力・熱ネットワークと連携し，コージェネレーションプラント（CGS）を設置し，さらに各地区間の排熱融通ネットワークを形成し，エネルギー多重化を計りながら面的な自立性，抗旦性を有する「自立分散型エネルギーシステム」構想である．加えて，都心部に立地する8か所のゴミ焼却施設からの排熱蒸気等を広域排熱ネットワークに組み込むことにより，地産地消型の再生可能エネ

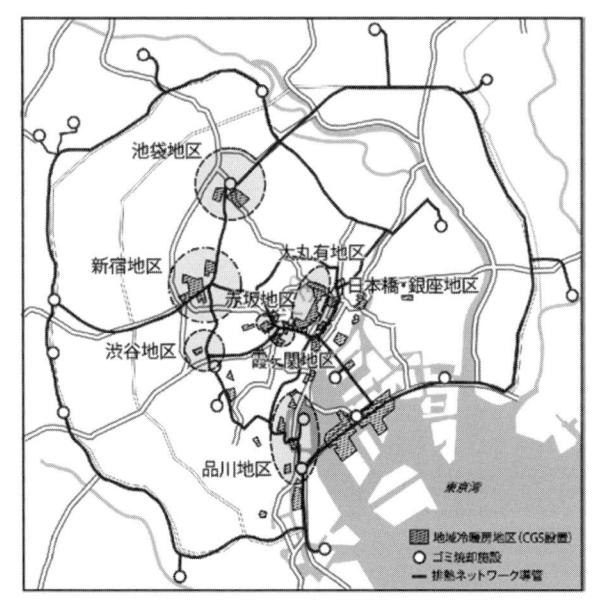

図6 東京の自立分散型エネルギー供給システムと広域ネットワーク構想
(出典:「東日本大震災からの日本再生」中央公論新社)[7]

ルギーによる新しい都市インフラとなる。試算によれば、全8地区合計で、約80万kWが発電され、CGS、ゴミ焼却等排熱利用により省エネルギーに大きく寄与し、約100万t/年のCO_2削減となる。さらに環状8号線沿いのゴミ焼却施設を合わせると22か所あり、これらをネットワーク化することで、約300万t/年以上のCO_2が削減され、世界最大級のパリ市の排熱ネットワークを超える規模となる。

5. 地域熱供給事例の紹介

ここでは、先駆的な熱供給施設である晴海アイランド地区、海水利用の四国のサンポート高松地区、河川利用の大阪中之島地区、ゴミ焼却排熱利用の品川八潮地区の事例を紹介する。下水熱については、次項2.5Dを参照されたい。

(1) 晴海アイランド地区地域熱供給施設[4,6]　対象地区の晴海トリトンスクエアは、敷地面積約8ha、延べ床面積約67万m^2の大規模市街地再開発である。

COP 5.4の高効率の遠心冷凍機を採用し、往復温度差を10℃という大温度差送水システムを採用。プラントは、中央に配置し、地域導管を短く送水動力をきわめて小さくしている。また、19,060m^3という大容量温度成層型蓄熱槽を設置し、負荷の平準化を行っている。

プラント全体の1次エネルギーCOPは、1.19前後、全国地域熱供給施設中、最高位を維持し、省エネ、省CO_2効果を発揮している。

(2) サンポート高松地区地域熱供給施設[4,6]　本地区は、香川県JR高松駅、高松港周辺約42haの総合整備事業地区を対象としている。海水利用による地域熱供給である。

熱源方式は、ヒートポンプ方式で、完全混合型の冷水専用蓄熱槽1,300m^3と成層型

図6　中之島二・三丁目地区外観[4]

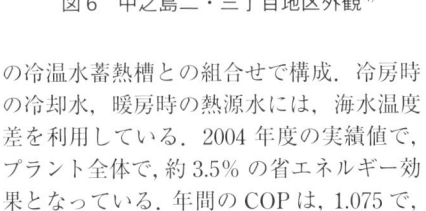

図7　品川八潮団地外観[4]

の冷温水蓄熱槽との組合せで構成．冷房時の冷却水，暖房時の熱源水には，海水温度差を利用している．2004年度の実績値で，プラント全体で，約3.5％の省エネルギー効果となっている．年間のCOPは，1.075で，高い値を示している．

(3) 大阪市中之島二・三丁目地区熱供給施設[4]　本地区は，大阪の堂島川と土佐堀川に挟まれた，21世紀の大阪の国際化・文化・ビジネスの中枢として，市の中之島西部地区開発構想に基づいた地域である．政府の「地球温暖化対策・ヒートアイランド対策モデル地区」に指定されている．ここでは，河川水を活用した地域熱供給を行っている（図6）．

熱源は，水熱源スクリューヒートポンプ・水冷式電動ターボ冷凍機を導入し熱源水・冷却水に河川水（温度差エネルギー）を活用している．また，電力負荷平準化のためビル地下躯体を利用した大規模氷蓄熱システムを採用し，変電所排熱も行っている．

(4) 品川八潮団地の熱供給施設[4,6]　本地区の品川八潮パークタウン(約41ha)は，周囲に公園を配した「自然と調和した緑豊かな明るい街」として建設された5,268戸

の大規模集合住宅地である（図7）．

隣接している品川清掃工場のゴミ焼却排熱から高温水（130℃）の供給を受け，住宅・業務施設の暖房・給湯・冷房を行っている．住宅へは，18か所のサブステーションで，熱交換器により80℃の温水に変換して供給している．

☞ 更に知りたい人へ

1) 都市環境学教材編集委員会編：都市環境学，森北出版，2003
2) 新エネルギー・産業技術総合開発機構：未利用エネルギー利用ガイドブック，1998
3) 日本熱供給事業協会：平成23年度「熱供給事業便覧」
4) 日本熱供給事業協会のウェブサイト（あなたの街の地域熱供給事業）
5) 日本環境技研：経済産業省委託調査 平成14，15，16，17，18年度新エネルギー等導入促進基礎調査「未利用熱エネルギー導入基盤整備調査」
6) 空気調和・衛生工学会編：建築・都市エネルギーシステムの新技術，(社) 空気調和・衛生工学会，2007
7) 佐土原聡，中嶋浩三（分担）：東日本大震災からの日本再生，中央公論新社，2011

下水による熱交換

2.5D

足下を流れる枯渇しないエネルギー

1. 下水の熱利用とは

社会活動をしている中で足下を流れる下水は，図1に示すように外気温と比べて，年間を通して温度変化が小さい．そのため，下水のもつ熱（下水熱）は，ヒートポンプの熱源水として活用できる．下水は，低温の熱源ではあるが，都市内部に下水管路網として張りめぐらされていることから，需要家の近傍に存在するため，多くの適用先が存在する可能性がある．また，社会活動が行われる限り枯渇しない未利用エネルギーである．

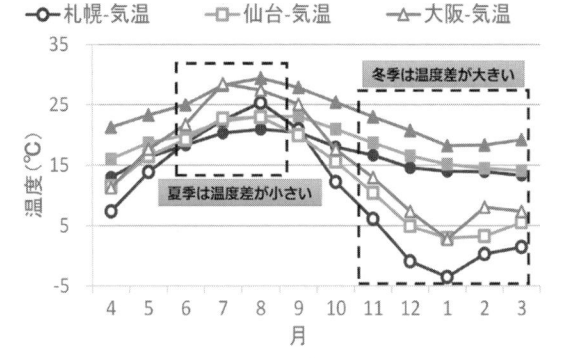

図1 下水温度と外気温度との比較

図2 下水熱の適用方法

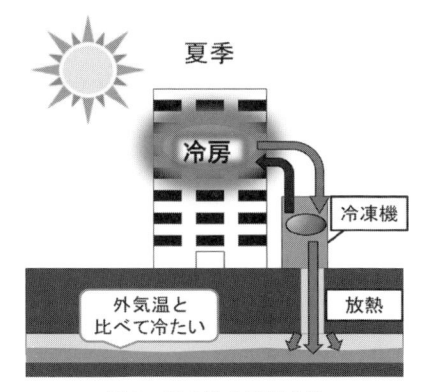

図3 下水熱の適用方法

表1 国内外における下水熱利用事例

	国内事例	
名称 (場所)	品川ソニーシティ (東京)	後楽一丁目地区 (東京)
方式	処理水	未処理下水
概要	処理場での処理水を活用した大規模なシステム。芝浦水再生センター再構築に伴う上部利用事業。処理場近傍のため可能なシステム。	ポンプ場の未処理下水を活用した大規模なシステム。専用導管が敷設されているためイニシャルコストが高くなる。未処理水の使用のため維持管理、ランニングコスト増が課題。
参考図		

	国外事例	
名称 (場所)	ARAベルン (スイス：ベルン)	スポーツ施設 (ドイツ：ベルリン)
方式	二重管方式	夾雑物処理方式
概要	共同住宅における適用。二重管熱交換器は、日本では温浴施設向きのものがあるが細い管路での活用が多い。海外は管径が太いため、熱取得が容易であり、清掃も分解できるので比較的容易。設置スペースが許せば、シンプルで有望なシステム。	スポーツ施設による適用。近傍のマンホールから下水を取水し、夾雑物除去機構を介して熱交換に下水が入る方式。熱交換器はバイオフィルム対策機能付きで性能低下の懸念が少ない。
参考図		

(http://www.mlit.go.jp/mizukokudo/sewerage/crd_sewerage_tk_000148.html)

　下水熱の適用方法としては，図2に示すように冬季は，給湯や暖房用の熱源水として利用できる．また，夏季は図3で示すように外気温との温度差は小さいが，下水管路の上流側施設で熱源として採熱し，下流側施設では冷房の排熱処理先として利用することが期待できる．これらのように，下水熱は給湯や暖房へのヒートポンプ熱源としての利用を行うことで，ボイラーなどの化石燃料の燃焼によるCO_2排出量の抑制対策となる．一方で，排熱処理先としても利用できるため，大気への人工排熱の放出

を抑制できる．整理すると，下水道は給湯・暖房の熱エネルギーを大気中に排出しないことに役立ち，冷房排熱は下水管を経由して海へ排出されることから，HI対策として考えられる．

2. 下水の熱利用技術

下水の熱を利用しようという概念は新しい概念ではなく，古くからある．そのため，国内にもいくつか事例はあるが，普及には至っていない．これは，下水道は下水道事業者である地方自治体が下水道の整備・管理を行っている．そのため，まずは下水を処理場まで運ぶという下水機能と衛生面という観点から，下水処理場内での利用のように公共に対して影響がない条件が整わない限り活用が行えない．このような理由が普及の遅れの要因の1つと考えられる．

国内外における下水熱利用の事例の一部を表1に紹介する．日本においては，下水熱利用は，ほとんどが大規模なシステムへの適用となっており，その合計適用箇所は約20か所程度にとどまっている．一方，海外事例で紹介したスイスとドイツでは，計画段階や実際の実例も含めて合計で約100か所以上での導入または見込みがある．

また，海外では，法的な整備等も技術開発ももちろんまだ進行中ではあるが，比較的小規模な施設を対象に行っている点も特徴である．さらに，管路内に直接熱交換器を設置する技術が普及している点も特徴である．一方，日本では下水道施設近傍での限定的な利用しかなく，この点が課題点といえる．

このように，国内外の下水熱利用の動向から，HI対策にもなる下水熱利用の機会を増やすことは重要である．

3. 下水熱利用システムの構成例

下水熱の利用は，図4に示すヒートポンプを用いた給湯システムへの適用と，図5

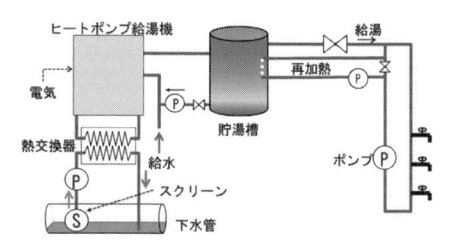

図4 給湯利用下水熱利用システム構成例

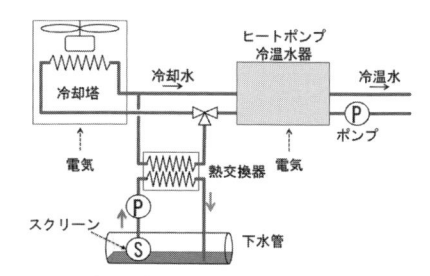

図5 空調利用下水熱利用システム構成例

に示す冷房や暖房への空調システムへの適用とが考えられる．

システム構成としては，下水管路から下水を取水する方式では，ゴミなどの夾雑物を除去するスクリーンを設け，ポンプにて熱交換器に送り熱交換を行う．この熱交換器にて採熱する場合はヒートポンプの熱源として，冷却する場合は冷凍機などの冷却水の放熱源として利用するシステムである．また，熱需要量は時間変動があるため，貯湯槽など蓄熱設備をもたせるシステムも考えられる．

また，建物の給湯における熱需要は年間を通じて存在するため，給湯用ヒートポンプの熱源として活用する場合のメリットは大きいといえる．ただ，貯湯方式を取る場合には，レジオネラ菌対策から60℃以上の温水を作らなければいけない．ヒートポンプは40℃付近の温水を作る場合には，機器効率は非常によいが，高温の60℃付近の温水を作る際には，機器効率が落ちてしまう．そのため，40℃程度までの1次昇

温のために下水熱でヒートポンプを用い，その後の60℃以上の昇温にはボイラーを使うという2段階昇温システムも考えられる．熱源のバックアップシステムとしても他の熱源機との併用は有効である．

一方，空調への適用の場合は，空気熱源方式と比べて機器効率が落ちてしまうケースがあるが，人工排熱を大気中に放出しない点で，HI対策として有効である．このとき，空調機の機器効率向上を考慮すると，下水熱利用の概念をもう少し進め，図6に示すような下水熱融通システムの適用も考えられる．

このシステムは，同一管路上の上流側の複数の建物で下水熱利用先があるとする．その場合，各建物で下水熱が利用されるほど下流の下水温度が低下する．低下した下水温度が外気温よりも低下しているのであれば，冷房排熱の排熱処理先としてのメリットが大きく，機器効率の向上も見込まれる．

ただ，暖房への適用は東京や大阪などの地域ではなく，東北や北海道など寒冷地の方が導入効果を見込める．それは，暖房期間が寒冷地以外は冬季の3か月程度であるが，寒冷地では長いところで6か月ほどあるため，冬季は暖房用として，夏季や中間期などは給湯用熱源として用途を切り替えて運転する方式も有効である．また，夏季には冷房に下水熱を利用し，その排熱を給湯用熱源に用いることも可能である．

図6に示した熱融通の概念図からもわかるように，下水熱利用システムの構成には管路から取水してから熱交換を行う管路外設置型方式や，管更生（長寿命化）時に合わせて管路に直接熱交換器を設置する管路

表2　導入ケースと適用可能な熱交換器方式

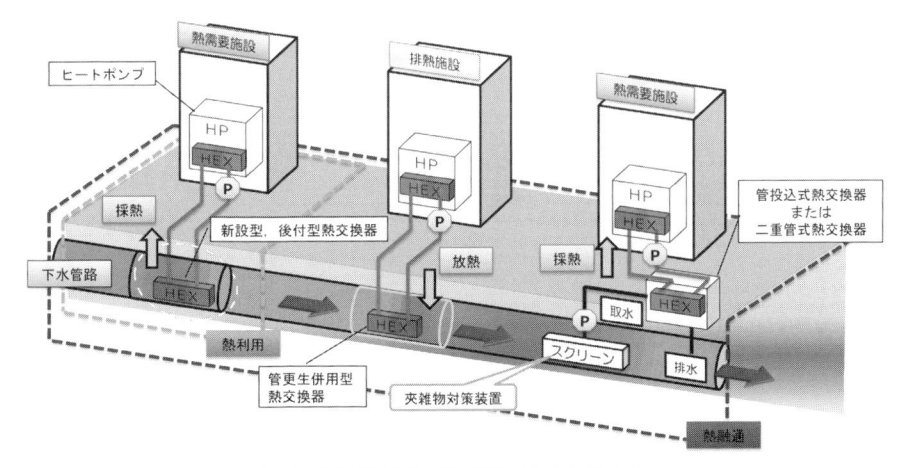

システム方式		スクリーン必要性	導入ケース					(○印：適用可能な熱交換器方式)
			既成市街地導入ケース				新規開発	敷地内への引き込み
			下水管更生	付設替	供用中の下水管路への組込み	市街地再開発		
管路外設置型	管投込式	○	—	—	—	—	—	○
	二重管方式	○	—	—	—	—	—	○
管路内設置型	新設型	—	—	—	○	○	○	—
	後付型	—	—	—	○	○	—	—
	管更生併用型	—	○	—	—	—	—	—

図6　下水熱利用・熱融通システム概念図

244　2.5　排熱削減による緩和

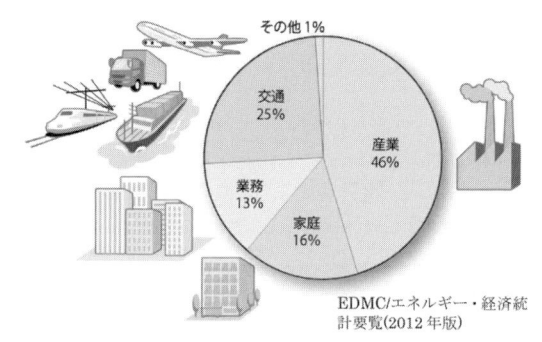

EDMC/エネルギー・経済統計要覧(2012年版)

図7　日本における部門別エネルギー量

内設置型方式に大きく分類される．さらに，建物の更新計画や下水管路の更新計画，立地条件など様々な条件により導入方法が異なる．これらシステムの違いによる導入シナリオを表2に示す．下水熱の利用は，面的に利用活用できることに優位性があるため，先を見据えた都市計画レベルと一緒に考えていくことも重要であるといえる．

4. 都市内の下水熱利用の優位性

下水の熱は，未利用エネルギーの1つと考えられ，化石燃料の抑制や人工排熱の低減に寄与することから，HI対策としても積極的に導入を進めるべきである．

都市内での下水熱利用の優位性を述べるに当たり，図7に示す日本におけるエネルギー消費の部門別の構成比を参照されたい．これより，工場など産業部門は46%と大きく，次に家庭部門が16%，商業施設を含む業務領域が13%となっている．このことから，家庭と業務の民生領域のエネルギー消費量が全体の約30%を占めていることがわかる．日本では，給湯・暖房のエネルギー消費が多く，これらは石油等の化石

表3　下水熱利用システムの特質比較表

分類	管路内設置型	管路外設置型	
熱交換器方式	管更生併用型	二重管方式	流下液膜方式
イメージ	管更生材／熱交換部分		下水／流化断面
メンテナンス性	△	○	◎
イニシャルコスト	△	○	○
施工性	○	△	△
スクリーンの有無	不要	必要	必要
特徴	・管更生時に設置を行うため施工性がよい． ・洗浄が容易に行えない． ・管更生費用が入るためコスト高となる．	・下水側，熱源水共に配管の圧力損失が大きくなるため，ポンプが大きくなる． ・省スペースで設置可能． ・分解しての清掃が可能．	・バイオフィルムの付着の影響が小さい． ・設置スペースがある程度必要．屋外設置可能． ・洗浄での清掃が容易である．

燃料起源によることが特徴である．そのため，下水熱を給湯・暖房の熱源として活用する有用性は大きい．

また，配置を見ると工場など産業領域はどちらかというと郊外に多いが，都市内には住宅と商業という民生領域が大部分を占めるため，熱需要施設としての適用先が多いといえる．そのため，都市内で下水熱を活用するためには，下水道が整備されていることが大前提であり，大きな都市ほど下水道は整備されている．以上のように示した2つの条件から都市における下水熱利用の有用性は高いといえる．

5. システムの違いによる特質比較

導入する下水熱利用システムの方式別に，課題などを表3に整理した．また，とくに以下の3つの項目については注意を要する．

（1）夾雑物除去装置（スクリーン）　下水を取水する方式を適用する場合には，夾雑物をなるべく除去した下水を取水する必要がある．夾雑物が多いと，下水を取水するためのポンプの目詰まりや搬送動力の増加を引き起こし，故障の要因にもなる．そのため，下水中での連続運転に耐えうる性能を有する夾雑物除去装置が必須となる．

（2）熱交換器　イニシャルコスト，バイオフィルム（生物膜）の付着による熱交換能力低下の懸念がある．また，下水から発生する硫化水素による腐食も懸念材料である．そのため，材質，性能，コストという観点から適用を検討する必要がある．

（3）メンテナンス方法と計画　熱交換器はバイオフィルムの除去による熱交換能力の向上のためにもメンテナンスは重要である．また，そのメンテナンス方法と計画，例えば，散水シャワーのような洗浄機構を設けておき，ヒートポンプ停止中に1日1回洗浄するなど，メンテナンス方法と周期の計画は重要である．ただし，管路外設置型方式での夾雑物除去装置や，管路内・管更生併用時の管路内設置型方式の場合は，民間ユーザーが自分達の都合で下水管路やマンホールなどの施設に入ることができない．そのため，メンテナンスフリーの方式の検討が必要となる．

6. 下水熱利用に係わる規制緩和状況

下水熱利用は，イニシャルコストがまだ高いため，熱交換器やヒートポンプなど各機器のコストが安価になること，補助金の活用などが普及促進につながる．

下水道施設は，下水道管理者が所有する施設である．そのため，そこを流れる下水についても，民間事業者は自由に取水も行えないだけでなく，管路内に熱交換器等を設置することも法的にも許可されていなかった．日本でも未処理水活用の実例はあるが，それは条件として，下水道施設直近に限られていたため普及が進んでいなかった．

しかし，平成23年度に国土交通省関連法案として，「都市再生特別措置法」の一部改正が行われた．これには，民間の利用者を推進するための規制緩和措置が盛り込まれている．この関連法案の一部改正により，特定地域において大臣の認可を得ることで，民間事業者が下水管から下水を取水し，熱利用を行う設備を設置することが可能となった．ただし，管路内に熱交換器を直接設置することはまだ認められていないので，古くなって長寿命化する際の管更生時と併用の場合など限定的にはなってしまう．このように，社会的動向としては，法的にも整備条件が整ってきている．

☞ 更に知りたい人へ
1) 都市域における下水管路網を活用した下水熱利用・熱融通システムの研究（第1報）〜（第9報），空気調和・衛生工学会大会学術講演論文，2012〜2013

産業排熱, 都市排熱の有効利用

2.5E

産業/都市排熱をリサイクル活用

1. 排熱とは

住宅やオフィスビル等の建物からは冷暖房などにより, また, 工場や自動車・電車・航空機等の乗物からは動力の発生・利用により, 形態は異なるものの, 周囲環境に対してのいくばくかの放熱がある.

この放熱の別の表現として,「排熱」と「廃熱」の2通りの呼び方がある. 後者は,「廃棄熱」の略称と考えられ, ある利用目的のために製造され利用された熱エネルギーが, 所期の目的を達した後, 不用なものとして外界に捨てられる意味で用いられている. 一方, 前者の排熱は「排出熱」の略称と考えられ, 建物や機械などの内部から不用なものとして外部へ押し出された熱を意味する. 両者の違いは, 外界へ放出された熱の価値をどのように考えるかに起因しており, そのまま放置するのか, あるいは回収・再利用するのかの差異にあると考えられる. 今日のエネルギー事情と省エネルギーの進展を考慮すると, 本項のように,「排熱」が多用されるようになってきている.

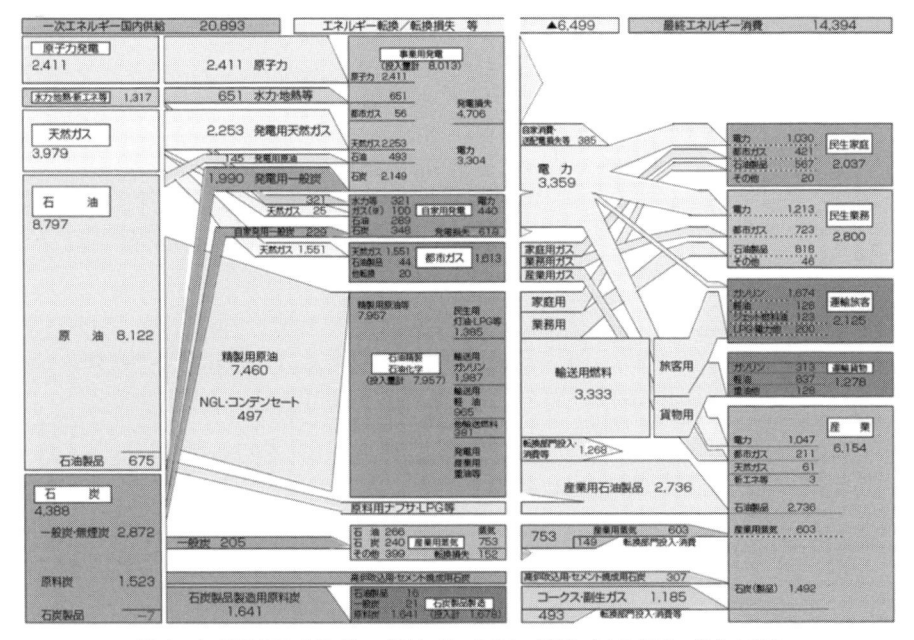

図1 わが国のエネルギーバランス・フロー概要 (2009年度, 単位 10^{15} J)

2. 排熱の出所──エネルギーフローから見た考察──

排熱について考えるには，まず，その元となるエネルギーについて考えることが肝要と考えられる．ここではわが国のエネルギーバランス・フロー[1]（2009年度分，2011年エネルギー白書）を示し，エネルギーがどのように供給され，どのように消費されているのかを概観する（図1）．これにより，どの過程でどれくらいの排熱が出ているのかを知ることが可能となる．

まず，原油，石炭，天然ガスなどの各種1次エネルギーが供給されエネルギー転換を経て，2次エネルギーとして民生，産業および運輸の各部門において消費されていることがわかる．この図からは，エネルギー転換過程における発電損失が大きいことがわかる．

これに関して，発電に占める火力発電の比率が大きいことが知られている．発電所からの排熱は都市排熱の1つとして位置づけられていることから，この有効利用がきわめて重要なことがわかる．

3. 産業排熱，都市排熱の種類

（1）排熱の形態別分類　排熱はその排出形態（気体，液体，固体）により以下の3つに分類される．
　① 排ガス：燃焼排ガス，煙道ガス，排温風など
　② 排温水：各種冷却水，蒸気ドレイン，抽気蒸気など
　③ 固体排熱：焼却灰や鉱滓（スラグ）などのもち出し熱量，製品顕熱や装置放熱

このほかに回収・再利用可能な"排エネルギー"として，圧力差，副生ガスなどがあるがここでは省略する．

（2）産業排熱の分類　産業排熱の現状把握ならびに利用検討に当たっては，本来ならば，すべての産業分野における排熱を特定する必要がある．しかしながら，経産省の工業統計調査に挙げられている産業分野は細目でみると100を優に超えており，すべてについて調べることは困難である．そこで，通常は，表1に示すエネルギー使用量の多い15業種が取り上げられる．後述の排熱量の推定に当たってもこの15業種に絞って解説する．

表1　エネルギー使用量の多い業種

産業分類	名称
食料品製造業	食料
繊維工業	繊維
パルプ・紙製造業	紙パ
化学工業	化学
石油製品製造業	石油
窯業・土石製品	窯業
鉄鋼業	鉄鋼
非鉄金属製造業	非鉄
金属製品・機械器具	機械
電気・電子機械器具	電機
輸送用機械器具	輸送
ガス・熱供給業	ガス
電力製造業	電力
清掃工場	清掃
その他	その他

（3）都市排熱の分類　都市排熱とは種々の都市活動に伴って発生する排熱を意味する．エネルギーの供給，消費，および廃棄の各段階で考えると，発電所排熱，変電所排熱，空調排熱，交通排熱，焼却排熱などが挙げられる．

4. 産業排熱，都市排熱の賦存量推定

産業排熱や都市排熱の推定は，主に省エネルギーや未利用エネルギー活用の観点から行われてきた．ここでは通産省（現経産省）がニューサンシャイン計画で実施したエコ・エネ都市プロジェクト[2]（1999年3月中間成果出版物），および日本機械工業連合会が実施した「省エネルギー技術の活用による新たな事業展開についての調査研究」[3]（2007年3月報告）に基づき，まず，

248　2.5 排熱削減による緩和

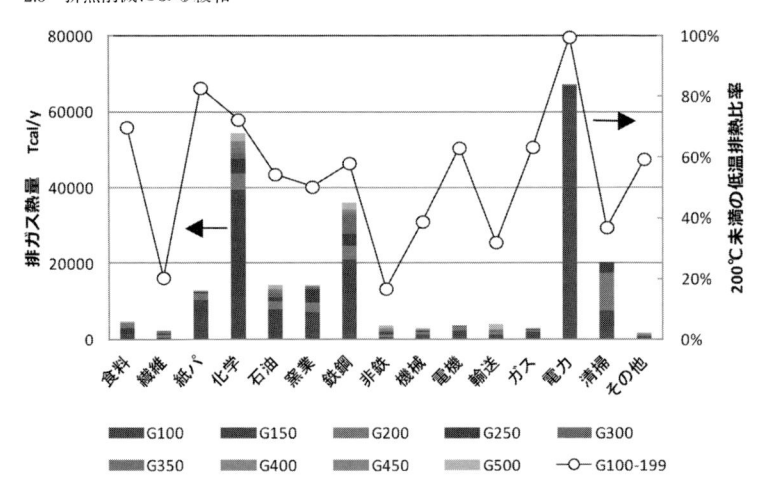

G100(100-149℃), G150(150-199℃), G200(200-249℃), G250(250-299℃), G300(300-349℃)
G350(350-399℃), G400(400-449℃), G450(450-499℃),G500(500℃以上),
G100-199(200℃未満の低温排ガス)

図2　業種別の排ガス賦存量推定値

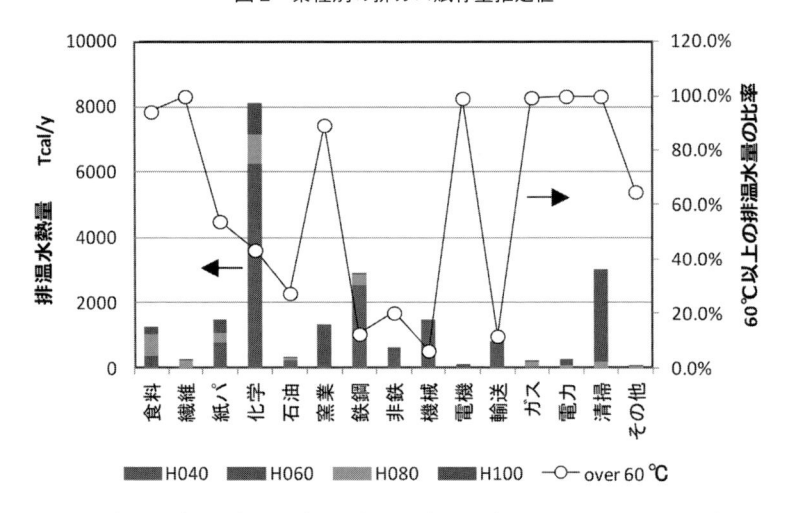

H40(40-59℃), H60(60-79℃), H80(80-99℃), H100(100℃以上の高温温水排熱)

図3　業種別の排温水賦存量推定値

産業排熱の賦存量を推定する．

業種別の排ガス熱量を図2に，排温水量を図3に示す．両図より150℃以下の比較的低温の排ガスがきわめて多いことがわかる．

都市排熱については，HIの視点から，東京や大阪などの大都市を対象に，多くの研究者が都市内における人間活動に伴う人工

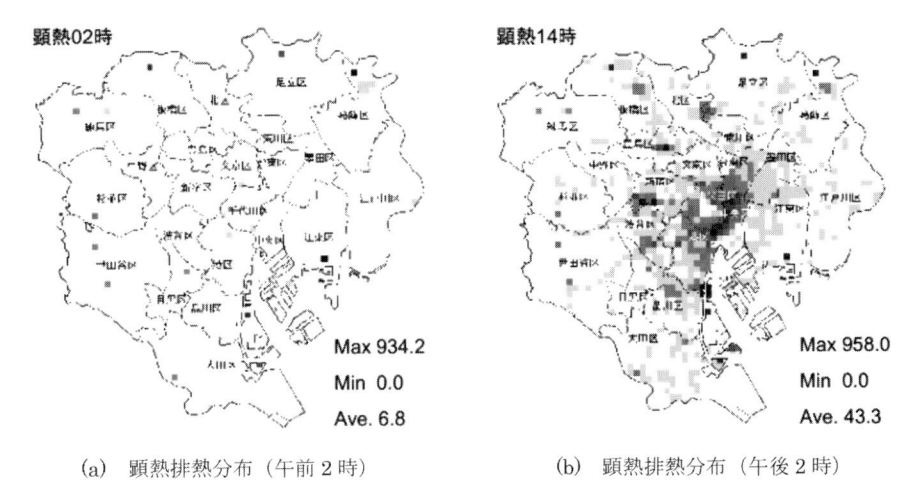

(a) 顕熱排熱分布（午前2時）　　(b) 顕熱排熱分布（午後2時）

図4　東京23区における人工排熱の時空間分布（夏季）

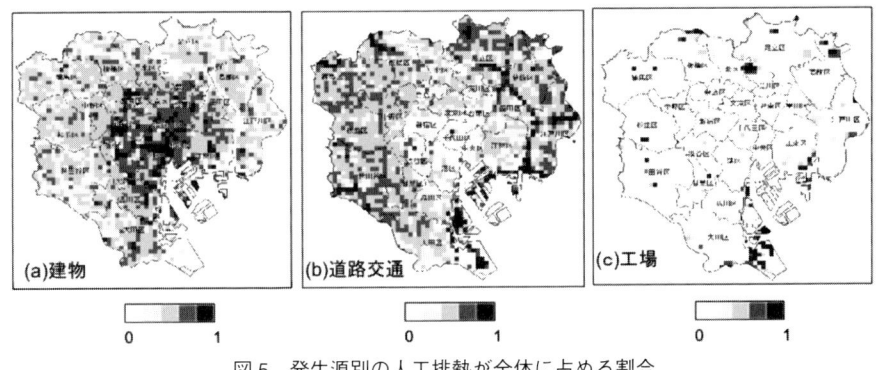

図5　発生源別の人工排熱が全体に占める割合

排熱量の推算を行っている．ここでは，都市排熱が近似的に人工排熱と見なせるものと考え，足永らの論文[4]から，東京23区の人工排熱量を示す．

図4は夏季における人工排熱の時空間分布を示したものである．夜間においては，発電所や清掃工場など，排熱量が多い施設に排熱が点在しているのに対して，昼間には，都心部一帯に排熱源が面的に広がっていることがわかる．

一方，郊外では日中に，幹線道路に沿う線状の排熱源が見られる．これについて，足永らは，幹線道路沿いに立地する高層建物と自動車が原因と指摘している（図5）．

なお，潜熱排熱を含めて考えると，ピーク時に$1kW/m^2$を超える地域が存在することを明らかにしている．この排熱量は快晴時の太陽からの日射量とほぼ等しく，都市内で大量のエネルギーが消費され，顕熱や潜熱の形で，大気中に大量のエネルギーが放出されていることは明らかである．

5. 排熱の利用価値の評価

(1) 熱力学の第1法則および第2法則

物理学ではエネルギーは不生不滅であり，熱を含めてエネルギー保存則（熱力学第1法則）が成立する．一方，日常生活においては，石油，石炭ならびに天然ガスなどの化石燃料を燃やして熱を発生させ，自動車の動力としてあるいは発電に利用すると，その利用価値が大きく低下することは経験的に知られている．

エネルギーに関する以上の2つの考え方は矛盾するようにも思えるが，これを説明するのが熱力学第2法則である．熱力学第2法則を平易にいうと，
・熱は高温物体から低温物体に移動するが，その逆の現象は自然には起きない．
・すべての熱を仕事に変換できる熱機関は実現できない．
の2点である．

したがって，本項のテーマである「排熱」とからめてエネルギーに関する上記の2つの熱力学第2法則の表現を言い換えると，「エネルギーを消費し動力を発生させることは，エネルギーの形と質を変えて用役を得ることであり，エネルギーの総量は減少しないがその利用価値が下がる．またこのとき，周囲環境に対する放熱（排熱）を伴う」ともいえる．このエネルギー（ここでは排熱）の利用価値を正確に評価するために用いられるのが"エクセルギー"である．エクセルギーを用いた熱解析は，排熱利用など，低質なエネルギーを利用するシステムに対して有効である．

(2) エクセルギーの導入　エクセルギーとは，自動車用エンジンや発電用の蒸気タービン/ガスタービンなどの動力発生装置において，加えられたエネルギー Q のうち外部に仕事として取り出し可能な最大仕事のことである．装置における燃料の燃焼（＝高温熱源）温度を T_H，周囲の環境（＝低温熱源）温度を T_0 とすると，エクセルギー E は次式で与えられる．

$$E = Q\left(1 - \frac{T_0}{T_H}\right)$$

なお，前出のタービンや化学プラントなどのように，物質が定常的に流れて仕事を発生させるシステムにおいては，エクセルギーは，動作流体のエンタルピー H ならびにエントロピー S を用いて次式で与えられる．

$$E = H - H_0 - T_0(S - S_0)$$

ここで，添え字 "0" は装置の外界（周囲環境）を意味する．

図6は環境温度が30℃（夏季），15℃（中間期），および0℃（冬季）のときに，熱源の温度を1,000℃～-200℃の間で変化させたときの熱の利用価値を有効比（＝エクセルギー/熱量（熱源が環境温度まで変化する間に放熱/吸熱する量））で表したものである．横軸の無次元温度は熱源の絶対値（ケルビン）温度を環境温度の絶対値温度で除したものである．環境温度が15℃で熱源温度が300℃のとき，無次元温度はほぼ2となる．

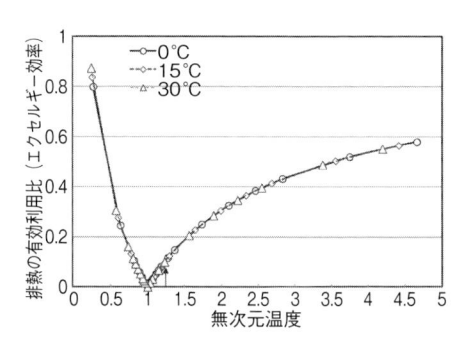

図6　排熱源と周囲環境の温度差による排熱の有効利用比率

HI対策として，夏季に温度が100℃の低温排熱利用を想定すると，その有効利用比はせいぜい10%に留まることがわかる．したがって，図3に示したように，100℃程度の低温排熱は，熱量的には大量に存在するものの，実際に有効利用できる割合は

きわめて小さくなることを認識しなければならない．

6. 産業排熱，都市排熱の有効活用法

図2および図3に示したように排熱の排出形態として多いのは，排ガスであり，量的に多いのは，200℃未満の排ガス，100℃近傍の温排水である．ここでは比較的新しい産業排熱ならびに都市排熱の有効利用技術として，

① PCMを活用した熱回収・熱輸送[5]
② 低沸点媒体を用いた低温排熱発電
③ ゴミ発電の高効率化・複合化

の3つを紹介する．

まず，PCM（Phase Change Material）について述べる．PCMとは利用温度域で相変化する物質のことであり，排熱回収用には，60～120℃程度の融点を有する物質（潜熱蓄熱材）が利用される．このシステムの特徴は，排熱の有する熱エネルギーを潜熱として蓄熱することにあり，排熱発生と熱需要のタイムラグや従来システムの欠点であった空間的制約を解消可能なことである．代表的なPCMとしては酢酸ナトリウム三水和物やエリスリトールなどが挙げられる．主な利用先としては業務用の冷暖房や給湯用の熱源としての利用が考えられている．

ついで，低沸点媒体を用いた低温排熱発電について述べる．低温排熱発電は主に100℃以下の低温排熱を熱源として想定していることから，それより低い沸点を有する動作媒体が要求される．それに加えて，現在では地球温暖化に関して温室効果ガスが利用できないこと，また，可燃性ガスの利用も困難であることから，自然冷媒であるアンモニアを用いた，ランキンサイクルやカリーナサイクルが主に試みられている．

最後に清掃工場の排熱利用について述べる．清掃工場における排熱利用としては，一般にゴミ発電が考えられてきた．導入当初は清掃工場での構内電力消費を賄うための小出力の発電が行われていたため，規模も小さく発電効率も低かった．近年，RPS制度の導入により売電が可能になったことから，規模も大きく，発電効率が20％を超すような高効率な発電システムが導入されつつある．ゴミ発電においては，通常，空冷式の復水器が用いられることから，排熱温度が50～70℃と高く，この低温排ガスの熱利用が課題となっている．そこで，先ほど述べた，低沸点媒体を用いた低温発電システムの実証試験が複数実施されている．このシステムは，ゴミ発電に用いた低温の排蒸気を熱源とすることからバイナリー発電とも呼ばれている．

また，ゴミ発電に関しては，水噴霧を利用して，上述の空冷式復水器の冷却に用いる空気の排気温度を低下させること，同時に発電効率の向上を狙った試み[6]も報告されている．

☞ 更に知りたい人へ

1) 経済産業省編：エネルギー白書2011年版，第2部序章，図200-1-3，2011
2) 棚沢一郎監修：エコ・エネ都市システム—21世紀の都市エネルギーと熱利用技術，省エネルギーセンター，32-42，1999
3) 日本機械工業連合会：省エネルギー技術の活用による新たな事業展開についての調査研究，11-17，2007
4) 足永靖信ほか：顕熱潜熱の違いを考慮した東京23区における人工排熱の排出特性に関する研究，空気調和・衛生工学会論文集，**92**，121-130，2004
5) 武内 洋：未利用排熱回収技術の動向，化学工学会誌，**73**(9)，410-412，2009
6) ファーナム・クレイグほか：ミスト蒸発冷却の発電用熱交換器への応用，空気調和・衛生工学会近畿支部学術講演論文集，A-15，2011

2. ヒートアイランド対策

2.6 蒸発冷却による緩和

A. 保水性舗装
B. ミスト蒸発冷却
C. 散　水
コラム：打ち水大作戦

保水性舗装

2.6A

保水して温度を下げる

1. 保水性舗装の概要

舗装に求められる本来の機能は，人や車を安全に通すことである．舗装表面の水は，摩擦抵抗を減じてスリップが起こる危険性を増すし，また舗装体内に水分が浸透すると路盤が軟弱化するおそれがあるので，舗装は水を浸透させることなく，水勾配に沿って速やかに排水するのが常であった．しかし，都市のHI化が問題視される中で，日中に高温となる舗装面に注目が集まることとなった．

舗装が施される前の自然表面の代表は土壌面である．水分を含む土の表面は，夏季の日中でも最高温度で45℃程度であるのに対し，アスファルト舗装の表面温度は60℃を超えることも珍しくない．この大きな温度差が生じるのはアスファルトが日射を吸収しやすい黒色であることも一因であるが，アスファルト舗装が水を含まないのに対し水を含む土の表面では，水が蒸発する際に土壌から気化熱を奪うことにより，温度上昇を抑制する効果を発揮した結果である．そこで，温度上昇を抑制すべく，舗装にも保水機能を付与する工夫がなされるようになった．

2. 保水性舗装の種類

保水性舗装は，主たる原材料や製造方法により，アスファルト系保水性舗装，コンクリート系保水性舗装，ブロック系保水性舗装の3種に大別される．

(1) アスファルト系保水性舗装　アスファルト系舗装は交通荷重に対する耐久性が高く，日本の車道の大部分を占めている．

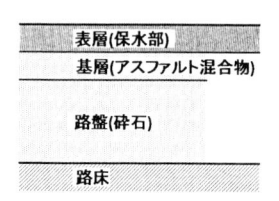

図1　アスファルト系舗装の構造

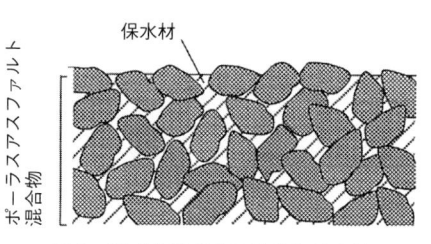

図2　表層を構成する母体と保水材

アスファルト系保水性舗装は，図1に示すような断面構造をしており，表層を大きな空隙率（20%前後）をもつポーラスタイプのアスファルト混合物とし，その空隙部に吸水性・保水性をもつ保水材を充填する構造である（図2参照）．保水材は，微細な連続空隙をもつ鉱物質粉末や，吸水性ポリマーを混入したセメントミルクが用いられる．

(2) コンクリート系保水性舗装　コンクリート系舗装は，アスファルト系舗装とともに車道に用いられる舗装であり，欧米では高速道路の20%程度を占めるものの，日本では約5%程度に留まっている．コンクリート系保水性舗装の断面構造は，アスファルト系保水性舗装と同様であり，表層を空隙率の高いポーラスコンクリートとし，これに保水材を練り混ぜ，または充填する構造である（図3）．

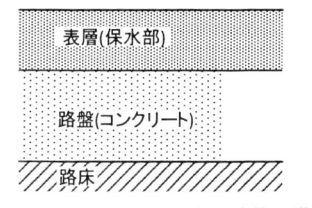

図3 コンクリート系保水性舗装の構造

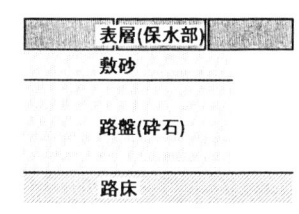

図4 ブロック系保水性舗装の構造

(3) ブロック系保水性舗装　ブロック系舗装は，車の走行が少ないコミュニティ道路や駐車場，歩道などに用いられる舗装であり敷砂の上にブロックを敷設した構造である（図4）．インターロッキングブロックも，これに含まれる．ブロック系保水性舗装は，吸水性・保水性の高い素材として，セラミックを骨材の一部として用いる方法や，鉱物質粉末やリサイクル材料などをセメントに混入して製造する方法などがある．

3. 保水性舗装の蒸発性能と関わる物性値

(1) 保水量　保水性舗装は，舗装体中の空隙部に水を蓄えるので，空隙率が大きな舗装体ほど多くの水分を蓄えることができる．しかし，降雨や散水によって吸水し，晴天日の日中に蒸発するためには，数時間から数日にわたり水分を保持する必要があり，短時間で舗装体から流出してしまう水分は，蒸発に寄与しない．したがって，JIS A 5371[1] における保水量は，短時間で失われる水分を除いた水分量として，30分間水を切った後の水分量として定義している．JIS A 5371 では，ブロック系保水性舗装の推奨使用として保水量は $0.15\,\mathrm{g/cm^3}$ 以上としているので，例えば 6cm 厚のブロックでは，$1\,\mathrm{m^2}$ 当り 9kg 以上の保水量をもつ．図5に，ブロック系保水性舗装について，保水量を測定した例[2]を示す．一般舗装と比べ，保水性舗装は保水量が大きい傾向にあるが，一般舗装の中には保水量が比較的大きな製品も存在しているので必ずしもその境界は明確ではない．また，保水性舗装の中でも，保水量が $0.20\,\mathrm{g/cm^3}$ に達する製品もあれば，基準値ぎりぎりのものもあるのが現状のようである．図6において，保水量と密度の関係を示すが，保水量の大きな舗装は密度が小さい傾向があり，保水される水分は空隙部に蓄えられることからすれば当然の結果であろう．舗装の密度は力学

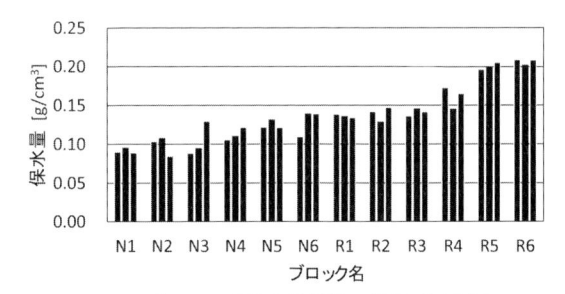

図5　ブロック系保水性舗装の保水量測定例
4社から提供された計12製品について各3個を測定した．先頭文字 N は一般舗装，R は保水性舗装を表す．

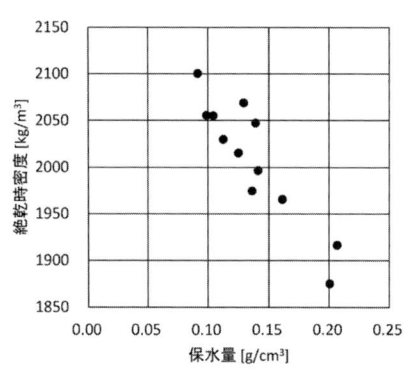

図6 保水量と密度の関係
ブロック系保水性舗装（図5と同じ製品12種）の事例．

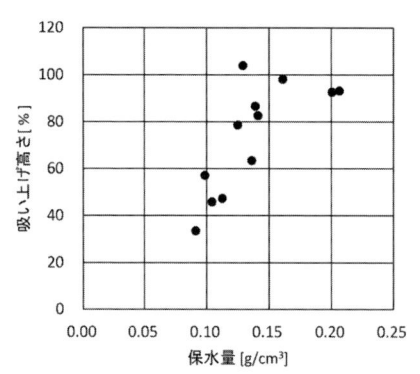

図7 保水量と吸上げ高さの関係
ブロック系保水性舗装（図5と同じ製品12種）の事例

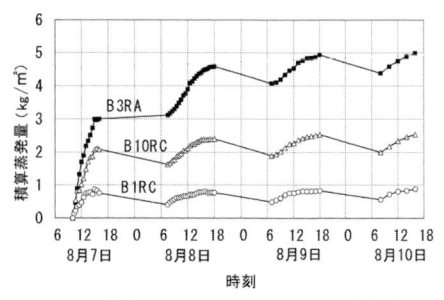

図8 灌水後3日間の蒸発量の測定例[4]

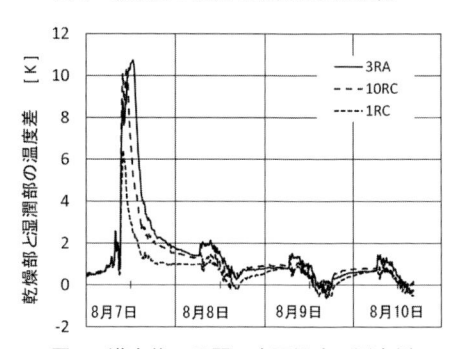

図9 灌水後3日間の表面温度の測定例

的な強度と関係するので，大きな強度を必要としない歩道用保水性舗装は，車道用より大きな保水量が期待できる．

アスファルト系舗装については保水量等について公的な定義や試験法がないが，業界団体から，保水量試験方法とともに保水量の基準値として $3 kg/m^2$ が示されている[3]．アスファルト系舗装は，空隙率20～30％のポーラスアスファルト混合物に，保水材を充填する構造であり，保水量は $3 kg/m^2$ 以上を確保することとされている．

(2) 吸上げ高さ　JIS A 5371では，舗装体中の水分輸送性能として，吸上げ高さを規定している（表1）．保水量と吸上げ高さは，一般には比例するとは限らないと考えられるが，図7を見ると少しばらつきはあるものの，保水量の大きな製品は吸上げ高さも大きい傾向が読み取れる．

4. 保水性舗装の蒸発性能と表面温度低減効果

ブロック系保水性舗装の蒸発性能と表面温度低減効果に関する実験結果[4]について示す．図8, 9は，8月7日9時から10時にかけて灌水を行い，その後の晴天日3日間の積算蒸発量と表面温度を示している．図8より，蒸発は日中に起こること，また夜間は蒸発量が負となることから，舗装の下部から水分の供給が生じていることがわかる．灌水当日の蒸発量が最大であり，その後徐々に蒸発量は減少していく．図9で

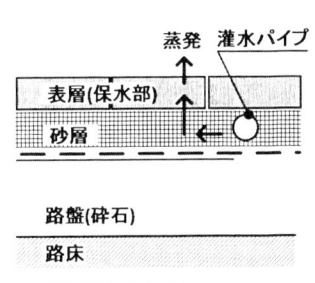

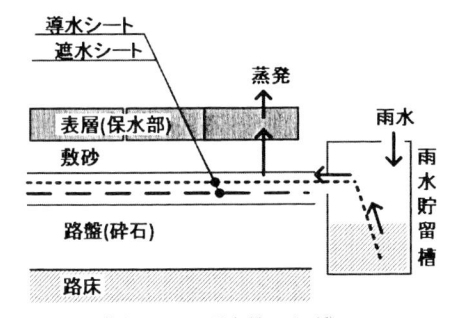

(a) 配管タイプ[5]　　(b) 導水シート＋貯留槽タイプ[6]

図10　人工給水型保水性舗装の例

は，乾燥部と湿潤部の表面温度差を示している．この温度差は蒸発に伴う温度低減効果を表しており，図8と対照すると蒸発量と対応して温度低減効果が現れていることがわかる．ブロック3RAのケースでは，灌水当日に約11Kの温度低減効果が生じているが，3日目以降にはその効果は約1Kに急減している．他のブロックも同様であり，灌水や降雨に依存する自然給水型の舗装の温度低減効果が持続するのは，おおむね灌水後3日間であることが知られている．

5. 人工給水型保水性舗装

自然給水型の保水性舗装では，蒸発による温度低減効果の持続時間に，自ずと限界があるので，人工的に給水し温度低減効果を持続させる人工給水型保水性舗装が開発されている．自然給水型と比べると，給水機構の設置に費用がかかるので，一般の道路舗装ではなく，人の集まるイベント会場や公園などの広場に敷設される事例が多い．

給水機構の例として，灌水パイプを埋設するタイプ（図10（a））や，貯留槽から導水シートを通じて水を供給するタイプがある．実験結果により，自然給水型の灌水直後と同等の約10Kの温度低減効果が持続することが確認されている[6]．

表1　JIS A 5371の規定する保水量と吸上げ高さ

$w_r = \dfrac{m_w - m_d}{V}$	w_r：保水量（g/cm³），m_w：湿潤質量（g） 15～20℃の清水中で24時間給水させた後，密閉式のプラスチック容器に入れ，30℃の室内で30分間水を切り，絞ったウエスで目に見える水膜をぬぐった後，直ちに計測したときの質量，m_d：絶乾質量（g），V：供試体の体積（cm³）
$h_a = \dfrac{m_a - m_s}{m_w - m_d} \times 100$	h_a：吸上げ高さ（％），m_a：30分後の吸上げ質量（g），m_d：絶乾質量（g），m_w：湿潤質量（g），「保水量」において計測する質量と同じ

☞ 更に知りたい人へ

1) 日本工業規格，JIS A 5371「プレキャスト無筋コンクリート製品」
2) 横田友和：大阪市立大学卒業研究，2012
3) 路面温度上昇抑制舗装研究会：保水性舗装技術資料，平成23年7月
4) 北島洋平ほか：日本建築学会学術講演梗概集，223-224，2009
5) 梅田和彦ほか：日本建築学会環境系論文集，**605**，71-78，2006
6) 赤川宏幸ほか：日本建築学会計画系論文集，**530**，79-85，2000

ミスト蒸発冷却

2.6B

ミストで涼しい生活空間を創る

1. ミスト蒸発による大気冷却

大気冷却技術は，実用化に向けて基礎技術開発が行われ2007年「世界陸上大会」の開催で注目を浴びた．数年前より噴霧する霧が人に当たっても濡れない条件の検証を繰り返し，粒子径，環境温湿度等の違いによる蒸発研究が行われた．

2. ミスト蒸発冷却の特長

スプレーノズルから噴霧する微細な粒子は空気中に浮遊し，ゆっくりと落下する小さな粒子径であり，平均粒子径は約10～30 (μm) の霧をミスト（セミドライフォグ）と呼んでいる．

微細な粒子が蒸発することで周辺の空気温度を降下させる．400 m^3 の空気を1Lの水で約5℃下げることができる．

ただし，空気の相対湿度が高くなるにつれて蒸発時間は遅くなる．また，粒子径の蒸発時間は直径の2乗に比例する．

たとえば26℃，湿度30%の場合，20 μm のとき0.5秒，40 μm のとき2秒かかる（表1）．

スプレーノズルから噴霧される粒子径は一様でなく分布がある．平均粒子径が20 μm の分布は図1のようになる．

一般にミスト蒸発冷却装置のミスト発生はスプレーノズルを使用する．

スプレーノズルにポンプで加圧し噴霧する「1流体ノズル」方式と，圧搾空気と液を混合して微細化する「2流体ノズル」方式がある．「1流体ノズル」と「2流体ノズル」の特徴を表2に示す．

ノズル選択のポイントは粒子径とランニングコストであり，屋外にクールスポットをつくる場合，ランニングコストが大きい

表1 天気状況とミストの性能

天気状況	温度 (℃)	湿度 (%)	20 μm 蒸発時間 (s)	40 μm 蒸発時間 (s)
猛暑日	36	30	0.4	1.5
	36	50	0.6	2.3
	36	70	1.0	4.2
真夏日	31	30	0.4	1.7
	31	50	0.6	2.5
	31	70	1.1	4.5
暑い日 熱帯夜	26	30	0.5	1.9
	26	50	0.7	2.8
	26	70	1.2	5.0

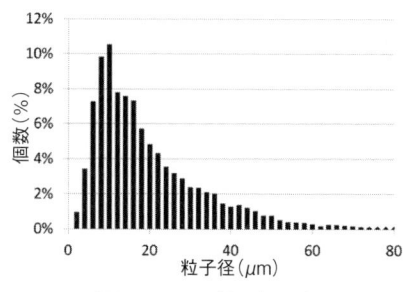

図1 ミスト粒子径分布

表2 ノズル種類の比較

[1流体ノズル]
- 消費エネルギーが少ない
- 加圧水ポンプ1台でノズル数十個を使用できる
- ノズルの噴射が静か
- システム取付けは簡単

[2流体ノズル]
- 粒子が非常に小さい，蒸発が速い
- ノズルの異物通過径が大きい，目詰まりに強い

2流体ノズルはあまり使用されない．

3. ミスト蒸発冷却装置の基本構成

ミスト蒸発冷却装置は，大気中散布した微細な水粒子が蒸発する際に奪う気化熱で効率的に冷房するシステムであり，言い換えれば「打ち水の未来形」でまったく濡らすことなく冷房するシステムである．

当システムは，
- 高性能スプレーノズル
- ノズルを搭載したヘッダー
- フィルタを含む高圧ポンプユニット
- 高圧配管
- 各種センサを含む制御盤

で構成される．

当システムの最重要点は均一な細かい霧を発生する高性能スプレーノズルにある．

ノズルは高精度で非常に耐摩耗性に優れた高純度アルミナセラミックスを噴孔にもつ加圧ノズルである．スプレーノズルの噴霧圧力は一般に5～6MPaで使用する．

図2 ヘッダーに搭載したスプレーノズル

ミスト蒸発冷却装置は，高性能スプレーノズルを搭載するヘッダーや配管ホースも高圧に対応するため，ヘッダーはSUS配管，高圧ホースも不純物が浸出しない材質とし安全性には万全の注意を払う必要がある（図2）．

スプレーノズルから散布した霧（セミドライフォグ）は地上より2.5～3m程度の高さに設置し，下を歩く人に達したときには濡れの感じない涼しさが感じられる．

安全対策として水道水を使用し安全性を確保している．さらに天候不順などにより長期間噴霧停止時間が続いたときは，内部の水を入れ替える機能をもたせている．

ミスト蒸発冷却装置は，屋外や大空間を簡単に冷却することができる．

夏季に2.5～3mの高さに設置すると3～5℃の気温を引き下げる．当システムは，エアコンのように排熱を出さないだけでなくランニングコストも約10分の1と省エネルギーで運転が可能となる．

一例として，長さ40mの空間を冷却するミストシステムの条件と料金を示す．

（1）条件
- 噴霧量：188L/hr（ノズル80個）
- 稼働時間：8hr×30日
- 電気代：27円/kWh
- 上水道：400円/m^3

（2）電気料金
- 消費電力：0.75kW（ポンプユニット）
- 電気代：0.75kW×8hr×30日×27円＝4,860円/月

（3）水道料金
- 噴霧量：188L/hr×8hr×30日＝45.1m^3/月
- 水道代：45.1m^3/月×400円/m^3＝18,040円/月

4. 設計・設置の際の注意点

ミストの微粒子は風の影響を受けやすい．そのため，屋外や半屋外に設置する場合，周囲からの影響が少ない場所に設置するのが望ましい．商店街，スタジアム，公園等は，ノズルの直下とその風下の空間が冷却されるため，その地点の風向きを考慮する必要がある．

最近は，風向きを利用してノズルを高さ1m付近に設置し，霧を身近に感じるようにレイアウトする事例が増えてきている（実施例（4））．

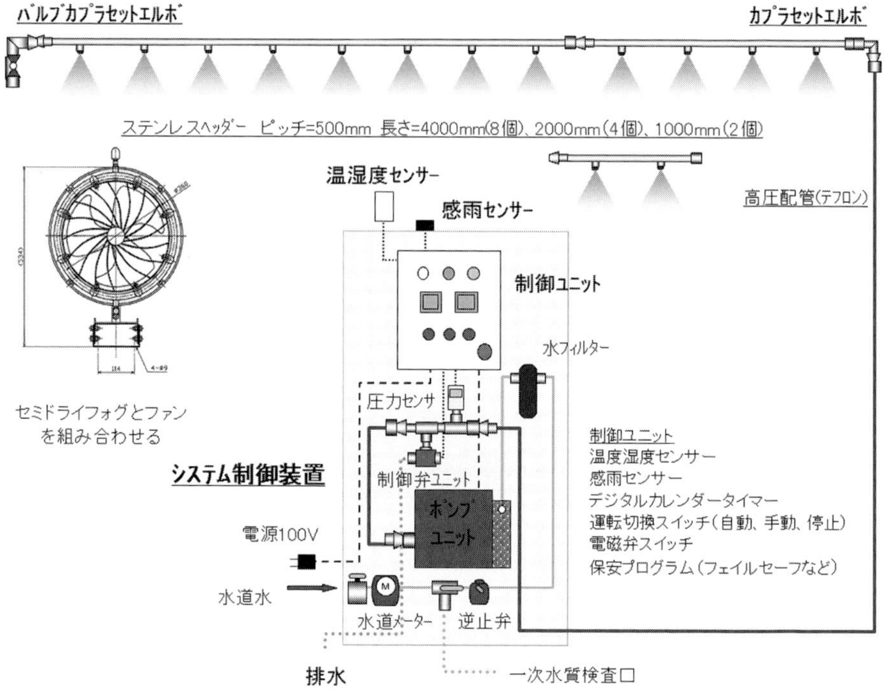

図3 システムの構成例

ヘッダー管は，長さ1m，2m，4mを標準とし，ノズルピッチ500mmとしている．ノズル1個当りの噴霧量は2.4L/hrで，高さ3m以上に設置するときは冷却効果があまり得られないため，ノズルピッチを250mmにしたり，噴霧量の多いノズルを選定する必要がある．

ポンプユニットの選定は，ノズル個数と噴霧量からトータル噴霧量を計算しその能力に合ったポンプユニットを選定する．

制御は，センサ制御とタイマー制御から選ぶことができる．

設定した時間に周辺の条件（温湿度条件）が整っていれば自動運転するよう行うのが一般的である．

温湿度を感知するセンサは実際にヘッダーを設置している空間とセンサの設置場所（日当たり，風向き等）がほぼ同一条件のところを選ぶことが大切である．

ヘッダーの設置場所とセンサ設置場所の環境条件が異なる場合は，その差を考慮した閾値を設定する（図3）．

5. ミスト蒸発冷却装置の実施例とその効果

ミスト蒸発冷却装置は2006年に大阪市内，東京都渋谷区等で設置し，2007年夏，大阪市内の各地や世界陸上大会で採用された．その後，東京駅八重洲口，名古屋アスナル金山SC，高槻市商店街等へ常設されている．

その他，地域冷却を目指した「大規模噴霧冷却」の実験や太陽光パネル表面冷却による増電効果の確認等様々な可能性があ

る.
　実際，現場に設置した事例を以下紹介する.
　(1) 東京駅八重洲口　　風の通り道であり壁面緑化が続くエリアにミストを散布し，広い範囲でクールゾーンを創造している（図4）.
　風向・風速による制御運転で最も効果が期待できるときに稼働する.

図4　東京駅八重洲口　　　　　図5　名古屋アスナル金山SC

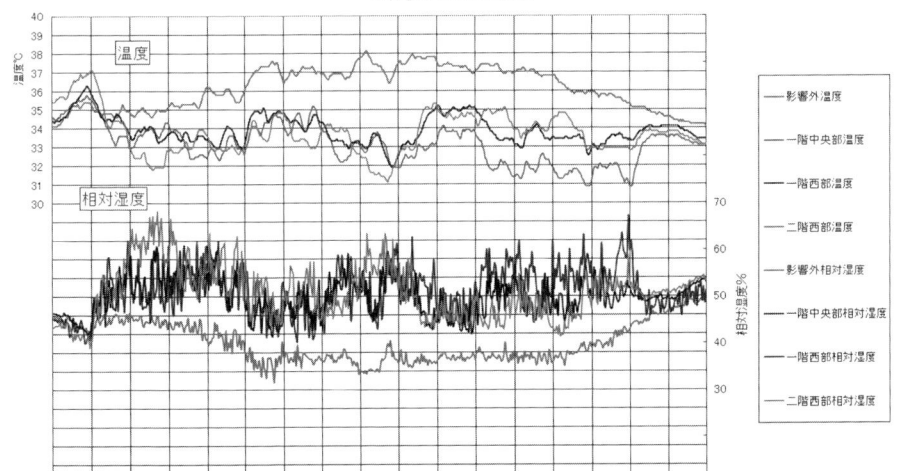

図6　ミストによる温度低下

(2) 名古屋アスナル金山 SC　アスナル金山 SC（名古屋市）では，最大 5℃ の冷房効果が得られた．環境改善に対するお客様の希望で「ミスト蒸発冷却装置」を導入したことで快適な空間が生まれた（図 5，6）．

(3) 高槻市商店街（アクトアモーレ）
商店街の通りは風の通り道で，風の影響が強い現場であり冷却効果が大きく左右される．そのため温湿度だけでなく風速により噴霧量を変化させる機能を付加した．結果として 1 日中商店街に快適な空間を創り出すことが可能となった（図 7）．

図 7　高槻市商店街

(4) 大阪市淀屋橋上　大阪市淀屋橋上は，ヘッダー高さを 1 m 程度に設置し植栽を挟んだところから噴霧した．淀屋橋の欄干に設置された「ミスト蒸発冷却装置」とともに，サラリーマンの人達に憩いの場所を作り出した．大阪市内の中心部ということもあり人々の注目を集め，多くのメディアにも取り上げられた（図 8）．

図 8　大阪市淀屋橋上

6. ミスト蒸発冷却装置の保守について

夏場に使用する「ミスト蒸発冷却装置」はシーズンイン・オフの保守点検を行う必要がある．保守点検を怠ると翌年使用するときにノズルが噴霧しなかったり，悪臭の発生，ポンプユニットが作動しなかったりする．

シーズン終了後に十分な保守を行う必要がある．

主な作業としては，ポンプから配管内部の水抜きを実施し，ノズルおよびポンプユニットの清掃を実施する．

また，シーズンインには十分なフラッシングを行うとともに水質検査（残留塩素の確認）を行う．ポンプユニットのオイル交換，作動異常の有無，ヘッダー管，高圧配管からの水漏れ等異常の有無等の確認も必要である．

7. その他ミスト応用例

(1) 大規模空間冷却実施　ミスト冷却装置は，地上から 2～3 m の位置からスポット的なクールゾーンしか得られないため，ビルの屋上等の高所より 60～100 μm

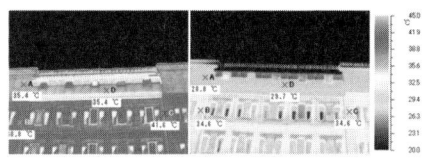

図9 サーモカメラ画像（左 Before, 右 After）

図10 ミスト温度分布シミュレーション

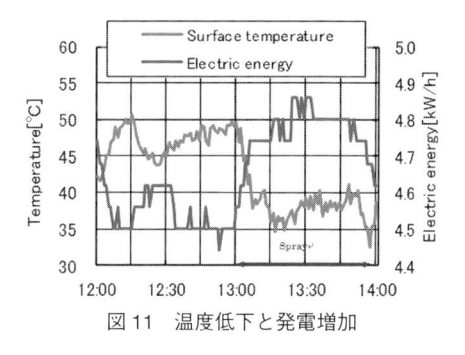

図11 温度低下と発電増加

程度の霧を散布し地上に落下するまで広範囲のエリアを冷却する「大規模噴霧」を紹介する．

地上約 36 m の建造物の屋上から平均粒子経約 80 μm の霧を噴霧し建造物壁面の温度変化計測結果を図9に示す．

さらにシミュレーションによる大規模噴霧の冷却効果を解析した（図10）．

（2）太陽光パネル冷却による増電　太陽光発電は，再生可能エネルギーの中で最も利用可能量が見込まれる．

導入費用は，コストもかかるため発電効率の向上が重要な課題となっている．

太陽光パネル表面温度が高温になると発電量が低下することは知られており，パネル表面温度を低下させ発電量増加の確認を行った．

噴霧を開始した 13:00 から散布開始しパネル表面温度を約 10 ℃ 低下させることにより発電量は 0.3 kW/h 増加した（図11）．

8. おわりに

ミスト蒸発冷却装置が世の中に認知されてから数年が経過し，全国いろいろな所で設置されているのを見かける．

しかしながら，まだまだ一部の地域や場所に限られており，地域全体の冷却設備としての役割を十分果たしていないのが現状で，最近は異常気象も日常茶飯事となってきている．

官民を問わずこれからは全国の熱環境改善や省エネを目指した都市および地域作りのため，さらに普及することを望む．

☞ 更に知りたい人へ

1) 大阪府：「ヒートアイランド現象とは？」
http://www.pref.osaka.lg.jp/chikyukankyo/jigyotoppage/heat_toha.html　2014 年 12 月参考
2) Pruppacher H, Klett J：Microphysics of Clouds and Precipitation. Kluwer Acadenic Publishers, 1997
3) Pearlmutter D, et al.：Refining the use of evaporation in an experimental down-draft cool tower, Energy and Buildings, 23, 191-197, 1996

散　水
打ち水で効果的に涼しくするには

2.6C

1. 日射が一番よく当たる面はどこか

HI対策の重要な視点は都市の表面温度を下げることにある．ここでは，水を使って道路や屋根の表面温度を下げる方法について紹介する（図1）．

最初に，道路や屋根に打ち水をすることによって，表面温度が低下するメカニズムを説明する．

図2に理想的な夏季晴天日の日射受熱量計算値を示す．夏季日中のほとんどの時間帯は道路やフラットな屋根などの水平面が受ける日射量が最も大きく，$1\,kW/m^2$ を超える受熱量になる．都市の表面の中でも屋根や道路の表面温度が高くなりやすい所以である．

2. 受けた熱エネルギーを蒸発潜熱で放熱

図1は屋根や道路などの表面熱収支であり，表面で吸収された放射熱エネルギー R_n と放熱経路を示している．屋根や道路に吸収された熱エネルギー R_n の大半を潜熱 ιE で放熱することができれば，表面温度の上昇および蓄熱の抑制につながり，HI対策に

なる．例えば，ある1時間の正味放射量 R_n を $1\,kW/m^2$ とし，それをすべて潜熱で放熱するためには，$1.44\,kg/m^2 \cdot h$ の水が必要になる．

3. 屋根散水

図3上段は散水装置を設置した施設の無断熱屋根であり，熱画像は散水開始10分後に室内側から屋根を撮影したものである．熱画像左が散水部分で，右側が非散水部分である．散水部分は約33℃，非散水部分は約43℃と，温度差は約10℃程度となっている．図3下段はミスト散布ノズルを屋根の外側に配置して散水する装置の配置図である．円錐状に散水するミスト散布ノズルを2m間隔で配置し，電磁弁のブロックごとに制御する方式で，無駄な水を極力減らす工夫がされている．屋根表面で散布した水が蒸発することで，正味放射量のほとんどを潜熱で放熱することができる．

4. 顕熱と潜熱の割合

屋根の表面熱収支から具体的に潜熱放熱量を試算する．顕熱 H はいわゆる対流熱伝達量であり，空気温度 t_1 と表面温度 t_2 との差に対流熱伝達率を掛けて求められる．潜熱 ιE は，物質移動に伴う熱伝達であるので，温度 t_2 の水蒸気のもつ熱量（0℃の水の蒸発潜熱 $2,500\,kJ/kg$ ＋温度 t_2 の水蒸気の顕熱）と蒸発量 E の積で表される．蒸発量 E は外気温湿度条件に依存し，表面近傍の絶対湿度と空気の絶対湿度差に比例する．

例えば，外気温度 $t_1 = 30$ ℃，相対湿度60％（絶対湿度 $x_1 = 0.0160\,kg/kg'$）のとき，

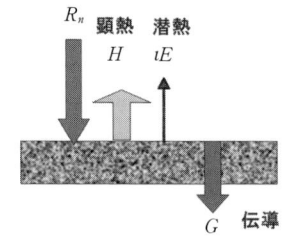

図1　表面熱収支
表面の熱収支 $R_n = H + \iota E + G$ （乾燥時 $\iota E = 0$）

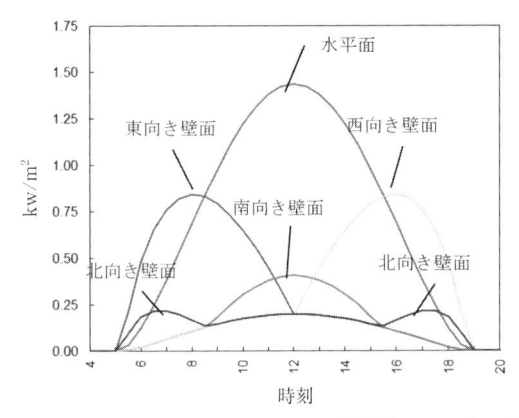

図2 大阪（緯度34.683°経度135.517°）における夏至晴天日の全天日射受熱量

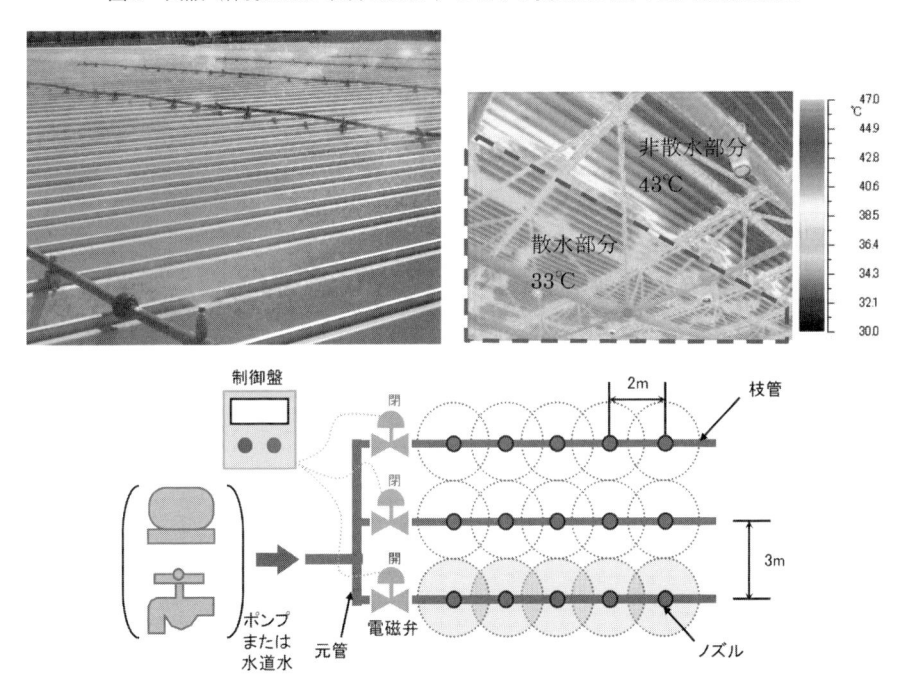

図3 散水用ミストノズルを設置した工場の屋根の写真（上段左）と室内側から見た屋根の熱画像（上段右），ノズルの配置図（下段）（（株）いけうち提供）

濡れている屋根（飽和状態）の表面温度 t_2 = 33 ℃，表面の飽和絶対湿度 x_2 = 0.0326 kg/kg' として顕熱 H と潜熱 tE を試算する．

絶対湿度基準の物質移動係数 k_x は，熱移動と物質移動のアナロジーから，対流熱伝達率を湿り空気比熱で割った値となる．こ こで，対流熱伝達率は 17.5 W/m²，湿り空

図4 散水直後の写真（左）と打ち水直前の熱画像（右）
車道のみ散水，歩道は散水なし

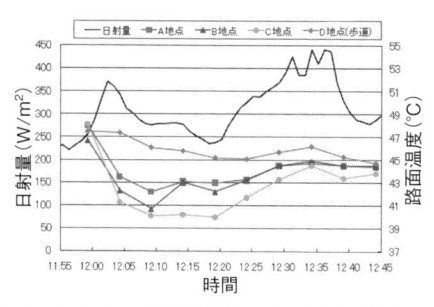

図5 打ち水前後の日射量と各地点の路面温度

気比熱 1,034 kJ/kg·K とすると，$k_x = 0.017$ kg/m²·s (kg/kg′) となり，蒸発量 E (kg/m²·s) は以下のとおりとなる．

$$E = 0.017(0.0326 - 0.0160)$$
$$= 2.79 \times 10^{-4}$$

屋根 1 m² 当り1分間蒸発量に換算すると，約 17 g である．このとき，水の比熱を 1,846 J/kg·K，0 ℃ の水の蒸発潜熱 2,500 kJ/kg とすると，潜熱 ιE (W/m²)，顕熱 H (W/m²) は以下のとおりとなる．

$$\iota E = (2,500 \times 10^3 + 33 \times 1,846)$$
$$\times 2.79 \times 10^{-4} = 719$$
$$H = 17.5(33 - 30) = 52.5$$

散水した場合，大気側への放熱量合計（顕熱＋潜熱）771.5 W/m² のうち約 93％ が潜熱放散となり，HI 対策として有効であると

ともに，室内側への熱流 G の削減にもなるので，冷房が効きにくい工場などの大空間に適した対策である．屋根散水の室内側への熱取得削減に関する効果算定方法については文献1に詳しい．

5. 道路散水

はじめに，道路散水はほとんどの場合が散水量，散水範囲ともに限定的である．広範囲に降る雨と違って，その場の気温にはほとんど変化がない．しかし，散水によって路面温度が低下することによって，その場にいる人にとっては涼しく感じることができる．これが道路散水のメリットである．ただし，湿度が上昇すると不快になるので，風通しのよい場所や時間帯を選んで実施することが重要である．

以下に2つの事例を挙げて，路面温度の低下幅，持続性の観点から，涼しく感じるために効果的な散水方法について解説する．

6. 打ち水イベントの場合

下水処理場の高度下水処理水を使って行われた市民参加型イベント（2009年8月23日）の事例である．この日は午前中晴天，午後は曇りで最高気温が 31.3 ℃ の真夏日

であった．打ち水に使用する水は，下水処理場からイベント会場まで，給水トラックで運ばれた．柄杓，バケツ，桶などを用いてイベントに参加した市民が正午からいっせいに散水し，道路表面に水膜が張る程度，約5分間で700Lをアスファルト道路にまいた．

図4に打ち水直後の写真と直前の熱画像を，図5に熱画像内に示すA～D地点の路面温度変化を示す．

7. 打ち水での路面温度低下の持続時間

熱画像撮影と移動観測の結果より，B, C地点における打ち水による路面温度低減効果は6～7℃程度であった．打ち水直後から12:20頃にかけて日射量が減少したことにより，散水していない歩道D地点も2℃程度低下したので，これを差し引くと打ち水による路面温度低減効果は4～5℃程度ということになる．12:45分頃には，散水面と非散水面の温度差がなくなったことから，路面温度低減効果の持続時間は45分程度であった．

定点観測と移動観測の結果より，気温の低減効果については，打ち水から25分程度後に最大となり，高さ0.5mの地点で0.8℃程度の効果があった．それよりも高い位置（1.5～2.0m）では低減効果は小さくなり，0.6℃程度となった．

打ち水による大気と路面への温度低減効果には，時間差が生じていた．路面の温度低減効果がピークになった後，大気の温度低減効果のピークが現れた．つまり，路面が冷えたことによって，路面近くの大気が冷却される現象であり，打ち水の気温低減効果ととらえることができる．しかし，大気が冷却されて気温が下がる程度は1℃に満たないので，気温への効果は非常に小さいといえる．

打ち水イベントの場合，一時的に車道を歩行者天国にして実施されたので，自動車

図6 散水車

図7 東西道路北側車線の散水直後の写真と熱画像（16時03分，長堀通りにて撮影）
a：歩道の路面温度51.5℃（非散水），b：左車線の路面温度40.9℃（10分前に散水），c：中央車線の路面温度35.8℃（散水直後），d：右車線の路面温度48.9℃（非散水）

268   2.6 蒸発冷却による緩和

図 8　東西道路北側車線の散水直後の写真と熱画像（18 時 49 分，長堀通りにて撮影）
a：なにわ筋の路面温度 32.5℃（非散水），b：左車線の路面温度 28.4℃（散水直後），c：中央車線の路面温度 33.6℃（非散水）

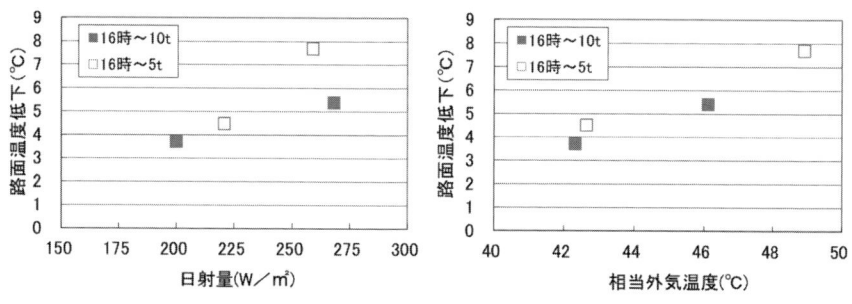

図 9　路面温度低下と日射量，相当外気温度との関係（2010 年の実験結果）

が通ることによって水を弾くことはなかった．

8. 給水車による道路散水実験の場合

2つ目の事例として，2009 年と 2010 年に大阪市西区長堀通で行われた車道散水効果検証実験を紹介する．

大阪市内の幹線道路（長堀通り）で交通規制をすることなしに，約 1km の車道（6 車線）を図 6 で示す散水車 1 台が巡回することにより散水した．1km 区間を散水するために要する時間は約 1 時間である．

2009 年の実験結果を図 7，8 に示す．図 7 より，午後 4 時台に散水した場合には，散水直後の車道面 c の温度が 35.8℃，10 分前に散水を終えた車道面 b の温度が 40.9℃，非散水の車道面 d の温度が 48.9℃となり，路面温度低下は 8〜13℃程度であった．図 8 より，午後 6 時台に散水した場合には，散水直後の車道面 b の温度が 28.4℃，非散水の車道面 a，c の温度がそれぞれ 32.5℃，33.6℃となり，路面温度低下は 4〜5℃であった．つまり，散水する時間帯によって，日射環境が異なり，温度低下幅にも違いが生じることがわかる．

9. いつ散水するのがいいのか

図 9 に散水開始 16 時から 2 時間の平均日射量，平均相当外気温度と散水前後の路面温度低下（最大）の関係を示す．どちら

も正の相関がみられるが，とくに相当外気温度（気温と日射の影響を考慮した温度）との相関関係が明確になった．つまり，相当外気温度が高いほど路面温度低下幅が大きくなるといえる．

10. 水の量や散水速度は

図9には散水総量が5tの場合と10tの場合を示したが，その差は明確にならなかった．ちなみに，散水量を降水量に換算すると，5tの場合 0.25 (mm/h) で，10tの場合 0.5 (mm/h) に相当する．

同じ水量を散水する場合の散水時間についても検討した．開始時間の違う7回分の実験データを図10に示す．15時から2時間かけて10tを散布した場合，相当外気温度が44℃で8℃の路面温度低減効果があったが，同じ相当外気温度の条件でも1時間で10t散布した場合は3～4℃程度の温度低下になった．合計散水量が同じでも，時間をかけて少しずつ散水する方が路面温度低下効果が高いことがわかった．

11. どのくらい持続するのか

散水効果の持続性について検討するために，散水完了から2時間経過後の路面温度低下を図11に示す．相当外気温度とは負の相関関係にあることがわかる．つまり，相当外気温度が高いほど蒸発速度が速く直後の路面温度低下は大きくなるが，路面温度低下の効果は持続しないといえる．

ここで紹介した道路散水実験はいずれも保水舗装ではなく通常のアスファルト舗装での実験である．舗装の表面で水分を保持する能力はないため，余分な水は側溝に流れたり，自動車の走行で飛ばされたりして無駄になってしまう．道路散水によって持続的に表面の温度を低下させるためには，散水車や散水装置などを使用して，最低限の水量をゆっくりと時間をかけて散水するのが理想的である．継続的に散水できれば，

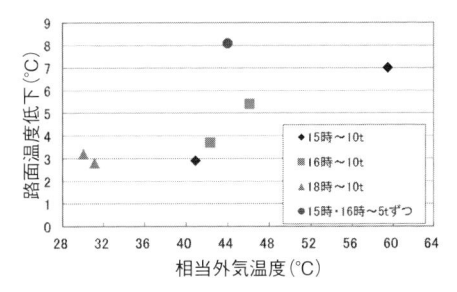

図10 相当外気温度と路面温度低下の関係

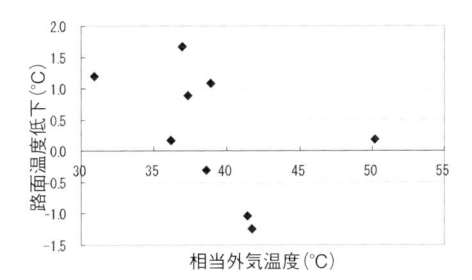

図11 散水完了から2時間経過後の路面温度低下と相当外気温度の関係

路面温度低下だけでなく，周辺の気温に影響を及ぼすこともあるだろう．ただし，現実には常時道路に散水するのはコスト面からも難しいので，効果を得たい時間帯を絞るしかない．

12. 水の確保

家庭で打ち水を行う場合は，浴槽の水などを活用することが多いが，都心部の道路に散水するとなると，水の確保が課題となる．上水（飲料水）を道路にまくのはあまりにもったいないので，雨水を活用する，あるいは地下街や地下鉄駅舎に湧き出している地下水を活用するなど，散水現場の近くで散水に適した水を確保したい．

☞ 更に知りたい人へ
1) 石川幸雄：建築環境学2（木村建一編著），第14章，丸善，181-202，1993

コラム：打ち水大作戦

日本の伝統を活かす

江戸時代，庶民の生活習慣として定着していた打ち水は，夏の涼を得る手段でもあった．

徐々に見かけることも少なくなっていたこの庶民の知恵は，2003年，再び脚光を浴びることとなった．江戸開府400周年を記念し，江戸の知恵に学び同じ時刻にみんなでいっせいに打ち水をすることで，その効果を検証してみよう，という前代未聞の社会実験，「大江戸打ち水大作戦」が計画されたのである．

8月25日正午，NPOや若者達を中心に呼び掛けられたこの世界初の壮大な試みには，推定で34万人もの区民が参加，各所で約1℃の温度低減を観測したことが発表され，大きな注目を集めた．

2004年以降，大江戸打ち水大作戦は，「打ち水大作戦」と名称を改め，日本全国に拡大していく．特徴的なのは，横浜，名古屋，大阪，福岡など各地で自然発生的に実行委員会が立ち上がり，それぞれ独自の打ち水大作戦が展開されたことである．こうした地域独自の動きに支えられ，打ち水大作戦は，毎夏，数百万人の規模が参加する巨大な運動体へと成長した．

打ち水大作戦では，当初より，雨水や一度使った水を用いて打ち水をすることがルールとして呼び掛けられている．かつての日本がそうであったように，大切な水を無駄にすることなく繰り返し使ってもらいたい，という願いからである．

打ち水により，おおむね1～2℃の気温

図1　いっせい打ち水の光景

低下と5％前後の湿度の上昇が観測される一方で，参加者を対象としたアンケートの結果では，打ち水の実施後涼しく感じたと回答した人の割合が9割と圧倒的であっただけでなく，打ち水によって湿度が上がったと感じたと回答する人の割合が4割未満であったと報告されている点は興味深い．涼しさの体感には，打ち水による地表面の放射熱の低下，微風の発生，水に触れる行為などが，大きく影響しているのではないかと考えられている．

また，打ち水大作戦に参加した人の7割以上が，「環境問題への関心が高まった」，「風呂水，室外機の水，雨水などを捨てない，貯める習慣がついた」，「冷房に頼らなくなった」などの環境に対する意識や生活スタイルの変化があったと回答した．「道路を掃除するようになった」，「ご近所の人と仲良くなった」といった回答も多くの割合を占めており，打ち水は，地域に目を向けコミュニティのつながりを強めるきっかけともなったといえる．打ち水の効果は，温度低減だけに止まらなかったのである．

☞ 更に知りたい人へ
1) 打ち水大作戦本部のウェブサイト：打ち水大作戦効果測定データ集，2011

2. ヒートアイランド対策

2.7 日射遮へい・反射による緩和

 A. 建築における日射遮へいのいろいろ
 B. 高日射反射率塗料による反射
コラム：フラクタル日除け

建築における日射遮へいのいろいろ

2.7A

建築の形からブラインドまで

1. 建築における日射遮へい

緯度によって太陽高度が大きく異なることからも推測できるように、建築における日射遮へいの方法は、地域の気候・風土と深く関わり、そのデザインは地域性に富んでいる。また、日射調整を積極的にデザインに取り入れることによって、ファサードが豊かな表情を作り出している例は多い。なお、日射遮へいは、日照調整とも同時に考えねばならない。

図1は日射遮へいや日照調整を行う場所でそれらの方法を分類し、それぞれについて例を挙げたものである。

① 建築の形そのものによる工夫
② 窓の位置や形状による工夫
③ 窓の設備、付属物による工夫
④ 窓面材料による工夫

2. 窓に取り付ける日除けの種類と設置に適した方位

単にブラインドやカーテンだけでなく、いろいろな工夫があることが理解できよう。とくに窓に取り付ける日除けの主な例について図2にはそれらの日除けが適する

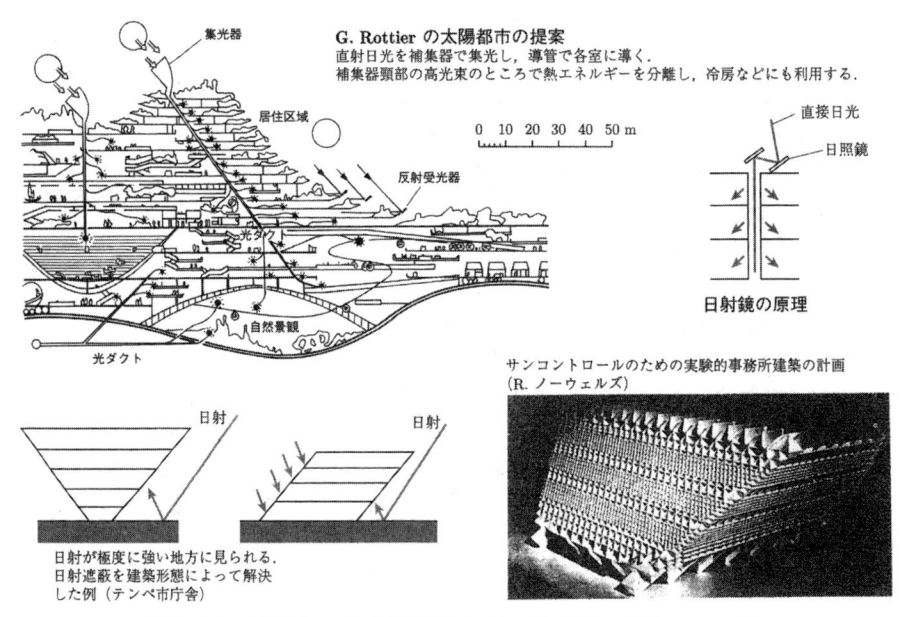

G. Rottier の太陽都市の提案
直射日光を補集器で集光し、導管で各室に導く。
補集器頸部の高光束のところで熱エネルギーを分離し、冷房などにも利用する。

日射鏡の原理

サンコントロールのための実験的事務所建築の計画
(R. ノーウェルズ)

日射が極度に強い地方に見られる。
日射遮蔽を建築形態によって解決した例(テンベ市庁舎)

図1 (a) 日射遮へいと日射調整のいろいろ (建築の形態による工夫)

2.7A 建築における日射遮へいのいろいろ

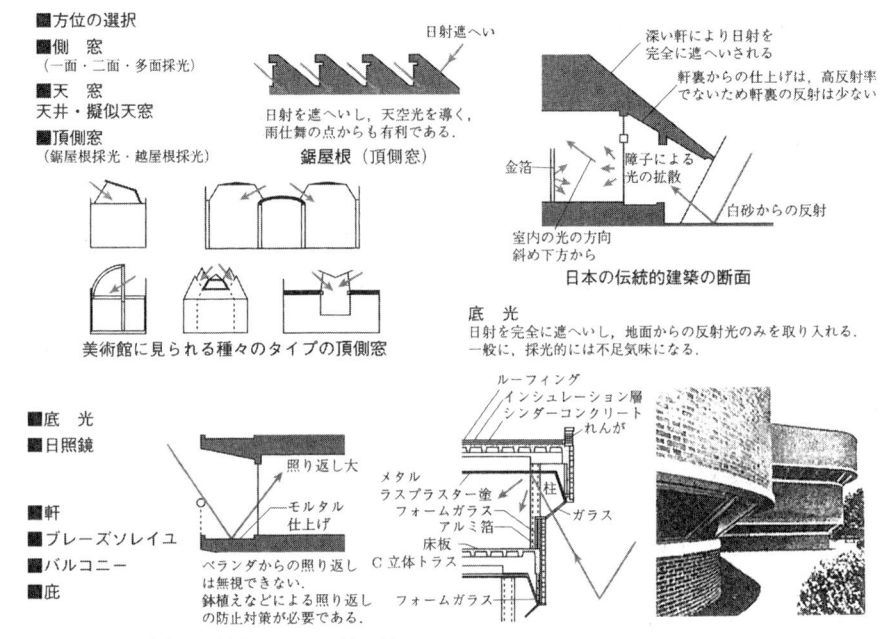

■方位の選択
■側 窓
（一面・二面・多面採光）
■天 窓
天井・擬似天窓
■頂側窓
（鋸屋根採光・越屋根採光）

鋸屋根（頂側窓）

日射を遮へいし、天空光を導く、雨仕舞の点からも有利である。

美術館に見られる種々のタイプの頂側窓

深い軒により日射を完全に遮へいされる
軒裏からの仕上げは、高反射率でないため軒裏の反射は少ない
金箔
障子による光の拡散
白砂からの反射
室内の光の方向 斜め下方から

日本の伝統的建築の断面

底光
日射を完全に遮へいし、地面からの反射光のみを取り入れる。一般に、採光的には不足気味になる。

■底 光
■日照鏡
■軒
■ブレーズソレイユ
■バルコニー
■庇

照り返し大
モルタル仕上げ
ベランダからの照り返しは無視できない。鉢植えなどによる照り返しの防止対策が必要である。

ルーフィング
インシュレーション層
シンダーコンクリート
れんが
メタルラスプラスター塗
フォームガラス
アルミ箔
床板
C立体トラス
フォームガラス
柱
ガラス

図1（b） 日射遮へいと日射調整のいろいろ （窓の位置・形状・構造による工夫）

■熱線吸収ガラス
日射を吸収するので、ガラスの表面温度が上昇する。

■熱線反射ガラス
周辺建物への反射日射の影響も考慮する必要がある。窓面材料の工夫では、一般に窓を閉じた状態でないと機能を果たさないため、同時に通風効果は得られない。また、外部の視野も得られないなど、不自然な場合が多い。

超高層ビルの窓断面
日照調整は熱線吸収ガラス・熱線反射ガラス・内側ブラインドなどによってなされている。

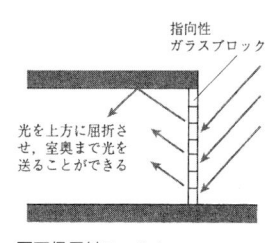

CH=2740	CH=2510	CH=2560	CH=2560	CH=2400
H=280	H=550	H=720	H=400	H=400
シーグラムビル（ニューヨーク）38階	貿易センタービル（東京）40階	霞が関ビル（東京）36階	新宿三井ビル（東京）55階	京王プラザホテル（東京）47階

指向性ガラスブロック
光を上方に屈折させ、室奥まで光を送ることができる

■再帰反射フィルム
窓など透明部位においても、日射の近赤外成分のみを上方に反射させる。都市熱環境の改善になる。

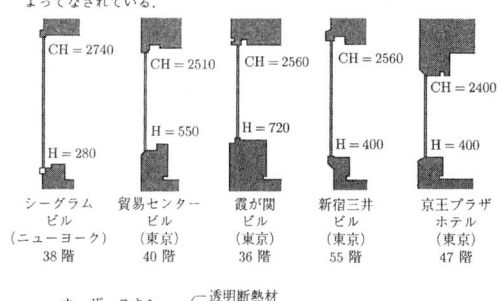

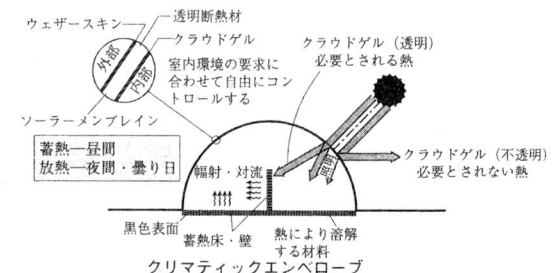

ウェザースキン
透明断熱材
クラウドゲル
外部／内部
室内環境の要求に合わせて自由にコントロールする
ソーラーメンブレイン
蓄熱—昼間
放熱—夜間・曇り日
輻射・対流
黒色表面
蓄熱床・壁
クラウドゲル（透明）必要とされる熱
クラウドゲル（不透明）必要とされない熱
熱により溶解する材料

クリマティックエンベローブ

図1（c） 日射遮へいと日射調整のいろいろ （窓面材料による工夫）

274 2.7 日射遮へい・反射による緩和

■中　庇
■格　子
■ルーバー
　太陽の位置・高度により
　自動調整できる

■ベネチアンブラインド
■パーゴラ
■すだれ
■カーテン
■障　子
　すだれやカーテンは視野が
　遮られる

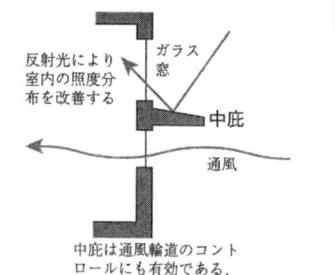

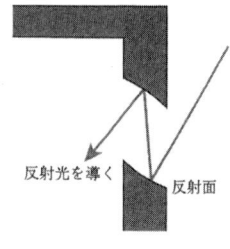

反射光により室内の照度分布を改善する
ガラス窓
中庇
通風
中庇は通風輸道のコントロールにも有効である.

反射光を導く
反射面

図1（d）　日射遮へいと日射調整のいろいろ（窓の設備・付属物による工夫）

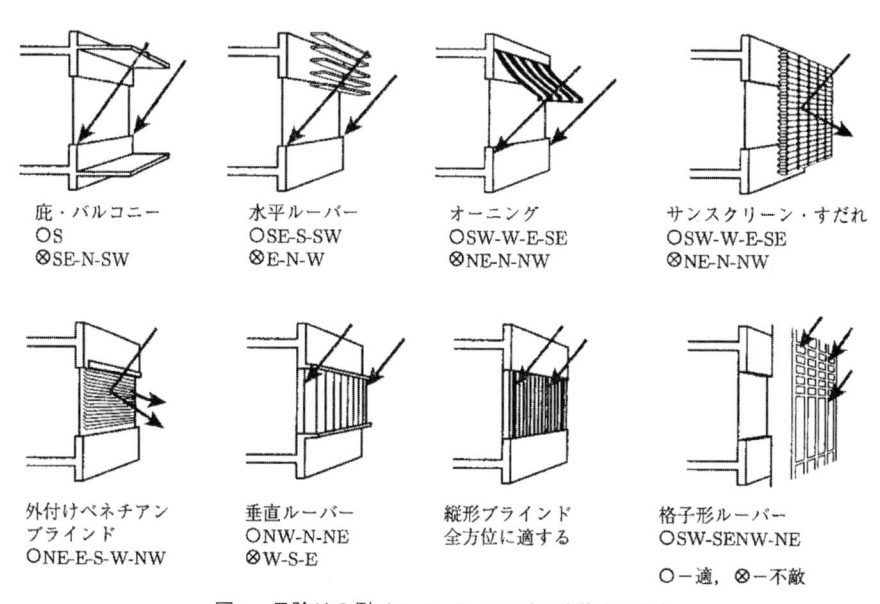

庇・バルコニー
○S
⊗SE-N-SW

水平ルーバー
○SE-S-SW
⊗E-N-W

オーニング
○SW-W-E-SE
⊗NE-N-NW

サンスクリーン・すだれ
○SW-W-E-SE
⊗NE-N-NW

外付けベネチアンブラインド
○NE-E-S-W-NW

垂直ルーバー
○NW-N-NE
⊗W-S-E

縦形ブラインド
全方位に適する

格子形ルーバー
○SW-SENW-NE

○－適，⊗－不敵

図2　日除けの例（N, E, S, Wは窓の方位を示す.）

方位と適さない方位も表示してある．例えば，庇やバルコニーは夏季に太陽高度が高い南面のみ適し，その他の方位では日射が低い位置から当たるため適さない．

3. 内付けブラインドと外付けブラインドの日射遮へい効果の比較

　図3は，6mm厚の透明ガラスにブラインドを内付けした窓と外付けした窓の日射遮へい効果を比較したものである．ほぼ正面から日射が入射した場合を考える．ガラスだけのときには，80％近くの日射が室内

(a) 6 mm 厚ガラス

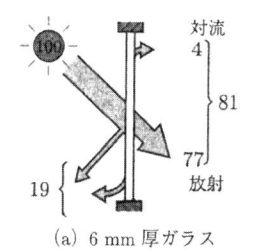

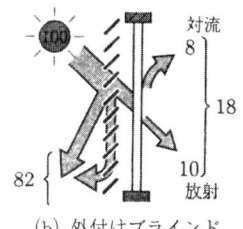

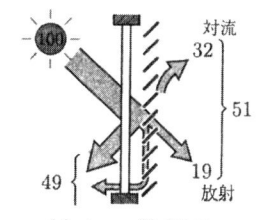

(b) 外付けブラインド +6 mm 厚ガラス

(c) 6 mm 厚ガラス +内付けブラインド

図3 内付けブラインドと外付けブラインドの日射遮へい効果の比較

に入射する（(a)）が，窓の外側にブラインドをつけることによって，逆に 80% 近くの日射を遮へいすることができる（(b)）．しかし，内付けのブラインドの場合には，ガラスを透過した日射がブラインドに吸収され，ブラインドの温度が上昇する（(c)）．吸収された日射熱が室内の空気との対流と熱放射によってほとんどが室内に放散され，その結果 50% 程度の日射遮へい効果しか見込めない．すなわち，日射を内側ブラインドで遮って部屋が暗くなっても，日射熱の大半が室内に侵入してしまうことになる．ブラインドの日射遮へい効果は，ブラインドの色（日射反射率）によっても異なるが，我々が白と黒の中間と感ずる灰色のブラインドの日射反射率は 20% 前後の値で，目で見た印象ほど反射率の値は大きくない．

4. 太陽の位置を知る

太陽は，朝は東の空から登り，南に移動しながら夕方には西の空に沈む．毎日この繰り返しを行っているが，その位置は季節によって変化する．そのため，日射遮へいや日照調整を考える上では，太陽の位置を知ることは最も重要である．また同時に，ある土地に建築を建てるとき，その建築によってどのような日影ができるのかを正確に知るためには，その地点で，時刻別に太陽がどの位置にあるのかを知らなければな

表1 太陽の位置

建築がその周辺にどのような日影をつくるかは，建築と太陽光線との幾何学的な関係で決まる．刻々と変動する太陽の位置は，
　地球上の位置：緯度（ϕ）
　季節的な太陽位置の変化：日赤緯度（δ）
　地球の自転による 1 日の時刻：時角（t）
に関係する．すなわち，太陽の位置は，
　① 太陽光線の方向：方位角（A）
　② 太陽光線の方向と水平面とのなす角：高度（h）
で表示され，h と A は次式から求めることができる．
$$\sin h = \sin \phi \cdot \sin \delta + \cos \phi \cdot \cos \delta \cdot \cos t$$
$$\sin A = \frac{\cos \delta \cdot \sin t}{\cos h}$$
時角 t は南中時を基準にして太陽の回転方向を正とし，1 時間が 15° に相当する．
また，磁北と真北とのずれは場合によっても異なり，日本国内でも 5° から 10° 程度，真北から西にずれているので，日影図から影を求めるときにはこの点の注意が必要である．東京では 6°30′ 西にずれている．

らない．太陽の位置について表1に示す式から求めることができるが，ここでは図から太陽位置を求めることができる方法を紹介する．

5. 平射図による日射遮へい効果の検討

屋根や壁面についてもいえることであるが，とくに開口部の日射遮へいを考える場合には，太陽の位置を知ることが最も重要

276   2.7 日射遮へい・反射による緩和

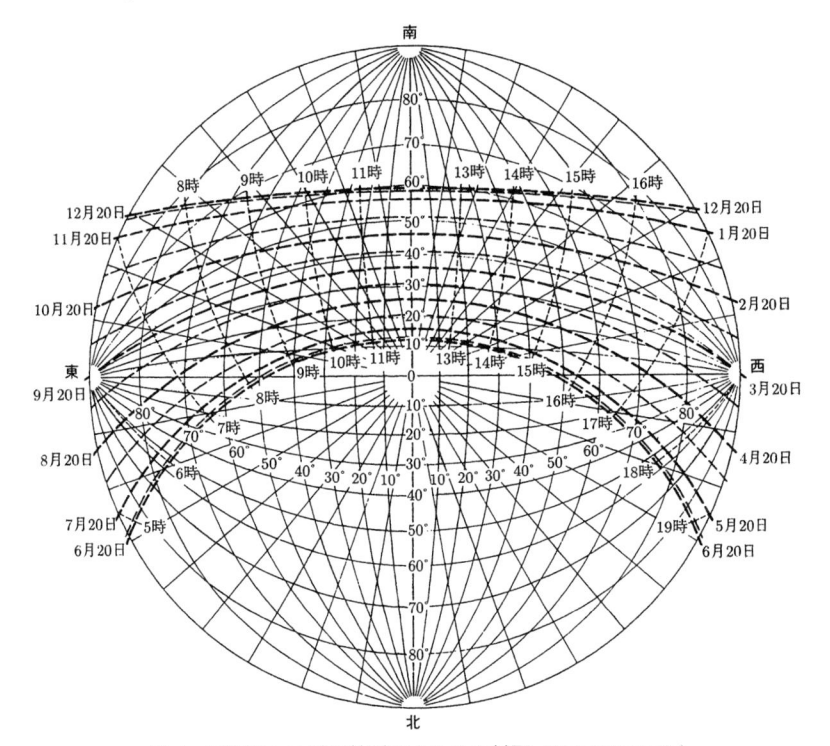

図4 日射遮へい効果検討のための平射図（東京 35°10′N）[1]

(a) 南面向き窓の格子形ルーバー

(b) 南から西に 20°傾いた
    南西向き窓の格子形ルーバー

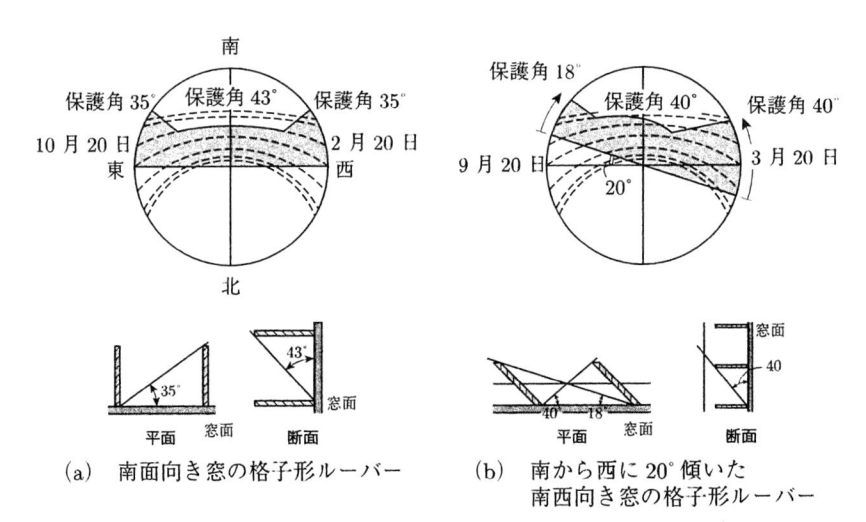

図5 平射図による格子形ルーバーの日射遮へい効果の検討例[1]

である．太陽の位置は季節や時刻によって大きく異なることは，前に述べたとおりである．ここではその応用として庇やルーバーなどの日射遮へい物の効果を具体的に検討する．

図4は太陽の位置を示した平射図である．これに対象とする庇やルーバーなどの平射図を重ねて描くことにより，日射を遮へいできる期間や時刻を知ることができる．

窓に取り付けた格子型ルーバーの日射遮へいの効果の検討例として，
(a) 南面向き窓の格子形ルーバー
(b) 南から西に 20°傾いた南西向き窓の格子形ルーバー
の場合について，図5に示す．同図は，平射図に示した太陽位置と格子ルーバーの保護角（下図の空の平面および断面図に示されている）を重ねあわせたものである．網かけされた期間が日射を遮へいできることを示している．(a) の場合には夏季には一日中日射を遮へいできるが，冬季になると逆に一日中日射を室内に取り込むことができる．また (b) の場合には夏の西日を完全に遮ることができることが読み取れる．

☞ 更に知りたい人へ
1) 日本建築学会編：建築設計資料集成 2，丸善，42，1969
2) 梅干野晁：都市・建築の環境設計，数理工学社，2012

高日射反射率塗料による反射

2.7B

白くないのに高反射

1. 高日射反射率塗料とは

太陽から地球が受け取るエネルギーを塗膜で反射して宇宙へ返し、地表を暖めるエネルギーを軽減するのが高日射反射率塗料である。塗料の役割は、保護・美粧・機能であり、図1に示す日射スペクトルの太陽放射を反射する機能を付与した塗料を高日射反射率塗料という。

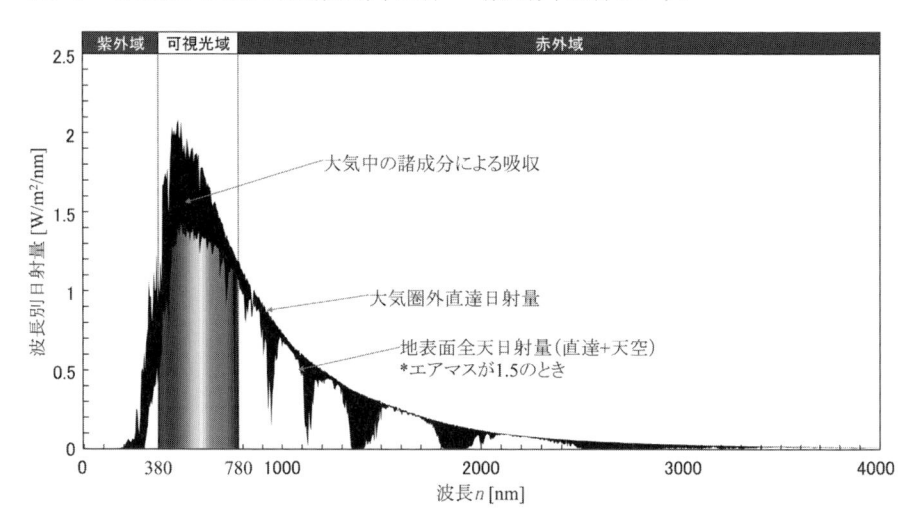

図1　日射スペクトル

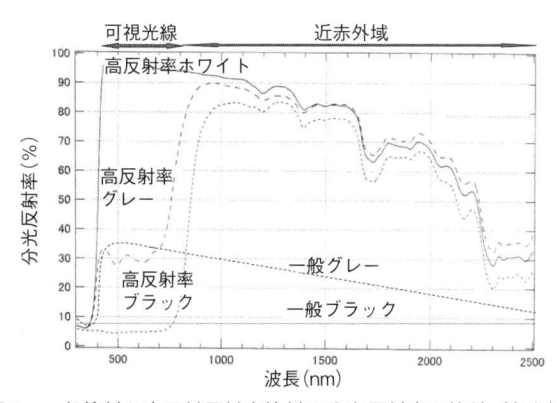

図2　一般塗料と高日射反射率塗料の分光反射率の比較（各色）

1999年頃までは，塗料設計の機能に反射率はほとんど考えられていなかった．白色，シルバー色は暑くなりにくく，黒色は暑くなることはわかっていたが，理論化されていなかった．顔料メーカー，塗料メーカーは色彩を追求するため，可視光域（380～780 nm）の分光反射率は測定していたが，近赤外域（780～2,500 nm），全波長域（300～2,500 nm）での分光反射率，日射反射率は測定していなかったのである．

可視光域は塗色により支配されるので可視光域の反射率はそのままで，近赤外域の反射率を向上させることによって高日射反射率塗料を設計することができる．図2に示すように，顔料の使い方により，近赤外域では白色・灰色・黒色の反射率が近似していることがわかる．すなわち，近赤外域で黒色を比較すると一般の黒色塗料の反射率は1%程度に対し，高日射反射率黒色塗料は反射率40%と大きな違いであることがわかる．

図3に一般黒色塗料と高日射反射率黒色塗料の反射率を比較した．黒色でも色調により反射率は変わるが，図3では一般黒色塗料の反射率が8%に対し高日射反射率黒色塗料の反射率は27%である．

図4に同一塗色で数色の高日射反射塗膜と一般塗膜の全波長域反射率比較を示す．塗色により反射率向上効果は異なるが，高日射反射塗膜はすべての塗色で40%以上の反射率を示している．この反射率の違い

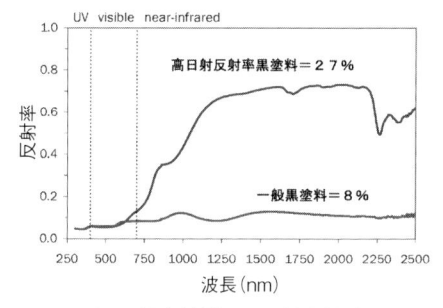

図3 黒色塗料での反射率比較

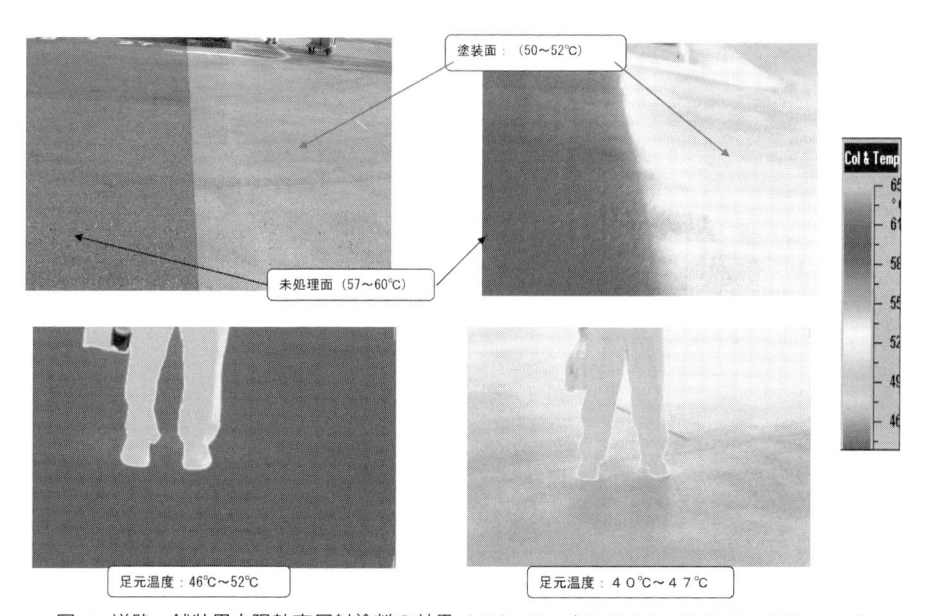

図4 道路・舗装用太陽熱高反射塗料の効果（日時：2004年7月7日，PM1:00，気温：33℃）

表1　塗料の日射反射率・省エネルギー効果の計算結果

	従来 (標準外表面)	塗料の種類を考慮した評価			
		一般(黒色)	高反射率(黒色)	一般(灰色)	高反射率(灰色)
日射反射率 [1]	0.2	0.1	0.6	0.3	0.8
相当外気温度 [2]	67 ℃	71 ℃	51 ℃	63 ℃	43 ℃
貫流熱量 [3]	32,400 J/h	35,560 J/h	19,756 J/h	29,239 J/h	13,434 J/h

注 1) JIS K 5602による300~2500 nmの日射反射率
　2) 日射量800 kcal/m²h℃, 気温35℃, 外表面熱伝達率20 kcal/m²h℃の条件で算出
　3) 室内設定温度26℃, 熱貫流率3.24 J/m²h℃, 屋根面積1000 m²の条件で算出

表2　JIS K 5675 規格内容

項目		等級			LG級	試験方法
		1級	2級	3級		
促進耐候性	照射時間	2 500 時間	1 200 時間	600 時間		7.14
	観察評価	規定時間照射後, 塗膜に, 割れ, 剥がれ及び膨れがなく, 試料と見本品との変色程度を目視にて比較し, 見本品の色変化と試料の色変化とが大差なく, 更に白亜化の等級が1又は0である。				
	光沢保持率 %	80 以上	80 以上	70 以上	—[a]	
	色差 ΔE^*_{ab}	基準値は定めないが, 試験結果を報告する。				
付着性		分類1又は分類0である。				7.15
屋外暴露耐候性		塗膜に, 割れ, 剥がれ及び膨れがなく, 試料と見本品との変色の程度を目視によって比較し, 見本品の色変化と試料の色変化とが大差なく, 更に, 近赤外波長域の日射反射率保持率の平均が80 %以上である。				7.16
		光沢保持率が60 %以上で, 白亜化の等級が1又は0である。	光沢保持率が40 %以上で, 白亜化の等級が2, 1又は0である。	光沢保持率が30 %以上で, 白亜化の等級が3, 2, 1又は0である。	白亜化の等級が3, 2, 1又は0である。	

注[a] 適用しない。

暴露試験場：(財)日本ウエザリングセンター・銚子暴露試験場
暴露期間　：24か月
JISより引用

が熱量の違いになって現れ, HI対策に貢献するのである. 塗料に使用する顔料の使い方により高日射反射率塗料が作られている.

2. 高日射反射率塗料の使用目的

太陽光を反射することにより, 被塗物の温度上昇を抑えることで下記効果が期待できる.
① HI対策
② 冷房負荷低減により, CO_2 の削減
③ 空調機のない建物室内の環境改善
④ 夏場のピーク電力制御
⑤ コンクリート, アスファルト面の蓄熱制御 (図4)

これらの効果は, 色によって高日射反射率材料の反射率が異なるため, すべての色で同一の効果は期待できない. 表1に反射率と相当外気温度, 貫流熱量変化を示す.

3. 高日射反射率塗料の標準化

(社)日本塗料工業会が中心になり, 高日

射反射率塗料の普及・採用につなげるため，日射反射率測定方法の JIS K 5602（2008 年 9 月 26 日）制定「塗膜の日射反射率の求め方」，また，JIS K 5675（2011 年 7 月 20 日）「屋根用高日射反射率塗料」が制定された．

大阪 HITEC では 2011（平成 23）年「ヒートアイランド対策技術認証制度」を立ち上げ高日射反射率材料の認証を開始し，既に認証された製品がある．

舗装については，遮熱性舗装技術研究会が中心となり独自に標準化を図り，普及活動を進めている．一方，（財）建築環境・省エネルギー機構から建築環境総合性能評価システム CASBEE-HI（ヒートアイランド）（Comprehensive Assessment System for Building Environmental Efficiency）評価マニュアル 2006 年版，2010 年版にも，反射率の項目が追加された．

4. 高日射反射率塗料の種類と性能差, 施工価格差およびメンテナンス

JIS K 5675「屋根用高日射反射率塗料」に記載されている内容を表 2 に示す．とくに暴露耐久性に差があり，これで価格差，メンテナンス時期が決まる（図 5）．高日射反射率塗料の施工単価は一般塗料と同様，施工面積・塗料種・色相・素材・素地調整・足場など変動要因が多く標準的価格を示しにくいが，施工単価（足場別）は，一般塗料より 2 割程度高く，5,000 〜 10,000 円/m²

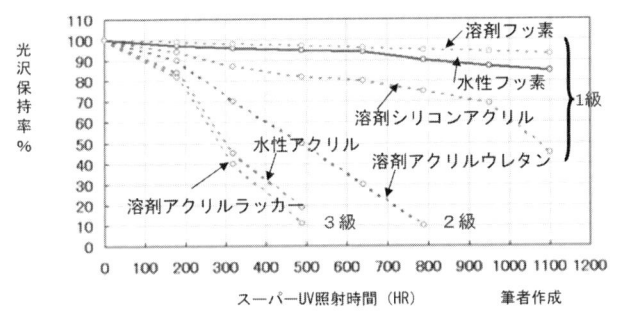

図 5 スーパー UV での光沢保持率と JIS の等級

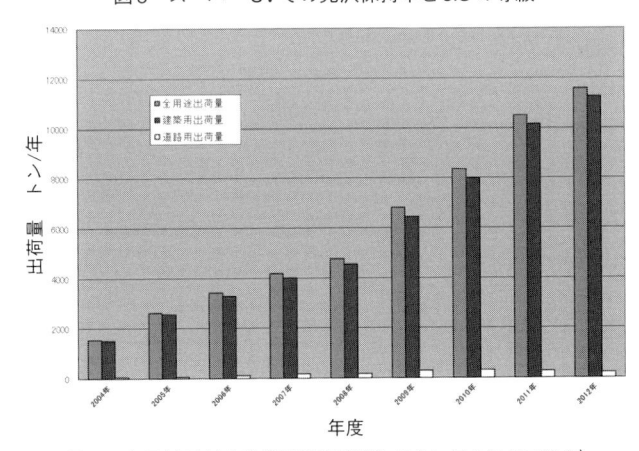

図 6 高日射反射率塗料出荷量推移（（社）日本塗料工業会）

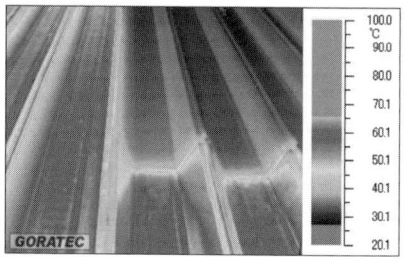

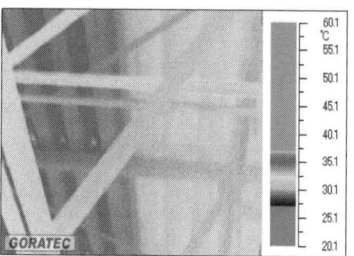

屋根表面で11℃低下 ⇒ 屋根裏面で4℃低下

図7 自動車工場の塗装例（関東自動車工業，2004）

一般塗料塗 38℃　　高日射反射率塗料塗装 33℃

図8 アルミカーテンウォール外壁のサーモグラフィー映像（虎ノ門，2004）

程度である．

5. 市場動向

HI対策，冷房負荷低減によるCO_2削減のための1つの方法として，官公庁のウェブページにも記載され，補助金による採用促進および一般企業での採用により，なかでも建物への採用が伸びている．道路・舗装では，東京都の高日射反射率舗装がHI対策として伸びている．また，大阪市も同様，高日射反射率舗装のHI対策効果検証を長堀通りで開始した．（社）日本塗料工業会の

【施工前】　　　　　　　　　【施工後】

施工前：2007年7月27日 PM2:00頃
施工後：2007年9月4日 PM2:00頃
★両日ともPM2:00時点で気温33.2℃
　（気象庁名古屋気象台データ）
　　施工面は屋根路面とも
　10〜15℃の温度低減効果を確認

工場建物・道路に施工

図9　高日射反射率塗料施工前後の温度変化サーモグラフィー空撮映像

図10　代々木体育館（サンホームサービス，2011）

調査を図6に示す．高日射反射率塗料の塗料例を図7〜10に示す．

6. 高日射反射率塗料の課題

現場で施工直後の反射率測定方法，経時後の反射率測定方法が米国ではASTM（米国材料試験協会；American Society for Testing and Materials）で制定されている．
わが国も，JSTM J 6154「現場における陸屋根の反射率の測定方法」が一般財団法人　建材試験センターで2014（平成26）年9月16日制定された．これで機能性材料の品質保証が確立されたので，さらに市場が拡大するものと思う．顧客も色彩中心から温暖化防止，節電対策に配慮した高反射率塗色の採用をお願いしたい．
高反射率材料は，屋外で経年汚染され反射率の低下が考えられる．今後は，汚染促進試験方法を確立し事前に反射率低下を予測できるようにしたい．

☞ 更に知りたい人へ
1) 遮熱性舗装技術研究会ウェブサイト
2) 大阪HITECウェブサイト
3) （社）日本塗料工業会ウェブサイト
4) 松尾　陽監修：高反射率材料の新展開，シーエムシー出版，2010
5) 遮熱性舗装技術研究会編：遮熱性舗装技術資料，路面温度上昇抑制舗装研究会，2004

> コラム：フラクタル日除け
>
> 植物の構造を模した日除け

1. フラクタル日除けとは

　フラクタル日除けとは，植物の葉っぱと同程度の数 cm の小さな日除けをシェルピンスキー四面体構造に配置したもので，実際の植物に近い構造をもつ．

　通常の幕素材による日除けでは，日除け自体が熱くなってしまい，そこから赤外線が放射されるため，直射日光を遮ってもその下は暑さを感じる．フラクタル日除けは，日除け自体の温度が上がらないため，放射がないうえ，風通しがよく，開放的な空間を創ることができる（図1）．

2. フラクタル日除けの原理

　直射日光を受けた物体の温度は，その大気に対する熱伝達率で決まる．その熱伝達率は物体の大きさに依存する（1.1F 地球温暖化とヒートアイランド参照）ので，植物の葉っぱくらいに小さくすれば，その表面温度はあまり上がらない．

　しかし，1つの日除けを小さくしても，それを平面的に多数並べてしまえば，大きな日除けと同じことになってしまう．そこで，小さな日除けをフラクタル的に3次元空間に配置することで，それぞれの小さな日除けどうしの干渉を小さくしたものがフラクタル日除けである．

　日除けとして機能するためには，フラクタル次元が2以上でなければならない．シェルピンスキー四面体はこの条件を満たす1つの形状である．シェルピンスキー四面体は，特定の方向から見るとその射影が隙間のない四角形となる．この方向を夏の太陽の南中時の方向に合わせることで，最も日射が強いときに遮へい率が最大になるようになる（図2）．

図1　フラクタル日除け
穴だらけの構造で下からは青空が見える．

図2　フラクタル日除けによる陰
日射が強い夏の正午には，ほぼ全面陰になる．

☞ 更に知りたい人へ

1) Sakai S, *et al.* : *Energy and Buildings*, **55**, 28-34, 2012
2) フラクタル日除けについて
　http://www.gaia.h.kyoto-u.ac.jp/~fractal/

3. ヒートアイランド対策への取組み事例

A. ヒートアイランド対策大綱の見直しと対応
B. 東京都のヒートアイランド対策
C. 大阪ヒートアイランド対策技術コンソーシアム
D. 大阪中之島 eco2（エコスクエア）連絡協議会
E. なんばパークス
F. 大手町・丸の内・有楽町地区
G. 大東文化大学板橋キャンパス
H. 宮崎台「桜坂」（川崎市宮前区）
I. 市民参加による打ち水大作戦

ヒートアイランド対策大綱の見直しと対応

ヒートアイランド現象の緩和策と適応策

3A

1. はじめに

2004（平成16）年3月にヒートアイランド対策関係府省連絡会議において，「ヒートアイランド対策大綱」が策定された．これは，これまで関係各府省や地方自治体において行われてきたHI現象緩和のために施策を相互に連携させ，体系立てていくことが必要との認識から，平成14年3月に閣議決定された「規制改革推進3カ年計画（改定）」の中で，HI対策に対して総合的な推進体制を構築すること，大綱の策定について検討し結論を出す，等が明記され実現したものである．

この大綱策定後，これまで行われてきた対策・調査研究の実績，その他知見等の収集および関係府省における新たな施策の展開を踏まえ，HI対策を一層強化するために，ヒートアイランド対策大綱の見直しを

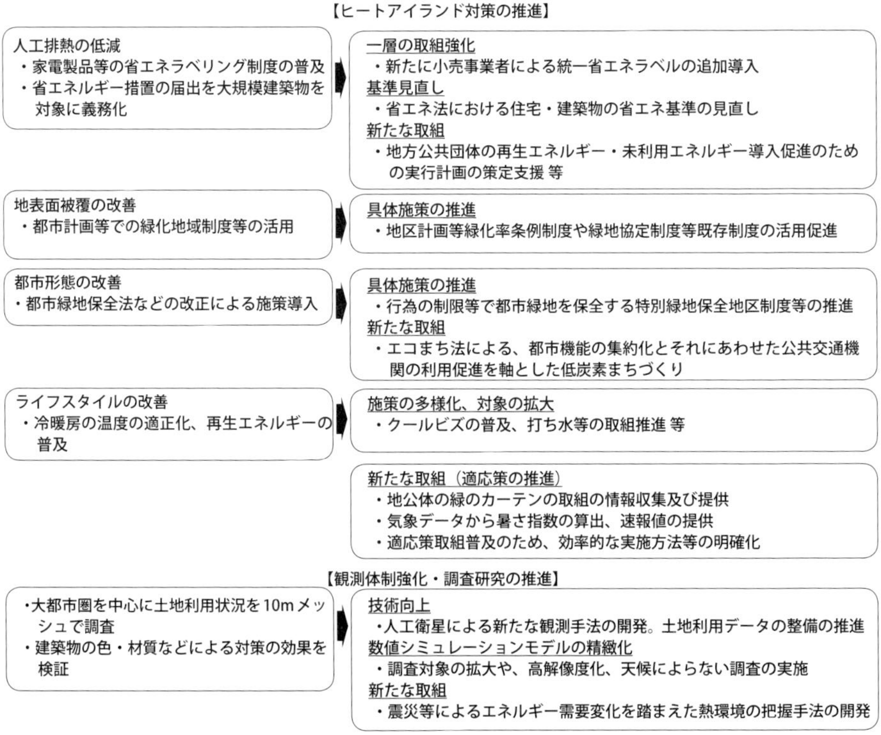

【ヒートアイランド対策の推進】

- 人工排熱の低減
  - 家電製品等の省エネラベリング制度の普及
  - 省エネルギー措置の届出を大規模建築物を対象に義務化
→
  - 一層の取組強化
    - 新たに小売事業者による統一省エネラベルの追加導入
  - 基準見直し
    - 省エネ法における住宅・建築物の省エネ基準の見直し
  - 新たな取組
    - 地方公共団体の再生エネルギー・未利用エネルギー導入促進のための実行計画の策定支援 等

- 地表面被覆の改善
  - 都市計画等での緑化地域制度等の活用
→
  - 具体施策の推進
    - 地区計画等緑化率条例制度や緑地協定制度等既存制度の活用促進

- 都市形態の改善
  - 都市緑地保全法などの改正による施策導入
→
  - 具体施策の推進
    - 行為の制限等で都市緑地を保全する特別緑地保全地区制度等の推進
  - 新たな取組
    - エコまち法による，都市機能の集約化とそれにあわせた公共交通機関の利用促進を軸とした低炭素まちづくり

- ライフスタイルの改善
  - 冷暖房の温度の適正化，再生エネルギーの普及
→
  - 施策の多様化，対象の拡大
    - クールビズの普及，打ち水等の取組推進 等
  - 新たな取組（適応策の推進）
    - 地公体の緑のカーテンの取組の情報収集及び提供
    - 気象データから暑さ指数の算出，速報値の提供
    - 適応策取組普及のため，効率的な実施方法等の明確化

【観測体制強化・調査研究の推進】

- 大都市圏を中心に土地利用状況を10mメッシュで調査
- 建築物の色・材質などによる対策の効果を検証
→
  - 技術向上
    - 人工衛星による新たな観測手法の開発。土地利用データの整備の推進
  - 数値シミュレーションモデルの精緻化
    - 調査対象の拡大や高解像度化，天候によらない調査の実施
  - 新たな取組
    - 震災等によるエネルギー需要変化を踏まえた熱環境の把握手法の開発

図1　ヒートアイランド対策大綱の主な追加・変更点

行い，平成25年7月に「改正ヒートアイランド対策大綱」が発表された．ここでは，その見直しの内容とともに，関係府省の取組みについて紹介を行う．

2. 改正ヒートアイランド対策大綱

図1に，改正されたヒートアイランド対策大綱の主な追加・変更点を示す．

従来より，HI対策として位置づけられていた「人工排熱の低減」「地表面被覆の改善」「都市形態の改善」「ライフスタイルの改善」の一層の強化を図るとともに，新たな対策として「人の健康への影響等を軽減する適応策の推進」を位置づけている．さらに，施策の充実や各種目標値の見直しを行い，関係各省庁では，さらなるHI対策の強化を進めている．新たに位置づけられた「適応策」とは，HI現象により生じる気温上昇により，熱中症や睡眠阻害などの健康影響の増大や風のよどみ域が発生し，大気の拡散が阻害されることによる大気汚染等にもたらす影響の軽減を主眼に置いた対策のことを指している（図2）．

適応策と緩和策の主な違いをまとめたものを表1に示す．緩和策は，主に，HI現象の緩和に向けて，都市気温を下げるために，人工排熱の抑制や土地被覆の改善等を行うことであるが，これらを実現するには，長期かつ持続的な取組みが必要であり，また，その効果を短期的に把握することは困難で

あった．一方，適応策は，局所的な対策の導入が可能であり，個人や家庭，商店等の小規模でも手軽に取り組める点や，生活空間での熱的な快適性の向上に向けた対策であるため，その効果も，体感しやすいことが特徴である．また，ハード面だけではなく，ソフト面の対策を取り組むことができる．例えば，ハード面では，歩行空間における街路樹やオーニングなどを用いた日射遮へい，ドライ型ミスト散布，保水性舗装の利用等が挙げられる．また，ソフト面での取組みとしては，暑さ予報などを通した暑熱環境への暴露回避を促す情報提供や，日傘の携帯や水分補給を促す等である．

また，適応策の場合，気温だけではなく風や放射等の影響を加味した体感指標を用いた評価が可能となるため，効果を数値化しやすいという特徴もある．とくに，これまで緩和策としてHI対策を行ってきた行政機関・企業等がその効果を定量的に評価できず継続的な対策実施が困難であったが，適応策として対策を取り組めば，その効果を明瞭に示すことができる．ただし，体感指標については，一般的になじみがなく測定方法等も容易ではないため，どうい

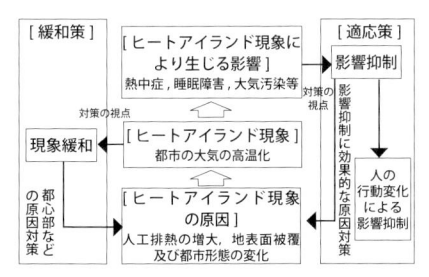

図2 ヒートアイランド対策に対する緩和策と適応策の概念図

表1 緩和策と適応策

	緩和策	適応策
目的	気温上昇抑制	人の熱ストレスの軽減
対策の手法	被覆改善や排熱削減などのハード面の手法	街路樹整備などのハード面と熱中症予報などのソフト面の手法
評価手法	都市スケールの気温	局所的な体感温度，個人的な熱ストレス
効果が現れるまでの期間	長期的な対策の積み重ねが必要	局所的な街路樹整備，広域的な情報的提供など比較的な短時間に実施可能
効果的な対策の実施場所	原因が密集している都心部など	人通りの多い街路樹や熱ストレスに脆弱な高齢者等の関連施設周辺

った体感指標を用いていくかなど，課題も存在する．

3. 国土交通省におけるヒートアイランド対策

国土交通省では，大綱の改正を受けて下記の取組みの強化を行っている．具体的には，人工排熱の低減，地表面被覆の改善のための対策として，省エネルギー性能の優れた住宅・建築物の普及促進や低公害車の技術開発・普及促進，交通流対策および物流の効率化の推進ならびに公共交通機関の利用促進などに取り組んでいる．都市形態の改善としては，民間建築物等の敷地における緑化等の推進，官庁施設，公共空間の緑化などの推進，水の活用による対策，風の通り道を確保する都市形態の改善などに取り組んでいる．また，ライフスタイルの改善のための施策としては，水と緑のネットワーク形成，低炭素まちづくりの推進に取り組んでいる．

また，官民の協調により「打ち水大作戦」を全国で展開し，HI対策を通して雨水や地下水再生水の二次利用水や水循環の重要性への関心の喚起等にも取り組んでいる．

さらに，新たな取組みとして，HIポータルサイトによる一元的な情報提供とHI対策を評価する解析システムの構築を開始した．

HIポータルサイトは，HI現象に関する定義等の基礎的な情報，気象庁において観測されたデータや分析結果を取りまとめた様々な気象観測情報の紹介，森林や建物，湖沼河川などの土地利用に関するデータや地形に関するデータ，植生指標データ等について紹介している．また，国土交通省で実施してきたHI対策の紹介に加え，研究の取組みや熱中症防止に関するリンクを充実させるなど，自治体や事業者，住民，研究者等が容易に情報が得られるように一元化して情報を提供している（表3）．

新たな解析システムの構築として，各地において具体的な施策の検討を行えるように，HI現象による気温や風の空間分布の把握や，地区特性や時間的条件ごとの対策の効果の把握に向けた，解析システムの構築を進めている．とくに気温や風の空間分布は気象台・測候所とアメダスの観測網では粗いため，より細かな間隔で現象を捉えることが求められる．このシステムは，気象庁や国土技術政策総合研究所（国総研）が調査研究を進めてきたものであり，気象庁が開発した「都市気象モデル」での計算結果を，国総研が開発した街区モデルの境界条件として用いることができる．これにより，任意の場所における過去の気温などの空間分布や経時変化を再現することが可能となる．現時点では，システムの試行実験が行われ，HI対策に資する解析システムがある程度の精度をもちつつ構築できたことが確認されている．

今後は，自治体のニーズに合わせたモデルの改良や他の手法との連携等を進めると

表3 ヒートアイランドポータルサイトの主な内容

①ヒートアイランド現象とは
②ヒートアイランド監視報告
③数値データ ・国土数値情報　・基盤地図情報　・植生指標データ等
④国土交通省の主な取組み ・緑化推進　・低炭素まちづくりの推進 ・住宅　・建築物の省エネ性能の向上 ・下水再生水の利用等　・打ち水の実施 ・緑のカーテン
⑤その他 ・研究の取組み　・ヒートアイランド対策大綱 ・熱中症予防サイト等へのリンク

URL：http://www.mlit.go.jp/sogoseisaku/environment/sosei_environment_mn_000016.html

（平成25年7月1日開設）

ともに，実施主体が自らこの解析システムを使用できるような UI の開発と人材育成などの整備が必要となる．

4. 環境省における適応策普及の取組み

環境省における適応策普及の取組みとして，HI 適応策モデル事業を行っている．この事業では，ハード，ソフト面の両面から必要となる適応策を普及するため，以下の 4 点を位置づけた．

(1) 適応策を導入すべき場所や適応策のより簡易・効果的な測定方法の検討を行う．(2) 複数の適応策を同じ場所に導入し，その効果の検証を実施する．(3) 適応策を導入する商店街，町内会等が持続的に取り組むため，地元行政等と連携し，そのノウハウを取得する．(4) 上記 (1)～(3) の取組みについて，他地域の展開を目指すためハンドブックの作成等，普及啓発を図る．

とくに，(3) については，地域に根ざしたソフト・ハードの継続的な取組みを実現するために，図 3 に示すようなモデル事業の実施体制を構築している．

通常の補助事業とは異なり，地元団体(住民) が中心となって継続してハードを管理し，ソフト面の取組みを実施するために，地方公共団体等と地元の各種団体・企業も交え，関係者が対等な関係で何を行うべきか十分に議論し，地元関係者の合意によって事業を着手することを目指している．そのため，地元団体，基礎自治体や環境省などが参画する「協議会」を設置し，この場で方針の決定を行うこととしている．一方で，多くの関係者・団体が参画するため，ファシリテーターが関係者間の意見調整を行い，協議会の合意形成を円滑に進めることとしている．

この適応策モデル事業は，平成 25～27 年度の 3 年間の予定で，大阪府高槻市と枚方市で実施している．高槻市では商店街付近にドライ型ミストの設置などのハードを

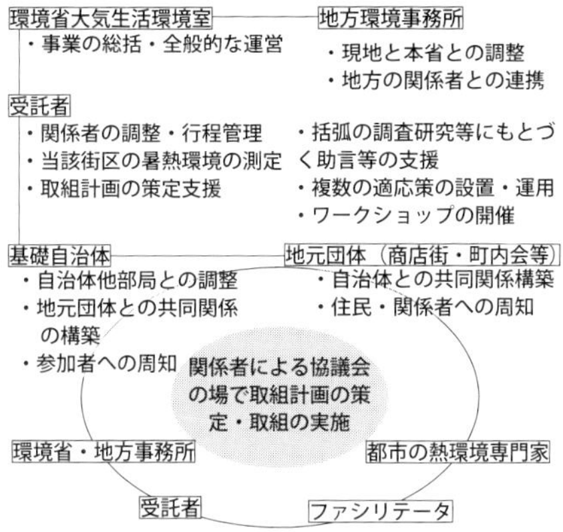

図 3　適応策モデル事業のスキーム

中心とした適応策の導入を，枚方市では環境保全地域となっている旧街道沿いを中心に，打ち水等のソフトを中心とした取組みを展開している．これらの取組みやその効果については，今後情報発信を行う予定である．

また，別の取組みとして「環境省熱中症予防情報サイト」を開設し，熱中症に対応するために熱中症リスクを示す指標の 1 つである WBGT の情報提供を平成 18 年度から実施している．このサイトでは，全国約 840 地点の WBGT の実測値，予測値等の情報提供を行うほかに，CSV 形式やメール配信による情報提供を行うとともに，暑熱環境形成のメカニズムや HI の適応策の具体的な対策技術の紹介等も行っている．

(なお，本項は，ヒートアイランド対策大綱，平成 25 年 5 月，国土交通省 HP「国土交通省ヒートアイランド・ポータル」，URL　http://www.mlit.go.jp/sogoseisaku/environment/sosei_environment_mn_000016.html，環境省 HP「ヒートアイランド対策（熱中症関連情報を含む)」URL　https://www.env.go.jp/air/life/heat_island/index.html をもとに，取りまとめたものである)

東京都のヒートアイランド対策

大都市がすすめる施策は

3B

1. 東京都のヒートアイランド対策の変遷

東京は，国や他の地方自治体に先駆けてHIに対する施策を掲げてきた．2002年1月に改定した「東京都環境基本計画」の中で，都区の取組みを強化すべき5つの戦略プログラムの1つとして，HI対策を位置づけた．その後，表1に示すとおりヒートアイランド対策ガイドラインの策定やドライミストやクールルーフなどのHI対策促進への補助事業に加えて，市民向けのシンポジウムやホームページの作成など情報発信を行っている．

2008年3月に策定した環境基本計画においては，「より快適で質の高い都市環境の創造」を目指し，緑の創出やうるおいのある水辺環境の回復と合わせて，熱環境の改善を掲げている．このことは引き継がれ，2020年の東京オリンピックに向けて，熱環境の緩和と水と緑に囲まれ環境と調和した都市の実現を目指している．

ここでは，東京都がこれまでHI対策として行ってきた具体的な取組みについて紹介していく．

2. 東京都のヒートアイランド対策取組み方針

2002年の環境基本計画においてHIを主要な問題として位置づけた後，2003年3月に策定した「ヒートアイランド対策取組み方針」に掲げた環境に配慮した都市づくりの推進，総合的な政策の展開，最新の研究成果を取り込んだ政策の展開の3つの方針をもとに，以下の政策を進めてきている．

（1）都における率先行動　道路の保水性，遮熱性舗装の促進や都施設の緑化などを進めている（表2）．

表1　東京都のヒートアイランド対策の変遷

平成14年 （2002年）	東京都環境計画　策定
	ヒートアイランド対策推進会議を開催
	都議会議事堂屋上の緑化施設完成
	ヒートアイランド対策取組方針の策定
平成15年 （2003年）	ヒートアイランド現象を緩和する建築資材・塗料製品の性能評価試験に関わる試験体の募集
平成16年 （2004年）	屋上緑化・建築資材についてヒートアイランド現象の緩和効果の検証を実施
	ヒートアイランド対策シンポジウム～熱汚染への挑戦に向けて～を開催
	「どうしてこんなにあついの？」ヒートアイランド現象をキッズページに掲載
平成17年 （2005年）	「熱環境マップと推進エリア」「ヒートアイランドを探る」HP掲載
	ヒートアイランド対策シンポジウム～緑と風を活かす～を開催
	ヒートアイランド対策ガイドラインを作成
平成18年 （2006年）	壁面緑化ガイドラインを作成
	都施設の壁面緑化モデルが完成
	ドライミスト装置事業者支援
	クールルーフ推進事業の公募
	ヒートアイランド対策シンポジウムの開催
	ヒートアイランド対策の推進事業開始
	「ヒートアイランドはやわかり事典」を作成
	クールルーフ推進事業シンポジウム開催
	屋上緑化推進セミナーの開催
平成19年 ～（現在）	都区市によるヒートアイランド対策事業

表2 対象となる公共施設と推進すべき対策

取組み対象となる公共施設		推進すべき対策
構造物等	道路（23区内）〈面積〉都道：2,075 ha〈街路樹〉街路樹延長：759 km	車道舗装の対策・保水性舗装・遮熱性舗装歩道舗装の対策・透水性舗装緑陰の創出・街路樹の再生・街路樹の整備
	公園（23区内）都立公園：46公園海上公園：42公園	公園面積の拡大舗装面対策・透水性舗装・保水性舗装・緑化舗装緑陰の創出水面の保全
	河川一級河川：631 km（都管理分）二級河川：80 km計：711 km運河東京湾内40運河：約58 km	機能の維持、確保緑化の推進管理用道路の舗装対策・透水性舗装水面の保全
建築物	公共建築物（23区内）都営住宅、都営学校、その他都事業所	屋上緑化の推進人工排熱の対策被覆の対策

図1 熱環境マップ

(2) 民間と共同した施策の推進　2005年に作成した熱環境マップ（図1）とヒートアイランド対策ガイドラインの提示による地域特性に応じた建物の新築や改築時の対策の推進，ミストやクールルーフの設置事業者に対する支援，大規模開発におけるガイドラインの策定等を実施している．

(3) 施策に直結する調査研究の推進　METROS観測網の構築とそれによるきめ細やかなモニタリングの実施，屋上緑化や高日射反射率塗料によるHI緩和効果の実証実験や数値解析による対策効果の予測を行っている．

3. 東京都環境基本計画でのヒートアイランド対策

2008年度に発表した東京都基本計画では，これまでの対策に加え「10年後の東京」の実現に向けた取組みとの整合性を図り，おおむね2016年に向けた目標設定を行う

表3 東京環境基本計画（2008年）でのあるべき姿・目標

- 市街地の中に豊かな水と緑が回復し，風の流れや都市内の微気候に配慮した都市づくりが進んでいる．パッシブなエネルギー利用や省エネルギー化，被覆の改善などが進み，ヒートアイランド現象が緩和され，真夏日や熱帯夜の日数が減っている．
- アスファルトやコンクリートに覆われていた地表面が，緑などの自然に近い被覆状態に替わり，緑の緑陰などで涼しさを感じる場所が多く形成され，真夏でも快適に歩けるまちとなっている．

表4 東京環境基本計画（2008年）での中短期的な目標

- 2016年に向けて，新たに1,000 haの緑を創出
- 2016年に向けて，街路樹を100万本に倍増
- あらゆる手法を駆使して，既存の緑を保全
- 2016年までに，ヒートアイランド対策推進エリアの全地域で，被覆状態の改善や排熱の減少，風の道の形成などにより，熱環境の改善がなされている．また，多摩地域の市街地においては，現状に比べ熱環境の悪化が防止されている．

とともに，長期的な展開を見据えた取組みを進めている．

その中で，HI現象の緩和に向けて，地球全体を視野に入れた気候変動対策，水と緑空間の回復を目指す緑の都市づくりとともに，東京を維持可能な都市として再生させる総合的な環境政策の一環として位置づけられている．具体的な「あるべき姿・目標」と「中短期的な目標」は，表3，4が示すとおりである．

4. 目標の実現に向けた施策の方向

HI対策には長期的で継続的な取組みが必要であるため，水と緑の空間の回復を目指す緑施策の展開，エネルギー利用のあり方を展開する気温変動対策の推進とともに，都市内での排熱の抑制や局地的な気候に配慮した建築や市街地整備，地表面の蒸散機能の向上など，熱環境対策の視点を都市づくりのあり方に内在させた形で取組みを進める．同時に，HI現象が強く現れている地域などでは集中的な対策を実施する．

具体的な施策の方向性は以下のとおりである．

(1) 多様な手法による対策(気候変動対策，緑施策とともに進める対策)

都市排熱の軽減/熱環境対策としての緑化の推進/被覆対策の推進

(2) 都市づくりとともに進める対策

熱環境を配慮した都市構造への転換/地域特性を踏まえた対策

5. 市街地における豊かな緑の創出

HI対策の重要な手法である緑の保全と創出については，新たに1,000haの緑を創出すること，街路樹を100万本に倍増すること，既存の緑を保全することを軸に，目標を立てて進めている．

具体的には，表5に示す緑の保全・創出策とともに，都民，企業など社会のあらゆる主体からの緑のムーブメントの推進を進

表5　緑の保全と創出の対策

・緑化計画書制度・開発許可制度の強化
・既存建築物における緑化の推進
・緑化の質を評価する制度の導入
・既存の緑の保全とネットワーク化
・学校校庭の芝生化
・街路樹の倍増
・水辺の緑化
・都市公園・海上公園の整備
・すきま緑化

表6　都市づくりにおける共通配慮事項

地域の微気候への配慮	都市開発等に当たっては，地域の微気候を十分検討し，風通しや日射の確保・遮へいを考えた施設立地，計画を立てる．
排熱の抑制	開発における排熱のレベルを極力抑制する．排熱量の多い地域（熱環境マップ参照）においては，特段の配慮を行う．
緑化	緑化を積極的に進める．人工地盤上や壁面の緑化，駐車場などの空間の緑化も積極的に進める．
被覆対策	舗装の種類に配慮し，保水性のある舗装や蓄熱の少ない舗装の使用に努める．
風の道への配慮	歩行者空間の快適性を考え，緑陰や庇（ひさし）を作る，舗装の種類を考える，適度な風通しを確保するなどの対策を取る．

める取組みを促すなど，様々な視点から緑化の推進を行っている．

6. 都市づくりのヒートアイランド対策の配慮方針

都市づくりにおいて環境の配慮指針を「共通配慮事項」，「地区別配慮の指針」，「事業別配慮の指針」の3つに分けており，HI対策に関しては次のとおりとなっている．

「共通配慮事項」は，都市づくり全般を対象とした配慮事項で，表6の項目が挙げられている．「地域別の配慮指針」については，「東京都の新しい都市づくりビジョン」

表7 地域別のヒートアイランド対策の配慮の指針

【センター・コア再生ゾーン】
・現にヒートアイランド現象が顕在化、深刻化している地域であることから、共通配慮事項にあるような対策を、積極的に推進する。
・ヒートアイランド対策推進エリアでは集中的な対策を進める。

【東京湾ウォーターフロント活性化ゾーン】
・水辺に特有な風環境を活かしてヒートアイランド対策を進める。

【都市環境再生ゾーン】
・東部の河川沿い、多摩川沿いの地域では、海からの風や、河川沿いの風の通り道を確保するように、風害にも配慮しつつ、構築物や緑の配置・規模を検討する。
・今後ヒートアイランド現象が深刻化するおそれのある地域であることから、既存の緑の保全など、予防策を講じていく。

【核都市広域連携ゾーン】
・既に市街化が進行している地域では、共通事項に挙げる対策を積極的に推進する。
・河川沿いの地域では、河川沿いの風の通り道を確保するなど、風害にも配慮しつつ、風環境を活かした構築物や緑の配置・規模を検討する。
・今後、ヒートアイランド現象が深刻化するおそれがある地域であることから、既存の緑の保全など、予防策を講じていく。

【自然環境保全・活用ゾーン】
・地域の緑等が有するクールスポットとしての機能の維持に努める。

表8 主なヒートアイランド対策に関わる事業別配慮の指針

【交通系施設整備】
・建築物等を整備する場合には、風の流れや日射の状況等、地域の微気候に配慮する。
・緑化を推進し、緑陰の確保や、蒸散作用が発揮されるようにする。
・保水性舗装や遮熱性舗装の実施、駐車場や鉄道敷の芝生化など、熱環境を緩和する地表面被覆の使用に努める。
・歩行者空間については、特にその快適性に配慮して対策を講じる。
・特にヒートアイランド対策推進エリア内では、上記の対策を積極的に行う。

【河川・運河等整備】
・川沿いの風の通り道に配慮して整備を行う。
・河川の熱環境緩和作用を活用するため、水辺の緑化に努める。

【商業・業務系施設整備、集合住宅・住宅団地等整備等】
・アスファルトやコンクリート等の舗装部分を極力減らし、保水性のある舗装を採用するよう努める。
・緑化（敷地内緑化、屋上緑化、壁面緑化等）を積極的に進める。
・ヒートアイランド対策に適した建材や、塗料等の使用に努める。
・ヒートアイランド対策に配慮した空調システムの採用に努める。
・風の通り道に配慮して建物、緑地等の配置を計画する。

に基づいた、5つのゾーン区分についての配慮指針である（表7）。さらに、様々な事業についてその特性を踏まえて、事業が環境に及ぼす影響をできる限り小さくするために配慮した指針として、「事業別配慮の指針」が挙げられている（表8）。

7. 東京都長期ビジョン

現在、2020年の東京オリンピック、さらにはその後の計画に向けて、「東京都長期ビジョン」の策定を行っている。オリンピックに向けて、マラソンコースや競技会場周辺にクールスポットの形成や選手村の緑化など選手や観客が安心してくつろげる環境の確保を目指すこと、オリンピック終了後は、大会を契機に進んだ都市緑化や熱環境対策を引き続き進めていくとともに、大会に向けた取組みが注目を集め、都内各地での暑さ対策が展開され、多くの場所で心地よく街歩きを楽しめる環境が実現していくことなどを目標として計画を進めている。
（なお、本項は、「東京都：ヒートアイランド対策取り組み方針、2003年3月」、「東京都：ヒートアイランド対策ガイドライン、2005年7月」、東京都環境基本計画、2008年3月」、「東京都：東京都長期ビジョン～「世界一の都市・東京」の実現を目指して～（2014）」をもとに、取りまとめたものである）

大阪ヒートアイランド対策技術コンソーシアム（大阪 HITEC） 3C

産学官協働で対策をひろげる

1. 設立の経緯

大阪ヒートアイランド対策技術コンソーシアムは，大阪の HI の解決を支援するために，2006（平成18）年1月に設立された産学官協働の団体である（図1）．今後，同様な発想の団体が各地に作られ，それぞれの HI 対策が進むことが期待される．ここでは，私見も含まれるがその基本的な考え方や組織，今までの活動，今後の方向性などを紹介する．

2. 大阪 HITEC の目的

大阪は，わが国の大都市の中で最も熱帯夜日数が多く，HI 対策が喫緊の課題の都市である（図2）．大阪市も大阪府もこの問題の解決を主要な環境課題に位置づけており，それぞれ HI 対策計画を作成していた．しかし，具体的な対策の展開のためには，多くの基本的課題が未解明であった．大阪においてなすべきことを考え，その条件整備や実践を支援することがコンソーシアムの直接の目的であるが，ここでの活動の成果が広く普及することによって，HI 関連技術の社会貢献を進展させるのが本コンソーシアムの究極の目的である．

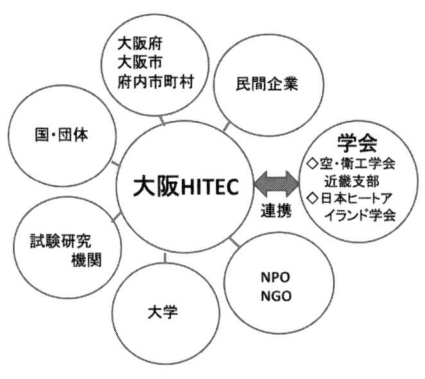

図1　大阪 HITEC の構成図

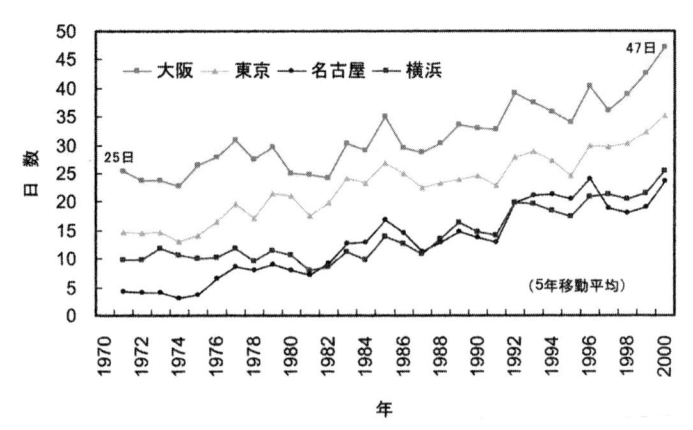

図2　熱帯夜の経年変化（都市比較）

3. 活動の方向に関する基本的な考え方

当初の基本的な考えは、「現在の HI 対策計画は不十分であり、対策技術が十分生かされない．ステップアップした対策計画を立て、それを進行管理しながら着実に実行する必要がある」というものである．ポイントをいくつか挙げよう．

(1) HI は地域が主体となって対応すべき環境問題　現在，環境温暖化問題として，HI 問題と地球温暖化問題（GW（Global Warming）問題）の 2 つがある．これらの対策計画に関し，両者が同じ枠組の中で扱われている自治体が多いようである．このとき，GW 問題に対しては国から明確な指針が与えられており，具体的に施策が構築されている．しかし，HI 問題に対しては十分ではなく，GW 対策計画の付録的で，「GW 対策の多くは HI 問題にも寄与する」的な扱いのように感じられる．HI 問題は市民に直接関係する地域環境問題であり，国ではなく，自治体が主体的に対策のあり方を考えるべきである．このような現状において，実効性のある HI 対策計画のあり方を示すことは，HI 問題の専門家にとって社会的要請のきわめて大きい喫緊の課題である．

(2) 行動目標の欠如　対策計画には当然，目標が必要である．大阪の対策計画では「2020 年までに平均気温の上昇ならびに熱帯夜日数の増加を止める（大阪市）」，「2025 年までに熱帯夜日数を 3 割減らす（大阪府）」が掲げてある．しかし，この目標は環境目標であり，実行目標ではない．また，何をどこまですればそれが達成されるのか，よくわかっていないのも問題である．なお，短期の自然変動のある気温を指標にして対策の評価をするのもきわめて難しく，現実的には不可能といってよい．

問題理解のために，GW 対策と比べるのは有益である．GW 対策計画にも，環境目標として，「たとえば産業革命以降 2 ℃ 以内」のような気温目標はある．しかし，行動目標として温室効果ガス（環境負荷）排出の削減量が設定されており，これに基づいて行動計画が立てられ，施策の実効性が評価され進行管理がなされている．実効性のある計画には，環境目標だけではなく，その実現を担保する行動目標が必要である．

(3) 大気熱負荷削減量に関する行動目標の設定　HI 問題の解決のためには，GW 問題のように，環境負荷の削減に注目した行動目標が立てられるべきである．大阪 HITEC では，HI 問題の環境負荷として都市大気への熱負荷（大気熱負荷）に注目して，それに対する定量的な行動目標を設定することを提案している．なお，大気熱負荷としては，人工排熱と地表面等からの対流熱のうち，気温の上昇に関与する顕熱を対象と考えている．潜熱も快適性等に影響するため理論的には考慮すべきであるが，定量的にはあまり大きくない[1]ことから，単純化を優先して無視している．また，大気の拡散特性の違いから，日中と夜間に分けて考える．とくに，大阪での主な対策ターゲットが熱帯夜日数の削減にあるところから，夜間の大気熱負荷削減を主対象とすべきと考えている．まずなすべきことは，都市に応じた大気熱負荷の削減目標を定めることである[2]．

なお，GW 問題と HI 問題の違いに言及しておこう．GW 問題はグローバル問題であり，環境負荷の総量が温暖化に関係すると考えてよいが，ローカル問題である HI 問題では，大気熱負荷量だけではなく，熱の拡散能も問題となる．すなわち，HI の原因には，少なくとも 2 つあり，それは「① 大気への熱負荷の増加」と「② 熱の拡散の悪化」である．② は，建物等が建て込んだ都市に生じるもので，対策としては「風の道の創出」などが考えられる．上述の大気熱負荷に対する目標づくりは，主として ① に

注目したものである．当面はこの点を追求していくが，当然，②に対する配慮も必要である．

（4）大気熱負荷削減能で対策技術の性能を比較可能にする　わが国の温暖化対策は，HIもGWも自主行動型が基本である．各セクターがそれぞれ問題の重要性を認識して，できる範囲で最大限協力するというものである．ここにおける行動計画は，「問題の重要性を知らせる情報提示」「各セクターの採り得る対策メニューの提示」「対策参加への呼びかけ」からなっている．そして，それを支援する助成制度などが政策として用意される．

自主行動型では，各セクターにアイデアを出させて，よい提案に助成が行われる．本来の対策計画では，予算内で最大の効果が発揮できるように，支援する対策群が決定されるべきである．この点に関して，HI対策技術には大きな問題点がある．すなわち，現在のHI対策技術の研究がいわゆる「科学」的研究が主流であり，各分野でそれぞれの状況に応じて行われているところにある．その結果，技術の性能において分野内評価は可能であっても，分野間評価はきわめて困難である．このような状況下では，予算のとりやすい公共分野（道路，公園緑地など）に資金が流れるのも当然の帰結であろう．とくに，温暖化対応技術には民需の中で効用をもたらすものが多い．このような技術の採用は施主の善意に期待せねばならず，普及が容易ではない．

大阪HITECでは，HI対策技術の性能を「大気熱負荷削減能」で評価し，コストパフォーマンスの優れた対策が選定されていく体制を構築すべきと考えている．いうまでもなく，温暖化問題は自主行動型対策で解決できるほど簡単ではない．今後，GW対策も自主行動型から「環境負荷削減請負型」に変わり，コストパフォーマンスの高い技術が削減を請け負っていくと考えられる．HI対策においても，同様な対応をとるべきと考えられる．

（5）制度的対応の重要性　前述したように，現在の対策は自主行動をベースにしており，いわば「善意」に期待するものである．しかし，分野によって足並みがまちまちであり，公平とはいえない．例として，わが国の基幹産業である自動車部門は，都市の人工排熱の1/4くらいを占めながら，燃費の向上くらいしかアイデアをもっていない点などを指摘できる．今後，自治体が定める大気熱負荷削減目標を達成すべく，全セクターが公平に分担する制度の確立が不可欠である．このような政策研究は，政府・自治体のみの課題ではなく，広い視野をもったHIの専門家が積極的に関与すべき大きな課題である．

なお，現在の大阪のHI対策計画は，大阪府・市共同で平成27年3月に，これらを受けて改定されている．

4. 組織（詳細はホームページ参照：http://www.osakahitec.com/）

◇メンバー構成：法人会員，個人会員，オブザーバー（大阪府・大阪市）

◇検討部会（1）対策技術検討部会（①素材関連WG，②熱有効活用・人工排熱低減WG，③クールスポット創造技術WG，④大気熱負荷評価手法WG），（2）HIに配慮した都市デザイン検討部会

5. 今までの主な活動

これまで，大阪のHI問題の緩和に寄与するために，各種活動を行ってきた．主な活動は，広報活動（ホームページの開設と更新，大阪HITEC NEWSの発行，啓蒙活動（各種セミナー，講演会の開催など），HI対策技術の評価手法の検討から認証制度の開始，大阪府のHI対策事業・環境省の委託事業への協力，HIに配慮したまちづくりアイデアコンペの実施，大阪クールスポット

100選の選定と広報，大阪府・大阪市のHI対策計画改定への提言，などを行ってきた．
　以下に代表的なものについて，概説する．
　(1) 技術評価手法の検討　　各種素材の評価手法の検討，大気熱負荷削減能による技術評価手法の検討，緑化技術のHI緩和性能の現場計測法の検討など
　(2) 技術認証制度など　　高日射反射率素材（屋根用塗装，車道を除く舗装，防水シート）を対象技術として，認証制度をスタートさせた．現在，外断熱壁面，保水性舗装については準備中である．また，認証技術に対しては，将来，大気熱負荷ベースの政策がとられたときに使用できる大気熱負荷削減量の認定値も付与している．なお，認証技術よりも簡易な，(仮称)推奨技術制度も検討しており，多面的に関連技術の推進を考えている．
　(3) 大気熱負荷削減予測ソフトの開発　　地面と建物を含む面的開発の大気熱負荷予測プログラムを開発し，各種対策技術を適用したときの大気熱負荷削減量が求められるようにした．
　(4) HIに配慮したまちづくりアイデアコンペ　　隔年で「大阪の夏を涼しく」「大阪の夏を快適に走る（大阪世界陸上大会の協賛）」「大阪クールネットワークの創造」のテーマでコンペを3回行った．表彰式を兼ねて，展示会とシンポジウムを行い，アイデアの公開と啓蒙活動を行っている．
　(5) 大阪クールスポット100選　　身近にあるクールスポットを発見し，屋外での活動を楽しむことによって今後のHIに配慮したまちづくりを考えるきっかけづくりとして，119か所を選定し，ホームページに公開している．この活動成果は大阪府の環境政策の一環として「大阪府の緑のクールスポット」にも活かされている．
　(6) 府・市のHI対策計画に向けた提言　　国のHI対策大綱の改定を受けて行われる大阪府・市のHI対策計画の策定に向けて，提言を行った．ここでは，項目のみを示す．
◇HI対策計画においては，行動目標を立てた一歩進んだ計画とすべきである．
◇対策は行動目標をベース情報としたできるだけ定量的なものとして，着実な大気熱負荷の削減が進む構造を実現すべきである．
◇対策推進にあたっては，大阪HITECで開発した大気熱負荷プログラムや，認証制度を活用すべきである．
◇緩和策だけでなく，適応策にも十分な配慮をして，健康・快適な都市空間の創造を目指すべきである．
◇HI対策は，GWの適応策としての位置付けも重要であり，「都市住民がGWによって劣悪な環境に居る」という視点から，対策推進を考えることも重要である．

6. 今後の展望

　大阪HITECを立ち上げたときは，政府によってHI対策大綱が作られたときであり，大きな盛り上がりがあった．しかし，依然としてHI問題は未解決であり，適切な計画の下で，関連技術者等が社会貢献できる余地はきわめて大きい．大阪HITECは，日本一のHI都市大阪を場にして，技術の向上や関連する情報設備を図って対策推進を支援し，日本のみならず世界にモデルを提供したい．具体的には認証制度の充実，例えば単一技術の認証からシステムの認証へと広げることなどを考えている．また，コンソーシアムの経済基盤の確立，産学官の連携の強化も現実的な大きな課題である．

☞ 更に知りたい人へ
1) 空気調和・衛生工学会編：ヒートアイランド対策，オーム社，18，2009
2) 同上，174

大阪中之島 eco2（エコスクエア）連絡協議会　3D

まちづくりを民間主体のグループで

1. 大阪・中之島の特徴

中之島（大阪市北区）は，北は堂島川，南は土佐堀川に挟まれた東西約 3km の細長い中洲で，江戸時代には経済の中核を担う諸藩の蔵屋敷が並び，「天下の台所」と呼ばれた地区である．現在は官公庁，図書館，美術館をはじめ，銀行やホテル，会議場，大企業のビルが立ち並ぶ「水都大阪」のシンボルアイランドと位置づけられている（図1）．

この東から西に流れる2本の川は，夏の日中には西の大阪湾から潮風を運び入れる「風の道」となり，夕刻になれば公園や遊歩道で，涼を求める人々でにぎわうまちづくりが進められている．

2.「官」主導型のモデル事業

2004年度の大阪府ヒートアイランド対策モデル事業には，高反射ガラスパネルや屋上緑化など複合的な HI 対策を取り入れた「関電ビルディング」が採択されたことに続き，2005年には，大阪駅周辺・中之島・御堂筋周辺地域が，内閣官房都市再生本部の「地球温暖化対策・ヒートアイランド対策モデル地域」に選定され，河川水を利用した地域冷暖房，鉄道の整備にあわせた公園・緑の整備など，水都大阪の特性を活かした対策が集中的に実施されることとなった．

3.「民」による「都市ビジョン」

「官」によるモデル事業や都市計画が，一定の成果を出したとしても，事業対象の建物以外への広がりや，所有者が替わり各種対策の継続実施が困難になるなどの懸念がある．しかし，中之島全体のまちづくりによって地域のブランドが構築されることは，企業にとって大きな魅力となる．中之島に土地を所有する企業の有志らは，再開発等で結成された2つの協議会をベースに，2004年「中之島まちみらい協議会」を設立し，2005年度には「大阪中之島の都市ビジョン」を策定，「環境に配慮した都市再生の推進」として，河川水を利用した地域熱供給，屋上・外構緑化，保水・透水性舗装の推進，公共交通の充実，歴史的建築物ストックの再利用が，具体的課題として取り上げられた．2014年時点の「中之島まちみらい協議会」の会員企業は30社で，「民」によるまちづくりへの意思表示は大阪商人の気風を受け継いだものといえよう．

図1　中之島の西端（大阪市北区，2006年時点）
写真左の堂島川と右の土佐堀川に挟まれ，東西に細長い中洲で，オフィスビルが立ち並んでいる．
（写真提供：関西電力（株））

4. 大阪中之島 eco2 連絡協議会の発足

「民」によるまちづくりの機運が高まる中，2009年5月には，環境面に焦点をしぼった組織として，関西電力（事務局）の呼びかけにより，地域の企業や行政，大学等で構成する「大阪中之島 eco2（エコスクエア）連絡協議会」が設立された（図2）．環境に配慮したまちづくりは地域全体で取り組むことで効果が増大すると期待し，この協議会において産官学民の関係者が意識を共有し，一体となって様々な対策に先導的に取り組んでいける情報を発信して，他の地区もリードしていけるような活動を行うプラットフォームをつくりあげた．

設立以後，一定の頻度で各企業から環境対策の紹介，行政による計画や制度の説明も含めて，情報交換・情報共有が行われている．

5. 「民」がつくった「都市ビジョン」

中之島 eco2 連絡協議会は，2010年12月，「中之島環境ビジョン―中之島が先導し世界に発信する環境まちづくり―」を作成した．「環境先進都市・中之島としての取り組みの実践」を基本理念とし，表1に示す目標と取り組みを掲げている．

さらに図3のような「建物からまちレベルへ」実践を広げる方針を示している．

6. 緑と水の豊かな空間形成によるクールシティの実現

特筆すべきことは，HI を目標の1つとして取り上げ，
(1) 建物単位
(2) 街区単位
(3) 中之島全体

eco2とは…
eco × eco = (eco)^2
エコの相乗効果
eco square
エコの面的な広がり
ecology & economy
得するエコ
effective CO_2 reduction
効果的・効率的な低炭素化

図2

表1　中之島環境ビジョンに示されたまちづくりの目標

目標	取組み内容
(1) エネルギー ―低炭素エネルギー活用都市の実践―	高効率機器の導入，河川水の温度差などの未利用エネルギーを活用した空調による省エネ・省 CO_2，再生可能エネルギーや風の道の活用　等
(2) 交通 ―低炭素型の交通システムの構築―	電気自動車等の導入，公共交通機関の利用促進，コミュニティサイクルや電気自動車のカーシェアリング　等
(3) 緑・水 ―緑と水の豊かな空間形成によるクールシティの実践―	屋上・壁面・敷地内の緑化，ドライ型ミスト散布，保水性建材の導入，打ち水の実施，水辺空間・親水空間の創出　等
(4) ライフスタイル ―環境まちづくりの実践の場づくり―	ゴミの減量化やリサイクルの推進，環境意識の醸成，感覚環境*の整備のための川を生かした景観整備や光による夜間景観の演出　等 *かおり，音，光，熱といった人間が感覚を通じて感じる環境のこと
(5) マネジメント ―環境に配慮したマネジメントシステムづくり―	ビルエネルギーマネジメントシステム（BEMS）の導入，街区でのエネルギーマネジメント　等

```
建物  ・個々の「建物」単位での取組みを出発点
      ・しかし都市における環境問題は個別対策だけではなかなか成果が現れないという問題

街区  ・建物単位から「街区」単位へと取組みを広げる
      ・個別には取り組み得ない対策も行うことで，単なる個別対策の集積にとどまらない大きな効果を得る

まち  ・さらに中之島では，街区単位にとどまらず，中之島全体の「まち」レベルにおいて，産官学民すべての関係者より，環境まちづくりを実践していく
```

図3　建物から街区へ，街区からまちへの，実践の広がり

の3つのレベルごとに取組み内容が掲げられていることである．

(1) 建物単位　建物建設時には環境性評価を行いつつ，屋上・壁面・敷地内の緑化にミスト散布（噴霧）等を組み合わせて，HI現象の緩和を図るとともに，潤いのある空間の創出を図る．

(2) 街区単位　低未利用地等の積極的な緑化や，歩道における保水性舗装の導入，水辺空間・親水空間の創出により，HI現象の緩和を図るとともに，潤いのあるまちの創出を図る．

(3) 中之島全体　緑のネットワーク化，水辺空間・親水空間の創出，そしてその緑と水のネットワークによる風の道を形成することにより，HI現象の緩和を図るとともに，魅力的な緑と水の豊かな空間形成を推進し，クールシティの実現を目指す．

個々の具体的な取組みイメージの事例として，大阪市役所の屋上緑化，関電ビルの駐車場緑化，梅田ダイビルの壁面緑化，国立国際美術館の親水空間等が挙げられる．

街区単位では，中之島通の保水性舗装をはじめ，中之島三丁目共同開発第3期工事の「北西広場（約3,300 m²）」は，「花・緑・水・光」をテーマにした「中之島四季の丘」として2013年に公開された（図4）．

中之島全体としての取組みの実施主体は行政であり，中之島公園の遊歩道や親水空間の整備，護岸緑化などが挙げられるが，

図4　街区単位の事例：中之島四季の丘（中之島三丁目共同開発北西広場）

「民」の示す理想のまちの全体像として描かれているところに，大きな意味がある．

また，エネルギーに関する取組みでは，街区単位での河川水熱利用，昼光利用，自然換気の仕組みが既に実現しており，中長期的な中之島全体の取組みとして，建物更新・開発時には，海風が通り抜けやすいよう考慮することまで取り上げている．

「民」としてこの協議会が取りまとめた「中之島環境ビジョン」の策定，積極的な情報発信・情報共有などの活動が評価され，豊かな環境づくり大阪府民会議と大阪府による2011年度「おおさか環境賞」奨励賞を受賞した．

7.「民」によるマネジメント

中之島まちみらい協議会において，「環

境」の他，様々なまちづくりの課題に取り組む「まちづくり分科会」が組織されている．環境まちづくりのさらなる推進のため，中之島eco2連絡協議会の事務局を，この「まちづくり分科会」が担うことになった．

現在の中之島eco2連絡協議会の構成メンバーは，中之島まちみらい協議会の構成会社に加え，関西電力グループ．日建設計総合研究所，北港観光バス，NPOエコデザインネットワーク等である．

オブザーバには，経済産業省，国土交通省，環境省の各地方事務所，大阪府，大阪市のほか，大阪ヒートアイランドコンソーシアム（HITEC）が，アドバイザーには大阪大学が入っている．

なかでも中之島まちみらい協議会は，中之島のまちづくりに"思い"をもっている大きな組織であり，環境面で機動的にアクションを積み重ねる中之島eco2連絡協議会から，まちづくり全体をテーマとする大きな組織へフィードバックすることで，実現への足掛かりを確固たるものにする役割がある．

「中之島環境ビジョン」に描かれた目標に向かって実践するのは個々の企業・事業者であり，協議会が主体的に事業実施するものではない．政策ビジョンであれば一定期間ののち，定量的な指標で評価されるものであるが，このビジョンは「『成長を続けるビジョン』として深化を進めていく」としている．

目標の1つである「環境に配慮したマネジメントシステムづくり」については，建物単位はもちろん街区単位でも熱配給などでマネジメントが進められているところであるが，中之島全体では定量的な目標の設定や，守秘義務が求められるデータの収集までは至っていない．

そこで，タウンエネルギーマネジメントシステム（TEMS）の構築を意識しつつ，まずは，データを収集するためのプラットフォームとなる組織づくりを行うことが，現在の環境ビジョンの実現可能な目標となっている．

大規模な再開発ですべてが更地になって新しい開発が始まるまちと異なり，大きな敷地・建物が，個々の事業者により次々更新されていく中之島では，まち全体のデータ収集や，合意形成を求めるのは困難なところがある．

しかし，昔の蔵屋敷の区分が広大で，他の地域に比べて，現在も地権者は少なく，面積が定まった「中洲」という特徴もあって，まちづくりの考え方も全体にいきわたりやすいメリットがある．

既に周辺地区の再開発でも，中之島ブランドの効果が波及しており，将来の，「民」の集合体としてのマネジメントシステムの構築は，他の地区を先導する事例として期待されよう．

☞ 更に知りたい人へ

1) 建築電力懇話会広報部会：建築とエネルギー，**39**，2009
2) 大阪中之島eco2連絡協議会：中之島環境ビジョン―中之島が先導し世界に発信する環境づくり―，2010
3) 中之島まちみらい協議会：魅力活力創造都市・中之島，2011
4) 関西電力株式会社：環境レポート2012 低炭素社会の実現に向けた挑戦，2012
5) 三島憲明：中之島の環境まちづくり，おおさか市民環境大学2013講演資料，2013

なんばパークス

商業施設における立体緑化

3E

1. 設計概要

なんばパークスは，大阪市の市街地に立地し，高層のオフィス棟と低層の商業棟から構成されている．大阪球場が解体された後，2003年10月に第1期部分，2007年4月に第2期部分が建てられた．商業棟は，地上10階，地下4階建てで，屋上部分は約1万m^2の段丘状の人工地盤になっている．屋上の緑化面積はその約半分の5,300m^2であり，回遊式の庭園となっている．植栽は，中高木を中心に約300種，約70,000株の植物が植えられている．設計段階より，地域の生態系を考慮し，バードネットワークや，トンボやチョウなどの生育環境に配慮した湿地や雑木林が配置されている（図1, 2）．

2. 屋上庭園「パークスガーデン」

庭園内では農薬をまったく使用せず，手作業で害虫駆除を行うなど，生態系に配慮した植栽管理を実践している．とくに屋上庭園には多くのレストランが面しており，テナントの理解のもと安全な空間づくりに取り組んでいる．そのため，駆除されなかった毛虫がチョウとなって来訪者の目を楽

なんばパークス外観

上空からのガーデンの様子（1期開業時）

2005年7月  　　　　　2011年8月　　　　　魅せる管理
成長する緑　　　　　　　　　　　（営業時間内の維持管理作業）

図1　なんばパークスの概要

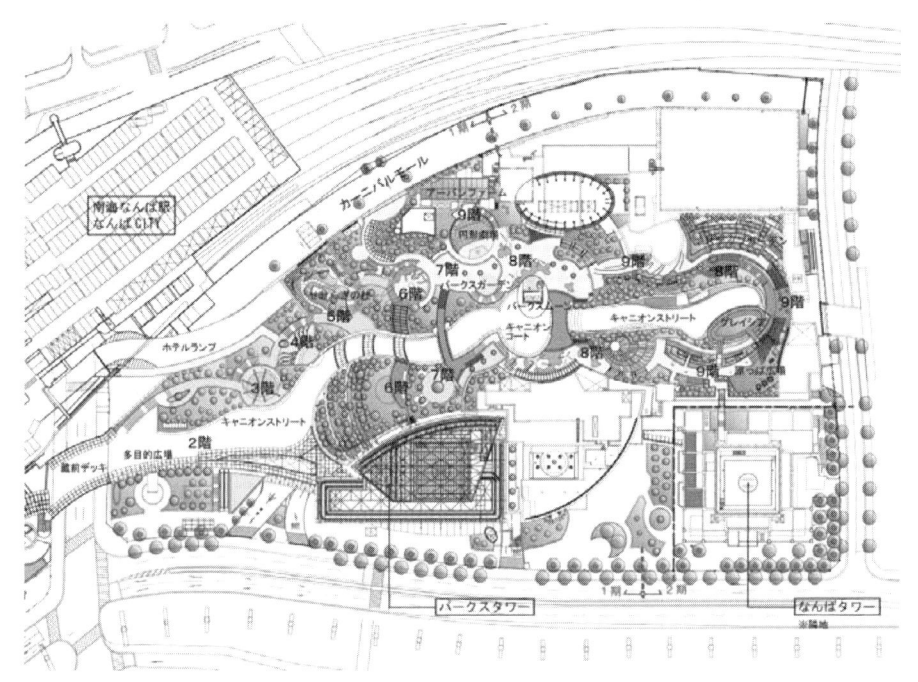

図2　なんばパークス全体配置図

しませたり，それらが好む柑橘類を植えたりするなど，生きものと共生する維持管理を進めている．また，剪定や花の植替えなどを営業時間内に行い，管理者が直接お客様とコミュニケーションする「魅せる管理」を進めている．これにより，緑地の付加価値を高め，地域の活性化に役立てている．

3. ヒートアイランド緩和効果

大阪のミナミ地区には，上町台地西端の斜面緑地，天王寺公園，御堂筋の街路樹などのまとまった緑がある．しかし，なんばパークス周辺は緑が非常に少なく，孤立したエリアであった．また，繁華街が近く，昼夜の人工排熱によって日中の高温化や熱帯夜が顕著で社会問題となっている．

なんばパークスの屋上庭園は，緩やかな北向き斜面の人工地盤緑地である．中高木を中心とした巨大な緑のボリュームが，周辺地域に景観だけでなく多面的な恩恵をもたらすことが期待されている．とくに，HI緩和の効果は大きい．

サーモグラフィー画像からもその効果は明らかで，高温となるアスファルト道路や鉄道軌道，市街地の中に浮かぶクールアイ

図3　サーモグラフィー（2011年8月3日12時）

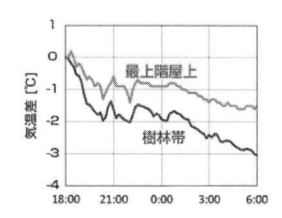

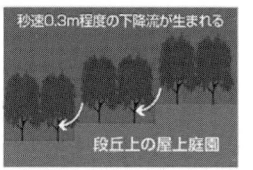

図4　18時を基準とした気温の変化（2011年7月27日〜28日）

ランドであり，表面温度は20°C近くも低いことがわかる（図3）．また，夜間には樹林帯で冷気が生まれ，周辺街区に対する冷却ポテンシャルが高いことも確認された（図4）．

4. 安全・安心な温熱環境空間

一般的に夏季の建物屋上においては，日射と照返しによる暑さで，長時間の滞在が危険であることが多い．この屋上庭園は一般にも開放されており，商業施設の利用者だけでなく，近隣住民の憩いの場となっている．こうした公共性の高い屋上空間においては，高齢者や幼児等の熱的弱者に対する熱中症対策を積極的に行う必要がある．

パークスガーデンでは，訪問者の屋外における快適性を追求するためいくつかの取組みを行っている．放射熱を減らし，訪問者の熱ストレスを軽減するため，給水型の保水性舗装をベンチまわりや展望広場の5か所に採用している（図5）．舗装内に埋め込まれた給水パイプから給水された水が，舗装表面に移動し蒸発冷却効果によって路面を冷却する．夕方以降も効果が継続するので，夏場の昼夜の快適性向上に貢献している．

温熱快適性の調査も行っている．多くの人が利用する散策路は，緩やかな下り坂であることから，買い物を終えた利用者が最上階から負担なく下ることが想定されており，代謝量（運動量）の軽減を図っている．また，西側に高層棟が隣接されており，午後の大部分の時間帯が建物の陰に入る．これにより，熱ストレスの少ない庭園内をゆっくりと散策することが可能である．

園内に用意された多くの休憩エリアは，日射のストレスが少なくなるよう植栽がデザインされている．1期開業後には，訪問者の行動と温熱快適性との関連性を調査し，利用者の視点からフィードバックを行い，2期計画の設計へと生かしている．

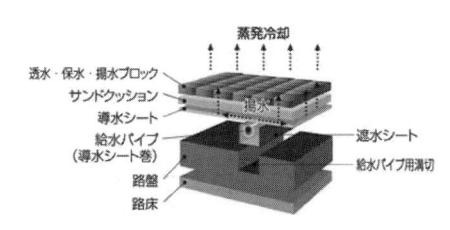

図5　給水型保水性舗装の断面図

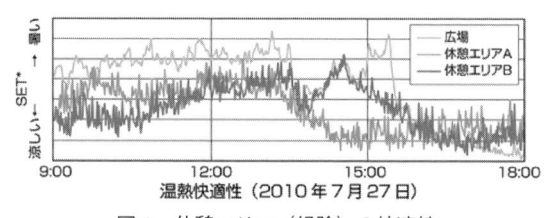

図6　休憩エリア（緑陰）の快適性

よく晴れた日に緑陰が好まれるのは当然である．一方，曇りがちな日には，多くの木々に囲まれた空間は気流感が小さく，湿度も高いことから，好まれない傾向がある．2期の休憩エリアの中では，比較的粗で，適度に遮へい感のあるステップガーデンが利用者に好まれている．また，散策路に複数配置されたパーゴラも，ウッドデッキの高温化を防ぎベビーカー利用者などに快適な歩行空間を提供している（図6）．

5. 多面的な「みどり」の評価

熱環境だけではなく，都市における人工地盤緑地の価値を最大化するために，運営管理者，設計者，研究者が一体となって様々な視点から定量評価に取り組んでいる．

都市緑地の大きな役割として，樹木によるCO_2の吸収，地域の生態系の保全や再生などが挙げられる．

都市域の街路樹や屋上緑化の樹木のCO_2吸収量は多くの場合研究例が少ないことを理由に，スギ等の人工林のデータが用いられる．しかし，都市域の樹木は，十分な土量が確保できないケースが多く，郊外の樹木とは異なる吸収量であることが予想される．そこで，実際にすべての樹木（約930本）を1年間隔で2回計測し，その生長量から1年間のCO_2吸収量を算定した．その結果，約4トン（7.55 t CO_2/ha）となり，一般的な人工林の値の約半分であった（図7）．

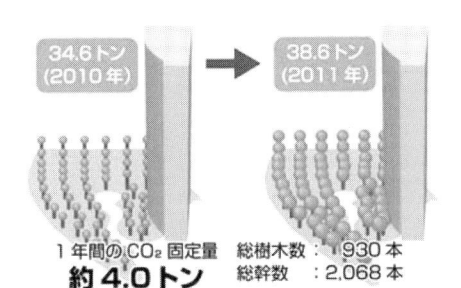

図7 樹木のCO_2固定量

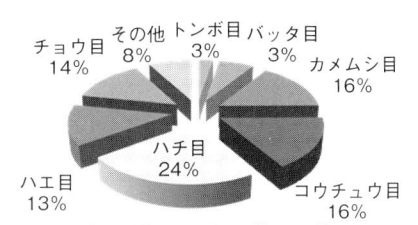

図8 昆虫類の目別の確認比率と確認種数

また，約3年間の鳥類，昆虫類の調査では，合計6目20科34種の鳥類と，12目67科152種の昆虫類が確認された（図8）．都市部の屋上緑化において確認される種数としては非常に多く，約10年をかけて，都市に生態系を再生してきたといえる．

こうした環境情報は，ステークホルダーのすべてが共有し利用が可能である．実際に，ウェブ上での発信や展示会等で地域に情報提供するなど，環境教育にも貢献している．

（各環境調査は，株式会社大林組と南海電気鉄道株式会社が共同で実施したものである）

建築物概要

名称	なんばパークス（商業棟）
所在地	大阪市浪速区
用途	複合商業施設
規模	〈建物全体〉
	敷地面積：33,729 m^2（パークスタワー含む）
	建築面積：25,500 m^2（〃）
	延床面積：243,800 m^2（〃）
	階数：地上10階，地下4階
	〈パークスガーデン〉
	屋上面積：約11,500 m^2
	緑地面積：約5,300 m^2
構造	S造，一部SRC造
発注者	南海電気鉄道，髙島屋
設計者	大林組，[デザイン協力]：ジャーディ・パートナーシップ・インターナショナルINC.
施工者	大林組，南海辰村建設，大成建設，熊谷組
竣工	[1期] 2003年10月，[2期] 2007年4月

大手町・丸の内・有楽町地区

環境に配慮した街区計画

3F

1. 大丸有地区の開発の概要

大手町・丸の内・有楽町地区（以下，大丸有地区）では，1988年に地区の民間地権者を中心に「大手町・丸の内・有楽町地区再開発推進協議会」が発足し，以来，経済，社会，環境，文化，安全・安心のバランスのとれた魅力あるまちづくりを進めることを目的として，「大手町・丸の内・有楽町地区まちづくりガイドライン」を策定している．このガイドラインは，進化するガイドラインを基本理念として，社会状況を踏まえて，「将来像」「ルール」「整備手法」等を適宜更新している（表1）．

その中で，社会的価値と経済的価値を両立したサスティナブルディベロップメントの実現を目指して，次の8つの目標を掲げている．(1) 時代をリードする国際的なビジネスのまち，(2) 人々が集まり賑わいと文化のあるまち，(3) 情報化時代に対応した情報交流・発信のまち，(4) 風格と活力が調和するまち，(5) 便利で快適に歩けるまち，(6) 環境と共生するまち，(7) 安全・安心なまち，(8) 地域，行政，来街者が協力して育てるまち

ここでは，このガイドラインに沿って，HI対策に関係する「環境と共生するまち」に関わる取組みについて紹介する．

2. 環境共生の考え方

大丸有地区は，日本経済の中枢を担うビジネス街であり，都市機能の更新に伴うエネルギー需要の増加などが予想される環境負荷の高い都市である．その一方で，皇居を中心とする水と緑に囲まれた自然環境に隣接しており，自然のポテンシャルを活用できる立地でもある．これら，低炭素化やHI対策，自然環境への配慮を進め，アメニティの向上や環境負荷低減の実現を進めていく必要がある．

そこで，地域性を活かしサスティナブルディベロップメントを実現するために，低炭素都市づくり，環境共生都市，循環型都市の3つの都市像を互いに補完・連携しながら，合理的に課題解決が図られる都市デザインを目指している．

そしてこの都市デザインを進めていくために，地区外との連携，地区全体での取組み，個別の取組みの3つの枠組で検討を進めている．

対策実施に当たっては，行政の上位計画との整合性をはかるとともに，個民協調の推進体制を堅持しながら，協議会を中心とした関係者の合意形成をより重視した環境エリアマネジメントに取り組んでいる．

3. 環境共生に向けた取組み

環境共生に向けて，表2に示すような具体的な取組みを進めている．ここでは，とくにHI対策に向けた取組みを中心に，それに関わる都市景観や環境エリアマネジメントなどについても紹介する．

(1) 低炭素都市の実現　敷地・建物単位から地域全体に至るまでのエネルギー需要の最適化や再生可能エネルギー導入の拡大，HI対策，交通・物流の最適化による省エネルギー化を進めていく．とくに，HI対策としては，以下の4つを掲げている．

① 人工排熱削減：個別な対応として電

表1 「進化する」ガイドラインの変遷

1998年 2月	「大手町・丸の内・有楽町地区まちづくり ゆるやかなガイドライン」策定 概要：本地区の地域設定，本地区の将来像，整備テーマ，整備方針，実現方策と推進方策を策定
2000年 3月	「大手町・丸の内・有楽町地区まちづくり ガイドライン2000」策定 概要：本地区の将来像の具体化（8つの目標の整理等），東京駅周辺の景観整備のイメージ，本地区の整備方針の具体化
2005年 9月	「大手町・丸の内・有楽町地区まちづくり ガイドライン2005」更新 概要：大手町まちづくりに関する記述の追加 エリアマネジメント，環境推進に関する具体化 本地区の地域の変更
2008年 9月	「大手町・丸の内・有楽町地区まちづくり ガイドライン2008」更新 概要：環境共生方針の策定，公共空間管理，エリアマネジメント活動をはじめとする「総合的なまちづくり活動の推進」の方向性整理
2012年 5月	「大手町・丸の内・有楽町地区まちづくり ガイドライン2008」部分更新 概要：災害に強いまちづくりの方向性の記述拡充，拠点の定義及びエリアの更新
2012年 11月	「大手町・丸の内・有楽町地区まちづくり ガイドライン2012」更新 概要：国際競争力強化に向けた外国企業等の積極誘致 国際観光の取組み 本地区周辺地域と連携した一体性のあるまちづくりの方向性
2014年 5月	「大手町・丸の内・有楽町地区まちづくり ガイドライン2014」更新 概要：2020年オリンピック・パラリンピック開催を契機としたまちづくりの一層の推進 国際競争力強化に向けた周辺地域との連携，常盤橋新拠点のあり方についての記述拡充

表2 環境共生に向けた取組みの一覧

低炭素都市の実現
　① 省エネルギーの実践
　② 負荷平準化（ピークカット，ピークシフト）
　③ 再生可能エネルギーや未利用エネルギーの活用
　④ スマートなエネルギーマネジメント
　⑤ ヒートアイランド対策
　⑥ 交通・物流の最適化
自然共生都市の実現
　① 水と緑のネットワーク形成
　② 生物多様性保全の推進
　③ 適切な風環境の形成
循環型都市の実現
　① 省資源の実践
　② 水資源の有効活用
環境エリアマネジメント
　① 地域全体として参加・実践を支援する仕組みづくり
　② 事業評価と段階的更新について
　③ 公民・広域連携
　④ 情報発信

子機器やエネルギー設備などからの排熱を適切に処理する高効率な機器の導入を図る．また，熱回収システムやコージェネレーションシステムなど，未利用熱を活用する設備を積極的に導入する．

　② 屋上・壁面・公開空地の緑被率の向上：建築物への屋上緑化や壁面緑化を推進するとともに，涼風を引き込む緑や，ビル風を低減する常緑樹の設置など，敷地内の空地などを極力緑化し，自然環境を形成する面的な緑のネットワークの整備を進める．

　また，これらは，HI対策としてだけではなく，緑豊かでアメニティ性の高い屋外空間の整備と積極的利用を図る．

　③ 都市を冷やす取組み：雨水，注水，地下湧水などを活用した建物外構や保水性舗装への散水設備（図1），植栽への灌水設備の整備，ドライミストや打ち水により，HI現象の適応策としてのクールスポットの創出を図る．また，Low-Eガラス，エアフローウインドウ等の建物壁面の対策や建物屋上部での高日射反射性塗料の活用を図るなど，個々の建物での対策を検討する．

④「風の道」の形成：夏季において東京湾方向より大丸有地区に流れる南〜南東からの卓越風を，主要な南北道路等に誘導し，HI 現象の緩和を促すことを検討する（図2）．

具体的には，道路に面する建物は高層部の壁面を道路境界から後退し，風の流れる空間をより大きくするとともに，道路面の保水性舗装化や散水，建物外構やビル低層部屋上への植栽等により，通路周辺の表面温度を下げ地表面付近を涼風が流れやすくなるように計画する．

また，豊かな緑地が広がっている皇居からの夏季夜間におけるにじみ出しによる冷気を，大丸有地区に導くことも検討している．

(2) 自然共生都市の実現　皇居や日比谷公園の豊かな緑環境や皇居お壕や日本橋川の潤いある水景など，水と緑に囲まれた豊かな自然環境に隣接しており，これを活かした都市景観の形成を図るとともに，アメニティの向上や生物多様性の保全など，緑の質を高める視点を重視し，緑の質・量をともに確保する取組みやお壕や日本橋川の水質改善対策への協力や親水空間の整備などを進めている．

水と緑のネットワーク形成においては，図3に示すように，主要な軸となる各通り沿いの街路樹や公開空地の緑化を進め，緑が連続する空間として一体的な整備を図るとともに，これらを皇居や日比谷公園などと連携させ，緑のネットワーク形成を進める．緑のネットワーク形成により，生活空間の日射熱の低減や適切な風環境の誘引などを図る．日本橋川沿いに緑化や護岸の親水化などを進め，人々が憩える空間形成を進めている．

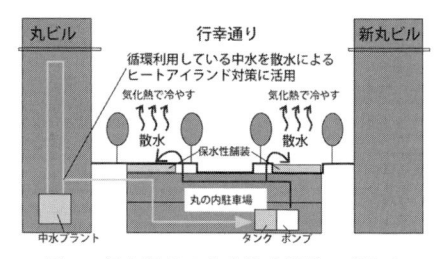

図1　行幸通りの中水散水設備の考え方

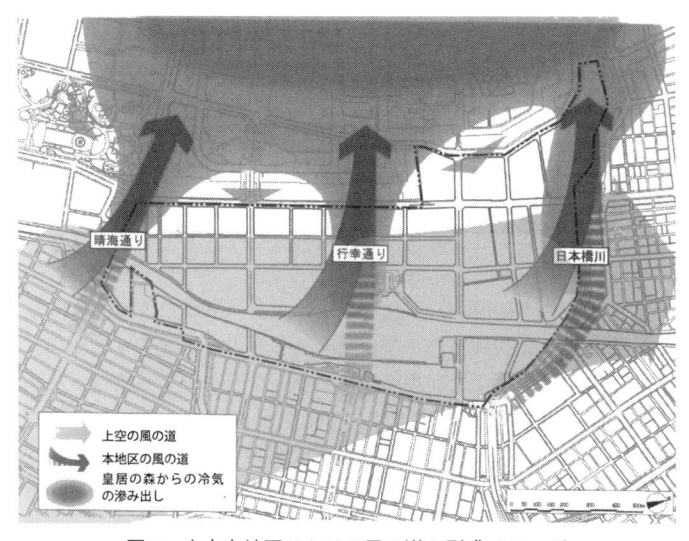

図2　大丸有地区における風の道の形成イメージ

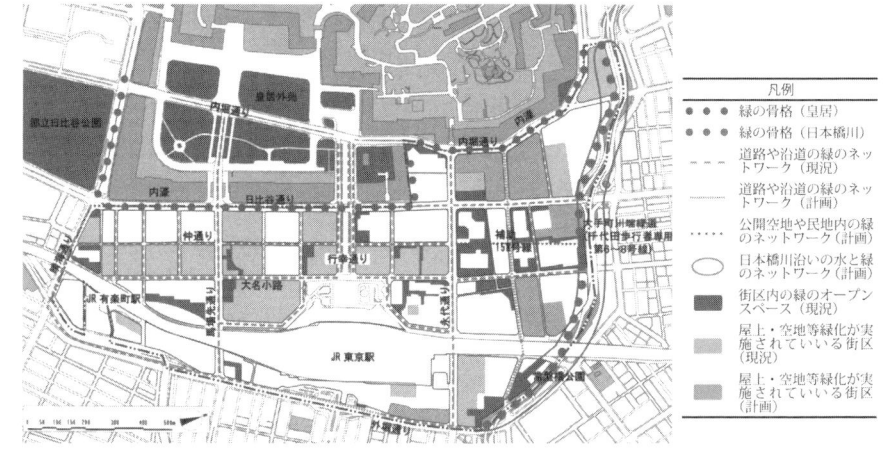

図3　緑のネットワーク

　また，生物多様性の保全に向けた取組みや快適な風環境の形成に向けてビル風を軽減するため，建物の高層部の受風面積を小さくする等の計画上の工夫や，庇や常緑の設置を促すなどを行っている．このように街区内のアメニティの向上をもたらすと同時に HI 対策につながる，複層的な都市緑化の推進を行っている．

　(3) 環境エリアマネジメント　大手町・丸の内・有楽町地区まちづくり協議会を中心に，大丸有環境共生型まちづくり推進協会（エコッツェリア協会）や大丸有エリアマネジメント協会（リガーレ）などが連携し，行政の環境施策とも整合した公民協調の環境エリアマネジメントを推進している．

　地域全体としての参加・実践を支援する仕組みづくりとして，普及啓発イベント（「打ち水プロジェクト」等），シンポジウムやセミナーの開催，技術プレゼンテーションなどの地域全体として取り組む活動の推進や，教育・啓発・交流の実践的な場づくりなど，環境に関わる文化活動として，定着と醸成を図っている．また，就業者と来街者が飲食やショッピング等の日常生活において気軽に環境へ貢献できる仕組みや，環境貢献活動を通して楽しみながら自然に参画できる仕組みを推進している．

　エコッツェリア協会などの支援組織を活用し，計画的な技術ロードマップや計画や事業の定量的，定性的評価に向けた指標づくりを検討するなど，事業評価と段階的更新を進めている．

　大丸有地区は，多様な交通の結節点であり，様々な業務機能になるビジネス街であるため，環境共生に関わる新しい技術やノウハウの開発支援や情報集積・発信のための拠点の整備なども進めている．

　このように，大丸有地区では，地区の特性を鑑みたサスティナブルデベロップメントを行っている．HI 対策もその中の1つであり，単に HI 対策だけではなく，アメニティ向上などと絡めた取組みを行っている．また，ハードウエアだけではなく，イベントの開催や情報発信を行うなど，ソフト面からの対策も積極的に行っている．
（なお，本項は，「大手町・丸の内・有楽町地区まちづくり懇談会：大手町・丸の内・有楽町地区まちづくりガイドライン2014，平成26年5月」をもとに，取りまとめたものである）

大東文化大学板橋キャンパス

自然な空気・熱の流れを重視した「環境キャンパス」

3G

1. 設計概要

大東文化大学板橋キャンパス再開発は，高密度な都市型キャンパスの建替え計画である．南側首都高速道路沿いの1号館，2号館と西側の第一高等学校は存続させ，老朽化した図書館，教室棟および体育館棟を解体し，キャンパスの中心に中央棟・図書館（図1）を配し，北側に3号館と体育館・厚生施設をつくる．それぞれの建物に囲まれた空間は緑豊かな2つの中庭となっている（図2）．

将来社会を背負う人材を育む重要な空間として，旧キャンパスのイメージを継承しつつ未来へのメッセージをもつキャンパス，また，使う人の記憶に刻まれ，愛され，使い続けられる，省エネルギー，省資源キャンパスの実現を目指した．

2. 人と環境に優しい都市型キャンパスの創造

「人と環境に優しい都市型キャンパスの創造」という全体コンセプトのもとで，「スパイン空間」と名づけた半外部の立体的交流空間が，低層の建築群を水平的につないで中庭を囲み空間相互に見る見られる関係をつくり，人と人の出会いを生み出している（図3）．

キャンパス全体の中心に配置される図書・情報センターとカフェテリアのある中央とは，すべての施設から容易にアクセスでき，わかりやすく，そして大学生活の拠点となる場所として計画されている．教室・研究室からなる3号館は，半外部のスパイン空間を軸として，外部に連続した中央廊下で目的空間を結びつけ，外から内への自然な空間の連続性を生み出している．

図1　中央棟・図書館外観（左）と図書館2階バルコニー（右）

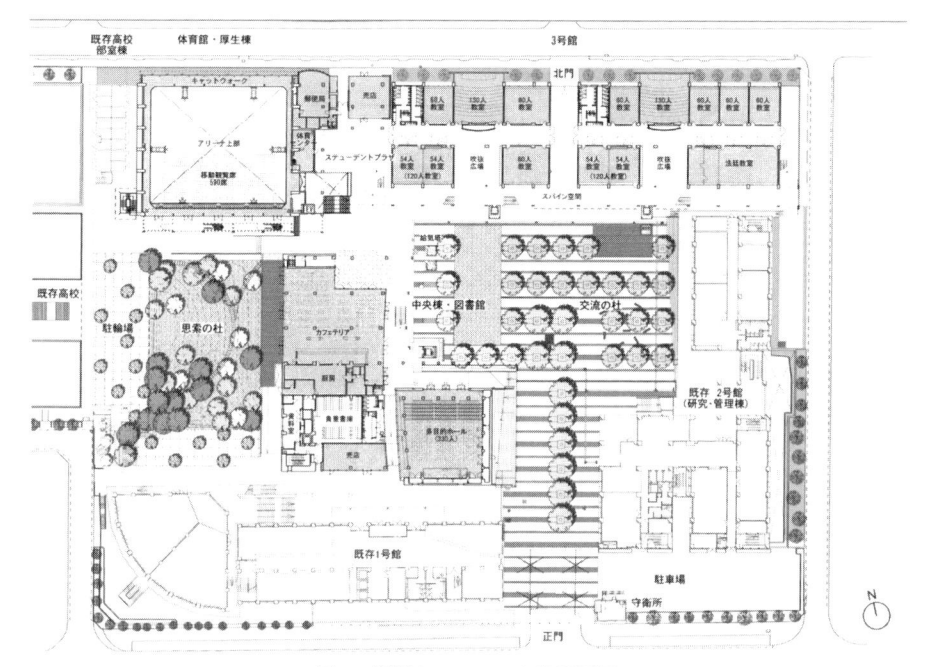

図2　板橋キャンパス全体配置図

図3　人の出会いの場であり熱や空気の流れを生み出す半外部空間（スパイン空間）

3. 環境キャンパスの設計

ここでは，HI対策に関わる省エネルギー等の建築的な対策に加え，建築物のライフサイクルに対する取組み等についても概説する．

「環境キャンパス」を実現するために全部で27項目に及ぶ様々でパッシブな手法が展開されている（表1）．とくに自然な空気・熱の流れが重要であるという視点から，建築の断面形から設備システムまで総合化された手法を用いている．主な手法は以下のとおりである．

（1）長寿命化　ユーザー参加型プロセスによる計画の遂行と，高耐久性スケルトン・更新容易な設備系統の採用により，建築の社会的かつ物理的な長寿命を図る．

（2）省エネルギー　日射熱による負荷を低減するために，開口部には深庇や布製

表1 「環境キャンパス」を実現するための27項目の環境技術

27項目の環境キャンパス方策	場所					区分	
	全体	中央棟	3号館図書館	交流の杜	体育館	建築計画	設備
長寿命							
1　参加型プロセス	○					○	
2　長寿命の構造体＋更新容易な設備系統	○					○	○
自然共生							
3　緑地形成、屋上緑化		○		○		○	
4　雨水調整池の解体建物地下利用		○				○	
省エネルギー							
5　限定的内部と半外部空間の利用		○	○	○		○	
6　風の塔利用の自然な空気の流れ		○		○		○	
7　自然換気促進制御		○		○			○
8　共同溝クールチューブ		○	○			○	○
9　高断熱・高気密木サッシ・ペアガラス		○	○			○	
10　外断熱木外壁		○	○			○	
11　躯体蓄熱、二重床外気冷暖房		○	○			○	○
12　深庇、縦ルーバー		○	○			○	
自然エネルギーの積極利用							
13　中空杭による地中熱利用		○	○				○
14　太陽光発電パネルによる立面形成			○			○	○
15　風力発電			○				○
16　雨水の中水利用		○					○
自然採光							
17　ライトシェルフ・逆アーチ天井		○	○			○	
18　調光ゾーニング		○	○				○
省資源・循環型システム							
19　木質空間の創出		○	○	○		○	
20　解体建物の地下室ガラ捨て場利用	○					○	
21　エコマテリアルの利用		○	○			○	
高効率で個室調整システムの設備系統							
22　デシカント空調		○					○
23　コージェネレーション発電システム		○					○
24　コージェネ排熱を解体建物地下水層に蓄熱				○		○	○
25　屋根裏熱還元システム				○			○
26　高効率設備		○	○				○
総合的なエネルギー管理							
27　ビルマネージメントシステム	○						○

の縦ルーバー等の対策を講じている．さらに，外断熱，木サッシ等による断熱性・気密性の高い基本躯体をつくった上で，共同溝をクールチューブとして利用したり，中空杭を使用した地中熱利用や，コージェネレーション排熱蓄熱方式により，中間期を旨とした外気導入型空調方式を実現した．また，各室の床躯体に蓄熱された熱がヒートブリッジによって失われるのを防ぐために，施工段階でシミュレーションを行い，設計時の断熱設定を修正しながら熱の流出を最小限に抑える工夫を行った．

（3）自然エネルギーの積極利用　3号館の南面と屋根面には合わせガラスの中に太陽電池セルを封入したシースルー型太陽光発電パネルを交互に配置し，セル自身が南からの夏の日差しを和らげるとともに，その隙間から冬の暖かい光が取り入れられるようにデザインされている．このスクリーンは自然エネルギーの利用だけでなく，建築空間としても明るい内部空間の創出，スパイン空間の人の動きがモアレ模様のように映し出される効果を狙っている．

（4）省資源・循環型システム　旧図書館解体に際し，コンクリートガラを地下空間に埋め戻してゼロエミッションに貢献するとともに，雨水調整池としての利用と同時に水蓄熱層に利用して3号館の外気処理用の熱源としている．

（5）自然採光　自然採光については，3号館では北側のライトシェルフで天空光を取り入れ，中央棟では逆アール天井により，外部テラスで反射された天空光を内部に導く断面形を採用し，ゾーン調光を行い照明エネルギーの省力化を図っている．

4. 環境負荷低減効果

取り入れた環境技術の中で，ここでは共同溝内を用いたクール・ホットチューブの効果について述べる．

中庭に設置された給気塔により供給された新鮮空気は，共同溝内でクール・ホットチューブ効果により冷却・昇温され，外気処理空調機へ送り込まれ，パイプダクトで各室の床下に導入されるようになっている．その空気は床を余冷（余熱）した後，ペリメーターからゆっくり室内に放出され，小さな換気口を通って中廊下の吹抜け（風の塔）をドラフト力で上昇し，上部から排出される（図4）．

これにより，空調停止以降も室温は冬で

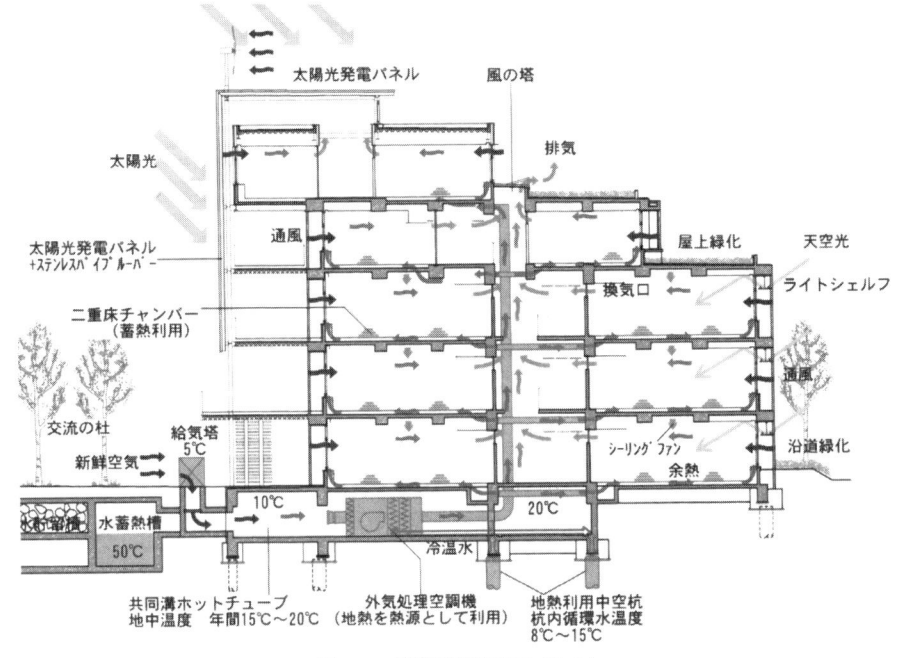

図4 3号館設備断面図（冬季）

も 12～15℃ を保っている．また，建物全体として，CO_2 の 13% 削減，1 次エネルギー換算で 38% の省エネルギーが可能となっている．

これらの建物は，建築的断面形や空間の工夫から設備系統の手法を体系的総合的に計画した実験を重ねてつくり上げた環境キャンパスであり，少子化時代の新しい価値を環境に求めた大学の考え方の支持によって後押しされて完成したものである．
（写真撮影：堀内広治）

☞ 更に知りたい人へ
1) 日本建築学会：建築雑誌 作品選集 2007, 10-11, 2007 年 3 月

建築物概要

名称	大東文化大学板橋キャンパス
所在地	東京都板橋区高島平 1-9-1
用途	大学（校舎・図書館）
規模	敷地面積：27,319.63 m² 建築面積：5,073.14 m² 延床面積：15,985.23 m² 階数　：地上 5 階，地下 1 階
主構造	中央棟・図書館　　　鉄骨造一部鉄筋コンクリート造 3 号館　　　鉄筋コンクリート造一部鉄骨造
設計者	中村勉総合計画事務所 山本・堀アーキテクツ
施工者	大林組

宮崎台「桜坂」(川崎市宮前区)

既存の自然環境を活かした住宅地開発

3H

1. 計画の概要

宮崎台「桜坂」は閑静な住宅地に位置する計9棟の住宅で構成された，戸建て住宅地である．この住宅地は，土地所有者が戦後から植樹し育ててきた里山を，定期借地権を利用し，里山の趣を残したまま開発が行われた．

全体計画としては，公道を挟み東（4棟）・西（5棟）の2区画に分けられ，住棟がクラスターを形成している．各区画には，「みち広場」と呼ばれる広場があり，その広場を囲むように住棟が配置されている（図1）．

住棟は，既存の樹木を活かすように設計されており，大きな樹冠からの心地よい木漏れ日空間が体験できるようになっている（図2）．また，この樹木は夏季の強烈な日射を遮へいし，屋外環境については快適な

図2 「みち広場」

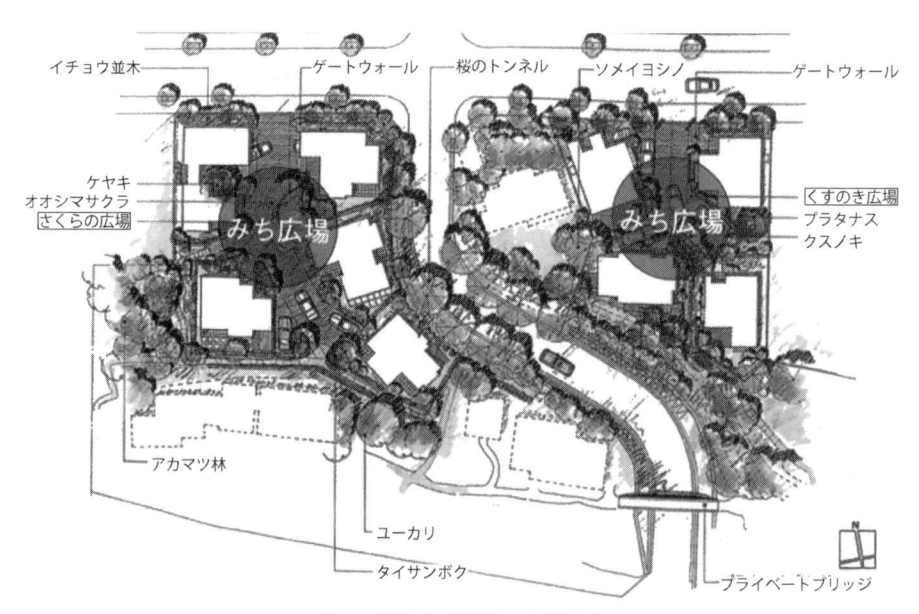

図1 宮崎台「桜坂」の配置図

微気候の形成や HI 現象の適応策，室内環境については屋根からの焼け込み対策として活用されている．

2. 開発コンセプト

緑豊かな自然のポテンシャルを活かして良質な居住環境を実現するために，以下の4つをコンセプトの柱として挙げている．

(1) 既存の地形と緑を活かした居住環境をデザイン
(2) 向う三軒両隣の意識が生まれるコミュニティをデザイン
(3) 緑を活かし夏涼しく冬暖かい微気候をデザイン
(4) 環境保全に配慮した定期借地権を総合プロデュース

この4つの柱を実現するために，「居住環境デザイン」「微気候デザイン」「微気候可視化技術」を相互に調整しながら，プレデザイン，デザイン，ポストデザインの各フェーズにおいて検討を行っている．具体的な技術と各フェーズは，表1に示すとおりである．

このプロジェクトを進めていくに当たり，単に建築工学的技術に頼るのではなく，既存の樹木を含む自然地形と調和を図りながら，居住者の環境意識の共有に基づくコミュニティ形成の促進などを新たに試みている．その中で，豊かな自然環境を活かしながら，コミュニティ形成を促すランドスケープに配慮しつつ，樹陰や通風などを考慮しながら良好な微気候の形成を目指した．

3. 既存の自然環境を活かした住宅地開発

敷地内の既存樹は，事前の現況分布調査で高木が 50 種以上約 250 本あることがわかり，開発計画に当たっては既存樹を含む自然地形との調和を図ることがメインテーマとなった．そのため，全体計画は，表2に示す8つの項目を中心に総合的な視点から計画を進めた．

建築計画としては，既存樹に配慮したゾーニングを行いながら，各住戸がコミュニティスペースとのつながりを意識した建築計画としている．また，良好な微気候が形成されるよう，既存樹の位置や隣棟配置に配慮している．

コミュニティデザインとして，数軒ごとに前面広場を設けるクルドサック方式をとることで，経年的にコミュニティ意識が高まり，好ましい居住環境が形成されることをねらっている．さらにこの広場は，高木落葉樹の日射調整効果とともに，風の通り道になるように計画し，夏涼しく冬暖かい屋外空間の形成を図っている．

4. 微気候の実測調査

本プロジェクトでは，微気候デザインが

表1 計画に用いた技術と各デザインフェーズ

技術分野と役割	技術項目	プレデザイン 1992〜95年	デザイン（建設含）1995〜98年	ポストデザイン 1998年〜
居住環境デザイン	1. 50年の定地借地権授業化			
	2. ランドスケープデザイン			
	3. コミュニティ・住宅デザイン			
微気候デザイン	1. 立地・気候特性の把握			
	2. 生態系把握			
	3. 建築外部・内部空間の微気候デザイン			
微気候可視化技術	1. 微気候設計の可視化技術			
	2. 設計効果検証の可視化技術			
	3. コミュニケーションツール技術			

各項目で検討したシミュレーション結果をもとに，設計条件を相互に調整しつつ計画を推進

住環境にもたらす影響を，実測調査を行い確認を行っている（表3）．これは，ポストデザインのフェーズとして，設計計画の確認作業であるとともに，今後の微気候デザインに資する資料となる．

図3，図4に全球熱画像収録システムと呼ばれる観測地点を囲む建物や地面の全表面温度を計測する装置を用いて収録した，「みち広場」の表面温度分布を示す．図3は落葉樹の葉が落葉している4月の正午を，図4は葉が繁茂している8月の正午を測定した結果である．図3では，日射が地面などの地物に当たり表面温度が上昇し日向ぼっこ空間を形成している一方で，図4では，樹冠が日射を遮へいし生活空間を囲む空間の表面温度の上昇を妨げ，快適な空間を形成していることがわかる．

次に，図5に住宅地の南北を通る歩道の気温と平均放射温度分布を示す．南側から北側へ吹く風は，歩道の前にある表面温度の低い林の中を通り，冷やされ，住宅地に入り込む．住宅地に入ると，日向の路面などの影響により気温の上昇が見られるが，住宅地の緑陰の効果により，住宅地に入ってきたときの気温と比べて低い温度を保ち続けている．熱的な快適性の評価指標の1つである平均放射温度（MRT）を見ても，

表2 主な全体計画

① 税制をクリアする最低限の開発戸数計画
② 既存の地形に沿った宅地計画
③ 既存樹の保存を優先した道路計画と配棟計画
④ 「みち広場」を核としたコミュニティの形成
⑤ 子供たちの安全な遊び場「みち広場」を確保
⑥ 電線類を地中埋設し景観を整備
⑦ 回遊性のある動線計画
⑧ 屋外空間・室内空間の微気候デザイン

表3 実測調査項目

微気候の実測（外部空間）	風向，風速，気温，湿度，表面温度，日射量，全球熱画像，打ち水の効果
室内気候の実測（屋内空間）	気温，湿度，窓の開閉，エアコンの電力消費，全球熱画像
生活行動調査	梅雨および盛夏期間中の生活行動調査（アンケート・インタビュー）

図3 春季のおけるみち広場の全球熱画像

図4 夏季のおけるみち広場の全球熱画像

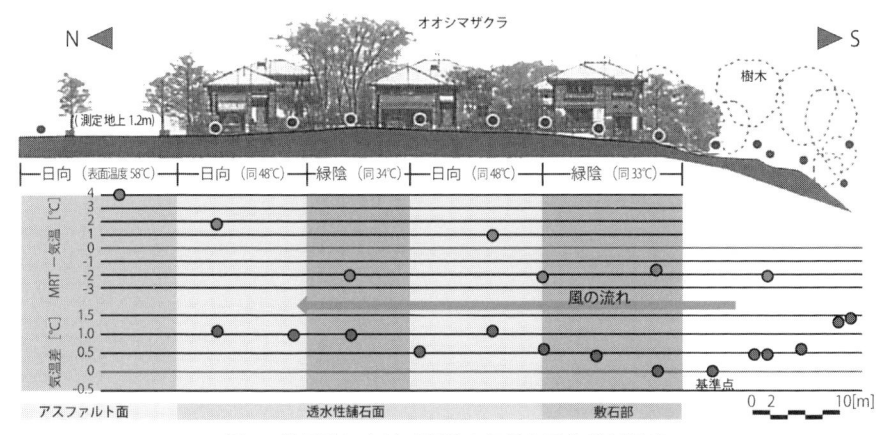

図5 計画地における夏季の気温と平均放射温度

住宅地内の緑陰空間では，気温よりも低くなっている．住宅地内の日向空間においては，樹木に囲まれている結果，住宅地の外に比べて低く保たれている．

これらの結果から，既存樹を活用し緑陰空間を意識しながら計画したことで，快適な外部空間が形成されることがわかる．

5. 良好な微気候形成による生活行動の変化

微気候デザインが居住者の住まい方など生活行動へ与える影響について明らかにするために，経年的にエアコンの使用率，窓の開閉率の調査やヒアリング調査などを行っている．

入居時には，冷房を終日使用していた居住者が，入居4年後に冷房をあまり使用しなくなったり，窓を閉め切って生活していた居住者が，頻繁に窓の開閉を行うようになるなど，開放的な生活への行動の変化が見られた．また，ヒアリング調査の結果から，窓の開放によって涼しさを得るなどの回答が得られ，冷房に対する意識の変化が見られた．また，「目で風景を楽しむことで涼を得られる」などの，自然環境と涼しさに関する回答も得られている．

建築物概要

名称	宮崎台「桜坂」
所在地	川崎市宮前区
用途	住宅
規模	2,110 m^2（計画地面積）
設計者	高澤静明　ミサワホーム（株） 栗原潤一　ミサワホーム（株） 北村健児　エム住宅販売（株） 清水敬示　（財）住宅都市工学研究所 梅干野晁　東京工業大学
施工者	ミサワホーム株式会社

このように，外構のデザインとして，既存樹を活かして，コミュニティや微気候に配慮した計画を行った結果，屋外空間に良好な環境を形成しただけでなく，住民が環境を意識し，住まい方にまで変化をもたらすデザインとなった．

☞ 更に知りたい人へ
1) 清水敬示：季節と寄り添う居を構える―先人の知恵に学ぶ微気候デザイン，創樹社，2011
2) 浅輪貴史ほか：緑の茂った戸建住宅地の屋外空間に形成される夏季の微気候に関する実測検査，日本建築学会計画系論文集 (563), 77-84, 2003

市民参加による打ち水大作戦

ソーシャルアクションが生まれる

1. はじめに

2003年にスタートした「打ち水大作戦」は,現在に至るまで10年以上継続して行われ,NPOなどの市民団体だけでなく地方自治体なども積極的に参加し,日本全国,さらには世界にまで広がっているソーシャルアクションである(図1).例えば,「打ち水大作戦」という言葉をWebで検索すると,日本各地区の自治体や企業や組合などで企画された数え切れないほどの打ち水イベントの告知のサイトに出会う.これは,この活動がいかに多くの人に受けいれられているかを物語っている.

そして,この活動は,水を撒くという,誰もが手軽にできるHI対策の取組みというだけでなく,活動への参加のプロセスを通して環境意識の向上や近隣コミュニティ再生など,様々な効果をもたらしている.

ここでは,「打ち水大作戦」の概要を説明するとともに,この活動がもたらした様々な影響について紹介する(2.6コラム参照).

2. 打ち水大作戦の概要

打ち水大作戦は,多くの人に参加を呼びかけ一斉に打ち水をし,その効果を検証していくというものである.唯一のルールは,雨水や二次利用水を打ち水に使用することであり,誰でも気軽に参加できる.

この活動のきっかけは,土木研究所の研究員が試算した,東京都区内で散水可能とされる $280\,km^2$ に $1\,km^2$ 当り $1\,L$ の水を散水すれば気温を $2°C$ 下げることができる,という結果を実証実験しようというものであった.

現在,打ち水大作戦の本部は複数のNPOの連合体として組織され,活動に賛同する企業や行政の支援を受けながら,NPOが主導的に進めている活動である.

3. 打ち水大作戦のPR活動

打ち水大作戦を広めていく上では,活動を知ってもらい積極的に参加したくなるような広報PRが重要となる.

2003年の第1回の「大江戸打ち水大作戦」を例にとると,様々な形で広報PRを行っている.具体的には,広報ツールとして,ウェブサイト,フライヤー,街頭スクリーン,手ぬぐい,ポスター,新聞広告(図2)を作成しPRするとともに,テレビやラジオなどでも数多く取り上げられアクションが広がる起爆剤となった.

それ以外にも,参加しやすい環境や活動の理解を促すために工夫を行っている.例えば,一斉に打ち水を行う時刻を正午としているのは,職場で取り組めるためである.また,名称を「打水」とせずに,「打ち水」としたのは,若い世代に正しく呼んでもらえないことに配慮したためであり,そもそも打ち水という言葉や行為がわからないことも危惧されたため,浴衣という当時再評価されてはじめていたファッションとつなげてアピールを行うなどの様々な仕掛けを行っている(図3).これらの工夫は現在でも引き継がれており,打ち水のイベントなどで浴衣で打ち水を行うスタイルは,定番となっている.

これらのPR等が功を奏し,第1回「大江戸打ち水大作戦」では,作戦本部の推計

表1 これまで行われた「打ち水大作戦」の概要

大江戸打ち水大作戦
日時：2003年8月25日（月）正午 場所：東京都23区　参加者：推定34万人
打ち水大作戦2004
日時：2004年8月18日（水）～8月25日（水） 場所：日本全国，ストックホルム　参加者：推定329万人以上
打ち水大作戦2005
日時：2005年7月20日（水）～8月31日（水） 場所：日本全国，パリ　参加者：推定770万人以上
打ち水大作戦2006
日時：2006年7月23日（日）～8月23日（水） 場所：日本全国，パリ　参加者：推定770万人以上
打ち水大作戦2007
日時：2007年7月23日（月）～8月23日（木） 場所：日本全国，モラトゥワ　参加者：推定961万人以上
打ち水大作戦2008
日時：2008年7月23日（木）～8月23日（日） 場所：日本全国，サラゴサ　参加者：推定721万人以上
打ち水大作戦2009
日時：2009年7月23日（水）～8月23日（水） 場所：日本全国，インチョン　参加者：推定613万人以上
打ち水大作戦2010
日時：2010年7月23日（金）～8月23日（月） 場所：日本全国　参加者：推定795万人以上
打ち水大作戦2011
日時：2011年7月23日（土）～8月23日（火） 場所：日本全国　参加者：推定524万人以上
打ち水大作戦2012
日時：2012年7月22日（日）～8月23日（木） 場所：日本全国　参加者：推定393万人以上
打ち水大作戦2013
日時：2013年7月23日（火）～8月23日（金） 場所：日本全国　参加者：推定393万人以上
打ち水大作戦2014
日時：2014年7月23日（水）～8月23日（金） 場所：日本全国　参加者：推定328万人以上

図1　パリでの打ち水

図2　2003年に開催された打ち水大作戦の新聞広告

によると，参加者数は約34万人であった．2004年以降には，東京だけでなく，大阪，名古屋，福岡などの自治体や民間企業でも実施されるようになった．現在では，日本全国や世界にまで活動が広がり，数百万人が参加する，夏の風物詩ともいえる大規模な市民活動となっている（表1，図1）．

図3 浴衣を着て打ち水に参加

表2 2003年「打ち水」の特設会場の詳細

打ち水開催地	参加者数（人）	打ち水の量（L）	使用した水
大江戸温泉物語（東京都江東区）	150	500	温泉の残り湯
大鵬部屋（東京都墨田区）	40	60	雨水
金春通り（東京都中央区）	200	350	銭湯の残り湯
都庁前民広場（東京都新宿区）	180	600	雨水，下水再生水

4. 打ち水の気温低減効果

打ち水大作戦による気温低減効果については，2003年8月25日正午の一斉打ち水と合わせて行った結果を紹介する．

8月25日当日においては，表2に示す4か所と重点地区とした東京都墨田区東向島地区の計5か所で，打ち水効果の計測が行われた．重点地区では，8月25日正午から打ち水が約20～25分間行われ，地区内の小学校，高校には計1,100L，商店街には1,700Lの水が撒かれた．また，国道沿いでは，散水車を用いて，約600mの間を20分かけて11,000Lの水が散水された．

同時に土木研究所の研究員と中央大学が中心となり重点地区での気温の観測が行われた．その結果，定地点により値は異なるものの打ち水前後を比較すると，打ち水後の方が，平均して0.5°C程度，低減していることが明らかとなった．

5. 環境問題への意識

打ち水大作戦は，単に気温を下げるということを目指したイベントというだけではなく，それをきっかけに環境意識の啓蒙や人をつないでいく活動へ発展した．

打ち水大作戦のガイドブックにあるように，この活動は，打ち水という日本に昔からあった風習に「みんなで気温を2°C下げる」という目標を設定することである種の『ゲーム』を創り出し，そこに面白さ，楽しさを感じさせる．この『ゲーム』に参加することで，周辺の住民と接し，さらに環境問題について考えるというプロセスを経て，多くの参加者につながり伝播していくとともに，環境問題へ意識を向け高めていくきっかけを創り出している．

平成16年～18年の3年間，東京都内の打ち水大作戦の会場で行われた参加者に対するアンケート調査（表3）によると，8割近くの人が，打ち水によって気温の低下などの熱環境が緩和されたと体感している．その上で，「打ち水をして楽しかったですか？」という質問に対して，楽しかったと85%の人が回答し，「これからも打ち水を続けようと思いましたか？」という質問に対して82%の人が続けたいと回答している．このことから，参加者の多くが打ち水の効果を体験しながら，打ち水をすることを楽しいと感じ，それを続けていきたいと思っていることがわかる．この「ゲーム」性が，打ち水大作戦が現在まで継続して広く行われている要因の1つであることが示唆される．

さらに，平成21年，22年に行われたWebアンケートで打ち水大作戦に参加した人に対する動向調査の結果によると，「打ち水をして何か生活が変わりましたか？」という問いに対して，回答者の68%が「変わっ

表3 打ち水大作戦特設会場でのアンケート結果の一例

Q. 打ち水をして涼しく感じましたか？（%）

涼しく感じた	わからない	涼しく感じなかった	無回答
85	8	6	1

Q. 打ち水をして風を感じましたか？（%）

涼しく感じた	わからない	涼しく感じなかった	無回答
78	12	8	2

Q. 打ち水をして楽しかったですか？（%）

楽しかった	ふつう	楽しくなかった	無回答
85	9	2	3

Q. これからも打ち水を続けようと思いましたか？（%）

思った	わからない	思わない	無回答
82	13	2	3

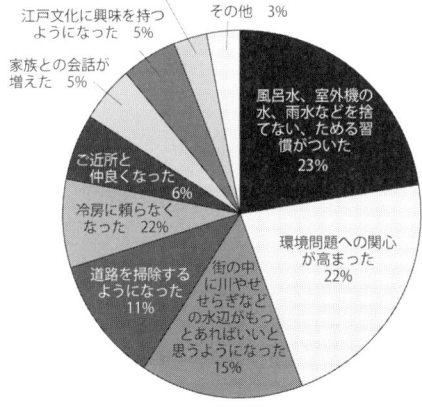

図4 打ち水を行った一般市民へのアンケートの調査結果

- 地域のボランティア活動に興味を持った・参加するようになった 5%
- その他 3%
- 江戸文化に興味を持つようになった 5%
- 家族との会話が増えた 5%
- ご近所と仲良くなった 6%
- 冷房に頼らなくなった 22%
- 道路を掃除するようになった 11%
- 街の中に川やせせらぎなどの水辺がもっとあればいいと思うようになった 15%
- 環境問題への関心が高まった 22%
- 風呂水、室外機の水、雨水などを捨てない、ためる習慣がついた 23%

た」と答え，具体的に変わったことについて選んでもらったところ，「環境への意識」や「二次利用水の利用への意識」など環境への意識の変化について45%の人が答えている（図4）．この結果が示すように，環境意識の向上にも大きく貢献していることがわかる．

6. 近隣コミュニティの再生

打ち水ということがきっかけで若者から高齢者まで白昼外に出て，一斉に水を打つという1つの目的に向かうことで，近隣コミュニティの復活につながってる．

例えば，打ち水のイベントを行う際にも，打ち水を行う際に二次利用水を用いるということを周知するにも，Webやソーシャルネットワークだけではなく，商店街や町会と協力して進めていることが多く，これをきっかけに近隣住民との交流が広がっている．

前述のWebアンケートを見ても，環境への意識が高まったという回答があるとともに，「ご近所と仲良くなった」，「ボランティア活動に興味を持った・参加するようになった」というように，環境意識の変化だけではなく，コミュニティとの関わりに関する回答が見られる．これは，このイベントが単なる環境のイベントだけではなく，近隣コミュニティの存在を気づかせる呼び水になっていることがわかる．

また，これ以外にも打ち水大作戦をきっかけに様々な取組みがなされている．打ち水の際に用いる桶やうちわなどを間伐材を使って作製，販売を行い，間伐材利用促進を促す活動や，打ち水を通して形成されたネットワークから水害のボランティア活動が生まれるなど，打ち水に限らず幅広い環境活動のきっかけを創り出している．

打ち水大作戦は，HI対策の実証実験という最初の大きな目的から，大きな広がりを見せ様々な環境活動へつながる活動であり，今後もさらなる発展が期待される．

☞ 更に知りたい人へ

1) 打ち水大作戦本部編：打ち水大作戦のデザイン，毎日新聞社，2009，「打ち水大作戦2015」，URL：http://uchimizu.jp

索　引

項目名と該当頁は太字で示す

ア 行

亜寒帯気候　10
アスファルト表面　153
アスファルト舗装　128, 254, 269
アスファルト舗装面　132, 133
アスファルトルーフィング　178
アスマン通風乾湿計　48, 51
圧力-エンタルピー線図　197
亜熱帯　7, 172
アメダス　40, 42, 66, 144
アメダス観測点密度　58
アルベド　104

イグルー　172
一次エネルギー削減効果　193
1流体ノズル　258
移動観測　59
移流現象　108

ヴァナキュラー建築　170
ウィンドキャッチ　158
ウィンドプロファイラ　61
ウエイク　39
渦相関法　62, 64
打ち水　264
打ち水イベント　266
打ち水大作戦　270, 318

エアコン　11, 23, 97, 146, 159, 226
エクセルギー　250
エコシテイ　9
エコッツェリア協会　309
エコロジカルコリドー　105
エッジ効果　8, 106
エネルギー消費　214, 244
エネルギー消費量　208, 235
エネルギー貯蔵技術　95
エネルギーフロー　222, 247
エネルギー保存則　250
エンタルピー　86, 250
エントロピー　250

オアシス効果　106
大きな樹冠の木陰はなぜ涼しいか　138
大阪中之島 eco2（エコスクエア）連絡協議会　298
大阪ヒートアイランド対策技術コンソーシアム（大阪HITEC）294
大手町・丸の内・有楽町地区237, **306**
置き屋根　180
屋外環境快適線図　149
屋外作用温度　35
屋上庭園　302
屋上緑化　116, 298, 300
屋上緑化工法　118
汚染物質　166
オゾン　54
オートストレーナ　212
オーバーシーディング　129
オープン空間　35
温室効果　12, 20
温室効果ガス　20, 295
温湿度計　46
温帯気候　10
温度境界層　9
温度計　48
温度差　38
温度センサ　56
温度低減効果　257
温熱環境調節　170

カ 行

外気温　176
開口比　173
開口部　105, 150, 164, 170
崖線　109
カイニョ　174
海陸風　37, 92, 144
―の循環　141
街路樹　110
街路樹緑化工法　112

下降流　92, 102
可視光　177
可視光線　18
ガス給湯機　225
風　38, 92
風の塔　312
風の道　84, 93, 103, 104, 111, 140, 162, 295, 298, 308
風の道計画　140
風の道ビジョン　81
河川水熱源ヒートポンプ　208
河川法　209
カッパドキア　170
家庭から出る排熱　22
茅葺屋根　173, 178
火力発電所排熱　27
換気塔　180
乾球温度　232
環境エリアマネジメント　306, 309
環境キャンパス　311
環境共生都市　306
環境保全効果　235
乾湿計　51
灌水　130, 136
灌水管理　121
灌水トラブル　126

気圧差　38
気温差　2
気温低減効果　79, 320
気温と湿度の測定方法　46
気温の測定　48
気温分布図　58
気温変動（都市の1日の）　4
気化熱　30, 32, 228, 254, 259
気孔　18
気候区分（ケッペンの）　10
技術の認証制度　297
基準エネルギー消費効率　226
気象庁　66
季節風　92, 172
逆カルノー機関　96
逆カルノーサイクル　196

逆転層 48, 60
キャニオン空間 35
キャビテーション 211
給気塔 168
給湯機器 24
境界層 13, 30
夾雑物除去装置 245
凝縮水 229
凝縮熱 199
強制通風筒 47, 59
京都議定書 234
業務用建物から出る排熱 24
局地循環 41
局地風 3
霧 40
気流 146
気流速度 148
気流・放射と快適性 34
近隣コミュニティ 321

空気線図を読む 98
空気熱源ヒートポンプ 196
空気熱源ヒートポンプ給湯機 224
空調機器 24
空調システム 70, 242
空調設備 176
空調排熱の削減 228
空調排熱量 199
空調負荷率 199
空冷熱源設備 25
草屋根 172
クマゼミ 44
グリーン熱証書 194
グリーンベルト 9
クールシティ 300
クールスポット 79, 103, 106, 109, 258, 307
クールチューブ 312
クールチューブ・地下ピット 164
クール・ホットチューブ効果 312
クールルーフ 176, 290
グレア防止対策 91
クロスオーバー現象 2
クロ値 147
グローブ温度 123, 133

傾度法 62, 64

係留気球 60
下水 23
下水による熱交換 240
下水熱 240
ケッペンの気候区分 10
健康障害（暑熱環境がもたらす） 32
建築基準法 119, 127, 185
建築における日射遮へいのいろいろ 272
建築物のヒートアイランド対策評価ツール 74
顕熱 21, 22, 42, 87, 222, 228, 249, 264, 295
顕熱排熱 23
顕熱排熱量 200
顕熱フラックス 41, 62, 193
顕熱放射 101, 110, 128
顕熱輸送 12, 62
顕熱輸送量 89

広域排熱ネットワーク構想 237
郊外風 92
光化学大気汚染 37
高効率ヒートポンプ 200
格子型ルーバー 277
工場排熱 26
降水 40
降水量 66, 67
高層建物 9
交通排熱 26
校庭芝生化工法 129
校庭の芝生化 128
校庭緑化 128
高日射反射率塗料 179, 283, 291
高日射反射率塗料による反射 278
高木緑化 135
黒体放射 18
コケ 89, 116, 118
コージェネレーションシステム（CGS) 235, 237
コージェネレーション排熱 235
コージェネレーション排熱蓄熱方式 312
木漏れ日空間 314
コンクリート系保水性舗装

254
混合層 41
コンパクトシティ 9

サ 行

再帰反射フィルム 273
再生可能エネルギー 94, 184, 190
最大気温差 8
採風口 159
採風塔 171
再放射 91
里山 **104**, 314
サーミスタ測温体 56
サーモカメラ 56
サーモグラフィー画像 303
産業・交通から出る排熱 26
産業排熱, 都市排熱の有効利用 246
散居村 174
散水 **264**

シェルター屋根緑化 132, 134
汐留ウォール効果 39
市街地風 20
システム緑化 119
自然エネルギー利用建築 158
自然共生都市 308
自然光 159
自然採光 312
自然生態系 6
自然通風筒 47
湿球温度 87
湿球黒球温度（WBGT) 31, 33, 128, 289
漆喰 177
湿気伝達率 86
湿度計 50
湿度の測定 46, 50
時定数（センサの) 46, 59
自動気温観測装置 11
芝生 **88**, 90, 101, 117, 119, 128, 134
芝生化（校庭の) 128
市民参加による打ち水大作戦 318
湿り空気線図 98
遮熱性舗装 291
斜面温暖帯 104
斜面緑地 107

索　引

斜面冷気流　104
樹冠　138
循環型都市　306
循環システム　173
循環流　93
省エネルギー　311
省エネルギー機器　223
省エネルギー機器による排熱の削減　222
省エネルギー基準　193
省エネルギー効果　217, 224, 235
蒸気圧　50
蒸散 88, 100
蒸発 86
蒸発散面積　88
蒸発性熱放散　30
蒸発潜熱　88, 106, 152, 229
蒸発冷却　177, 228
蒸発冷却効果　178
除湿　199
暑熱環境　42
暑熱環境がもたらす健康障害　32
自立分散型エネルギー供給システム　237
人工給水型保水性舗装　257
人工排熱　20, 27, 42, 71, 74, 78, 158, 164, 205, 225, 241, 249, 295, 296, 303
人工排熱削減　287, 307
人体の熱収支　30
シンチレーション法　63, 107
森林　104

水銀温度計　48
吸込み温度　232
水蒸気圧　86
水上レストラン　144
水分フラックス　86
水面がもつ都市気候を緩和する効果　152
水冷式空調システム　225
数値流体力学　72
スクリーン　245
ステップガーデン　109
ストリートキャニオン　20
ストレーナ　211
スパイン空間　310
スプリンクラー　130

成績係数（COP）　24, 97, 165, 196, 223, 225, 239
清掃工場排熱　26
生態系の均衡　7
赤外線　18, 50
赤外線放射過程　12
積層緑化　119
セダム　88, 101, 116, 118
セダム緑化　116
絶対湿度　50, 264
接地逆転層　3, 42, 104, 106
接地境界層　60
接地層　8
雪氷冷熱エネルギーの活用　214
セミドライフォグ　258
セラミック炭　168
全球熱画像収録システム　316
センサの時定数　46, 59
全天日射　54
潜熱　23, 42, 50, 87, 88, 133, 177, 200, 222, 264, 295
潜熱交換　100
潜熱蓄熱　214
潜熱排熱　25, 249
潜熱フラックス　64, 104
潜熱放散　266
潜熱放射　128
潜熱輸送　12, 62

相対湿度　41, 50, 98, 146, 147, 232, 264
相当外気温度　269, 280
相変化　87
外断熱　312
外断熱工法　179
ソーラーシステム　190, 191

タ　行

体感温度　152
大気安定度　36
大気汚染　36, 40, 54, 140
大気汚染とヒートアイランド　36
大気境界層　2, 8, 12, 43
大気顕熱負荷　21
大気熱負荷　223, 295
大気熱負荷評価手法　223
大気放射　19
大気放射冷却　20, 138, 170

大規模空間冷却　262
大規模公園　108
大規模緑地　106
体積熱容量　4
大地熱源ヒートポンプ　202
大東文化大学板橋キャンパス　310
大都市でクマゼミが増える理由　44
台風　40
大丸有　237
大丸有地区　306
太陽エネルギー　95
太陽高度　10
太陽光発電　184
太陽電池　184
太陽電池モジュール　184
太陽熱　190, 194
太陽熱温水器　190
太陽熱給湯・冷暖房　190
太陽熱利用システム　190
太陽熱冷房システム　190
太陽放射　18, 94
太陽放射エネルギー　54
太陽放射の熱収支　18
対流圏　60
対流熱伝達率　264
タウンエネルギーマネジメントシステム（TEMS）　301
卓越風　92
断熱材　173
短波（長）放射　16, 176

地域熱供給の導入効果　234
地域冷暖房　234
地球温暖化　3, 12, 42, 251
地球温暖化ガス　187
地球温暖化対策　97
地球温暖化とヒートアイランド　12
地球温暖化防止　235
地球温暖化防止対策　237
地球温暖化問題　295
蓄熱　110, 132
蓄熱削減　100
地上気象観測（日本の）　66
地中住居　171
地中熱　164, 172
地中熱源ヒートポンプ　202
地表面フラックス　63

地方自治体におけるヒートアイランド対策の推進体制 **82**
地方自治体におけるヒートアイランド対策の動向 **80**
チャンバー法 65
駐車場緑化 132
駐車場緑化工法 134
長波（長）放射 12, 16, 19, 110
直達日射 18, 54, 90

通過風速 165
通風計画 146
通風筒 66
通風輪道 150, 162
ツタ 123
ツタスクリーン 124
坪庭 174
ツリーサークル 112, 135
つる性植物 135

低温排熱発電 251
抵抗温度計 57
低炭素社会 190
低炭素都市づくり 306
低炭素まちづくり 288
定点観測 59
適風判定図 148
徹底した日射遮へい 90
電気式湿度計 50
天空日射 18, 90
天空率 71, 106, 182
天窓 160

等温線図 14
等価的熱伝導率 117
冬季と夏季のヒートアイランド現象 42
東京都環境基本計画 290
東京都長期ビジョン 293
東京都のヒートアイランド対策 290
透水性舗装材 112
道路散水 266
都市気候 15, 81, 152
都市気象の計測方法—鉛直分布— 60
都市気象の計測方法—水平分布— 58
都市キャノピーモデル 70, 76
都市降水（ヒートアイランドと） 40
都市生態系 6
都市ドーム 92
都市の1日の気温変動 4
都市の規模とヒートアイランド現象 8
都市の地域性とヒートアイランド 10
都市排熱の有効利用 246
都市ヒートアイランド 10
都市緑化 100
突風率 52
トップランナーモータ 226
ドライ型ミスト散布 287
ドライミスト 290, 307
ドレン水 229

ナ 行

ナイトパージ 159
夏芝 129
ナツヅタ 122, 124
なんばパークス 302

西日遮へい効果 123
にじみ出し現象 108
二次利用水 318
2段階昇温システム 243
日射 18, 54
日射計 54
日射遮へい 90, 100, 102, 113, 158, 272
日射遮へい効果 73, 90, 168
日射スペクトル 278
日射熱 158
日射反射率 18, 91
日射量の測定 54
日本家屋 173
日本におけるヒートアイランド対策の動向 78
日本の地上気象観測 66
2流体ノズル 258
認証制度（技術の）297

熱汚染 83
熱環境 72
熱環境改善効果 100
熱環境調整効果 110, 116, 122, 128, 132
熱機関 96
熱けいれん 33

熱交換（下水による）240
熱交換器 21, 228, 245
熱交換システム 21
熱交換チューブ 212
熱産生 31
熱失神 32
熱射病 33
熱収支 30
　人体の—— 30
　太陽放射の—— 18
熱収支式 34
熱収支シミュレーション 73
熱収支法 62, 65
熱ストレス 304
熱損失 30, 172
熱損失率 224
熱帯 7
熱大気汚染現象 78
熱帯気候 10
熱帯夜 4, 43, 118
熱帯夜日数 5, 179, 294
熱帯夜抑制 133, 134
熱中症 31, 32, 199, 287, 289
熱中症対策 304
熱的要因論 3
熱伝達率 284
熱電対 56
熱電堆 54
熱伝導 56
熱伝導率 46
熱疲労 33
熱平衡 95
熱放散 32, 149
熱放射 34, 102, 275
熱容量 172, 179
熱流センサ 57
熱流の測定（表面温度と）56
年間最大ヒートアイランド強度 11
年間消費熱量原単位 24

ハ 行

梅雨前線 40
バイオフィルム 245
排ガス 251
排気温度 228
排気筒 159, 164
廃棄物エネルギー 236
排出熱 246
バイナリー発電 251

索　引

排熱
　　——の削減　222
　　家庭から出る——　22
　　業務用建物から出る——　24
　　産業・交通から出る——　26
排熱ネットワーク　238
橋の上で夜，涼しいのはなぜか　182
白金抵抗温度計　49
パッシブクーリング　158, 170
パラソルルーフ　180
パワーコンディショナ　184, 188

日陰棚緑化　135
日傘効果　104
光ダクト　161
微気候　313
非接触式温度計　56
ヒートアイランド強度　2, 14, 38, 92
ヒートアイランド研究の歴史　14
ヒートアイランド現象　2
　　冬季と夏季の——　42
　　都市の規模と——　8
ヒートアイランド現象の定義　2
ヒートアイランド現象抑制効果　87
ヒートアイランド循環　38
ヒートアイランド対策
　　——の推進体制　82
　　——の動向　80
　　東京都の——　290
　　日本における——　78
ヒートアイランド対策推進計画　83
ヒートアイランド対策推進連絡会　83
ヒートアイランド対策大綱　78, 83, 286
ヒートアイランド対策大綱の見直しと対応　286
ヒートアイランド対策評価ツール（建築物の）　74
ヒートアイランドと風　38
ヒートアイランドと都市降水　40
ヒートアイランドの形成要因　20
ヒートアイランドの生態系への影響　6
ヒートアイランドの要因　3
ヒートアイランドの予測技術（ミクロスケール）　72
ヒートアイランドの予測技術（メソスケール）　70
ヒートアイランドポータルサイト　288
ヒートアイランド抑制効果　213
ヒートスポット現象　2
ヒートパルス法　65
ヒートポンプ　26, **96**, 196, 206, 236, 242, 245
ヒートポンプ給湯機　192
ヒートポンプ熱源　241
ヒートポンプ方式　238
氷室　215
病害虫防除　114, 130, 136
標準有効温度（SET*）　73, 127, 154
表面温度　73
表面温度と熱流の測定　56
表面熱収支　264
秤量法　65
日除け　272
ビル風　39, 92, 309

ファスティギアタ型　114
風向計　52
風向風速計　60, 66, 162
風向・風速の測定　52
風車型風向風速計　53
風速　36
風速計　52
風速変動　146
風洞実験　72
風土的建築　170
風杯型風速計　53
風冷等価温度　149
フェーン現象　42
フェーン風　174
吹抜け　174
物質フラックス　86
浮遊粒子状物質　37
冬芝　129

ブラインド　274
フラクタル日除け　284
フラックス　62, 64, 106
プランクの法則　16
ブロック系保水性舗装　255
フロンガス　219

平均放射温度（MRT）　317
平面図　275
壁面基盤型緑化　122
壁面緑化　**122**, 261, 300
壁面緑化工法　124
壁面緑化・緑のカーテン　122

放射とは　16
放射温度計　56
放射熱交換量　34
放射平衡温度　12
放射冷却現象　108
防風林　145, 174
飽和水蒸気圧　98
ボーエン比法　62, 64
保水性舗装　89, 178, **254**, 287, 300, 304, 307
保水能力　20
舗装材　135
ポーラスコンクリート　254
ポンプユニット　262

マ　行

マイクロスケール　2

ミスト散布　231, 300
ミスト蒸発冷却　258
ミスト冷却寄与率　232
ミスト冷却装置　259
水の蒸発冷却による空調排熱の削減　228
水ポテンシャル　89
緑のカーテン　103, 127
宮崎台「桜坂」　314
未利用エネルギー　236, 247

メガソーラシステム　186
メソスケール　2
メソスケールモデル　70

モンスーン　10

328　索　引

ヤ 行

夜間冷気流　140
焼け込み低減効果　117
屋敷林　92, 174
屋根　176
屋根形態　179
屋根材　176
屋根散水　266
矢羽根型風向計　52

有効放射　19
有効放射場　35
湧水ピット　167
床暖房　166

葉温　88
葉面　98

ラ 行

ラディエーションシールド　47
乱流　53, 72, 104, 108
乱流拡散　13
乱流強度　146

利雪　214
リモートセンシング　61
涼風　159
緑陰　304, 317
緑陰空間　112
緑化駐車場　132

緑被率　103, 109, 136

ルーバー　160
ルーフポンド　180
ルームエアコン　196

冷気層　104
冷却塔　23, 24, 228, 235
冷却ポテンシャル　304
冷気流　93, 109
冷暖房システム　196
冷凍機　96
冷熱エネルギー　214
冷熱エネルギー資源　214
冷放射　101, 102, 133, 174
冷房排熱　213, 222
レーザ光　63
レンガ壁　122

陸屋根　233
路地空間　170
露点温度　50
露点式湿度計　50
路面温度低下　269

欧 文

APF　97

BREEAM　74

CAM 植物　88, 101

CASBEE-HI　74, 281
CFD シミュレーション　72
CGS　235, 237
C/H チューブ　165
COP　24, 97, 165, 196, 223, 225, 239
COP 改善　200

EPOC21　83

GPS ゾンデ観測　60
GSHP　202
GSHP システム　205

IPCC　41

LEED　74
LES モデル　72

MRT　317

PCM　251

RANS モデル　72

SET*　73, 127, 154

TEMS　301

WBGT　31, 33, 128, 289
WCI　149

資 料 編

―掲載会社―

株式会社いけうち ……………………………………………… 1
株式会社NTTファシリティーズ総合研究所 ……………… 2
日本アビオニクス株式会社 …………………………………… 3
デクセリアルズ株式会社 ……………………………………… 4
エーアンドエー株式会社 ……………………………………… 5
ダイトウテクノグリーン株式会社 …………………………… 5
太陽工業株式会社 ……………………………………………… 6
大阪ヒートアイランド対策技術コンソーシアム …………… 6

霧の技術で暮らしに潤いを。

濡れない霧で周辺温度を3～5℃冷房
セミドライフォグ® 冷房装置 涼霧(りょうむ)システム®

写真：東京駅八重洲口

商業施設 / 空港・駅・バス停 / 学校・保育施設 / 官公庁施設 など導入事例多数

| 節 電 | 省エネ | CO_2削減 | 涼の演出 |

- 微細な霧（セミドライフォグ®※）は人や物を濡らさない
- 霧の気化熱で周辺温度を3～5℃冷房
- エアコンと比較し使用電力1/40、ランニングコスト1/10
- 耐候性に優れ、経年利用が可能
- 視覚的な「涼」の演出装置としても効果大

※平均粒子径が20～30μmの霧。粗大粒子を含まず、稼働時に濡れなどの問題がない。

実績紹介 ・・・ http://www.kirinoikeuchi.co.jp/eco/result/

フォグエンジニア 霧のいけうち®

（東京）TEL.03(6400)1976
（大阪）TEL.06(6538)1277
（福岡）TEL.092(482)0090

環境事業部
http://www.kirinoikeuchi.co.jp/eco

涼霧システム 実績 　検索

プロによる戦略的省エネ支援を。

豊富な経験と確かな技術・知識・ノウハウをも持つ資格者が、施設や機器のエネルギー消費量および温室効果ガス排出量を削減するため、ライフサイクルにわたる活動を支援いたします。

NTTファシリティーズ総研の省エネ対策ソリューション

戦略計画
- エネルギー・環境管理支援システム構築
- 行政庁届出申請代行
  - 「エネルギー使用合理化に関する法律」の手続き
  - 東京都「地球温暖化対策効果ガス排出状況報告」の手続き

プロジェクト管理
- 新エネルギー導入支援
- 省エネルギー性能評価
- グリーン設計資料作成

評価
- 省エネルギー診断・評価
- BEMSデータ分析
  (Building Energy Management System)

運営維持
- 管理標準の作成
- ビル運用マニュアルの作成
- エネルギーモニタリング

総合コンサルティング企業

| 都市・建築環境 | 建築計画 | CRE[企業不動産]戦略 ファシリティマネジメント | 地球環境保護 クリーンエネルギー | BCP [事業継続計画] | 建築構造 | ICT電源システム |

NTTファシリティーズグループ
株式会社NTTファシリティーズ総合研究所

NTTファシリティーズ総研 [検索]

TEL: **03-5806-2034** (営業時間 9:00～17:30 ※土日祝祭日を除く)
e-mail: support@ntt-fsoken.co.jp

NTTファシリティーズ総研

〒110-0015 東京都台東区東上野4-27-3 上野トーセイビル

Dexerials

太陽からの熱線を上方に再帰させることで、室内と街路の熱環境を改善する

熱線再帰フィルム　アルビード®

熱線再帰フィルム*1　アルビード®は、内部の鏡面加工された山形の特殊な反射膜により、上方からの近赤外線（熱線）を上方に反射させ、地表に向かう熱線を低減する窓用遮熱フィルムです。

室内に入射する日射熱を36％(JIS A5759)カット。可視光線透過率68％により室内は明るく、紫外線を99.5％以上カットします。

*1 熱線再帰
上方から入射する熱線を上方に反射する機能を指しており、必ずしも光源に向かって反射するわけではありません。

熱線再帰フィルム アルビード® による
省エネ効果と屋外熱環境の改善イメージ

	遮熱対策なし	従来型遮熱フィルム	熱線再帰フィルム アルビード®
屋内	✘ 熱線侵入による空調負荷大	◯ 熱遮蔽による省エネ効果	◯ 熱遮蔽による省エネ効果
屋外		✘ 熱線反射による屋外熱環境の悪化	◯ 熱線再帰による屋外熱環境の改善

■ 製品に関するお問い合せ： Tel 03-5435-3946　　Fax 03-5435-3074

デクセリアルズ 株式会社
http://www.dexerials.jp

THERMO Render 5Pro サーモレンダー 屋内外統合熱環境シミュレーション

特徴

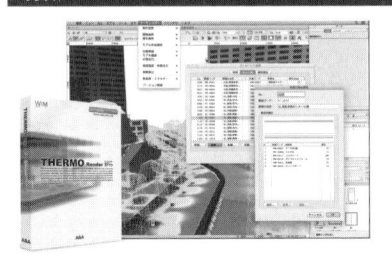

3D CADソフト Vectorworks®をプラットホームとする屋内外統合熱環境シミュレーションツール。屋外熱環境と屋内熱負荷計算を併せ持った、戸建て住宅から街区規模までシミュレーションを行える。

ヒートアイランド現象や、生活環境に影響を与える建物や地表面の表面温度を算出し、それをビジュアルに表現。

バージョン5では、株式会社ソフトウェアクレイドルの熱流体解析ソフトウェアSTREAM®とデータを相互に連携。

見える化で設計業務をサポート

屋外表面温度の3Dビジュアル 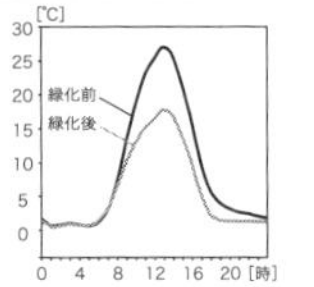　HIP（ヒートアイランドポテンシャル）

- 建物や地表面の表面温度が画像で見える
- 環境負荷／効果がグラフと数値で見える
- MRT（平均放射温度）マップが見える
- 任意のポイントの温度がグラフと数値で見える
- 表面・建物断面性能が見える
- 建物エネルギー消費量／CO_2排出量が見える

A&A　エーアンドエー株式会社　東京都千代田区神田駿河台2-3-15　http://www.aanda.co.jp

緑化によるヒートアイランド対策

採用実績 No.1　永続性のある
壁面緑化 ヘデラ登ハンシステム

省エネ効果、輻射熱低減、照り返し防止

一年中緑ゆたかな駐車場
緑化舗装 グリーンテクノパーキング

植物の蒸散作用、輻射熱低減

ダイトウ テクノグリーン株式会社
〒194-0013　東京都町田市原町田1丁目2番3号
TEL：042-721-1703　FAX：042-721-0944
URL：http://www.daitoutg.co.jp/　E-mail：info@daitoutg.co.jp

光触媒テントが、明るく涼しい快適な空間を創ります。

東京駅八重洲口 グランルーフ
発注者：東日本旅客鉄道株式会社
デザインアーキテクト：マーフィー・ヤーンINC
設計監理：東京駅八重洲開発設計共同企業体（日建設計、ジェイアール東日本建築設計事務所）
施工：東京駅八重洲開発中央部他新築工事共同企業体（鹿島建設/鉄建建設）

- 日射の高反射による **涼しい日よけ空間**
- 熱吸収量が少なく **表面温度上昇を抑制**
- 防汚性能により **日よけ効果は長持ち**
- 透過光による **やわらかい光空間**

MakMax 太陽工業株式会社 空間デザインカンパニー　www.taiyokogyo.co.jp/

東 京 ☎ 03-3714-3461	名古屋 ☎ 052-541-5120	中 国 ☎ 082-261-1251
大 阪 ☎ 06-6306-3065	東 北 ☎ 022-227-1364	九 州 ☎ 092-411-8003

エコマーク商品
使用後回収・リサイクルする
テント
13104024（認定番号）
太陽工業株式会社

一級建築士事務所 国土交通大臣許可(特-23)第381号／(一社)日本膜構造協会正会員／(公財)日本体育施設協会特別会員／(一社)日本公園施設業協会正会員／光触媒工業会正会員

大阪ヒートアイランド対策技術コンソーシアム

ヒートアイランド対策技術の研究や具体的活用の提案を通じてヒートアイランド現象の緩和に寄与することを目指し、産学官民の連携により、平成18年に設立

会員募集中

↓ 入会のメリット
 - 会員企業との交流・情報交換
 - 最新の技術動向や海外での取組みに関する情報収集
 - 認証制度 申請に際しての手数料の優遇

■ 多様な対策技術を検討するため、企業の参画も得て検討部会を設置
　◇ヒートアイランド対策技術検討部会：素材関連WG、熱有効活用・人工排熱低減WG
　　　　　　　　　　　　　　　クールスポット創造技術手法WG、熱負荷評価手法WG
　◇ヒートアイランドに配慮した都市デザイン検討部会

ヒートアイランド対策技術認証制度　★随時申請受付中　　　[ロゴマーク]

効果ある対策の技術認証により高い技術力を持つ企業を支援
【対象技術】　①屋根用高日射反射率塗料　②高日射反射率舗装
　　　　　　③高日射反射率防水シート　④高日射反射率屋根材
　　　　順次、外断熱壁、保水性舗装 などを追加予定

大阪HITEC
ヒートアイランド
対策技術認証
認証（○○○○○）-2015-0001
大阪ヒートアイランド対策技術コンソーシアム

■ご入会や認証制度へのお申し込みに関するお問合せ
　　（大阪HITEC事務局）地方独立行政法人　大阪府立環境農林水産総合研究所　環境情報部　技術支援グループ
　　　　　　　　TEL：06-6972-5810　FAX：06-6972-7665
　　　　　　E-mail: hitec@mbox.kannousuiken-osaka.or.jp　URL: http://www.osakahitec.com/

ヒートアイランドの事典
―仕組みを知り，対策を図る―

2015 年 6 月 15 日　初版第 1 刷
2016 年 3 月 10 日　　　第 2 刷

定価はカバーに表示

編　集　日本ヒートアイランド学会

発行者　朝　倉　邦　造

発行所　株式会社　朝　倉　書　店
東京都新宿区新小川町 6-29
郵便番号　162-8707
電　話　03(3260)0141
Ｆ Ａ Ｘ　03(3260)0180
http://www.asakura.co.jp

〈検印省略〉

© 2015〈無断複写・転載を禁ず〉　　　中央印刷・渡辺製本

ISBN 978-4-254-18050-3　C 3540　　Printed in Japan

JCOPY ＜(社)出版者著作権管理機構 委託出版物＞

本書の無断複写は著作権法上での例外を除き禁じられています．複写される場合は，そのつど事前に，(社)出版者著作権管理機構（電話 03-3513-6969, FAX 03-3513-6979, e-mail: info@jcopy.or.jp）の許諾を得てください．

気象大 水野 量著
応用気象学シリーズ3
雲 と 雨 の 気 象 学
16703-0 C3344　　A5判 208頁 本体4600円

降雪を含む，地球上の降水現象を熱力学・微物理という理論から災害・気象調節という応用面まで全領域にわたり解説。〔内容〕水蒸気の性質／氷晶と降雪粒子の成長／観測手段／雲の事例／メソスケール降雨帯とハリケーンの雲と降水／他

前農工大 戸塚 績編著
大気・水・土壌の環境浄化
みどりによる環境改善
18044-2 C3040　　B5判 160頁 本体3600円

植物の生理的機能を基礎に，植生・緑による環境改善機能と定量的な評価方法をまとめる。〔内容〕植物・植栽の大気浄化機能／緑地整備／都市気候改善機能／室内空気汚染改善法／水環境浄化機能（深水域・海水域）／土壌環境浄化機能

立正大 吉﨑正憲・海洋研究開発機構 野田 彰他編
図説 地 球 環 境 の 事 典
〔DVD-ROM付〕
16059-8 C3544　　B5判 392頁 本体14000円

変動する地球環境の理解に必要な基礎知識（144項目）を各項目見開き2頁のオールカラーで解説。巻末には数式を含む教科書的解説の「基礎論」を設け，また付録DVDには本文に含みきれない詳細な内容（写真・図，シミュレーション，動画など）を収録し，自習から教育現場までの幅広い活用に配慮したユニークなレファレンス。第一線で活躍する多数の研究者が参画して実現。〔内容〕古気候／グローバルな大気／ローカルな大気／大気化学／水循環／生態系／海洋／雪氷圏／地球温暖化

前気象庁 新田 尚・環境研 住 明正・前気象庁 伊藤朋之・前気象庁 野瀬純一編
気象ハンドブック （第3版）
16116-8 C3044　　B5判 1032頁 本体38000円

現代気象問題を取り入れ，環境問題と絡めたよりモダンな気象関係の総合情報源・データブック。[気象学]地球／大気構造／大気放射過程／大気熱力学／大気大循環[気象現象]地球規模／総観規模／局地気象[気象技術]地表からの観測／宇宙からの気象観測[応用気象]農業生産／林業／水産／大気汚染／防災／病気[気象・気候情報]観測値情報／予測情報[現代気象問題]地球温暖化／オゾン層破壊／汚染物質長距離輸送／炭素循環／防災／宇宙からの地球観測／気候変動／経済[気象資料]

前千葉大 丸田頼一編
環 境 都 市 計 画 事 典
18018-3 C3540　　A5判 536頁 本体18000円

様々な都市環境問題が存在する現在においては，都市活動を支える水や物質を循環的に利用し，エネルギーを効率的に利用するためのシステムを導入するとともに，都市の中に自然を保全・創出し生態系に準じたシステムを構築することにより，自立的・安定的な生態系循環を取り戻した都市，すなわち「環境都市」の構築が模索されている。本書は環境都市計画に関連する約250の重要事項について解説。〔内容〕環境都市構築の意義／市街地整備／道路緑化／老人福祉／環境税／他

日本緑化工学会編
環 境 緑 化 の 事 典 （普及版）
18037-4 C3540　　B5判 496頁 本体14000円

21世紀は環境の世紀といわれており，急速に悪化している地球環境を改善するために，緑化に期待される役割はきわめて大きい。特に近年，都市の緑化，乾燥地緑化，生態系保存緑化など新たな技術課題が山積しており，それに対する技術の蓄積も大きなものとなっている。本書は，緑化工学に関するすべてを基礎から実際まで必要なデータや事例を用いて詳しく解説する。〔内容〕緑化の機能／植物の生育基盤／都市緑化／環境林緑化／生態系管理修復／熱帯林／緑化における評価法／他

京都学園大 森本幸裕・千葉大 小林達明編著

最新環境緑化工学

44026-3 C3061　　　A5判 244頁 本体3900円

劣化した植生・生態系およびその諸機能を修復・再生させる技術と基礎を平易に解説した教科書。〔内容〕計画論・基礎／緑地の環境機能／緑化・自然再生の調査法と評価法／技術各論（斜面緑化、都市緑化、生態系の再生と管理、乾燥地緑化）

国連大学高等研究所日本の里山・里海評価委員会編

里山・里海
——自然の恵みと人々の暮らし——

18035-0 C3040　　　B5判 224頁 本体4300円

国連大学高等研究所主宰「日本の里山・里海評価」(JSSA)プロジェクトによる現状評価を編集。国内6地域総勢180名が結集して執筆〔内容〕評価の目的・焦点／概念的枠組み／現状と変化の要因／問題と変化への対応／将来／結論／地域クラスター

前東大 井手久登・前農工大 亀山 章編
ランドスケープ・エコロジー

緑地生態学

47022-2 C3061　　　A5判 200頁 本体4200円

健全な緑の環境を持続的に保全し、生き物にやさしい環境を創出する生態学的方法について初学者にもわかるよう解説。〔内容〕緑地生態学の基礎／土地利用計画と緑地計画／緑地の環境設計／生態学的植生管理／緑地生態学の今後の課題と展望

鳥取大 恒川篤史著
シリーズ〈緑地環境学〉1

緑地環境のモニタリングと評価

18501-0 C3340　　　A5判 264頁 本体4600円

"保全情報学"の主要な技術要素を駆使した緑地環境のモニタリング・評価を平易に示す。〔内容〕緑地環境のモニタリングと評価とは／GISによる緑地環境の評価／リモートセンシングによる緑地環境のモニタリング／緑地環境のモデルと指標

東大 横張 真・長崎大 渡辺貴史編
シリーズ〈緑地環境学〉3

郊外の緑地環境学

18503-4 C3340　　　A5判 288頁 本体4300円

「郊外」の場において、緑地はいかなる役割を果たすのかを説く。〔内容〕「郊外」とはどのような空間か？／「郊外」のランドスケープの形成／郊外緑地の機能／郊外緑地にかかわる法制度／郊外緑地の未来／文献／ブックガイド

兵庫県大 平田富士男著
シリーズ〈緑地環境学〉4

都市緑地の創造

18504-1 C3340　　　A5判 260頁 本体4300円

制度面に重点をおいた緑地計画の入門書。〔内容〕「住みよいまち」づくりと「まちのみどり」／都市緑地を確保するためには／確保手法の実際／都市計画制度の概要／マスタープランと上位計画／各種制度ができてきた経緯・歴史／今後の課題

高橋理喜男・井手久登・渡辺達三・亀山 章・勝野武彦・輿水 肇著

造園学

41008-2 C3061　　　A5判 312頁 本体5400円

都市の人間・自然の共存という現代の課題をふまえつつ、造園学の基礎知識を中心に多くの図・表・写真を挿入しながらわかりやすく解説。大学・短大のテキスト。〔内容〕総論／造園空間の歴史的変遷／造園計画／植物・植栽／設計／施工管理

前京大 松浦邦男・京大 高橋大弐著
エース建築工学シリーズ

エース建築環境工学 I
——日照・光・音——

26862-1 C3352　　　A5判 176頁 本体3200円

建築物内部の快適化を求めて体系的に解説。〔内容〕日照（太陽位置、遮蔽設計、他）／日射（直達日射、日射調整計画、他）／採光と照明（照度の計算、人工照明計画、他）／音環境・建築音響（吸音と遮音・音響材料、室内音響計画、他）

京大 鉾井修一・近大 池田哲朗・元京工繊大 新田勝通著
エース建築工学シリーズ

エース建築環境工学 II
——熱・湿気・換気——

26863-8 C3352　　　A5判 248頁 本体3800円

I巻を受けて体系的に解説。〔内容〕I編：気象／II編：熱（熱環境と熱感、壁体を通しての熱移動と室温、他）／III編：湿気（建物の熱・湿気変動、結露と結露対策、他）／IV編：換気（換気計算法、室内空気室の時間変化と空間変化、他）

宇田川光弘・近藤靖史・秋元孝之・長井達夫著
シリーズ〈建築工学〉5

建築環境工学
——熱環境と空気環境——

26875-1 C3352　　　B5判 180頁 本体3500円

建築の熱・空気環境をやさしく解説。〔内容〕気象・気候／日照と日射／温熱・空気環境／計測／伝熱／熱伝導シミュレーション／室温と熱負荷／湿り空気／結露／湿度調整と蒸発冷却／換気・通風／機械換気計画／室内空気の変動と分布／他

| 日本気象学会地球環境問題委員会編 **地球温暖化** ―そのメカニズムと不確実性― 16126-7 C3044　　B5判 168頁 本体3000円 | 原理から影響まで体系的に解説。〔内容〕観測事実／温室効果と放射強制力／変動の検出と要因分析／予測とその不確実性／気温，降水，大気大循環の変化／日本周辺の気候の変化／地球表層の変化／海面水位上昇／長い時間スケールの気候変化 |

| 首都大 藤部文昭著 気象学の新潮流1 **都市の気候変動と異常気象** ―猛暑と大雨をめぐって― 16771-9 C3344　　A5判 176頁 本体2900円 | 本書は，日本の猛暑や大雨に関連する気候学的な話題を，地球温暖化や都市気候あるいは局地気象などの関連テーマを含めて，一通りまとめたものである。一般読者をも対象とし，啓蒙的に平易に述べ，異常気象と言えるものなのかまで言及する。 |

| 前東大 浅井冨雄・前気象庁 新田 尚・前北大 松野太郎著 **基礎気象学** 16114-4 C3044　　A5判 208頁 本体3400円 | ベストの標準的教科書。〔内容〕大気概説／放射／大気の熱力学／雲と降水の物理／大気の力学／大気境界層／中・小規模の現象／大規模の現象／大気の大循環／成層圏・中間圏の大気／気候とその変動／気象観測／天気予報／人間活動と気象，他 |

| 前東北大 近藤純正編著 **水環境の気象学** ―地表面の水収支・熱収支― 16110-6 C3044　　A5判 368頁 本体6800円 | 〔内容〕水蒸気と断熱変化／雲と降水／日射と大気放射／地表面付近の風と乱流／地表面の熱収支の基礎／水面の熱収支／土壌面の熱収支／植物と大気／積雪と大気／複雑地形と大気／都市大気のシミュレーション／世界の（日本の）水文気候 |

| 前東北大 浅野正二著 **大気放射学の基礎** 16122-9 C3044　　A5判 280頁 本体4900円 | 大気科学，気候変動・地球環境問題，リモートセンシングに関心を持つ読者向けの入門書。〔内容〕放射の基本則と放射伝達方程式／太陽と地球の放射パラメータ／気体吸収帯／赤外放射伝達／大気粒子による散乱／散乱大気中の太陽放射伝達／他 |

| 総合地球環境学研究所編 **地球環境学マニュアル1** ―共同研究のすすめ― 18045-9 C3040　　B5判 120頁 本体2500円 | 複雑で流動的な地球環境に対して自然系・人文系・社会系などからの「共同研究」アプローチの多大な成果を提示する。〔内容〕水をつかうこと／健康であること／食べること／豊かであること／分けあうこと／つながること |

| 総合地球環境学研究所編 **地球環境学マニュアル2** ―はかる・みせる・読みとく― 18046-6 C3040　　B5判 144頁 本体2600円 | 1巻を受けて，2巻では地球環境学で必要となる各種観測手法を，具体的に2頁単位で簡潔に解説。〔内容〕大気をはかる／水をはかる／大地をはかる／生物をはかる／人間をはかる／文化をはかる／データ統合と視覚化 |

| 日本陸水学会東海支部会編 **身近な水の環境科学** ―源流から干潟まで― 18023-7 C3040　　A5判 180頁 本体2600円 | 川・海・湖など，私たちに身近な「水辺」をテーマに生態系や物質循環の仕組みをひもとき，環境問題に対峙する基礎力を養う好テキスト。〔内容〕川（上流から下流へ）／湖とダム／地下水／都市・水田の水循環／干潟と内湾／環境問題と市民調査 |

| 日本陸水学会東海支部会編 **身近な水の環境科学**［実習・測定編］ ―自然のしくみを調べるために― 18047-3 C3040　　A5判 192頁 本体2700円 | 河川や湖沼を対象に測量や水質分析の基礎的な手法，生物分類，生理活性を解説。理科系・教育学系学生むけ演習書や，市民の環境調査の手引書としても最適。〔内容〕調査に出かける前に／野外調査／水の化学分析／実験室での生物調査／他 |

| 豊橋技科大 大貝　彰・豊橋技科大 宮田　譲・阪大 青木伸一編著 **都市・地域・環境概論** ―持続可能な社会の創造に向けて― 26165-3 C3051　　A5判 224頁 本体3200円 | 安全・安心な地域形成，低炭素社会の実現，地域活性化，生活サービス再編など，国土づくり・地域づくり・都市づくりが抱える課題は多様である。それらに対する方策のあるべき方向性，技術者が対処すべき課題を平易に解説するテキスト。 |

上記価格（税別）は 2016 年 2 月現在